384 - 18.Juni 1976 - 600

XIX, 322 Seiten, 30 Abb., 45 Tab.

Ganzleinen DM 290.-- / 770 g

Herstellung:

Anton Hain KG, Meisenheim/Glan

WISSENSCHAFTLICHE FORSCHUNGSBERICHTE

Reihe I: Grundlagenforschung und grundlegende Methodik

Abteilung A: Chemie und Physik

WISSENSCHAFTLICHE FORSCHUNGSBERICHTE
I: GRUNDLAGENFORSCHUNG UND GRUNDLEGENDE METHODIK

ABTEILUNG A: CHEMIE UND PHYSIK

BEGRÜNDET VON RAPHAEL LIESEGANG · FORTGEFÜHRT VON ROLF JÄGER

HERAUSGEGEBEN VON

DR. W. BRÜGEL
LUDWIGSHAFEN

PROF. DR. S. ERTEL
GÖTTINGEN

PROF. DR. A. W. HOLLDORF
BOCHUM

BAND 75

MOLEKÜLKRAFTKONSTANTEN

DR. DIETRICH STEINKOPFF VERLAG
DARMSTADT 1976

MOLEKÜLKRAFTKONSTANTEN

ZUR THEORIE UND BERECHNUNG DER KONSTANTEN DER POTENTIELLEN ENERGIE DER MOLEKÜLE

Von

DR. RER. NAT. ALOIS FADINI

Lehrbeauftragter an der Universität Marburg/Lahn

Mit 30 Abbildungen und 45 Tabellen

DR. DIETRICH STEINKOPFF VERLAG

DARMSTADT 1976

Softcover reprint of the hardcover 1st edition 1976

ISBN-13: 978-3-642-72308-7 e-ISBN-13: 978-3-642-72307-0
DOI: 10.1007/978-3-642-72307-0

CIP-Kurztitelaufnahme der Deutschen Bibliothek

Fadini, Alois
Molekülkraftkonstanten: zur Theorie u. Berechnung d. Konstanten d. potentiellen Energie d. Moleküle.
(Wissenschaftliche Forschungsberichte: Reihe 1, Grundlagenforschung und grundlegende Methodik; Bd. 75: Abt. A, Chemie u. Physik)

Herstellung: Anton Hain K.-G., Meisenheim/Glan

Zweck und Ziel der Sammlung

Als *Raphael Eduard Liesegang* am 13. November 1947 starb, lagen 57 Bände der Sammlung vor, die er 1921 gegründet und mehr als ein Vierteljahrhundert lang herausgegeben hatte. *Rolf Jäger,* sein Nachfolger in der Leitung des Frankfurter Instituts für Kolloidforschung und in der Herausgabe dieser Sammlung, betreute insgesamt 15 weitere Bände, z. T. zusammen mit *Werner Brügel.*

Brücken zu schlagen zwischen den einzelnen Teildisziplinen von Natur- und Humanwissenschaften, war und ist das Ziel der „Wissenschaftlichen Forschungsgebiete". Diese Aufgabe ist im Zeitalter zunehmender wissenschaftlicher und technischer Spezialisierung notwendiger denn je zuvor. Erfaßten die ersten Bände der Sammlung nach dem Ersten Weltkrieg in Form kritischer Sammelreferate die Literatur einzelner Teilbereiche, so folgten später vorwiegend monographische Darstellungen junger, inzwischen selbständig gewordener Zweige der Wissenschaft und neuer Methoden, die auf vielen Teilgebieten der Forschung allgemeine Bedeutung erlangt hatten. In jüngster Zeit stand die Darstellung physikalischer Methoden und biologischer Probleme im Vordergrund. Diese Entwicklung ließ es geraten erscheinen, ab 1972 die Sammlung in zwei einander ergänzende Reihen unterzugliedern. *Reihe I* umfaßt wie bisher Beiträge zur *Grundlagenforschung und grundlegenden Methodik* (Abteilung A: Chemie und Physik, Abteilung B: Biologie und Medizin, Abteilung C: Psychologie), die neue *Reihe II* soll Beiträgen zur *Anwendungstechnik und angewandten Wissenschaft* vorbehalten sein. Mit dieser Untergliederung wurde zugleich die Möglichkeit geschaffen, zu einem späteren Zeitpunkt je nach Bedarf noch weitere Untergliederungen vorzunehmen, sei es im Blick auf bisher nicht oder kaum berücksichtigte Randgebiete von Naturwissenschaft und Medizin, sei es im Blick auf deren mögliche Anwendungsgebiete. Insofern soll am Grundkonzept *Liesegangs* auch künftig festgehalten werden, als die „Wissenschaftlichen Forschungsberichte" heute wie bei ihrer Gründung ein möglichst umfassendes Forum für den wissenschaftlich-technischen Gedankenaustausch sein sollen.

Herausgeber und Verlag

Motto

„Gegenüber dem stürmischen Wandel, in dem die theoretische Physik begriffen ist, darf man nicht vergessen, daß es in ihrem Aufbau wesentliche Stücke gibt, die sich sehr viel langsamer ändern. So wie beim raschesten Modewechsel in der Kleidung sich Schere und Nadel fast gar nicht, die Webstühle nur langsam ändern, so bleiben beim raschesten Auf- und Abstieg der physikalischen Hypothesen doch die mathematischen Methoden verhältnismäßig konstant, mit deren Hilfe man von den allgemeinen Annahmen zu den Einzelfällen übergeht, die der durch Erfahrung prüfbaren Wirklichkeit schon so nahe liegen, daß man sich aufgrund der Rechnungsergebnisse Versuche ausdenken kann, die eine Bestätigung oder Widerlegung der Hypothese gestatten."
Philipp Frank in: *P. Frank* u. *R. v. Mises*, Die Differential- und Integralgleichungen (Braunschweig 1935) S. III.

Vorwort

Die vorliegende Abhandlung stellt einen Versuch der systematischen Ordnung physikalisch-theoretischer und mathematisch-rechentechnischer Ergebnisse des Problemkreises der Molekülkraftkonstantenberechnung dar. Sie entstand aus der jahrelangen Beschäftigung mit diesem Zweig der theoretischen Molekülspektroskopie an der Universität Stuttgart.

Leider konnte nur ein kleiner Teil der über 1000 hier verwendeten Einzelveröffentlichungen der Molekülspektroskopie mehr oder weniger ausführlich dargestellt werden. Dazu mußten die Kurzfassungen der Beweisgänge in den quantentheoretischen Kapiteln meist auch weggelassen werden.

Diese Zusammenstellung dient als Leitfaden für mehrwöchige Ferienkurse und mehrsemestrige Vorlesungen über die theoretischen Schwingungsspektroskopie an der Universität Marburg.

Tübingen und Marburg/Lahn, Frühjahr 1976 *A. Fadini*

Meiner lieben Jugendfreundin und Lebensgefährtin

Erica Müller (in Fadini)

möchte ich diese Arbeit widmen

Danksagungen

Herzlich danke ich den Herren Prof. Dr. *O. Glemser* und Prof. Dr. *A. Slibar* für die Unterstützung meiner Arbeiten, Prof. Dr. *Achim Müller* für zahlreiche Hinweise, Prof. Dr. *J. Goubeau* und Prof. Dr. *H. J. Becher* für die Einführung in die Molekülspektroskopie und für zahlreiche Gespräche, Prof. Dr. *K. Dehnicke* für Gespräche und Unterstützungen, Prof. Dr. *J. Mall*, Prof. Dr. *G. Schulz*, Prof. Dr. *F. Lösch*, Prof. Dr. *U. Dehlinger* und Prof. Dr. *U. Wegner* für die Einführung in die mathematische Physik, Frau Dipl.-Chem. *E. Kramer*, Dr. phil. *W. Jauß* und Frau *M. Hegyi* für das Korrekturlesen des ganzen Manuskriptes, Privatdozent *Dr. Janoschek* für einige quantentheoretische Hinweise, Prof. *H. W. Preuß* und Prof. Dr. *B. Schrader* für publizistische Unterstützungen, Frau *K. Weißwange* für zahlreiche Schreibarbeiten.

Für wertvolle Diskussionen danke ich bestens: Prof. Dr. *H. Siebert*, Prof. Dr. *F. Böhm*, Prof. Dr. *U. Wegner*, Prof. Dr. *E. Steger*, Prof. Dr. *R. Mecke*, Prof. Dr. *W. Lüttke*, Prof. Dr. *E. Funck*, Prof. Dr. *K. Nakamoto*, Frau Dr. *G. Dehnicke*, Prof. Dr. *U. Müller*, Dozent *K. Ballein*, Dr. *G. Strey*, Prof. Dr. *W. Sawodny*, Privatdozent Dr. *A. Ruoff*, Dipl.-Physiker *D. Mai*, Dr. *A. Alix*, Prof. Dr. *V. Sahini*, Dr. *P. Pulay*, Prof. Dr. *B. Thüring*, cand. phys. *P. Frankhauser*, Prof. Dr. *B. Krebs*, Prof. Dr. *J. Brandmüller*, Dr. *H. Ahsbahs*, Prof. Dr. *S. Cyvin*, Prof. Dr. *W. J. Orville-Thomas*, Dr. *J. Hauk*, Dr. *W. Krasser*, Assistent *G. Tatzel*, Dr. *G. Glatzer*, Dozent Dr. *H. Eysel*, Prof. Dr. *R. Unbehauen*, Dipl.-Chem. *R. Mutter*, Dr. *F. Weller*, Prof. Dr. *H. Hess*, U. Dozent Dr. *J. Weidlein*, Dr. *J. Behringer*, Dr. *H. Weiss.*

Meiner lieben Frau danke ich herzlichst für ihr Verständnis. Ihr sei dieses Buch gewidmet.

Ganz besonders danke ich Herrn Dr. *W. Brügel* für die Aufnahme der Abhandlung in die Reihe der Wissenschaftlichen Forschungsberichte, Herrn Dr. *D. Steinkopff* in memoriam, Herrn *J. Steinkopff* und Herrn *K. Riha* für die wohlwollende Betreuung bei der Drucklegung.

Tübingen und Marburg/Lahn, 1976 *A. Fadini*

Inhaltsverzeichnis

2. Unterabschnitt: Zusätzliche Verwendung von Schwingungsfrequenzen isotoper Moleküle

3. Abschnitt: Zur Kraftkonstantenberechnung aus weiteren experimentellen Daten nach der Quantenmechanik

2. Teil: Kraftkonstantenberechnung aus physikalischen Konstanten nach der Quantenmechanik

3. Teil: Nichttheoretische empirische Interpolationsrelationen zwischen Kraftkonstanten und verschiedenen Molekülgrößen

Anhang

Vereinbarungen

Die Kapitel bzw. deren Abschnitte stehen auf der Zeile ohne Klammer mit einem abschließenden Punkt.

Die Gleichungen sind nach den Kapiteln und Abschnitten numeriert und in eckigen Klammern angegeben.

Die Literaturstellen, Fußnoten, Abbildungen und Tabellen sind nur nach Kapiteln gegliedert. Dabei sind die Literaturangaben durch runde Klammern und die Fußnoten durch hochgestellte Zahlen mit einer abschließenden runden Klammer gekennzeichnet. Abbildungen werden durch Abb. und Tabellen durch Tab. abgekürzt. Die jeweilige Nummer der Gleichung, der Fußnote, der Abbildung oder Tabelle steht rechts von dem Doppelpunkt. (Damit ist durch die Gleichungsnummerierung die Auffindung der einzelnen Abschnitte vereinfacht.)

Bücher (Monographien, Lehrbücher, Nachschlagewerke) sind stets durch eine Null links von dem Doppelpunkt, also durch (0: ...), gekennzeichnet. Sämtliche Zeitschriftenaufsätze, Hochschulschriften (Habilitationsschriften, Dissertationen, Diplomarbeiten, Manuskripte) und nicht durch den Buchhandel erwerbbare Werke sind durch (1: ...) bis (22: ...) den einzelnen Kapiteln 1 bis 22 zugeordnet.

Anmerkung: Die Matrizen sind durch *schräge Buchstaben* gekennzeichnet: Rechteckige Matrizen durch GROSSE BUCHSTABEN, Spaltenmatrizen durch kleine Buchstaben. (Ausnahmen stellen die griechischen Buchstaben dar, bei denen auch kleine Buchstaben Rechteckmatrizen bedeuten können.)

Es ist jedoch zu beachten, daß der *Schrägdruck* im Text zur Hervorhebung einer Stelle gebraucht wird, die auch skalare Größen umfassen kann.

Da bei den griechischen Buchstaben zwischen geraden und schrägen nicht unterschieden werden kann, bedeuten nichtunterstrichene griechische Buchstaben Skalare, unterstrichene griechische Buchstaben Matrizen.

Abkürzungsverzeichnis

Aus Raumgründen werden nur die häufigsten Abkürzungen angeführt. Dazu werden oft weitere Indizes an den Abkürzungen angebracht.

A	Schwingungstyp o. Rasse mit Symmetrie zu e. ausgezeichneten Achse (S. 63)
B	Schwingungstyp o. Rasse mit Antisymmetrie zu e. ausgezeichneten Achse (S. 63)
B	Transformationsmatrix zwischen kartesischen und inneren Koordinaten (S. 43 ff., 228 f.)
c	Lichtgeschwindigkeit (S. 216)
C_p	p-zählige Drehachse (S. 56)
dp	depolarisiert (*Raman*-Linien des Depolarisationsgrades 6/7) (S. 9, 245 f.)
E	zweifach entarteter Schwingungstyp (*Rasse*) (S. 63); Einheitselement (S. 55)
E	Einheitsmatrix (S. 30, 95); Erregerfeldstärke (S. 6)
F	dreifach entarteter Schwingungstyp (*Rasse*) (S. 63)
F	Kraftkonstantenmatrix (S. 26, 82 ff.)
F_{ik}	Element der Symmetriekraftkonstantenmatrix F_S der i-ten Zeile u. k-ten Spalte (S. 39, 75)
f_{ik}	Element der Kraftkonstantenmatrix F für generalisierte und innere Koordinaten der i-ten Zeile u. k-ten Spalte (S. 26)
G	inverse Matrix der kinetischen Energie (S, 31, 82)
G^{-1}	Matrix der kinetischen Energie (S. 27 f.)
f_r	Valenzkraftkonstante, z. B. f_{XY} für r = XY als Abstand zwischen den beiden Atomen X und Y (S. 37 ff.)
f_α	Deformationskraftkonstante, auch f_{YXY} für den durch die Atome Y, X und Y erklärten Winkel α (S. 37 ff.)
G_{ik}	Element der inversen Matrix G der kinetischen Energie T für Symmetriekoordinaten der i-ten Zeile u. k-ten Spalte (z. B. S. 74)
g_{ik}	Element der inversen Matrix G der kinetischen Energie für generalisierte und innere Koordinaten der i-ten Zeile u. k-ten Spalte (S. 31, 74)
H	*Hamilton*-Operator (S. 177 usw.)
h	*Planck*sches Wirkungsquantum (S. 216)
I	Identität (S. 56)
i	Symmetriezentrum (S. 56); Index (S. 25 u.a.); $\sqrt{-1}$ (S. 84)
J	Rotationsquantenzahl (S. 13)
L	Eigenvektormatrix (S. 33)
l	Eigenvektor (S. 33); Index (S. 88, 96, 189, 199 – zur Unterscheidung von 1 schräg gesetzt)
M	Massenmatrix (S. 42 f.)
M	oszillierendes elektrisches Dipolmoment (S. 8); häufig in Charaktertafeln zur verschärften Kennzeichnung der Ultrarotspektren in Komponenten (M_x, M_z, $M_\perp$) angeführt (S. 244 ff.)
m	Atommasse (S. 17, 43, 243 ff.) z. B. m_X Masse des Atoms X
N	Anzahl der Atome im Molekül (Kap. 1–18; 21–22); Bindungsgrad (Kap. 19–20); Normierungsfaktor (konstante) (4:7); Stickstoff (in chemischen Verbindungen)
n	Zahl der Schwingungsfreiheitsgrade (S. 6); Ordnung der Matrizen $\underline{N}$, $\underline{\Delta}$, G und F (S. 82 f.)
p	polarisiert (*Raman*-Linien eines Depolarisationsgrades zwischen 0 und 6/7) (S. 9, 244 ff.)
Q	Matrix der Normalkoordinaten (S. 34)
q	Matrix der generalisierten Koordinaten (S. 24 ff.) bzw. der inneren Koordinaten (S. 228 f.)
r	Bindungsabstand zweier Atome im Molekül, z. B. r_{XY} Bindungsabstand d. Atome X u. Y (S. 12 ff.)

S	Spaltenmatrix der Symmetriekoordinaten (S. 70 ff.)
S_p	p-zählige Drehspiegelachse (S. 56)
T	kinetische Energie (S. 17, 27)
U	Transformationsmatrix zwischen inneren Koordinaten und Symmetriekoordinaten (S. 70)
V	potentielle Energie (S. 17, 24 ff.)
α	Valenzwinkel (S. 12 ff., 37 ff., 48 ff.)
β	Valenzwinkel
γ	aus-der-Ebene-Winkel (Azimutalwinkel) (S. 48)
$\Delta\alpha$	Änderung des Valenzwinkels für die winkelerhaltende Kraft (S. 37, 72)
$\Delta \mathrm{r}$	Änderung der Bindungslänge für die abstandserhaltende Kraft (S. 37 ff., 70 ff.)
Δr	Spaltenmatrix der inneren Koordinaten der Änderungen von Bindungslängen und Valenzwinkeln (S. 42, 70, 72)
Δx	Spaltenmatrix der kartesischen Verrückungskoordinaten (S. 42 f.)
$\underline{\zeta}$	Matrix der Coriolis-Konstanten (S. 193)
$\underline{\Lambda}$	Eigenwertmatrix (S. 33)
λ	Eigenwert (S. 18, 29 ff.)
μ	reziproke Masse, z. B. μ_X vom Atom X (S. 18)
$\underline{N}$	Matrix der Schwingungsfrequenzen (S. 75, 245 ff.)
ν	Schwingungsfrequenz (S. 8 ff.)
Π	entarteter Schwingungstyp (Rasse) e. linearen Moleküls (vgl. S. 63)
π	Verhältnis d. Umfangs zum Durchmesser eines Kreises ≈ 3,14159265359
Σ	nichtentarteter Schwingungstyp (*Rasse*) symmetrisch (Σ^+) bzw. antisymmetrisch (Σ^-) zu einer Symmetrieebene durch die Achse eines linearen Moleküls (vgl. S. 63)
$\underline{\Sigma}$	mittlere quadratische Amplitudenmatrix (S. 201)
σ	Symmetrieebene (S. 56)
τ	Zentrifugaldehnungskonstanten (koeffizienten) (S. 176 ff.)
τ	Torsionswinkel (S. 49)
φ	Valenzwinkel (S. 12 ff., 37 ff., 45 ff., 48 ff.)
χ	Charakter (S. 55 ff.)
ψ	Wellenfunktion (S. 217 ff.)
ω	Kreisfrequenz (S. 20)

0. Einleitung

Die Berechnung der Konstanten der potentiellen Energie der Moleküle ist eines der Hauptprobleme in der Auswertung der Molekülspektren ((0:32), S. 28 , (0:21), S. 59). Diese Konstanten der potentiellen Energie bzw. Kraftkonstanten der Moleküle ermöglichen die Gewinnung von *Aussagen über jede einzelne Bindung* im Molekül, wie dies neben der quantentheoretischen Methode nur noch wenige Methoden für vielatomige Moleküle gestatten (7:6). Damit stellt die Kraftkonstantenrechnung *ein Hilfsmittel zur Klärung bindungstheoretischer Strukturfragen* chemischer Verbindungen dar.

Die *experimentellen Größen* oder *Observablen* stellen die Schwingungsfrequenzen der Moleküle dar, wie sie mit *Ultrarot-* und *Raman-Spektren*-Geräten gewonnen werden, die in der sog. Spektralmatrix zusammengefaßt werden. Weiterhin gehen in die Rechnung noch die Valenzwinkel, die Gleichgewichtsabstände und die Massen ein, die in der Matrix der kinetischen Energie zusammengefaßt werden.

Die Berechnung der Matrix der Konstanten der potentiellen Energie erfolgt klassisch nach der Theorie der kleinen Schwingungen, wobei das Molekül als ein *mechanisches Punktsystem* angesehen wird, dessen klassische Schwingungsfrequenzen mit den quantentheoretischen Strahlungsfrequenzen für den Übergang zwischen Grundzustand und dem ersten angeregten Schwingungszustand des Moleküls gleichgesetzt werden kann ((0:27), S. 168).
Auch für die quantentheoretische Theorie der möglichen Energiezustände von Molekülen stellen die klassischen Schwingungsfrequenzen die entscheidenden Parameter dar ((0:27), S. 168, (0:106), S. 49).

Bei symmetrischen Molekülen können mit den *gruppentheoretischen Methoden* zahlreiche weitere Aussagen und oft drastische Vereinfachungen gewonnen werden. Damit können die Klassifizierungen und Symmetrieeigenschaften der Schwingungen unabhängig von der Wahl des Kraftansatzes und von Auswahlregeln für die Ultrarot- und Raman-Spektren aufgestellt werden. Dazu können mit Symmetriekoordinaten die Ordnungen der inversen Eigenwertprobleme stark reduziert und oft einfache Zusammenhänge der Schwingungsfrequenzen zu den Schwingungsformen aufgedeckt werden.

Die Molekülkraftkonstantenberechnung stellt *ein inverses algebraisches Eigenwertproblem* für endliche Ordnungen der 3 genannten Energiematrizen dar. Dieses inverse Eigenwertproblem ist allgemein nur für die Ordnung n=1 lösbar. Damit wäre seine Anwendung auf 2-atomige Moleküle und einige hochsymmetrische 3-,

4- und mehratomige Moleküle beschränkt. Für die Ordnungen n ≧ 2 müssen zusätzliche Daten oder wenigstens zusätzliche Erfahrungen bekannt sein, um das Problem weiterhin mathematisch angreifen zu können. Zusätzliche Daten können aus den Schwingungsspektren isotoper Moleküle entnommen werden. Dazu lassen sich zusätzliche Gleichungen aus dem Zentrifugaldehnungseffekt, der Coriolis-Kopplung, den Schwingungsamplituden, dem Trägheitsdefekt und den Raman-Intensitäten gewinnen. Darüber hinaus birgt die endlich große Lösungsmannigfaltigkeit auch bei vollständigen Datensätzen ab der

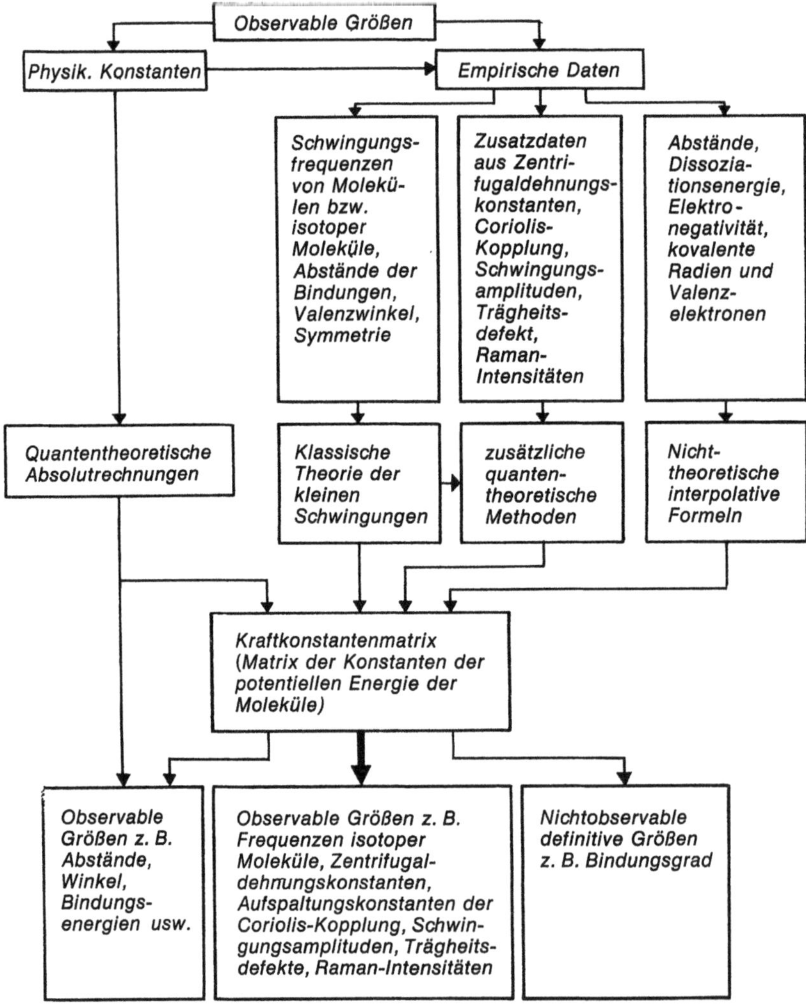

Abb. 0:1. Blockdiagramm zur Veranschaulichung des inneren Aufbaues und des Arbeitsprinzips.

Ordnung n=4 weitere Auswahlschwierigkeiten. Insgesamt nimmt damit die physikalische und mathematische Behandlung des inversen Eigenwertproblems zur Berechnung von Molekülkraftkonstanten einen großen Raum in der vorliegenden Abhandlung ein (vergl. koordinierendes Kapitel 5).

Zugleich werden bei den Darstellungen der Zentrifugaldehnungseffekte, Coriolis-Kopplungen, Schwingungsamplituden, Trägheitsdefekte und Raman-Intensitäten zahlreiche *theoretische Zusammenhänge zwischen den verschiedenen observablen Größen* aufgezeigt.

Unter ausschließlicher Verwendung der physikalischen Konstanten ((0:100), S. 365–367) c, h, e, m_n, m_p und m_e können neben den Bindungsabständen, -winkeln und -energien auch Kraftkonstanten und Schwingungsfrequenzen aus dem *quantentheoretischen Formalismus* berechnet werden. Abgesehen von den einfacheren Fällen erfordern diese ab-initio-Rechnungen einen großen Rechenaufwand, der erst in den letzten Jahrzehnten durch die leistungsfähigen Programmrechner für etwas größere Moleküle bewältigt werden kann. Diese Methode wird gegenüber der bisherigen, die experimentellen Daten auswertenden Methode laufend an Bedeutung gewinnen (siehe Kap. 18).

An einer Reihe von Fällen soll die *Anwendbarkeit* dieser Methoden aufgezeigt werden. Für alle weiteren Anwendungen sei jedoch auf die bekannten Monographien (z. B. *Siebert* (0:32)) hingewiesen.

Der innere Aufbau soll neben der analytischen Darstellung des Inhaltsverzeichnisses noch durch das Blockdiagramm in Abb. 0:1 veranschaulicht werden. Aus ihm ist auch bereits unser *Arbeitsprinzip* abzulesen: Experimentelle Grundtatsachen und Daten – Hypothesen – Theorien – Ausbau der Theorien – explizite Anwendung auf Spezialfälle – zahlenmäßige Durchrechnung bis zu den Endergebnissen und observablen Größen.

1. Teil

Kraftkonstantenberechnung aus experimentellen Daten nach klassischen und quantentheoretischen Methoden

Die Berechnung der Kraftkonstanten ging zunächst von den experimentellen Daten der Schwingungsspektroskopie aus, deren wichtigste Meßgröße die Schwingungsfrequenz ist (Kap. 1). Der theoretischen Behandlung liegt die makroskopische und klassisch-mechanische Methode der kleinen Schwingungen zugrunde (Kap. 2 und 3). Unabhängig von den vorausgesetzten harmonischen Kräften können bei symmetrischen Molekülen zahlreiche Aussagen und Vereinfachungen gemacht bzw. durchgeführt werden (Kap. 4), ((0:27), S. 168). Auf die Problematik und die Rechenmethoden bei alleiniger Verwendung der Schwingungsfrequenzen eines zu berechnenden Moleküls gehen wir in den Kap. 5 bis 8 ein. Erst die Hinzunahme von Schwingungsfrequenzen isotoper Moleküle ermöglicht ab Ordnungen n=2 die vollständige Berechnung aller n(n+1)/2 Kraftkonstanten (Kap. 9 bis 11).

Nach der Begründung der Quantenmechanik konnte dann die Kraftkonstantenberechnung aus zusätzlichen oder auch alleinigen Daten des Zentrifugaldehnungseffektes, der Coriolis-Kopplung, der Schwingungsamplituden, des Trägheitsdefektes und der Raman-Intensitäten durchgeführt werden, die öfters vollständige Kraftkonstantensätze liefern (Kap. 12 bis 16). Die mathematische Behandlung schließt sich eng an die für isotope Frequenzen an (Kap. 17).

1. Abschnitt

Experimentelle Grundlagen der Schwingungsspektroskopie

Zunächst werden die experimentellen Grundlagen der Schwingungsspektroskopie zusammengestellt, wie sie bis zu Kap. 11 hin notwendig und hinreichend sind. Darüber hinaus werden diese Daten bis zu Kap. 17 als ein Satz von Ausgangsdaten benötigt. Schließlich werden sie bei den quantentheoretischen Absolutrechnungen in Kap. 18 zur Überprüfung der Rechengenauigkeit herangezogen.

1. Molekülschwingungen

1.1. Energien und Frequenzen der Elektronenanregungen, der Molekülschwingungen und der Rotationen

Für das *Wasserstoffatom* können aus der *Schrödinger-Gleichung* die Energieeigenwerte der Elektronenanregungszustände noch geschlossen berechnet werden, woraus aus der Differenz zweier Energieeigenwerte nach Division mit dem Planckschen Wirkungsquantum die dazugehörige *Eigenfrequenz* folgt. Die Übereinstimmung mit den experimentellen Werten beträgt mehr als 4 Stellen. Ganz allgemein können die Elektronenanregungsenergien mit zwei und mehr Protonen iterativ – gegebenenfalls unter Einsatz elektronischer Rechenanlagen – ermittelt werden (0:49).

Bei Molekülen treten neben den *Elektronenanregungsenergien* noch die *Schwingungsenergien* der Atomkerne der einzelnen Atome gegeneinander und die *Rotationen* der Moleküle in eigenen Spektren hinzu ((0:110), S. 381). Der komplizierteste Fall stellt die starke Kopplung aller 3 Spektren dar, der theoretisch nur in den wenigsten Fällen beherrscht wird. Hier ist man meist auf die Experimente angewiesen. Der einfachste Fall ist die völlige Entkopplung aller 3 Spektren der Elektronenanregung, der Schwingung und der Rotation. Für diesen Extremfall können noch zahlreiche Aussagen gewonnen werden, die als 1. Näherung für nicht zu stark gekoppelte Spektren dienen können.

Die reinen Rotationsspektren sind von den 3 Spektren wieder am einfachsten zu behandeln ((0:8), S. 13).

Eine Anwendung findet sich in Kap. 1.6. zur Bestimmung der Gleichgewichtsabstände. Auf Grundzüge der theoretischen Behandlung gehen wir in Kap. 12 und 13 bei der Darstellung des Zentrifugaldehnungseffektes und der Coriolis-Kopplung im Rahmen unserer Themenstellung ein.

Schwieriger sind schon die Schwingungsspektren zu berechnen. Sie können in ab-initio-Rechnungen aus der Schrödinger-Gleichung bestimmt werden. Darauf kommen wir in 18. ausführlicher zurück. In diesem Buch setzen wir aber allgemein voraus, daß die Schwingungsspektren eines zu behandelnden Moleküles experimentell aus Raman- oder ultrarotspektroskopischen Untersuchungen bekannt sind. Diese Voraussetzung gilt außer in 18. für sämtliche andere Kapitel. Dabei ist es hier unser Hauptanliegen, die experimentellen Schwingungsfrequenzen eines Moleküls zur mathematischen Bestimmung der Konstanten der potentiellen Energie oder Kraftkonstanten zu verwerten.

Auf die Berechnung von Anregungsspektren von Elektronen gehen wir im Rahmen der Schwingungsfrequenz-, Gleichgewichts-, Valenzwinkel-, Kraftkonstanten- und Bindungsenergiebestimmung in Kap. 18. ein. Für die übrigen Kapitel aber setzen wir im allgemeinen den Grundzustand der Elektronen voraus. Dies liegt in der Erfahrung begründet, daß für höhere Elektronenanregungszustände zahlreiche größere Moleküle nicht mehr stabil sind.

1.2. Zur Theorie und Messung der Molekülschwingungen

Die Bewegung eines N-atomigen Moleküls wird durch 3N kartesische Koordinaten beschrieben. Damit berechnet sich die *Zahl der Schwingungsfreiheitsgrade eines N-atomigen, nichtlinearen Moleküls* aus

$$n = 3\,N - 6. \qquad [1.2:1]$$

Dabei sind die 3 Freiheitsgrade der Translation und die 3 Freiheitsgrade der Rotation abzuziehen. Damit ergibt sich *für lineare Moleküle* die Zahl der Schwingungsfreiheitsgrade n zu

$$n = 3\,N - 5, \qquad [1.2:2]$$

weil insgesamt nur 2 Rotationsfreiheitsgrade vorhanden sind.

Die Zahl der Schwingungsfreiheitsgrade ist gleich der Zahl der Schwingungsfrequenzen eines Moleküls.

Die Messung der Schwingungsfrequenzen der Atomkerne im Molekül erfolgt allgemein durch die Ultrarot- und Raman-Spektroskopie.

1.2.1. Ultrarotspektren

Als erstes können die Schwingungsfrequenzen durch die *Lichtabsorption* im ultraroten Spektralbereich ermittelt werden. Dabei muß durch die Bewegungen der Atomkerne das Dipolmoment des Moleküls verändert werden, und man bezeichnet Moleküle mit einem permanenten Dipolmoment als *Dipolmoleküle.* Daraus folgt sofort, daß bei Molekülen mit zusammenfallenden Schwerpunkten der positiven und negativen Ladungen *keine* ultraroten Spektren auftreten können. Als Beispiel seien die gleich- und zweiatomigen Moleküle H_2, O_2, N_2 usw. genannt. (Ihre Spektren sind über Elektronenanregungen erfaßbar.)
Die Frage, ob allgemein eine Schwingung durch das Ultrarotspektrum wiedergegeben oder nicht wiedergegeben wird, kann durch Symmetriebetrachtungen beantwortet werden. Die Herleitungen finden sich in 4.6.

Weiterhin wird bei der Ultrarotspektroskopie auch das Rotationsspektrum des Moleküls wiedergegeben, das entscheidend von der Größe des Trägheitsmomentes geprägt wird. Umgekehrt können aus dem Rotationsspektrum Gleichgewichtsabstände einfacher, z. B. 2-atomiger Moleküle berechnet werden, worauf wir in 1.6.1. ausführlicher eingehen werden.

In Wirklichkeit sind jedoch das Rotationsspektrum und das Schwingungsspektrum miteinander gekoppelt, was sich in der Veränderung des Kernabstandes und des Trägheitsmomentes bzw. der damit verbundenen Rotationskonstanten B während der Schwingung bemerkbar macht. Dies führt uns auf die Zentrifugaldehnung und auf die Coriolis-Kopplung, die wir in 12. und 13. ausführlicher behandeln werden.

In diesem Rahmen setzen wir stets voraus, daß die Ultrarotspektren der Moleküle experimentell gegeben seien. Die zahlreichen damit verbundenen Schwierigkeiten können den einschlägigen Monographien entnommen werden (z. B. *Brügel,* Ultrarotspektroskopie (0:8); *Stuart,* Molekülstruktur (0:33) usw.). Die Zahlenwerte der Schwingungsfrequenzen selbst entnehmen wir der Literatur (z. B. *Siebert,* Schwingungsspektroskopie (0:32); *Nakamoto,* Infrared Spectra (0:29), (0:23)).

Alle theoretischen und technischen Einzelheiten werden ausführlich in der Monographie von *Brügel* (0:8) behandelt.

1.2.2. Aus der Raman-Spektroskopie

Strahlt man in einen Körper monochromatisches Licht ein, so treten im *Streulicht* neue Spektrallinien auf, deren Frequenzen ν_{Ra} gegen die der einfallenden Schwingung um charakteristische Beträge $\Delta\nu$ verschoben sind. Diese Linien werden nach ihrem experimentellen Entdecker *Raman* Raman-Linien genannt. (Theoretisch wurden sie bereits von *Lommel* klassisch und von *Smekal* quantenmechanisch vorausgesagt.) Die Verschiebung einer bestimmten Raman-Linie ist von der Frequenz des eingestrahlten Lichtes unabhängig.

Smekal hat 1923 diesen Effekt *quantentheoretisch* durch den Stoß eines Lichtquantes h ν_0 mit einem Molekül erklärt. Sind E_a und E_e die Energien des Moleküls am Anfang und am Ende des Vorganges, so ergibt sich die Frequenz der Raman-Linie aus

$$\nu_{Ra} = \nu_0 + \frac{E_a - E_e}{h} . \qquad [1.2.2:1]$$

Für $E_a > E_e$ erhält man eine Verschiebung nach Rot, für $E_a < E_e$ eine nach Violett, für $E_a = E_e$ die unverschobene oder Rayleigh-Strahlung.

In der klassischen Betrachtung induziert die einfallende Strahlung im Molekül ein *oszillierendes elektrisches Dipolmoment M,* das die Streuung nach allen Seiten hervorruft. Das am Molekül wirkende innere Feld F ist gleich der eingestrahlten Erregerfeldstärke E, und der Zusammenhang zwischen diesen Größen wird durch die *Polarisierbarkeit* $\underline{\alpha}$ mit

$$M = \underline{\alpha} F = \underline{\alpha} E \qquad [1.2.2:2]$$

hergestellt. Dabei ist $\underline{\alpha}$ eine tensorielle Größe. Damit treten Raman-Linien bei der Rotation nur auf, wenn sich die Polarisierbarkeit des Moleküls bei Richtungswechsel ändert. Bei Schwingungen der Kerne muß die Polarisierbarkeit ebenfalls verändert werden, wenn ein Schwingungsspektrum im Raman-Spektrum auftreten soll. *Placzek* (0:30) hat das Raman-Spektrum durch die *Polarisierbarkeitstheorie* noch rationall behandeln können ((0:27), S. 111). In den letzten Jahren schuf *Behringer* eine vertiefte quantentheoretische Darstellung des Raman-Effektes insbesondere bei resonanznaher Einstrahlung (Resonanz-Raman-Effekt) (1:3) – (1:7).

Ob eine Raman-Linie bei einem Molekül auftritt oder nicht, kann ebenfalls gruppentheoretisch beantwortet werden, und wir gehen darauf in 4.6. ein. Allgemein aber kann gesagt werden, daß zu einem Zentrum antisymmetrische Schwingungen im Raman-Spektrum nicht auftreten, da sich hier die Polarisierbarkeit nicht ändert ((0:33), S. 502).

Allgemein wird das reine Schwingungsspektrum als Raman-Spektrum bezeichnet, da die Messung des Rotationsspektrums aus Intensitätsgründen nicht durchgeführt wird. Die Aufnahme des *Rotationsspektrums* eines Moleküls erfolgt meist mit der Ultrarotspektroskopie.

Eine ausführliche Darstellung des gesamten Gebietes findet sich in der Monographie von *Brandmüller* und *Moser* (0:7).

Wiederum setzen wir die experimentellen Schwingungsfrequenzen, vermessen mit einem Raman-Spektrometer, voraus. Wir benützen dazu die bereits in 1.2.1. genannten Sammelwerke.

1.3. Zur Bestimmung infrarot- und Raman-inaktiver Schwingungen

Es gibt einige Schwingungen, die sowohl *ultrarotinaktiv* als auch *Raman-inaktiv* sind (z. B. die $\nu_6(F_{2u})$-Schwingung von Molekülen des Typs XY_6 der Symmetriegruppe O_h, siehe z. B. (0:14), S. 176). Die Messung oder Berechnung muß hier über weitere Methoden erfolgen, von denen hier einige mitgeteilt seien:

Einige können durch die *unelastische Streuung kalter Neutronen* gefunden werden (siehe z. B. (1:1), (1:2)).

Eine weitere Methode ist durch den Zusammenhang spektroskopischer Daten und thermodynamischer Größen durch die sog. *Zustandssumme* gegeben ((0:8), S. 385–387). Eine spektroskopische Methode findet sich auf S. 69.

1.4. Zuordnung der Schwingungsfrequenzen zu den Schwingungsformen

Der 2. Schritt nach der experimentellen Auffindung der Schwingungsfrequenzen ist die Analyse der *Zuordnung* der einzelnen Frequenzen zu den dazugehörigen Schwingungsformen. Dabei sind die Schwingungsformen durch die Bewegungsrichtungen und Amplituden der Atome im Molekül gegeben. Für viele Fälle genügt es, die genäherten Schwingungsformen durch die Symmetriekoordinaten oder inneren Koordinaten zu kennen.

Zur Auffindung der Zuordnung sind eine Reihe von Methoden bekannt, die in folgende 4 Gruppen eingeteilt werden können ((0:7), S. 121):

1. Gruppe: Es werden nur *weitere experimentell meßbare Größen* des Schwingungsspektrums selbst verwendet.

1. Methode: Es werden die relativen *Intensitäten* im UR- und Ra-Spektrum herangezogen. So liefern z. B. häufig die totalsymmetrischen Schwingungen die intensivsten Linien im Raman-Spektrum ((0:7), S. 122).

2. Methode: Bei den Raman-Linien liegen die *Depolarisationsgrade* für totalsymmetrische Schwingungen zwischen 0 und 6/7, für nichttotalsymmetrische Schwingungen sind sie genau 6/7.

3. Methode: Durch die *Auswahlregeln* bzw. *Symmetrieverbote* können bei symmetrischen Molekülen oft exakte Zuordnungen gefunden werden (siehe $XY_4(T_d)$, $XY_6(O_h)$ usw.). Oft werden durch das Fehlen bestimmter Frequenzen (im UR- oder Ra-Spektrum) die Symmetrien der Moleküle nach Modellvorstellungen erst aufgefunden ((0:32), S. 23–28).

4. Methode: In einigen Fällen geben die *Linienprofile* Aufschluß über die Symmetrie der Schwingungen ((0:7), S. 122). Weiterhin können noch Zuordnungen durch die *Schärfe* der Raman-Linien von Gasen und Flüssigkeiten und durch die *Rotationsstruktur* der UR-Banden von Gasen gefunden werden ((0:32), S. 23).

2. Gruppe: Hier werden zusätzliche Informationen durch den *Vergleich mit Spektren ähnlicher Moleküle* gewonnen.

5. Methode: Der Vergleich der *Frequenzen isotoper Moleküle* liegt zuerst am nächsten (siehe 9.1.). Als Beispiel seien die 3 isotopen Moleküle $H^{12}CN$, $D^{12}CN$ und TCN erwähnt ((0:29), S. 80), die die Zuordnung einfach finden lassen, die in Tab. 1:1 durch die Anordnung der Frequenzen eingetragen ist.

6. Methode: Weiterhin gestatten die Spektren von Molekülen aus einer homologen Reihe häufig Zuordnungen zu treffen. Es sei als ein Beispiel auf die Reihe FCN, ClCN, BrCN und JCN hingewiesen, deren 3 Schwingungsfrequenzen nach ihren Größenordnungen der Zahlenwerte in Tab. 1:1 angeordnet sind. Daß dabei ν_1 die Bindung XC mit X = F, Cl, Br und J betrifft, ist durch den zusätzlichen Vergleich mit HCN ersichtlich. Die Frequenz ν_2 wäre der Bindung CN zuzuordnen. Auf die Deutung der Frequenz ν_3 gehen wir dann in 3.2.1. ein (Deformationsfrequenz).

7. Methode: Ganz allgemein zeigt sich, daß für bestimmte Gruppen oder Bindungen des Moleküls die Frequenzen in mehr oder weniger kleinen Frequenzbereichen liegen. Dies führt zu dem Begriff der *charakteristischen Frequenz* oder *charakteristischen Schwingungsform,* an der *vorwiegend* nur die zu der Bindung gehörigen Massen beteiligt und die mechanischen Eigenschaften der restlichen Bindungen hinreichend klein oder in besonders günstigen Fällen zu vernachlässigen sind. (In 7. 1. 4. werden wir noch weitere Anwendungsmöglichkeiten dieses Begriffes geben.) Als einfaches Beispiel kann die charakteristische Frequenz oder Gruppenfrequenz aus Tab. 1:1 für die Bindung CN der Moleküle der Typen XCN der Symmetriegruppe $C_{\infty v}$ angeführt werden.

Tab. 1:1. **Zugeordnete Schwingungsfrequenzen isotoper Moleküle und Moleküle der homologen Reihe XYZ($C_{\infty v}$) ((0:29), S. 80) 1:1)**

XYZ ($C_{\infty v}$)	ν_1	ν_2	ν_3 (cm^{-1})
$H^{12}CN$	3311	2094	712
$D^{12}CN$	2630	1925	569
TCN	2460	1724	513
FCN	1077	2290	449
ClCN	714	2219	380
BrCN	574	2200	368
JCN	470	2158	321

1:1) Nach der allgemeinen Gepflogenheit wird Schwingungsfrequenz bzw. Frequenz statt Schwingungswellenzahl bzw. Wellenzahl meist synonym verwendet, obwohl fast ausschließlich in der Einheit cm^{-1} gerechnet wird.

Es sei betont, daß bei großen Molekülen die charakteristischen Frequenzen ein wesentliches Hilfsmittel zur Entwirrung der komplizierten Spektren sind. Häufig sind von den Methoden 1 bis 6 hierfür keine Zuordnungen möglich.
3. Gruppe und 8. Methode: Das experimentell gegebene Spektrum eines Moleküles wird mit berechneten Spektren von *Molekülmodellen* verglichen. Dies führt uns auf die *3. Stufe der quantitativen Verwertung der experimentell gegebenen Spektren zur Berechnung der innermolekularen Kräfte oder des Kraftfeldes eines Moleküls,* die das Hauptthema der vorliegenden Arbeit darstellt. Die Berechnung der Konstanten der potentiellen Energie oder der sog. Kraftkonstanten oder Molekülkraftkonstanten ist eine der Hauptaufgaben der Schwingungsspektroskopie ((0:21), S. 59), ((0:32), S. 28), ((0:8), S. 53, 17). Diese Molekülmodellrechnung ist meist die einzige Methode, um genaue Aussagen über die Schwingungsformen und zwischenmolekulare Kräfte bei *vielatomigen* Molekülen zu erlangen.
4. Gruppe und 9. Methode: Es sei auch auf die *quantentheoretische Berechnung* von Frequenzen hingewiesen, die teilweise bei kleineren Molekülen zu mehrstelligen Übereinstimmungen mit den experimentell gegebenen Frequenzen geführt hat (siehe 18.4.1.). Dabei werden nur physikalische Konstanten benötigt ((0:110), S. 363–365), ohne daß sonst eine Anleihe an zusätzliche experimentelle Daten gemacht wird.

1.5. Zur Berechnung der harmonischen Schwingung aus der beobachteten Schwingung bei bekannter Oberschwingung

Im allgemeinen weicht die beobachtete Schwingungsfrequenz von der harmonischen Frequenz des Modelles ab. Ist aber eine Oberschwingung bekannt, so kann im Falle eines 2-atomigen Moleküls durch Berechnung der Anharmonizität als Korrektur die harmonische Frequenz ν_e berechnet werden.

Für das 2-atomige Molekül lautet die Gleichung für den *harmonischen Oszillator* nach der Quantentheorie:

$$E_v = h\ c\ \ \nu_e\ (v + \frac{1}{2}). \qquad [1.5:1]$$

Dabei ist: h *Planck*sches Wirkungsquantum, c Lichtgeschwindigkeit, v die Schwingungsquantenzahl mit den Werten 0, 1, 2, . . . , E_v die Schwingungsenergie für die Schwingungsquantenzahl v.
Unter Berücksichtigung der *Anharmonizität* erhält man nach Einführung der Anharmonizitätskonstanten $\overline{\nu_e\ x_e}$

$$E_v = h\ c\ \nu_e (v + \frac{1}{2}) - h\ c\ \overline{\nu_e x_e}\ (v + \frac{1}{2})^2 . \qquad [1.5:2]$$

(Die Herleitungen dieser beiden Gleichungen sind den Lehrbüchern der Quantenmechanik zu entnehmen! Z. B. (0:108), S. 144–152; 248–250.)

Die beobachteten Schwingungsfrequenzen $\nu_{\text{beobachtet}}$ der Grundschwingung und die 1., 2., ..., (v−1). Oberschwingung ergeben sich aus den Energieunterschieden von $E_v - E_o$. Damit erhalten wir aus [1.5:2] die Beziehung

$$\frac{E_v}{h \cdot c} - \frac{E_o}{h \cdot c} = \nu_e \cdot v - \overline{\nu_e x_e} \cdot v(v+1) = \nu_{\text{beobachtet}} \, (o \rightarrow v). \qquad [1.5:3]$$

Sind die Grundschwingung ν_{beob} $(o \rightarrow 1)$ und die 1. Oberschwingung ν_{beob} $(o \rightarrow 2)$ bekannt, so ergeben sich die beiden Gleichungen

$$\nu_e - \overline{\nu_e x_e} \cdot 2 = \nu_{\text{beob}} \, (o \rightarrow 1) = \nu_0 , \qquad [1.5:4]$$

$$2 \, \nu_e - 6 \, \overline{\nu_e x_e} = \nu_{\text{beob}} \, (o \rightarrow 2) = \nu_1 . \qquad [1.5:5]$$

Dies führt zu folgenden einfachen Ausdrücken für die Anharmonizitätskonstante und für die harmonische Schwingungsfrequenz in 1. Korrektur

$$\overline{\nu_e x_e} = {}^1/_2 \cdot (2 \, \nu_o - \nu_1), \qquad [1.5:6]$$

$$\nu_e = 3 \, \nu_0 - \nu_1 . \qquad [1.5:7]$$

Beispiel: HCl

Nach ((0:16), S. 55) sind die beiden Frequenzen als Grundschwingung und 1. Oberschwingung beobachtet:

$$\nu_o = 2885{,}9 \text{ cm}^{-1} \qquad [1.5:8]$$

$$\nu_1 = 5668{,}05 \text{ cm}^{-1} \qquad [1.5:9]$$

Daraus erhalten wir nach [1.5:6] und [1.5:7] die Anharmonizitätskonstante und die harmonische Schwingungsfrequenz ν_e zu

$$\overline{\nu_e x_e} = 51{,}9 \text{ cm}^{-1}, \qquad [1.5:10]$$

$$\nu_e = 2989{,}7 \text{ cm}^{-1}. \qquad [1.5:11]$$

1.6. Zur Bestimmung der Gleichgewichtsabstände und der Valenzwinkel

Neben den schwingungsspektroskopischen Daten benötigt man zur Kraftkonstantenberechnung allgemein die der Geometrie und der Mechanik. Während die Massen der Atome im Molekül als bekannt vorausgesetzt werden, sind bei komplizierteren Molekülen die Gleichgewichtsabstände der Atomkerne voneinander und die Valenzwinkel oft nur in größeren Fehlerbreiten oder überhaupt nicht bekannt. (Lediglich bei verschiedenen einfachen Molekülen und verschiedenen Kraftkonstanten kommt man ohne geometrische Daten aus). Das Problem der Valenzwinkel ist bei symmetrischen Molekülen eng mit Symmetriebetrachtungen verknüpft. Weiterhin sei die Anordnung der Atome im Molekül und dessen

Struktur und Symmetriegruppe als bekannt vorausgesetzt. Zu ihrer Bestimmung müssen oft umfangreiche experimentelle und theoretische Untersuchungen unternommen werden.

Es seien hier nur einige Hinweise zur Bestimmung geometrischer Daten gegeben.

1.6.1. Berechnung der Gleichgewichtsabstände 2-atomiger Moleküle aus den Rotationsspektren

Für lineare Moleküle der Symmetriegruppen $D_{\infty h}$ und $C_{\infty v}$ berechnet sich die *Wellenzahl* $\nu_{\mathrm{rot.\,J}}$ *der emittierten oder absorbierten Strahlung des Rotationsspektrums* nach

$$\nu_{\mathrm{rot,\,J}} = 2\,\mathrm{B}\,(\mathrm{J}+1) - 4\,\mathrm{D}\,(\mathrm{J}+1)^3 . \qquad [1.6.1{:}1]$$

Dabei ist J die *Rotationsquantenzahl* mit

$$\mathrm{J} = 0, 1, 2, \ldots , \qquad [1.6.1{:}2]$$

B die *Rotationskonstante,* gegeben durch das reziproke Trägheitsmoment $\mathrm{I_B}$ und durch physikalische Konstanten (c = Lichtgeschwindigkeit, h = Plancksches Wirkungsquantum, Zahlenwerte siehe Kap. 18.)

$$\mathrm{B} = \frac{\mathrm{h}}{8\,\pi^2\,\mathrm{c}\,\mathrm{I_B}} . \qquad [1.6.1{:}3]$$

Das *Trägheitsmoment* $\mathrm{I_B}$ bezüglich einer zur Molekülachse senkrechten und durch den Schwerpunkt des Moleküls gehenden Achse berechnet sich aus

$$\mathrm{I_B} = \sum^{i'} \mathrm{m_i}\,\mathrm{r_i^2} , \qquad [1.6.1{:}4]$$

wobei $\mathrm{r_i}$ der Abstand des i-ten Atomes mit der Masse $\mathrm{m_i}$ vom Molekülschwerpunkt und über alle Atome zu summieren ist. Die *Zentrifugaldehnungskonstante* D berücksichtigt die Dehnung des Moleküls, sie ist verglichen mit der Rotationskonstante B sehr klein und hängt von den Kraftkonstanten ab (siehe 12.1., ((0:8), S. 46), ((0:33), S. 130–133, 493)). Ihr Einfluß führt zu *Abweichungen von der Äquidistanz der Rotationslinien.*

Für ein *2-atomiges Molekül* der Symmetriegruppe $C_{\infty v}$ mit den Massen $\mathrm{m_1}$ und $\mathrm{m_2}$ ergibt sich wegen

$$\mathrm{I_B} = \frac{\mathrm{m_1}\,\mathrm{m_2}}{\mathrm{m_1}+\mathrm{m_2}}\,\mathrm{r_e^2} = \mu\,\mathrm{r_e^2}\ (\text{mit } \mu \text{ reduzierte Masse}) \qquad [1.6.1{:}5]$$

der *Gleichgewichtsabstand* $\mathrm{r_e}$ aus den 3 Gleichungen [1.6:1], [1.6:4] und [1.6:5] bei Vernachlässigung von D zu

$$r_e = \sqrt{\frac{h\,(J+1)}{4\,\pi^2\,\mu\,\Delta\,\nu_{rot,\,J}}}\,. \qquad [1.6.1:6]$$

Zahlenbeispiel: HCI
Es ergibt sich der Gleichgewichtsabstand zu

$$r_e\,(HCl) = 1{,}305 \cdot 10^{-8}\ cm \qquad [1.6.1:7]$$

aus $$\Delta\,\nu_{rot,\,J=o} = 6.10^{11}\ s^{-1}, \mu = 1{,}641 \cdot 10^{-24}\ g, J = 0. \qquad [1.6.1:8]$$

1.6.2. Bestimmung der geometrischen Daten verschiedener mehratomiger Moleküle aus Rotationsspektren

Sind mehratomige Moleküle durch Symmetrien so festgelegt, daß nur noch *ein* Bindungsabstand zu bestimmen ist, so kann dieser leicht nach den Formeln in 1.6.1. berechnet werden. Als Beispiel hierfür seien ebene Moleküle des Typs und der Symmetriegruppe XY_3 (D_{3h}) angeführt. Es ergibt sich für die Trägheitsmomente aus Gl. [1.6.1:4]

$$I_A = 2\,I_B = 3\,m_Y\,r_e^2. \qquad [1.6.2:1]$$

Dabei bedeutet I_A das Trägheitsmoment für eine durch das Atom X gehende, zur Molekülebene senkrechte Achse, I_B das Trägheitsmoment für eine durch das X- und ein Y-Atom festgelegte Achse.

Allgemein können aus den Rotationsspektren höchstens 3 Trägheitsmomente und damit höchstens 3 Gleichgewichtsabstände und Valenzwinkel bestimmt werden. So können z. B. für *nichtebene Moleküle* $XY_3\,(C_{3v})$ der Gleichgewichtsabstand r_e (XY) und der Winkel α zwischen r_e (XY) und der dreifachen Achse aus den beiden Trägheitsmomenten

$$I_A = 3\,m_Y\,\sin^2\alpha\ r_e^2 \quad \text{(bez. Achse durch X und senkrecht auf der Ebene der 3 Y-Atome)} \qquad [1.6.2:2]$$

und

$$I_B = \frac{3\,m_Y}{2\,(1+\frac{3\,m_Y}{m_X})}\,(2-(1-3\,\frac{m_Y}{m_X})\,\sin^2\alpha)\ r_e^2\,. \qquad [1.6.2:3]$$

bestimmt werden.

In vielen Fällen sind jedoch mehr als 3 geometrische Daten gesucht. *Zusätzliche Beziehungen* ergeben sich hier *durch die Rotationsspektren isotoper Moleküle.* Zahlreiche Beispiele mit Zahlenmaterial findet sich in der Monographie von Herzberg ((0:17), S. 438–440).

1.6.3. Hinweis auf die Methoden der Röntgen-, Neutronen- und Elektronenbeugungen

Bei vielatomigen Molekülen zählen die Verfahren der Röntgen-, Neutronen- und Elektronenbeugung zu den wichtigsten Methoden zur Bestimmung der Struktur, der Gleichgewichtsabstände, der Winkel und der Bindungsverhältnisse. Dabei wird aus den Beugungsdiagrammen mit Hilfe der Fourier-Analyse rückschließend die Geometrie des Moleküls berechnet. Während die Röntgen-Beugung hinreichend große Atomgewichte voraussetzt und so allgemein auf leichtere Atome wie Wasserstoff nicht anspricht, können ergänzend mit den Neutronenbeugungen auch die leichteren Atome erfaßt werden ((0:110), S. 370–371).

2. Abschnitt

Zur Kraftkonstantenberechnung aus Schwingungsfrequenzen nach der klassischen Mechanik von Punktsystemen

Im allgemeinen setzen wir quantentheoretische Strahlungsfrequenzen für den Übergang zwischen Grundzustand und dem ersten angeregten Schwingungszustand voraus. *Bei der klassisch-mechanischen Behandlung wird nun vorausgesetzt,* daß diese *quantentheoretischen Schwingungsfrequenzen der klassischen Schwingungsfrequenzen eines mechanischen Systems von Massenpunkten gleichgesetzt werden können.* Unter dieser Voraussetzung können dann mit der „Methode der kleinen Schwingungen" aus den experimentellen Schwingungsfrequenzen rückschließend die Kräfte bzw. die Kraftkonstanten berechnet werden. Diese Methodik ist bis zum Kap. 11 eine wesentliche Grundlage. Sie führt auf das sog. inverse algebraische Eigenwertproblem, das im wesentlichen die Berechnung der Kraftkonstanten aus der sog. Säkulargleichung beinhaltet.

1. Unterabschnitt:

Alleinige Verwendung der Schwingungsfrequenzen des Moleküls

Zur Berechnung der Kraftkonstanten eines Moleküls sind zunächst die Schwingungsfrequenzen dieses Moleküls durch Messungen als bekannt vorausgesetzt. Bis einschließlich Kap. 8 sollen die sich daraus ergebenden Aussagemöglichkeiten untersucht werden.

2. Kraftkonstantenberechnung eines 2-Massensystems aus der Schwingungsfrequenz

Bereits am 2-atomigen Molekül lassen sich einige wesentliche Züge der Kraftkonstantenberechnung vielatomiger Moleküle aus den Schwingungsspektren aufzeigen, und wir stellen deshalb diese Betrachtungen den allgemeinen Methoden der Kap. 3 bis 7 voraus. Dazu liegt folgende Besonderheit vor und lassen sich zwei Anwendungen anführen:

1.) Der Fall des 2-atomigen Moleküls erfordert keine zusätzlichen Modellannahmen und Interpretationen.
2.) Es kann in erweiterter Form als einfachstes Modell zur näherungsweisen Berechnung der Kraftkonstanten höheratomiger Moleküle verwendet werden.

3.) In dieser verallgemeinerten Form kann das sog. Modell der harmonischen Oszillatoren als Ausgangslösung für die mathematische Behandlung größerer Moleküle mit Minimalisierungsverfahren (vergl. Kap. 7.1.) benützt werden.

2.1. Zur Aufstellung der Schwingungsgleichung – Definition und Berechnung der Kraftkonstanten

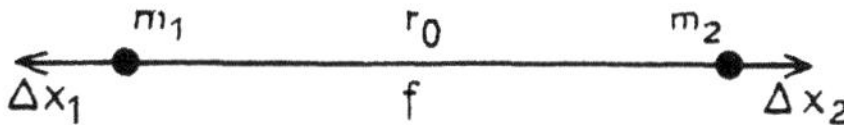

Abb. 2:1. Normalschwingung eines 2-atomigen Moleküls

Die Atomkerne des 2-atomigen Systems (Molekül oder Ion) mögen hinreichend kleine Schwingungen um ihre Ruhelagen ausführen. Dabei sollen die beiden Kerne mit den Massen m_1 und m_2 durch eine Kraft zur Schwingung um die Gleichgewichtslage in Richtung der Verbindungslinie der beiden Kerne miteinander verbunden sein, die in erster Näherung durch eine *harmonische Kraft* ersetzt werden darf. Als Vergleich könnte man sich eine elastische Feder zwischen den Kernen vorstellen. Diese harmonische Kraft wird durch die *Konstante* f *der potentiellen Energie* charakterisiert und in der Schwingungsspektroskopie *Kraftkonstante des Moleküls* genannt. Als Konstante der potentiellen Energie stellt sie eine charakteristische Größe für die Bindungskraft eines 2-atomigen Moleküls dar. Zu ihrer Berechnung aus der Schwingungsfrequenz ν^* des Systems gehen wir vom Energiesatz aus, nach dem die Summe der kinetischen Energie T und der potentiellen Energie V für konservative Kräfte konstant bleibt ((0:62), S. 423)).
Werden mit Δx_1 und Δx_2 die Auslenkungen der Atomkerne um ihre Ruhelage gekennzeichnet, so erhalten wir die *Bewegungsgleichung*

$$T + V = {}^1\!/_2\ m_1\ \Delta\dot{x}_1^2 + {}^1\!/_2\ m_2\ \Delta\dot{x}_2^2 + {}^1\!/_2\ f\,(\Delta x_2 - \Delta x_1)^2 = \text{constant}. \qquad [2.1:1]$$

Da wir von der Translation und Rotation absehen, muß der Schwerpunkt in Ruhe bleiben. Dann ergibt zusätzlich der *Schwerpunkterhaltungssatz*

$$m_1\ \Delta x_1 + m_2\ \Delta x_2 = 0. \qquad [2.1:2]$$

Daraus läßt sich durch

$$\Delta x_2 = -\frac{m_1}{m_2}\ \Delta x_1 \qquad [2.1:3]$$

die Beschreibung der Bewegung auf die einzige Auslenkung Δx_1 zurückführen. Setzen wir [2.1:3] in [2.1:1] ein, dann erhalten wir

$$\tfrac{1}{2}\, m_1\, \Delta\dot{x}_1^2 + \tfrac{1}{2}\, m_2 \left(\frac{m_1}{m_2}\right)^2 \Delta\dot{x}_1^2 + \tfrac{1}{2}\, f \left(\frac{m_1}{m_2} + 1\right)^2 \Delta x_1^2 = \text{const} = C. \qquad [2.1:4]$$

Durch das Differenzieren nach der Zeit verschwindet die uns unbekannte Gesamtenergie C. Es wird

$$m_1\, \Delta\ddot{x}_1\, \Delta\dot{x}_1 + m_2 \left(\frac{m_1}{m_2}\right)^2 \Delta\ddot{x}_1\, \Delta\dot{x}_1 + f \left(\frac{m_1 + m_2}{m_2}\right)^2 \Delta\dot{x}_1\, \Delta x_1 = 0. \qquad [2.1:5]$$

oder

$$\Delta\dot{x}_1 \left(\left(m_1 + \frac{m_1^2}{m_2}\right) \Delta\ddot{x}_1 + f \left(\frac{m_1 + m_2}{m_2}\right)^2 \Delta x_1 \right) = 0. \qquad [2.1:6]$$

Da die Geschwindigkeit $\Delta\dot{x}_1$ im zeitlichen Ablauf von Null verschieden ist, wenn man von den Umkehrpunkten absieht, kann nur noch für alle Zeiten die Klammer gleich Null sein. Daraus folgt

$$m_1 \left(\frac{m_2 + m_1}{m_2}\right) \Delta\ddot{x}_1 + f \left(\frac{m_1 + m_2}{m_2}\right)^2 \Delta x_1 = 0. \qquad [2.1:7]$$

Weiter folgt durch Kürzen die *Bewegungsgleichung in der einfachen Gestalt*

$$\Delta\ddot{x}_1 + f \left(\frac{m_1 + m_2}{m_1\, m_2}\right) \Delta x_1 = 0. \qquad [2.1:8]$$

Es ist in der Literatur üblich, die Massen durch die *reziproken Massen* wie folgt auszudrücken:

$$\mu = \frac{1}{m}, \quad \text{also } \mu_1 = \frac{1}{m_1} \quad \text{und } \mu_2 = \frac{1}{m_2}. \qquad [2.1:9]$$

Damit nimmt Gl. [2.1:8] die Form

$$\Delta\ddot{x}_1 + f\,(\mu_1 + \mu_2)\, \Delta x_1 = 0 \qquad [2.1:10]$$

an.

Eine Lösung dieser homogenen linearen Differentialgleichung 2. Ordnung ist

$$\Delta x_1 = A \cdot \cos\,(2\pi\nu^* t) = A \cdot \cos\,(\sqrt{\lambda^*}\, t) \qquad [2.1:11]$$

$$\text{mit } (2\pi\nu^*)^2 = \lambda^*. \qquad [2.1:12]$$

Dabei ist A eine durch die Anfangsbedingungen gegebene Konstante, die den *größten Amplitudenausschlag* angibt und bei der Molekülrechnung im allgemeinen unbekannt ist. λ^* nennt man den *Eigenwert*, dessen Bedeutung sich sofort aus dem Einsetzen der Gl. [2.1:11] in [2.1:10] erhellt.

Es wird mit

$$\Delta\ddot{x}_1 = -(2\pi\nu^*)^2 \cdot A \cdot \cos(2\pi\nu^* t) \qquad [2.1:13]$$

$$A \cdot \cos(2\pi\nu^* t) \cdot (-(2\pi\nu^*)^2 + f(\mu_1 + \mu_2)) = 0. \qquad [2.1:14]$$

Da A stets von Null verschieden sein muß, und cos $(2\pi\nu^* t)$ im allgemeinen nicht Null ist, kann nur noch die Klammer stets Null sein. Wir erhalten die *Bedingungsgleichung*

$$(2\pi\nu^*)^2 = \lambda^* = f \cdot (\mu_1 + \mu_2) = 39{,}4784\, \nu^{*2}. \qquad [2.1:15]$$

Dann und nur dann, wenn die Frequenz sich nach [2.1:15] errechnet, *existiert eine Lösung.* Man nennt deshalb λ^* den Eigenwert der Differentialgleichung. Aus [2.1:15] berechnet sich in einfacher Weise die Kraftkonstante des 2-Massenschwingers zu

$$f = \frac{\lambda^*}{\mu_1 + \mu_2} = \frac{(2\pi\nu^*)^2}{\mu_1 + \mu_2}. \qquad [2.1:16]$$

Da für die in sec^{-1} gemessenen *Schwingungsfrequenzen* ν^* in der Schwingungsspektroskopie fast ausschließlich die in cm^{-1} gemessenen *Schwingungswellenzahlen* ν angegeben werden, muß Gl. [2.1:15] nach der Beziehung

$$\nu^* = c \cdot \nu \qquad [2.1:17]$$

mit $c = 2{,}997925 \cdot 10^{10}$ cm/sec (Lichtgeschwindigkeit im Vakuum) [2.1.17a]
umgeformt werden, und wir erhalten

$$4\pi^2 c^2 \nu^2 = 3{,}54814 \cdot 10^{22} \cdot \nu^2 = \lambda' = f \cdot (\mu_1 + \mu_2). \qquad [2.1:18]$$

Die *Einheit der Kraftkonstanten* f ist wegen Gl. [2.1:1] im cgs-System dyn/cm (Kraft/Länge), die Massen m_1 bzw. m_2 werden als absolute Atommassen in Gramm (g) angegeben.

Hinweis:

Folgende direkte Herleitung der Bedingungsgleichung [2.1:15] folgt aus [2.1:4] und [2.1:9]

$$\left(\frac{d\Delta x_1}{dt}\right)^2 + f(\mu_1 + \mu_2)(\Delta x_1)^2 = C_1 = 2C m_2 m_1^{-1}(m_1 + m_2)^{-1}. \qquad [2.1:19]$$

Diese Form der Differentialgleichung läßt sich nach Trennung der Variablen durch das allgemeine Integral

$$\int dt = \int (C_1 - f(\mu_1 + \mu_2)(\Delta x_1)^2)^{-0,5}\, d\Delta x_1 - C_2 \qquad [2.1:20]$$

mit der Integrationskonstante C_2 lösen. Die elementare Integration ergibt

$$\sqrt{f(\mu_1 + \mu_2)} \cdot t + C_3 = \arcsin(A_1^{-1}\, \Delta x_1) \qquad [2.1:21]$$

mit

$$C_3 = \sqrt{f(\mu_1 + \mu_2)} \cdot C_2 .$$

Dies führt nach Umkehrung zu

$$x_1 = A_1 \sin (\sqrt{f(\mu_1 + \mu_2)} \cdot t + C_3). \qquad [2.1:22]$$

Dabei ist $A_1 = (| (f(\mu_1 + \mu_2) C_1^{-1} |)^{0,5}$ der größte Amplitudenausschlag, C_3 entspricht der Phase (vergl. Gl. [3.1.1.5:1] u. Gl. [3.1.1.6:7]). Der Vergleich mit der Wellenlehre ((0:100), S. 19) führt auf die gesuchte Gleichung der Kreisfrequenz ω^*

$$\omega^* = 2\pi\nu^* = \sqrt{\lambda^*} = \sqrt{f \cdot (\mu_1 + \mu_2)} . \qquad [2.1:23]$$

2.2. Beispiel: O_2

Aus Gl. [2.1:18] soll die Kraftkonstante für das Molekül O_2 berechnet werden. Als Schwingungswellenzahl ν findet sich 1556 cm^{-1} ((0:33), S. 508), die absolute Atommasse von Sauerstoff ist $16{,}000 \cdot 1{,}66058 \cdot 10^{-24}$ g. Die Kraftkonstante f ist durch Kraft pro Länge gegeben und hat die Einheit dyn/cm. Damit erhalten wir

$$3{,}5481 \cdot 10^{22} \cdot 1556^2 = \frac{2}{16} \frac{1}{1{,}66058 \cdot 10^{-24}} \cdot f(O_2) . \qquad [2.2:1]$$

Oder:

$$f(O_2) = 11{,}41 \cdot 10^{-5} \text{ dyn/cm}. \qquad [2.2:2]$$

Es zeigt sich nun, daß fast alle Kraftkonstanten, die die Valenzkräfte kennzeichnen (siehe 3.2.), in dem Intervall von 1 bis $26 \cdot 10^5$ dyn/cm liegen. Es liegt deshalb nahe, 10^5 dyn/cm durch 1 mdyn/Å zu ersetzen. Damit wird mit

$$1 \text{ dyn} \cdot cm^{-1} = 10^5 \text{ mdyn} \cdot Å^{-1} \qquad [2.2:3]$$

$$f(O_2) = 11{,}41 \text{ mdyn/Å}. \qquad [2.2:4]$$

Während sich in älteren Abhandlungen häufig die Einheit der *Kraftkonstanten* in dyn/cm findet, hat sich heute allgemein die Angabe in mdyn/Å durchgesetzt. Wir verwenden hier allgemein die *Einheit mdyn/Å*.

2.3. Zur praktischen Berechnung der Eigenwerte aus Schwingungswellenzahlen

Der zahlenmäßige Zusammenhang zwischen dem Eigenwert λ^* und der Schwingungsfrequenz ν^* ist durch die Gl. [2.1:12] bzw. [2.1:15] gegeben, die Relation zwischen der Schwingungswellenzahl ν und dem Eigenwert λ' durch Gl. [2.1.:18]. In beiden Fällen wird die Kraftkonstante in dyn/cm, die Atommasse in Gramm (g) gewählt.

Nach 2.2. soll nun die Kraftkonstante f in der heute üblichen Einheit mdyn/Å verwendet werden. Weiterhin kann man das durch die absoluten Atommassen bedingte umständliche Rechnen mit Hochzahlen durch die Einführung der relativen Atommassen in Atomgewichtseinheiten, bezogen auf die Basis des Kohlenstoffatoms $^{12}C = 12$, umgehen. Dann ergibt sich aus Gl. [2.1:18] und [2.2:3] unter Verwendung von (2:1) und (0:114)

$$1 \text{ ME} = 1 \text{ Masseneinheit} = 1{,}66043\,(2) \cdot 10^{-24} \text{ g} \qquad [2.3:1]$$

die Beziehung

$$3{,}5481443 \cdot 10^{22} \cdot \nu^2 \ (\text{sec}^{-2}) = \lambda = 10^5 \cdot f \cdot (1{,}660432)^{-1} \cdot 10^{24} \cdot (\mu_1 + \mu_2) \ (\text{sec}^{-2}). \qquad [2.3:2]$$

Daraus folgt die meist benutzte zahlenmäßige Beziehung zwischen der Schwingungswellenzahl ν und dem Eigenwert λ zu

$$\lambda = 5{,}891\,45 \cdot 10^{-7} \cdot \nu^2 \ (\text{sec}^{-2}), \qquad [2.3:3]$$

wenn in folgenden Einheiten gerechnet wird:
Die Schwingungswellenzahl ν in cm^{-1},
die Kraftkonstanten f in mdyn/Å (oder: N/cm (Newton/Zentimeter)),
die Massen m in ME,
die Lichtgeschwindigkeit c in $cm \cdot sec^{-1}$.

Da sich für zahlreiche Betrachtungen das Rechnen mit dem Eigenwert λ als vorteilhaft erweist, ist im Anhang die Tabelle 22:3 zur bequemen Umrechnung der Schwingungswellenzahlen ν in Eigenwerte λ für Überschlagsrechnungen zusammengestellt worden. Wir verwenden in dieser Abhandlung weiterhin nur noch die Relation [2.3:3].

2.4. Vergleich der Kraftkonstanten 2-atomiger Moleküle

Mit Hilfe der Tabellen für die reziproken Massen und für die Umrechnung der Wellenzahlen in die Eigenwerte (siehe Tabellen 22:1, 22:2, 22:3) lassen sich die Kraftkonstanten der 2-atomigen Moleküle gemäß Gl. [2.1:16] und [2.3.:3] nach Ausführung einer Addition und einer Division mühelos mit einer kleinen Tischrechenmaschine berechnen. Wir haben sämtliche Kraftkonstanten der Tabelle 22:4 im Anhang danach neu berechnet.

Diese Zusammenstellung der Kraftkonstanten unter Zugrundelegung der beobachteten Frequenzen ermöglicht einfache Vergleiche anzustellen. Bei den Molekülen H_2, HD und D_2 zeigen sich kleine Verschiedenheiten. Wie wir im nächsten Abschnitt zeigen, beruhen sie auf der starken Anharmonizität der leichten Atome. Dieses Bild ergibt sich auch bei allen Wasserstoffverbindungen von HO^- bis DJ der Tabelle. Die erwartete Gleichheit der Kraftkonstanten tritt erst bei Molekülen ein, deren Atome mindestens das Atomgewicht 10 haben. Als Beispiele findet sich $^{12}C^{16}O$ und $^{13}C^{16}O$, $^{14}N^{16}O$ und $^{15}N^{16}O$ sowie $F^{35}Cl$ und $F^{37}Cl$.

Bei den Molekülen des Typs XX hat N_2 die größte Kraftkonstante, die über O_2 bis zum F_2 abnimmt. In der Reihe F_2 bis J_2 nimmt die Größe der Kraftkonstanten erwartungsgemäß ab. In der kleinen Reihe Cd_2^{2+} und Hg_2^{2+} ist dieses Prinzip durchbrochen, ebenso beim Li_2 und Na_2.

Der Einfluß des Elektronenzustandes zeigt sich deutlich an O_2 und O_2^-. Aus diesem Tatbestand kann bei zu starken Abweichungen der Kraftkonstanten bei sonst ähnlichen Verbindungen auf verschiedene Elektronenzustände geschlossen werden ((2:2), S. 16).

2.5. Korrektur der Kraftkonstanten bei bekannter Anharmonizität

Die Berechnung der Kraftkonstanten geht allgemein von den beobachteten Schwingungsfrequenzen bzw. -wellenzahlen der Moleküle aus. Im Modell setzen wir aber harmonische Frequenzen $\nu_{\text{harmonisch}} = \nu_e$ voraus. Daraus ergeben sich zwangsläufig kleine Unterschiede in den berechneten und wirklichen Kraftkonstanten. Diese Diskrepanz kann praktisch durch Berechnung der Anharmonizität bei einer bekannten Oberschwingung behoben werden. Ist ν_o die Grundschwingung und ν_1 die erste Oberschwingung, die beide der Beobachtung entnommen werden, dann berechnet sich die *harmonische Schwingungsfrequenz* aus (siehe Gl. [1.5:7].)

$$\nu_{\text{korrig.}} = \nu_e = 3\,\nu_o - \nu_1 . \qquad [2.5:1]$$

Damit können sämtliche harmonischen Schwingungswellenzahlen berechnet werden, die sich in der Tabelle 22:4 im Anhang finden.

Wenden wir diese Ergebnisse auf die Kraftkonstantenrechnung an, so zeigt sich selbst beim H_2 bis D_2 eine hinreichende zahlenmäßige Übereinstimmung. Besonders schön sind die Ergebnisse bei den Verbindungen OH^-, $H^{35}Cl$, $H^{79}Br$ und deren Isotopen-Verbindungen.

Beispiel: Beim Molekül HCl werden die beiden Frequenzen beobachtet ((0:16), S. 55): ν_o = 2885,90 und ν_1 = 5668,05 cm^{-1}. Daraus berechnet sich nach [2.5:1] ν_e = 2989,7 cm^{-1}. Dies ergibt nach (0:16) und [2.3:3] die durch die Anharmonizität korrigierte Kraftkonstante f_e = 5,16 mdyn/Å. Aus ν_o dagegen erhält man die Kraftkonstante zu f = 4,81 mdyn/Å.

Nach der Tab. 22:4 (Anhang) ergibt sich folgendes Bild: Die maximalen Abweichungen finden sich beim H_2 und den übrigen Wasserstoffverbindungen, die bis zu 10 % (bezogen auf die Kraftkonstanten f_e) betragen können. Stets sind die korrigierten Kraftkonstanten f_e größer als die Kraftkonstanten f. Bei den Molekülen mit schwereren Atomen sinkt der Einfluß der Anharmonizität bis unter 1 %, bezogen auf f_e.

2.6. Zur Abschätzung der Kraftkonstanten größerer Moleküle nach dem 2-Massenmodell

Das Zweimassen-Modell läßt sich zur Abschätzung der Kraftkonstanten größerer Moleküle verwenden. Dabei setzt man Moleküle voraus, die hinreichend schwache Wechselwirkungen zwischen den Bindungen besitzen. Als Beispiel geben wir in der Tab. 2:1 HCN an.
Zum Vergleich seien die Kraftkonstanten nach Verfahren angeführt, die wir noch ausführlich in Kap. 6, 7 und 11 besprechen werden.

Mit stärker werdenden Kopplungen liefert das einfache Modell immer unbrauchbarere Werte für die Kraftkonstanten. Als Beispiel findet sich in der Tab. 2:1 das Molekül ClCN. Hier liegt die betragsmäßig größere Kraftkonstante f_{CN} (ClCN) in der Größenordnung des Vergleichswertes, die betragsmäßig kleinere Kraftkonstante f_{ClC} (ClCN) dagegen ist viel zu klein. Der Grund liegt in der starken Wechselwirkung der beiden Kraftkonstanten f_{CN} (ClCN) und f_{ClC} (ClCN) unter sich. (Siehe Tab. 22:8!)

Tab. 2:1. Angenäherte Berechnung der Kraftkonstanten 3-atomiger Moleküle nach dem 2-Massenmodell. Die in Klammern stehenden Kraftkonstanten sind Vergleichswerte, die nach Methoden mit vollständigen Datensätzen berechnet worden sind ((0:32), S. 45–48).

Molekül	Wellenzahlen (cm^{-1})	Kraftkonstanten (mdyn/Å)
HCN	$\nu_{CN} = 2097; \nu_{HC} = 3311$	$f_{CN} = 17{,}5\ (18{,}02); f_{HC} = 5{,}63\ (5{,}82)$
ClCN	$\nu_{CN} = 2219; \nu_{ClC} = 714$	$f_{CN} = 18{,}76\ (18{,}45); f_{ClC} = 2{,}96\ (4{,}76)$
SCSe	$\nu_{CS} = 1435; \nu_{CSe} = 506$	$f_{CS} = 10{,}6\ (7{,}64); f_{CSe} = 1{,}57\ (5{,}94)$

Bei dem Molekül SCSe versagt das Modell vollständig. Hier stimmt auch das Ergebnis für die betragsmäßig größere Kraftkonstante f_{CS}(SCSe) nicht mehr mit dem Vergleichswert innerhalb der 10%-Grenze, bezogen auf den Vergleichswert, überein [2:1].

Das Modell gilt auch nur näherungsweise für den Fall, bei dem eine Frequenz 2 oder mehreren Kraftkonstanten zuzuordnen ist. Bei verschiedenen hochsymmetrischen Molekülen kann eine solche Zuordnung explizit gezeigt werden. (Siehe z. B. 21.2. Fall XY_2 ($D_{\infty h}$)).

Bemerkung: Es sei vermerkt, daß die Berechnung größerer Moleküle nach dem 2-Massenmodell in eine einfache mathematische Form gebracht werden kann, die für unsere späteren Ausführungen von großer Bedeutung als Ausgangslösung für die Minimalisierungsverfahren sein wird. Da jedoch an dieser Stelle fast sämtliche Begriffsbildungen fehlen, bringen wir diese Form in Kap. 5.3. (Fall II. 1.).

3. Potentialfunktionen, Kraftfelder, Energiematrizen und Molekülmodelle mehratomiger Moleküle

Während sich die Kraftkonstante eines 2-atomigen Moleküls eindeutig berechnen läßt und als Valenzkraftkonstante gedeutet wird, entstehen bei 3- und höheratomigen Molekülen der Ordnungen $n \geqq 2$ eine Reihe von weiteren Problemen. Zunächst müssen die Kraftkonstanten in der Hauptdiagonale gedeutet werden, die neben den Valenzkraftkonstanten auftreten. Weiterhin treten Wechselwirkungskraftkonstanten auf, deren physikalische Bedeutung gesucht werden muß. Darüber hinaus muß die Matrix der kinetischen Energie aufgestellt werden. Unter Ausnützung der Symmetrien der Verbindungen lassen sich zahlreiche Pro-

2:1) Für SCSe versagt selbst das nächste Näherungsmodell des sog. „einfachen Valenzkraftmodells" nach 3.2.1., wenn die Berechnung nach dem Formelsatz in 6.2. durchgeführt wird. SCSe gehört zu den Molekülen, die die unumgängliche Notwendigkeit der vollständigen Berechnung aller Kraftkonstanten nach den Verfahren der Kap. 11 bis 16 unter Verwendung des sog. „allgemeinen Valenzkraftfeldes" nach 3.2.1. zeigen.

bleme lösen oder wenigstens stark reduzieren. Als besonderes Problem erweist sich die Berechnung der $n \cdot (n+1)/2$ Kraftkonstanten aus der Säkulargleichung bei n gegebenen Frequenzen, das ∞ viele Lösungen zuläßt.

3.1. Allgemeines klassisches Molekülmodell

Bei der klassischen Behandlung der Molekülschwingungen werden die beobachteten Schwingungsfrequenzen eines Moleküls den klassischen Schwingungsfrequenzen eines mechanischen Punktsystems gleichgesetzt, die allgemein durch die quantentheoretischen Strahlungsfrequenzen für den Übergang zwischen dem Grundzustand und dem ersten angeregten Zustand eines Moleküls dargestellt werden ((0 : 27), S. 168). Weiterhin werden nur kleine Schwingungen der Atomkerne um stabile Ruhelagen untersucht, so daß die Theorie der kleinen Schwingungen zur Berechnung des Bewegungsablaufes verwendet werden kann.

3.1.1. Abriß der Theorie der kleinen Schwingungen – Potentialfunktion, Kraftkonstantenmatrix und Säkulargleichung

3.1.1.1. Das Koordinatensystem

Als *System S* sei ein holonomes[3:1]), skleronomes[3:2]), mechanisches System von N Körpern und $n = 3N - M$ Freiheitsgraden vorausgesetzt. Dabei sei M die *Zahl der holonomen Beschränkungen*, die bei nichtlinearen bzw. linearen Molekülen die Werte 6 bzw. 5 annimmt (siehe 1.2.). Das System S möge nur *kleine Schwingungen um seine stabile Gleichgewichtslage* ausführen können, d. h. wir beschränken uns auf *harmonische Kräfte*. Die *generalisierten Koordinaten* $q_1, q_2, \ldots, q_n$ sollen die Abweichung des Systems S von der Gleichgewichtslage beschreiben und in der Gleichgewichtslage zu Null werden. Es gilt:

$$q\,(\text{Gleichgewichtslage}) = \begin{bmatrix} q_1 \\ \cdot \\ \cdot \\ \cdot \\ q_n \end{bmatrix} = o. \qquad [3.1.1.1:1]$$

In Anwendung auf die Molekülschwingungen stellen sie die genügend kleinen Auslenkungen der N Atomkerne aus ihren Ruhelagen dar.

3.1.1.2. Potentielle Energie – Konstanten der potentiellen Energie – Molekülkraftkonstanten

Die *potentielle Energie* V *des Systems S* bzw. der um ihre Ruhelagen schwingenden Atomkerne ist durch die Reihenentwicklung

---

3:1) *Ein holonomes System* mit n Freiheitsgraden ist ein System, bei dem eine mögliche Lage durch die Angabe von n verallgemeinerten, voneinander unabhängigen Koordinaten q_i mit $i = 1, 2, \ldots, n$ festgelegt wird (siehe (0:105), S. 85).

3:2) *Skleronom* = zeitunabhängig (fest, starr). Die explizite Zeitunabhängigkeit der kinetischen Energie T ist für das Bestehen des Energiesatzes eine notwendige Bedingung ((0:102a), Bd. I, S. 182).

$$V = V_0 + \sum_{i=1}^{n} \left[\frac{\delta V}{\delta q_i}\right]_{min} \cdot q_i + 1/2 \cdot \sum_{i=1}^{n} \sum_{k=1}^{n} \left[\frac{\delta^2 V}{\delta q_i \, \delta q_k}\right]_{min} q_i \cdot q_k + \ldots \qquad [3.1.1.2:1]$$

gegeben. Da aus [3.1.1.2:1] durch Gradientenbildung das Kraftfeld hergeleitet werden kann, wird die Gl. [3.1.1.2:1] auch häufig *Potentialfunktion* genannt[3:3]. Ist die Voraussetzung hinreichend kleiner Schwingungen nicht gegeben, so müssen die höheren Glieder in die Rechnung miteinbezogen werden. Dies ist bei Molekülschwingungen in Molekülen mit sehr leichten Atomen der Fall, und es findet sich z. B. in ((0 : 33) S. 472) die Behandlung eines 2-atomigen Moleküls unter Berücksichtigung des kubischen Gliedes. Da jedoch bei mehratomigen Molekülen die mathematische Behandlung unter Einbeziehung auch der höheren Glieder der Potentialfunktion allgemein nicht gelöst ist, behilft man sich bei der Berechnung von Molekülschwingungen durch Anharmonizitätskorrekturen, um die experimentellen Schwingungsfrequenzen mit den harmonischen Schwingungsfrequenzen abzugleichen (siehe 2.5.). Damit beschränkt man sich allgemein auf Potentialfunktionen bis zu quadratischen Gliedern, und diese Näherung entspricht der Voraussetzung hinreichend kleiner Schwingungen. Hierfür ist eine vollständige physikalische Darstellung in der Theorie der kleinen Schwingungen bekannt geworden. Weiterhin sind zahlreiche Verfahren zur Lösung der mathematischen Eigenwertprobleme entwickelt worden, so daß die experimentellen Schwingungsfrequenzen zur numerischen Darstellung von Größen der Potentialfunktion verwendet werden können.

Definitionsgemäß ist die *1. Ableitung im Minimum* der Potentialfunktion

$$\left[\frac{\delta V}{\delta q_i}\right]_{min} = 0. \qquad [3.1.1.2:2]$$

Dazu kann die potentielle Energie V_0 mit V zu einer Größe zusammengefaßt oder bei der Normierung Null gesetzt werden. Damit verbleibt für die potentielle Energie nur noch der Ausdruck

$$2\,V = \sum_{i=1}^{n} \sum_{k=1}^{n} \left[\frac{\delta^2 V}{\delta q_i \, \delta q_k}\right]_{min} \cdot q_i \cdot q_k . \qquad [3.1.1.2:3]$$

Für die Größen der *2. Ableitungen* nach den generalisierten Koordinaten sind die Abkürzungen

$$f_{ik} = \left[\frac{\delta^2 V}{\delta q_i \, \delta q_k}\right]_{min} \quad \text{für } i, k = 1, 2, \ldots, n \qquad [3.1.1.2:4]$$

[3:3]) Daneben gibt es eine Reihe von weiteren Definitionen der Potentialfunktion (0:121).

gebräuchlich. Sie werden allgemein als *Konstanten der potentiellen Energie* bezeichnet. In der Molekülspektroskopie ist die Bezeichnung *Kraftkonstanten* der Moleküle oder *Molekülkraftkonstanten* üblich.

Unter Benutzung der Definitionen und Regeln der Matrizenrechnung läßt sich Gl. [3.1.1.2:3] in der einfachen und übersichtlichen Form

$$2\,V = q' \cdot F \cdot q \qquad [3.1.1.2:5]$$

schreiben. Dabei ist die Matrix F

$$F = \begin{bmatrix} f_{11} & f_{12} & \dots & f_{1n} \\ f_{21} & f_{22} & \dots & f_{2n} \\ \dots & \dots & \dots & \dots \\ \dots & \dots & \dots & \dots \\ \dots & \dots & \dots & \dots \\ f_{n1} & f_{n2} & \dots & f_{nn} \end{bmatrix} . \qquad [3.1.1.2:6]$$

Sie wird entsprechend als *Matrix* der *Konstanten der potentiellen Energie* oder *Kraftkonstantenmatrix* bzw. *Matrix der Kraftkonstanten* bezeichnet. q' ist die transponierte Matrix von q, also

$$q' = (q_1\ q_2\ \dots\ q_n). \qquad [3.1.1.2:7]$$

Im folgenden werden wir von der Matrixschreibweise häufig Gebrauch machen, da sie eine besonders knappe Darstellung der mathematischen Fragestellungen und Ergebnisse gestattet.

Es können sofort folgende *3 Eigenschaften* gefunden werden: Die *Konstanten der potentiellen Energie* f_{ik} sind für hinreichend kleine Schwingungen *nicht mehr amplitudenabhängig*. Da weiterhin nach den Voraussetzungen des Systems S die geleistete Arbeit von der Reihenfolge der Punktverschiebungen unabhängig sein muß, gilt die *Symmetriebedingung* ((0:21), S. 7)

$$f_{ik} = f_{ki}, \qquad [3.1.1.2:8]$$

bzw.

$$F = F' = \begin{bmatrix} f_{11} & f_{12} & \dots & f_{1n} \\ f_{12} & f_{22} & \dots & f_{2n} \\ \dots & \dots & \dots & \dots \\ \dots & \dots & \dots & \dots \\ \dots & \dots & \dots & \dots \\ f_{1n} & f_{2n} & \dots & f_{nn} \end{bmatrix} , \qquad [3.1.1.2:9]$$

wobei die Konstanten f_{ik} für $i \neq k$ die Kopplungsglieder oder Wechselwirkungsglieder der potentiellen Energie darstellen. Schließlich ist in der Umgebung des Gleichgewichts die potentielle Energie *immer positiv*, da sie in der Gleichgewichtslage ein Minimum mit dem normierten oder angenommenen Wert Null hat ((0:27), S. 120). Damit handelt es sich bei der potentiellen Energie V des Systems S um eine *positiv definite quadratische Form* (vergl. auch [5.2:10] bis [5.2:15]).

Auf die physikalisch-chemische Deutung der Konstanten der potentiellen Energie als physikalische Größen gehen wir in 3.2. ausführlich ein. Ihre Berechnung als Molekülkraftkonstanten stellt das Hauptanliegen dieses Werkes dar.

3.1.1.3. Kinetische Energie – Konstanten der kinetischen Energie – G^{-1} als Matrix der kinetischen Energie und deren Eigenschaften

Die *kinetische Energie* T *des Systems* S bzw. der um stabile Gleichgewichtslagen schwingenden Atomkerne ist in ihrer allgemeinsten Form in Komponenten- oder Matrizenschreibweise

$$T = \frac{1}{2} \cdot \sum_{i=1}^{n} \sum_{k=1}^{n} (g^{-1})_{ik} \cdot \dot{q}_i \cdot \dot{q}_k = \frac{1}{2} \cdot \dot{q}' \cdot G^{-1} \cdot \dot{q}. \qquad [3.1.1.3:1]$$

Die Koeffizienten $(g^{-1})_{ik}$ werden *Konstanten der kinetischen Energie* genannt. Entsprechend nennt man G^{-1} die *Matrix der kinetischen Energie* T ((0:27), S. 113).

Es können folgende *Eigenschaften* angeführt werden:

1. Allgemein sind die Koeffizienten $(g^{-1})_{ik}$ von der jeweiligen Konfiguration des Systems abhängig. *Für kleine Schwingungen* um die stabile Gleichgewichtslage ist eine auch für die Molekülspektroskopie hinreichende *Konstanz gesichert.*

2. Für die Koeffizienten gilt die *Symmetriebedingung*

$$(g^{-1})_{ik} = (g^{-1})_{ki} \qquad [3.1.1.3:2]$$

bzw.

$$G^{-1} = (G^{-1})' \qquad [3.1.1.3:3]$$

aus den gleichen Gründen wie für Gl. [3.1.1.2:5]. Damit handelt es sich bei der Matrix G^{-1} um eine symmetrische Matrix und es ist

$$G^{-1} = \begin{bmatrix} (g^{-1})_{11} & (g^{-1})_{12} & \cdots & (g^{-1})_{1n} \\ (g^{-1})_{12} & (g^{-1})_{22} & \cdots & (g^{-1})_{2n} \\ \cdots & \cdots & \cdots & \cdots \\ \cdots & \cdots & \cdots & \cdots \\ \cdots & \cdots & \cdots & \cdots \\ (g^{-1})_{1n} & (g^{-1})_{2n} & \cdots & (g^{-1})_{nn} \end{bmatrix} \qquad [3.1.1.3:4]$$

3. In der Molekülphysik sind sämtliche Elemente der Matrix G^{-1} reell (siehe 3.2.). Damit ist auch die *Matrix* G^{-1} der kinetischen Energie der Moleküle *reell*.
4. Die kinetische Energie T des Systems S ist eine *eigentlich positiv definite quadratische Form*, da T nur Null ist, wenn $q = 0$ ist ((0:62), S. 131). Da aber der Matrix G^{-1} die gleiche Bezeichnung zukommt, handelt es sich bei G^{-1} als Matrix der kinetischen Energie T um eine *eigentlich positiv definite* und deshalb auch *nichtsinguläre Matrix* mit

$$\det G^{-1} \neq 0. \qquad [3.1.1.3:5]$$

((0:62), S. 131, 132, Satz 1 und 2).
Die eigentlich positive Definitheit der Matrix der kinetischen Energie G^{-1} bedingt, daß *alle Diagonalelemente und alle Hauptabschnittsdeterminanten positiv* sind, d. h.

$$(g^{-1})_{ii} > 0, \qquad [3.1.1.3:6]$$

$$\begin{vmatrix} (g^{-1})_{11} & (g^{-1})_{12} \\ (g^{-1})_{12} & (g^{-1})_{22} \end{vmatrix} > 0, \qquad [3.1.1.3:7]$$

$$\begin{vmatrix} (g^{-1})_{11} & (g^{-1})_{12} & (g^{-1})_{13} \\ (g^{-1})_{12} & (g^{-1})_{22} & (g^{-1})_{23} \\ (g^{-1})_{13} & (g^{-1})_{23} & (g^{-1})_{33} \end{vmatrix} > 0, \qquad [3.1.1.3:8]$$

$$\dots\dots\dots\dots\dots\dots\dots\dots$$

$$\det G^{-1} > 0. \qquad [3.1.1.3:9]$$

5. Unter den in 3.1.1.6. und 5.2. (Eigenschaft 5) genannten Bedingungen ist die Matrix G^{-1} *diagonalähnlich* [3.1.1.6:4].

3.1.1.4. Zur Aufstellung der allgemeinen Schwingungsgleichung

Wir stellen nun die *Bewegungsgleichungen* mit dem für das skleronome System S geltenden Energiesatz

$$2(T+V) = \dot{q}'G^{-1}\dot{q} + q'Fq = \text{Konstante} \qquad [3.1.1.4:1]$$

auf, wobei wir uns nach den Gln. [3.1.1.2:5] und [3.1.1.3:1] der Matrizenschreibweise bedienen. Die uns unbekannte Konstante bringen wir durch einmaliges Differenzieren nach der Zeit

$$\dot{q}'\,G^{-1}\,\ddot{q} + \ddot{q}'\,G^{-1}\,\dot{q} + \dot{q}'\,F\,q + q'\,F\,\dot{q} = 0 \qquad [3.1.1.4:2]$$

zum Verschwinden. Da aber für eine Form, wie sie die kinetische bzw. potentielle Energie darstellt, der Satz

$$P = y' \, A \, x = x' \, A' \, y \qquad [3.1.1.4:3]$$

gilt ((0:62), S. 129–131), kann Gl. [3.1.1.4:2] wie folgt zusammengefaßt werden[3:4]:

$$2 \, \dot{q}' \, G^{-1} \, \ddot{q} + 2 \, \dot{q}' \, F \, q = 2 \, \dot{q}' \, (F \, q + G^{-1} \, \ddot{q}) = 0. \qquad [3.1.1.4:4]$$

Da weiterhin für eine beliebige Zeit die Geschwindigkeitskoordinate

$$\dot{q}' \neq o' \qquad [3.1.1.4:5]$$

sein soll, ergibt sich aus Gl. [3.1.1.4:4] schließlich die *allgemeine Schwingungsgleichung* der kleinen Schwingungen *in Matrixschreibweise* zu

$$F \, q + G^{-1} \, \ddot{q} = o. \qquad [3.1.1.4:6]$$

Gl. [3.1.1.4:6] stellt ein *System von* n *homogenen linearen Differentialgleichungen 2. Ordnung dar*. Zu seiner vollständigen Beschreibung sind noch die *2n Anfangsbedingungen*

$$q(t{=}0) = q_0 \quad \text{und} \quad \dot{q}(t{=}0) = \dot{q}_0 \qquad [3.1.1.4:7]$$

notwendig.

3.1.1.5. Die Säkulargleichung als Lösungsbedingung der Schwingungsgleichung

Eine Lösung der Gl. [3.1.1.4:6] ist

$$q = l \cdot \cos\,(\sqrt{\lambda}\, t + \epsilon), \qquad [3.1.1.5:1]$$

wie man durch Einsetzen leicht bestätigen kann. Dabei ist

$$l = \begin{bmatrix} l_1 \\ \cdot \\ \cdot \\ \cdot \\ l_n \end{bmatrix} \qquad [3.1.1.5:2]$$

die *Matrix der Amplituden*, λ der *Eigenwert* und ϵ die *Phase*. Setzen wir die Lösung [3.1.1.5:1] in die Bewegungsgleichung [3.1.1.4:6] ein, so erhalten wir

---

[3:4]) Dabei kann A eine der Matrizen G^{-1} oder F darstellen, x oder y eine Spaltenmatrix der Koordinaten, Geschwindigkeitskoordinaten oder Beschleunigungskoordinaten bedeuten.

ein *System von* n *homogenen linearen Gleichungen*

$$(F - \lambda G^{-1}) \cdot l = o. \qquad [3.1.1.5:3]$$

Dieses homogene lineare Gleichungssystem [3.1.1.5:3] besitzt aber *dann und nur dann* eine Lösung

$$l \neq o, \qquad [3.1.1.5:4]$$

wenn die Determinante der Matrix

$$(F - \lambda G^{-1}) \qquad [3.1.1.5:5]$$

gleich Null ist. Damit ist die sog. *Säkulargleichung*[3:5])

$$\det (F - \lambda G^{-1}) = 0 \qquad [3.1.1.5:6]$$

die Lösungsbedingung für die Schwingungsgleichung [3.1.1.4:6].
Nach den einzelnen Koeffizienten geschrieben lautet die Säkulargleichung

$$\det (G \cdot F - \lambda E) = \begin{vmatrix} \sum_{i=1}^{n} g_{1i} f_{i1} - \lambda & \sum_{i=1}^{n} g_{1i} f_{i2} & \ldots \\ \ldots & & \\ \ldots & & \\ \ldots & & \\ \sum_{i=1}^{n} g_{ni} f_{i1} & \ldots & \sum_{i=1}^{n} g_{ni} f_{in} - \lambda \end{vmatrix} = 0. \qquad [3.1.1.5:7]$$

In der Mathematik wird Gl. [3.1.1.5:6] auch *charakteristische Gleichung* genannt, und sie stellt eine *algebraische Gleichung* n-*ten Grades* der Form

$$\det (\lambda G^{-1} - F) = \lambda^n + c_{n-1} \lambda^{n-1} + \ldots + c_1 \lambda + c_0 = 0 \qquad [3.1.1.5:8]$$

dar, die nach dem Fundamentalsatz der Algebra n reelle oder komplexe Lösungen $\lambda_1, \lambda_2, \ldots, \lambda_n$ besitzt. Diese n *Eigenwerte* sind in der Molekülphysik über die Beziehung

$$\lambda_i = 5{,}891 \cdot 10^{-7} \, \nu_i^2 \text{ mit } i = 1, 2, \ldots, n \qquad [3.1.1.5:9]$$

mit den n observablen Größen ν_i als Schwingungswellenzahlen verknüpft und als solche reelle Größen. Da nach den Regeln der Matrizenrechnung die Säkulargleichung [3.1.1.5:6] auch in der Form

[3:5]) Die Bezeichnungsweise Säkulargleichung rührt aus der Astronomie her.

$$\det(F\,G - \lambda E) = \det(G\,F - \lambda E) = 0 \qquad [3.1.1.5{:}10]$$

geschrieben werden kann, und *eine beliebige quadratische Matrix ihrer eigenen charakteristischen Gleichung genügt* ((0:62), S. 176), erfüllt auch das Produkt $G\,F$ die sog. *Cayley-Hamiltonsche Gleichung*

$$(G\,F)^n + c_{n-1}\,(G\,F)^{n-1} + \ldots + c_1\,(G\,F) + c_0\,E = 0. \qquad [3.1.1.5{:}11]$$

Von fundamentaler Bedeutung erweist sich folgende Eigenschaft der charakteristischen Gleichung und ihrer Lösungen oder *Eigenwerte* des Produktes der Matrizen $G \cdot F$: *Sie bleiben bei Ähnlichkeitstransformationen unverändert, d. h. sie sind vom Koordinatensystem unabhängig oder invariant.* Auf weitere Anwendungen werden wir in 6.4.5.,7.1.4. und 7.1.5. eingehen ((0:62), S. 161). Die *Cayley-Hamiltonsche* Gleichung faßt die molekülspektroskopisch gegebenen Daten der Schwingungsfrequenzen und der Abstände, Winkel, Massen und die gesuchten Größen der molekularen Kraftkonstanten in einer einzigen Matrixgleichung ohne Einbeziehung der Eigenvektoren zusammen (vgl. auch Gln. [3.1.1.5:13] und [3.1.1.5:15]; mit Hinzunahme der Eigenvektoren (Gln. [3.1.1.6:4–5]).

Die Matrix

$$G = \begin{bmatrix} g_{11} & g_{12} & \cdots & g_{1n} \\ g_{12} & g_{22} & \cdots & g_{2n} \\ \cdots & \cdots & \cdots & \cdots \\ g_{1n} & g_{2n} & & g_{nn} \end{bmatrix} \qquad [3.1.1.5{:}12]$$

wird entsprechend die *inverse Matrix der kinetischen Energie* genannt. Sie besitzt die gleichen *Eigenschaften* wie die Matrix der kinetischen Energie G^{-1} nach den Gleichungen [3.1.1.3:1] bis [3.1.1.3:9]. In der Molekülphysik wird allgemein die Matrix G aus geometrischen und dynamischen Daten berechnet (siehe 3.2.), die Matrix G^{-1} wird gelegentlich für Umformungen gebraucht.

Die *Koeffizienten* c_0 bis c_{n-1} *in der charakteristischen Gleichung* [3.1.1.5:6] bzw. in [3.1.1.5:11] berechnen sich je nach der vorgegebenen Problemstellung der Molekülphysik wie folgt:

1. Es seien die beiden Energiematrizen G und F bekannt. Dann ergeben sich die Koeffizienten aus Matrizengleichungen ((0:58), Bd. I, S. 81–83) zu:

$$\begin{aligned} c_{n-1} &= -\mathrm{Sp}\,A_1 \text{ mit } A_1 = A = G\,F, \\ c_{n-2} &= -\,1/2\,\mathrm{Sp}\,A_2 \text{ mit } A_2 = A\,B_1 \text{ und } B_1 = A_1 + c_{n-1}\,E, \\ c_{n-3} &= -1/3\,\mathrm{Sp}\,A_3 \text{ mit } A_3 = A\,B_2 \text{ und } B_2 = A_2 + c_{n-2}\,E, \\ &\ldots\ldots\ldots\ldots\ldots\ldots\ldots\ldots\ldots\ldots \\ c_0 &= -1/n\,\mathrm{Sp}\,A_n \text{ mit } A_n = A\,B_{n-1} \text{ und } B_{n-1} = A_{n-1} + c_1 E \end{aligned}$$

mit der Kontrollgleichung $B_n = A_n + c_0 E = 0$.

[3.1.1.5:13]

Ergänzend kann c_0 aus

$$(-1)^n c_0 = \det (G F) = \det G \cdot \det F \qquad [3.1.1.5:14]$$

berechnet werden ((0:62), S. 162, 21).

Neben dem Formelsatz [3.1.1.5:13] gibt es noch eine Reihe von weiteren Formelsätzen zur Aufstellung der Koeffizienten c_{n-1} bis c_0 in einer festen Anzahl von Schritten, die unter den *Verfahren von Hessenberg, Householder* und *Danilewski* bekannt geworden sind. Sie sind ausführlich in ((0:62), S. 313–335) mit Herleitungen, Eigenschaften und Beispielen dargestellt.

Die Aufstellung der charakteristischen Gleichung nach ihren Koeffizienten nach [3.1.1.5:8] der algebraischen Eigenwertaufgabe nach [3.1.1.5:3] wird als *„direktes Verfahren"* bezeichnet ((0:62), S. 313), und sie läßt sich vollständig formelmäßig durchführen. Dagegen kann die algebraische Gleichung zur Berechnung der Lösungen nur noch bis zur Ordnung $n = 4$ analytisch[3:5a)] mit elementaren Funktionen behandelt werden. Ab der Ordnung $n = 5$ müssen die Lösungen mit einem der Iterationsverfahren berechnet werden (siehe 7.1.3.1.).

Neben den direkten Verfahren gibt es auch sog. *„iterative Verfahren"*, die die Lösungen λ_1 bis λ_n iterativ ohne Aufstellung der charakteristischen Gleichung berechnen. Es sei hierfür das *Jacobi*-Verfahren nebst Varianten (z. B. nach *Falk* u. *Langenmeyer*) genannt ((0:62), S. 307–313). Die speziellen iterativen Verfahren zur Berechnung eines einzigen oder zweier Eigenwerte ((0:62), S. 273–312) werden recht selten in der Molekülspektroskopie angewandt.

Ergänzend sei die *Spurbeziehung*

$$\mathrm{Sp}\,(G F)^k = \mathrm{Sp}\,\underline{\Lambda}^k \qquad [3.1.1.5:15]$$

mit $\underline{\Lambda}$ als diagonale Eigenwertmatrix nach Gl. [3.1.1.6:6] für

$$k = 1, 2, \ldots, n \qquad [3.1.1.5:16]$$

mitgeteilt ((0:58), Bd. I, S. 81).

2. Es seien die Schwingungsfrequenzen bzw. Eigenwerte bekannt. Dann ergeben sich die Koeffizienten sofort aus dem *Satz von Vieta* zu ((0:84), S. 120)

$$\begin{aligned}
-c_{n-1} &= \lambda_1 + \lambda_2 + \ldots + \lambda_n, \\
c_{n-2} &= \lambda_1 \lambda_2 + \lambda_1 \lambda_3 + \ldots + \lambda_{n-1} \lambda_n, \qquad [3.1.1.5:17] \\
-c_{n-3} &= \lambda_1 \lambda_2 \lambda_3 + \lambda_1 \lambda_2 \lambda_4 + \ldots + \lambda_{n-2} \lambda_{n-1} \lambda_n, \\
&\ldots\ldots\ldots\ldots\ldots\ldots\ldots\ldots \\
(-1)^n c_0 &= \lambda_1 \lambda_2 \lambda_3 \ldots \lambda_n.
\end{aligned}$$

[3:2a)] Die formelmäßige Lösung einer allgemeinen algebraischen Gleichung 5. Grades kann noch mit elliptischen Funktionen bewerkstelligt werden ((0:74), 2. Bd., S. 226–257).

Da die Energiematrizen G und F reell, symmetrisch, nichtsingulär und positiv definit sind, sind sämtliche n Eigenwerte λ_1 bis λ_n positiv reell, und es existieren genau n unabhängige reelle Eigenvektoren l_1 bis l_n ((0:62), S. 193).

3.1.1.6. *Die allgemeine Lösung der Schwingungsgleichung*

Wegen der Homogenität der Gl. [3.1.1.5:3] können wir für jedes λ_k mit $k = 1, 2, \ldots, n$ nur die Verhältnisse der Elemente $l_{j,k}$ von l_k mit $j = 1, 2, \ldots, n$ und $k = 1, 2, \ldots, n$ berechnen, wenn der Rang der Koeffizientenmatrix gleich $n-1$ ist. Wir setzen z. B. $l_{j,k} = 1$, lösen Gl. [3.1.1.5:3] mit dem *Gauß*schen Algorithmus und bezeichnen diese unnormierte Spaltenmatrix mit $l_{k,un}$. Dann gilt für den *Lösungs-* oder *Eigenvektor* l_k

$$l_k = C_k \, l_{k,un} \quad \text{für } k = 1, 2, \ldots, n. \qquad [3.1.1.6:1]$$

Die n *Normierungskonstanten* C_k bestimmen wir aus den n *Orthogonalitätsbedingungen*

$$l_i' \, G^{-1} \, l_k = \delta_{ik} \, \text{für } i, k = 1, 2, \ldots, n. \qquad [3.1.1.6:2]$$

Mit der Eigenvektormatrix

$$L = (l_1, l_2, \ldots, l_n) \qquad [3.1.1.6:3]$$

führt dies auf die bekannte *Beziehung der Hauptachsentransformation*

$$L' \, G^{-1} \, L = E \qquad [3.1.1.6:4]$$

((0:62), S. 192–194). Für die Matrix der potentiellen Energie F gilt die Beziehung

$$L' \, F \, L = \underline{\Lambda}, \qquad [3.1.1.6:5]$$

wenn $\underline{\Lambda}$ die diagonale Eigenwertmatrix der reellen Eigenwerte

$$\underline{\Lambda} = \begin{bmatrix} \lambda_1 & & & \\ & \lambda_2 & & \\ & & \ddots & \\ & & & \lambda_n \end{bmatrix} \qquad [3.1.1.6:6]$$

darstellt. Da bei Schwingungsproblemen die Matrix der kinetischen Energie G^{-1} stets positiv definit ist (3.1.1.3.) und in der Schwingungsspektroskopie allgemein n Schwingungsfrequenzen ν_k mit $k = 1, 2, \ldots, n$ bzw. n positiv reellen Eigenwerten λ_k experimentell auffindbar sind, folgt daraus die *Existenz von* n *harmonischen Schwingungen*. Damit gewinnt man die *allgemeine Lösung* q_{allg} *des Systems* von n homogenen linearen Differentialgleichungen 2. Ordnung [3.1.1.4:6] durch Überlagerung der n harmonischen Schwingungen

$$q_{allg} = \sum_{k=1}^{n} Q_k = \sum_{k=1}^{n} C'_k \cos(\sqrt{\lambda_k}\, t + \epsilon_k)\, l_k . \qquad [3.1.1.6:7]$$

Die 2n *unbestimmten Konstanten* C'_k und ϵ_k werden *durch die* 2n *vorgegebenen Anfangsbedingungen* der Gl. [3.1.1.4:7] *festgelegt*. Sie sind jedoch bei unseren molekülphysikalischen Untersuchungen meist nicht bekannt. Die Q_k (bzw. auch ihre Amplituden Q'_k) heißen „*Normalkoordinaten*" des Punktsystems, wobei jedes Q_k die Summe aller Verrückungen q_i der, der Frequenz ν_k bzw. dem Eigenwert λ_k zugeordneten Schwingungsform darstellt ((0:27), S. 116). Mit ihnen können die kinetische und potentielle Energien ohne gemischte Glieder wie folgt definiert werden:

$$2\,T = \dot{Q}'\,\dot{Q}, \qquad [3.1.1.6:8]$$

$$2\,V = Q'\,\underline{\Lambda}\,Q . \qquad [3.1.1.6:9]$$

Dabei sind die Normalkoordinaten Q_k in der Matrix

$$Q' = (Q_1\ Q_2\ \ldots Q_n) \qquad [3.1.1.6:10]$$

zusammengefaßt.

3.1.2. Anmerkungen zu kubischen und biquadratischen Kraftkonstanten

Die potentielle Energie V nach [3.1.1.2:1] ist unter Hinzunahme des kubischen und biquadratischen Gliedes und wegen [3.1.1.2:2]

$$V = \frac{1}{2}\sum_{i=1}^{n}\sum_{k=1}^{n} f_{ik}\, q_i q_k + \frac{1}{3!}\sum_{i=1}^{n}\sum_{k=1}^{n}\sum_{l=1}^{n} f_{ikl}\, q_i q_k q_l + \frac{1}{4!}\sum_{i=1}^{n}\sum_{k=1}^{n}\sum_{l=1}^{n}\sum_{m=1}^{n} f_{iklm}\, q_i q_k q_l q_m + \ldots , \qquad [3.1.2:1]$$

wobei die *kubische Kraftkonstante*

$$f_{ikl} = \left[\frac{\delta^3 V}{\delta q_i\, \delta q_k\, \delta q_l}\right]_{min} \qquad [3.1.2:2]$$

und die *biquadratische Kraftkonstante*

$$f_{iklm} = \left[\frac{\delta^4 V}{\delta q_i\, \delta q_k\, \delta q_l\, \delta q_m}\right]_{min} \qquad [3.1.2:3]$$

definitionsgemäß sind. Für nichtsymmetrische Moleküle mit n Schwingungsfreiheitsgraden ist die Zahl der quadratischen Kraftkonstanten n(n+1)/2, die Zahl der kubischen Kraftkonstanten (n(n+1) (n+2))/6 und die Zahl der biquadratischen Kraftkonstanten (n(n+1) (n+2) (n+3))/24 (vergl. (3:14)). Diese Zahlen reduzieren sich bei symmetrischen Molekülen. Als Beispiel sei das symmetrische System $XY_2(C_{2v})$ angeführt, das mit n = 3 auf 4 quadratische Kraftkonstanten f_{ik}, 6 kubische Kraftkonstanten f_{ikl} und 9 biquadratische Kraftkonstanten f_{iklm} führt ((0:17), S. 206), (0:36), S. 196).

Durch die Einführung höherer Glieder in der potentiellen Energie V ergeben sich u. a. folgende *Erschwerungen*[3:5a]:

1. Die Normalschwingungen sind nicht mehr voneinander unabhängig.
2. Wegen 1. führt die Bestimmung der quadratischen, kubischen und biquadratischen Kraftkonstanten auf wesentlich kompliziertere Gleichungssysteme als die Säkulargleichung für die alleinige Berechnung von quadratischen Kraftkonstanten (vergl. Abschnitt 3.1.1.5.) eines darstellt.
3. Bis auf einige einfachste Fälle stehen fast stets zu wenig experimentelle Ausgangsdaten zur Aufstellung der Gleichungen zur Verfügung. Dabei werden Anharmonizitätskonstanten benötigt, die sich entsprechend 1.5. darstellen. Da aber die Zahl der Bestimmungsgleichungen für die kubischen und biquadratischen Kraftkonstanten größer ist als die entsprechende Zahl für die quadratischen Kraftkonstanten, sind bisher noch weit weniger vollständige kubische und biquadratische Kraftkonstantensätze für einzelne Moleküle berechnet worden als quadratische Kraftkonstantensätze (vergl. 3.2.1. und 5.3.).

Da bisher noch keine durchgehende Systematik der kubischen und biquadratischen Kraftkonstanten bezüglich der Gesamtheit der physikalischen Methoden und der mathematischen Verfahren aufgestellt worden ist, und da noch zahlreiche Probleme zu überwinden sind, verzichten wir hier auch auf eine vorläufige Systematisierung[3:5b].

Damit verstehen wir in dieser Abhandlung nach dem bisher fast ausschließlich üblichen Sprachgebrauch unter „*Kraftkonstanten*" die „*quadratischen Kraftkonstanten*".

Abschließend stellen wir *einige Ergebnisse aus der Literatur* zusammen:

1. Die Darstellung der Theorie findet sich:
   In (3:8) mit einer ausführlichen Darstellung der Theorie,
   in (3:9) in kurzer übersichtlicher Form,
   in (3:10) mit Formelsätzen für kubische und biquadratische Kraftkonstanten,

---

[3:5a]) Bei quantenmechanischen Behandlungen der Schwingungsvorgänge führt dies wegen der damit verbundenen Anharmonizitäten auf nichtseparierbare Wellengleichungen.

[3:5b]) Die in Kap. 18 beschriebenen quantentheoretischen Verfahren spezieller ab-initio-Rechnungen (u. a. Kräftemethode von *Pulay)* lassen eine praktisch handhabbare und systematische Erfassung der Kraftkonstanten für höhere Näherungen erhoffen.

in (3:11) mit der Theorie der kubischen Kraftkonstanten vielatomiger Moleküle,
in (3:12) mit der Matrix der Fermi-Resonanz,
in (3:13) Reihenentwicklungen,
in (3:14) und (3:15) Potentialansätze.

2. Die Aufstellung von Formelsätzen ist u. a. für folgende spezielle Schwingungssysteme verschiedener Symmetrien durchgeführt worden:
$XYZ(C_s)$: (3:8).
$XYZ(C_{\infty v})$: (3:16), (3:15).
$XY_2(D_{\infty h})$: (3:15), (3:9).
$XY_3(C_{3v})$: (3:8), (3:17).
3. Für folgende Moleküle liegen Berechnungen für kubische und biquadratische Kraftkonstanten vor:
In (3:9): CO_2.
In (3:13): CO_2, N_2O, HCN, OCS, H_2O.
In (3:14): H_2O, H_2S, SO_2, NO_2, ClO_2, HOD.
In (3:12): H_2O (Berechnung sämtlicher kubischer und biquadratischer Kraftkonstanten).
In (3:15): HOD, DOD, HCH, OCH, NNO.
In (3:18) und (3:23): N_2O.
In (3:19): CsOH.
In (3:20): OCS.
4. Näherungslösungen bzw. Näherungsformeln finden sich bei:
(3:15) für $XY_3Z(C_{3v})$ mit einigen Zahlenwerten von CH_3F.
(3:21) für kubische und biquadratische Kraftkonstanten nach dem Lippincott-Potentialansatz.
(3:22) nach den Morse-Parametern.
Die überschlagsmäßige Berechnung auch der kubischen und biquadratischen Kraftkonstanten von über 40 zweiatomigen Molekülen nach einer halbempirischen Methode findet sich bei (3:24).

Über die *zahlenmäßigen Abweichungen* der „quadratischen Kraftkonstanten" unter Miteinbeziehung der kubischen und biquadratischen Kraftkonstanten gegenüber den quadratischen Kraftkonstanten ohne Anharmonizitätskorrektur liegen folgende Erfahrungen vor: Während für Bindungen mit Wasserstoff bereits für 2-atomige Systeme mit 10%-igen Unterschieden gerechnet werden muß (siehe 2.5.), liegen sie für Bindungen mit Atomen der zweiten Periode des Periodensystems häufig unter 5 % und bei schwereren Atomen und Deformationskraftkonstanten (siehe 3.2.1.) vielfach bei 1 bis 3 %, bezogen auf die anharmonizitätsbezogenen quadratischen Kraftkonstanten. (Die Kopplungskraftkonstanten als Korrekturgrößen bleiben außerhalb dieses Vergleiches.) Diese Genauigkeit der nichtanharmonizitätsbezogenen quadratischen Kraftkonstanten reicht aber bereits für zahlreiche chemische Untersuchungen wie Zuordnungsprobleme und Bindungsgradberechnungen aus.

Als *Zahlenbeispiel* seien die anharmonizitätsbezogenen quadratischen Kraftkonstanten für das Molekül NNO angeführt (in Klammern stehen die nichtanharmonizitätsbezogenen Werte) (3:18):
f_{NN} = 18,19 (18,48); f_{NO} = 12,03 (11,83);
$f_{NN/NO}$ = 1,02 (1,13) mdyn/Å; $f_{NNO} = f_\alpha$ = 0,67 (0,67) mdyn · Å · rad^{-2}.
(Siehe auch Tab. 22:8 und 22.3.3. (Vereinbarungen zur Einheit)!)

3.2. Spezielle Kraftfelder von Molekülen

In 3.1.1.2. findet sich die allgemeine Form der potentiellen Energie. Nun sollen den Konstanten der potentiellen Energie durch die im Molekül wirkenden Kräfte ***anschauliche physikalische Bedeutungen zugeordnet*** werden. Dazu müssen wir uns für den Gebrauch eines ***speziellen Koordinatensystems*** und für eine ***spezielle Form der Potentialfunktion*** entschließen. Diese Wahl des Koordinatensystems und der Potentialfunktion legt dann vollständig die Konstanten der kinetischen Energie fest (siehe 3.3.).

3.2.1. Allgemeines Valenzkraftfeld

Beim *allgemeinen Valenzkraftfeld* [engl. *generalized valence force field* (*GVFF*)] werden die zwischen chemisch gebundenen Atomen wirkenden *abstandserhaltenden Kräfte* und *winkelerhaltenden Kräfte* im Molekül unter Einbeziehung sämtlicher damit verbundenen Wechselwirkungen berücksichtigt. Die Kräfte zwischen chemisch nicht gebundenen Atomen bleiben unberücksichtigt. Die Vernachlässigung des Einflusses der Kräfte zwischen chemisch nicht gebundenen Atomen findet jedoch in den Wechselwirkungs- oder Kopplungskraftkonstanten eine gewisse Berücksichtigung, ohne noch zusätzliche Kräfte einführen zu müssen (vgl. 3.2.2.)[3:6].

Wie auch in anderen Gebieten der Physik ist die *geeignete Wahl des Koordinatensystems* für die Lösung eines Problems von entscheidender Bedeutung. So empfiehlt sich hier die Verwendung von systemgekoppelten oder *inneren Koordinaten*, die der chemischen Vorstellung der Richtung der chemischen Bindung bzw. der Erhaltung der Form des Moleküls möglichst nahe kommen, und man kann sich dadurch eine vereinfachte Behandlung erhoffen. Allgemein hat sich die Verwendung der *Änderungen der Bindungslängen* Δr *für die abstandserhaltenden Kräfte* und die Verwendung der *Änderungen der Valenzwinkel* $\Delta\alpha$ *für die winkelerhaltenden Kräfte* als innere Koordinaten bewährt. Der vollständige Satz der inneren Koordinaten besteht aus $n = 3N\text{-}M$ Koordinaten, ist also gleich der Zahl der Freiheitsgrade der Molekülschwingungen. Die auf die inneren Koordinaten bezogenen Kraftkonstanten werden entsprechend als *Kraftkonstanten für innere Koordinaten* bezeichnet.
Weiterhin werden die der chemischen Bindung oder Valenz zugeordneten Kraftkonstanten *Valenzkraftkonstanten* genannt. Von diesen Valenzkraftkonstanten

---

[3:6]) Eine ausführliche Darstellung findet sich in ((0:27), S. 124–126). Siehe auch weiterhin (3:1)!

erwartet man eine Charakterisierung der chemischen Bindung, und sie beinhalten hauptsächlich alle übrigen Einflüsse im Molekül in einer extremen Vereinfachung. Mit den Valenzkraftkonstanten lassen sich in homologen Reihen Vergleiche anstellen und brauchbare physikalische Aussagen gewinnen.

Die winkelerhaltenden Kräfte werden durch die sog. *Deformationskraftkonstanten* charakterisiert, die durch die 2. Ableitung des Potentials V nach der Änderung des Valenzwinkels definiert sind. Ihre physikalische Deutung ist nicht unbestritten.

Gemäß der Vernachlässigung der Kräfte zwischen chemisch nicht gebundenen Atomen im Molekül können die *Wechselwirkungs-* oder *Kopplungskraftkonstanten als Korrekturgrößen* physikalisch gedeutet werden. Ihre physikalische Aussagekraft bei Vergleichen in homologen Reihen ist erfahrungsgemäß problematisch.

Schließlich sollen die Kraftkonstanten für innere Koordinaten als 2. Ableitung der potentiellen Energie V zusammengestellt werden (vergl. [3.1.1.2:4]):
Es ist

$$f_{ii} = \frac{\delta^2 V}{\delta R_i^2} \qquad [3.2.1:1]$$

eine *Valenzkraftkonstante* für

$$R_i = \Delta r_i \qquad [3.2.1:2]$$

und eine *Deformationskraftkonstante* für

$$R_i = \Delta \alpha_i. \qquad [3.2.1:3]$$

Die *Wechselwirkungskraftkonstanten* oder *Kopplungskraftkonstanten*

$$f_{ij} = \frac{\delta^2 V}{\delta R_i \, \delta R_j} \quad \text{mit } i \neq j \qquad [3.2.1:4]$$

stellen die *Kopplung zwischen* den *2 Valenzkraftkonstanten* f_{ii} und f_{jj} für

$$R_i = \Delta r_i \text{ und } R_j = \Delta r_j, \qquad [3.2.1:5]$$

die Kopplung zwischen den *2 Deformationskraftkonstanten* f_{ii} und f_{jj} für

$$R_i = \Delta r_1 \text{ und } R_j = \Delta \alpha_j \qquad [3.2.1:6]$$

und die Kopplung zwischen der *Valenzkraftkonstanten* f_{ii} und der *Deformationskraftkonstanten* f_{jj} für

$$R_i = \Delta r_i \text{ und } R_j = \Delta \alpha_j \qquad [3.2.1:7]$$

dar.
Valenzkraftkonstanten werden häufig mit

$$f_{ii} = k_{ii} = f_{XY} \qquad [3.2.1:8]$$

bezeichnet, wenn X und Y die beiden chemisch gebundenen Atome im Molekül sind. Für die Deformationskraftkonstanten kann

$$f_{ii} = d_{ii} = f_{XYZ} = f_{\alpha} \qquad [3.2.1:9]$$

geschrieben werden, wenn der Valenzwinkel $\alpha = \sphericalangle XYZ$ ist. Für die Wechselwirkungskraftkonstanten sind die Bezeichnungen

$$f_{ij} = f_{XY/XY} = k_{ij} \text{ für Bedingung } [3.2.1.:5], \qquad [3.2.1:10]$$

$$f_{ij} = f_{XYZ/UVW} = f_{\alpha/\beta} = d_{ij} \text{ für Bedingung } [3.2.1:6], \qquad [3.2.1:11]$$

$$f_{ij} = f_{XY/XYZ} = f_{XY/\alpha} = \kappa_{ij} \text{ für Bedingung } [3.2.1:7] \qquad [3.2.1:12]$$

gebräuchlich.

Die ausführliche Darstellung des allgemeinen Valenzkraftfeldes in praktischer Anwendung auf 2- und 3-atomige Moleküle findet sich unter 21.1..

Zur allgemeinen Behandlung strukturchemischer Problemstellungen hat sich das allgemeine Valenzkraftmodell am besten von allen weiteren Kraftfeldern nach 3.2.2. bis 3.2.4. bewährt. Deshalb beschränken wir uns in der vorliegenden Abhandlung in den allgemeinen Teilen ausschließlich auf die Verwendung des allgemeinen Valenzkraftfeldes (GVFF).

Die Hauptschwierigkeit in der Berechnung der $n(n+1)/2$ Kraftkonstanten des allgemeinen Valenzkraftfeldes ist durch die Vorgabe von höchstens n experimentellen Schwingungsfrequenzen gegeben, die wiederum höchstens n algebraisch voneinander unabhängige Gleichungen aufstellen lassen. Die physikalische Überwindung dieser Schwierigkeit bleibt den Kap. 9 bis 17 vorbehalten, wobei zugleich die mathematischen Verfahren aufgezeigt werden.

Eine recht radikale Überwindung der $n(n-1)/2$-fachen Unterbestimmtheit besteht in der Nullsetzung der $n(n-1)/2$ Kopplungskraftkonstanten f_{ij} mit $i \neq j$ und $i, j = 1, 2, \ldots, n$. Dieses Valenzkraftfeld ohne Kopplungsglieder wird als *einfaches Valenzkraftfeld* bezeichnet, und es besteht nur noch aus n Valenz- und Deformationskraftkonstanten. Seine mathematische Behandlung findet sich in Kap. 6.

Die ganze mathematische Problematik ist in dem koordinierenden Abschnitt 5.3. zusammengestellt.

Bei symmetrischen Molekülen müssen zur Gewinnung weiterer Aussagen *Symmetriekoordinaten als Linearkombinationen von inneren Koordinaten* eingeführt werden. Die sich ergebenden Kraftkonstanten heißen *Symmetriekraftkonstanten* oder *Kraftkonstanten für Symmetriekoordinaten*. Als Bezeichnung ist für die Elemente der Symmetriekraftkonstantenmatrix F meist $F_{ij}(X)$ gebräuchlich, wobei X die jeweilige Rasse bzw. den Symmetrietyp der Symmetriegruppe bezeichnet. Ausführlich gehen wir in 4.8.2. darauf ein. Damit ergeben sich die *Symmetriekraftkonstanten als Linearkombinationen von Kraftkonstanten für innere Koordinaten*. Zahlreiche Beispiele finden sich in 21.1.2. usw.

Als *Einheit* für die Valenz- und Deformationskraftkonstanten und deren Kopplungskraftkonstanten wird allgemein mdyn/Å (millidyn/Angström) bzw. N/cm (Newton/Zentimeter) in der Literatur verwendet (vgl. auch Abschnitte 2.2. und 2.3.). Dies wird u. a. für die Deformationskraftkonstanten f_α durch Multiplikation mit Gleichgewichtsabständen der Dimension des Quadrates einer Länge erreicht, um die Dimensionsverschiedenheit des entsprechenden Elementes g_α in der inversen Matrix der kinetischen Energie *G* zur Erfüllung der dazugehörigen Schwingungsgleichung auszugleichen (vgl. z. B. Formelsätze in den Abschnitten 21.1. und 21.3.).

Häufig wird auch die Deformationskraftkonstante, multipliziert mit dem Quadrat einer Länge, der Einheit mdyn · Å selbst angeführt. Entsprechend ist die Einheit für eine Kopplungskraftkonstante der Valenz- und Deformationsbindung, multipliziert mit einer Länge, gleich mdyn (vgl. Unterabschnitt 22.3.3.).

Eine gewisse Willkür liegt jedoch bei komplizierteren Molekülen in der Auswahl der Gleichgewichtsabstände als Faktoren der deformationsbezogenen Kraftkonstanten, und es konnte bisher international keine Einheitlichkeit erzielt werden. (Dies erschwert oft sehr die praktische Arbeit.) Eine einfache Überwindung dieser Schwierigkeit in der Auswahl der Gleichgewichtsabstände gelingt durch die Verwendung von Einheitsabständen in Å.

3.2.2. Urey-Bradley-Kraftfeld

Zur Überwindung der unendlichen Lösungsmannigfaltigkeit der Bestimmung aller $n(n+1)/2$ Kraftkonstanten der allgemeinen Potentialfunktion in Gl. [3.1.1.2:5] werden in dem nach den Erstdarstellern benannten *Urey-Bradley-Kraftfeld auch Kräfte einbezogen, die chemisch nicht gebundene Atome untereinander im Molekül bewirken*. Damit treten in der Potentialfunktion neben den quadratischen Gliedern auch lineare Glieder auf, so daß das Molekül in der Gleichgewichtslage nicht mehr spannungsfrei ist ((0:32), S. 32). Dadurch wird die Zahl der Konstanten der potentiellen Energie wesentlich verkleinert, wodurch auch etwas größere Moleküle behandelt werden können. Häufig wird als *Ansatz* für die zurücktreibende Energie zwischen chemisch nicht gebundenen Atomen ((0:14), S. 131)

$$V' \cong R^n \text{ mit } n = -9 \text{ bzw. } n = -6 \text{ bis } -12 \qquad [3.2.2:1]$$

gewählt. Damit liegt in der geeigneten Wahl von n eine wesentliche Schwierigkeit. In zahlreichen Molekülgruppen lassen sich bei ähnlichen Molekülen entsprechende Kraftkonstanten in guter Näherung übertragen. Nichtsdestoweniger führt aber die konsequente Anwendung auch öfters zu übermäßig großen Kräften zwischen chemisch nicht gebundenen Atomen. Die sich dabei ergebenden zu großen Wechselwirkungskraftkonstanten führen zwangsläufig auf unvertretbar kleine Valenz- und Deformationskraftkonstanten (Zahlenbeispiele u. a. in (3:1), S. 182–185).

Aus diesen Gründen verzichten wir in der vorliegenden Abhandlung auf eine weitere ausführliche Behandlung des *Urey-Bradley*-Kraftfeldes. Eine kurze Darstellung findet sich in (0:29), S. 55–57, 315–320.

3.2.3. Valenzkraftfelder unter Einbeziehung quantentheoretischer Ergebnisse

Prinzipiell können mit den quantentheoretischen Methoden alle molekularen Prozesse erfaßt werden. Auf die uns interessierenden Größen der Gleichgewichtsabstände, Valenzwinkel, Bindungsenergien, Kraftkonstanten und Frequenzen gehen wir explizit in Teil 2, Kap. 18 ein. Neben dieser umfassenden Darstellung der Kraftkonstantenmatrix nach *ab-initio-Rechnungen* unter alleiniger Benutzung physikalischer Konstanten können die quantentheoretischen Methoden auch für Teillösungen oder Näherungslösungen herangezogen werden. Es seien dafür 2 spezielle Kraftsysteme kurz angeführt:

3.2.3.1. Orbital-Valenzkraftfeld

Im *Orbital-Valenzkraftfeld* versucht man mit Näherungsansätzen quantentheoretisch zusätzliche Kraftkonstanten abschätzen zu können. Dabei sind Moleküle von möglichst hoher Symmetrie solchen Untersuchungen am zugänglichsten ((0:28), S. 42).

3.2.3.2. Hybrid-Bindungskraftfeld

Beim *Hybrid-Orbital-Kraftfeld* (hybrid-orbital force field) nach *King* (3:25) werden Theorie und Ergebnisse der molekularen Orbital-Theorie unter folgenden Annahmen verwendet: Die Energie einer Teilbindung sei eine Funktion eines Hybridisationsparameters. Die Orbitale mögen längs der Verbindungslinie zweier gebundener Atome wirken, wobei die Hybridisationsparameter λ_i und λ_j für ein Paar von Bindungen i und j mit dem Bindungswinkel α_{ij} der Relation

$$1 + \lambda_i \lambda_j \cos \alpha_{ij} = 0 \qquad [3.2.3.2:1]$$

genügen. Weiterhin ergebe sich die gesamte Bindungsenergie des Moleküls durch die Summe dieser einzelnen Bindungsenergieterme und aus der Summe von Energietermen, die durch die Zentralkräfte zwischen nicht gebundenen Atomen wie beim Urey-Bradley-Kraftfeld dargestellt werden. Die Potentialfunktion wird durch die Morse-Kurve angenähert.

Dieses Hybrid-Modell läßt sich nur auf einige einfache Moleküle wie NH_3 mit Erfolg anwenden, während es bei etwas größeren bereits falsche Ergebnisse liefern kann. Einer der Gründe liegt in der Notwendigkeit der Modifikation des Modelles auf die verschiedensten Moleküle. U. a. reicht bei entarteten Schwingungen (siehe (3:25) die Zahl der unabhängigen Hybridisationsparameter zur vollständigen Beschreibung nicht aus.

3.2.4. Zentralkraftfelder

Schließlich sei noch auf das *allgemeine Zentralkraftfeld* bzw. *-system* hingewiesen, bei dem Kräfte zwischen chemisch gebundenen und chemisch nicht gebundenen Atomen im Molekül ansatzmäßig wirken. Im *vereinfachten Zentralkraftsystem* beschränkt man sich auf Kräfte, die zwischen chemisch gebundenen Atomen im Molekül vorgegeben sind.

Diese Ansätze haben sich aber allgemein nicht bewährt, und wir werden sie deshalb nicht weiter verfolgen.

3.3. Zur Berechnung von G als der inversen Matrix der kinetischen Energie für das allgemeine Valenzkraftfeld nach der Matrixmethode von Wilson

Nun verbleibt die Aufgabe, die inverse Matrix der kinetischen Energie G für beliebige Moleküle nach dem *hier fast ausschließlich verwendeten allgemeinen Valenzkraftfeld* allgemein aufzustellen und an einigen Beispielen zu erläutern.

3.3.1. Herleitung

Die kinetische Energie eines mechanischen Punktsystems kann formal in kartesischen, inneren, Symmetrie- oder sonstigen Koordinaten geschrieben werden. Durch diese Koordinaten des mechanischen Punktsystems als klassisches Modell für schwingende Moleküle sollen die kleinen Verrückungen der Atomkerne aus ihren Gleichgewichtslagen heraus beschrieben werden. Auf die Problematik der als nicht klein anzusprechenden Translationen und Rotationen bei Verwendung von 3N kartesischen Koordinaten gehen wir noch in 3.3.3. ein.

Die *3N kartesischen Koordinaten* werden in der Spaltenmatrix $\boldsymbol{\Delta x}$ zusammengefaßt. Bezeichnet $\boldsymbol{\Delta r}$ die *Spaltenmatrix* der

$$n = 3N - M \text{ (mit } M = 6 \text{ für nichtlineare und } M = 5 \text{ für lineare Moleküle)} \qquad [3.3.1:1]$$

inneren Koordinaten, die die Verrückungen in Richtung der Gleichgewichtsabstände und die Änderungen der Winkel zwischen den Gleichgewichtsabständen beschreibt, so besteht zwischen beiden Koordinatensystemen die Verknüpfung

$$\boldsymbol{\Delta r} = B\, \boldsymbol{\Delta x}. \qquad [3.3.1:2]$$

Gemäß den Regeln für die Matrizenmultiplikation muß die *Transformationsmatrix B* 3N Spalten und n Zeilen aufweisen. Ersetzt man in [3.1.1.3:1] die generalisierten Koordinaten q durch die inneren Koordinaten $\boldsymbol{\Delta r}$, schreibt die *kinetische Energie* auch für kartesische Koordinaten an, so erhält man die weitere Beziehung

$$2\,T = \boldsymbol{\Delta \dot r}'\, G^{-1}\, \boldsymbol{\Delta \dot r} = \boldsymbol{\Delta \dot x}'\, M\, \boldsymbol{\Delta \dot x}, \qquad [3.3.1:3]$$

mit

$$M = \text{Diag}\,(m_j) \text{ mit } j = 1, 1, 1, 2, 2, 2, \ldots, N, N, N \qquad [3.3.1:4]$$

als Matrix der Massen der N Atome bzw. Atomkerne des Moleküls nach den 3 kartesischen Koordinaten.

Ersetzt man in [3.3.1:3] Δr durch [3.3.1:2], so ergibt sich durch Vergleich

$$B' G^{-1} B = M, \qquad [3.3.1:5]$$

und schließlich nach Linksmultiplikation mit M^{-1}, anschließender Linksmultiplikation mit B, Vergleich und Rechtsmultiplikation mit G die gesuchte Relation für die *inverse Matrix der kinetischen Energie*

$$G = B M^{-1} B'. \qquad [3.3.1:6]$$

Damit steckt die Hauptarbeit der Aufstellung der inversen Matrix der kinetischen Energie G im Auffinden der Transformationsmatrix B für innere und kartesische Koordinaten.

3.3.2. Berechnung der G-Matrix eines symmetrischen 3-atomigen Moleküls als Beispiel

Ein *symmetrisches 3-atomiges Molekül* sei als Punktsystem zeichnerisch dargestellt und jeder Atomkern mit den entsprechenden Koordinaten eingetragen, wobei die Kerne um ihre Ruhelage kleine Schwingungen ausführen mögen ((0:29), S. 45–47). Dann ergibt sich aus der Zeichnung nach Abb. 3:1 für die 3 inneren und die 9 kartesischen Koordinaten folgender Zusammenhang nach [3.3.1:2]:

$$\Delta r = \begin{bmatrix} \Delta r_1 \\ \Delta r_2 \\ \Delta\alpha \end{bmatrix} = \begin{bmatrix} -s & -c & 0 & 0 & 0 & 0 & s & c & 0 \\ 0 & 0 & 0 & s & -c & 0 & -s & c & 0 \\ \frac{-c}{r} & \frac{s}{r} & 0 & \frac{c}{r} & \frac{s}{r} & 0 & 0 & \frac{-2s}{r} & 0 \end{bmatrix} \begin{bmatrix} \Delta x_1 \\ \Delta y_1 \\ \Delta z_1 \\ \Delta x_2 \\ \Delta y_2 \\ \Delta z_2 \\ \Delta x_3 \\ \Delta y_3 \\ \Delta z_3 \end{bmatrix} = B\,\Delta x \qquad [3.3.2:1]$$

mit

$$s = \sin \alpha/2 \;\text{ und }\; c = \cos \alpha/2, \qquad [3.3.2:2]$$

woraus sich B' durch Vertauschen der Zeilen und Spalten in B einfach ergibt. Mit der inversen Matrix der Massen M^{-1}

$$M^{-1} = \begin{bmatrix} m_1^{-1} &&&&&&&& \\ & m_1^{-1} &&&&&&& \\ && m_1^{-1} &&&&&& \\ &&& m_2^{-1} &&&&& \\ &&&& m_2^{-1} &&&& \\ &&&&& m_2^{-1} &&& \\ &&&&&& m_3^{-1} && \\ &&&&&&& m_3^{-1} & \\ &&&&&&&& m_3^{-1} \end{bmatrix} \qquad [3.3.2:3]$$

erhält man aus [3.3.1:6] nach Ausführung der beiden Matrizenmultiplikationen

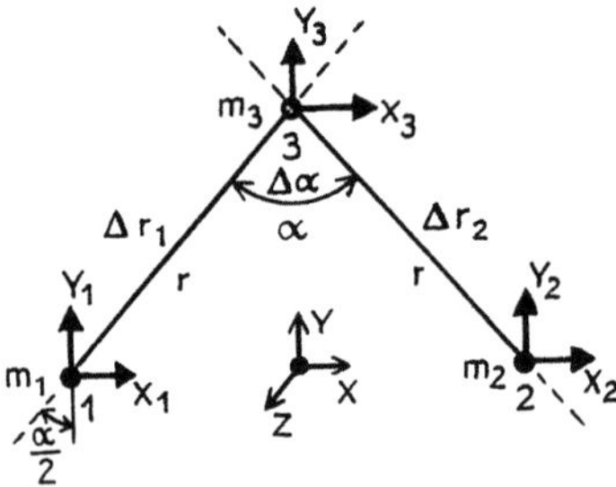

Abb. 3:1. Kartesische und innere Koordinaten des symmetrischen 3-atomigen Moleküls XY_2 mit $m_X = m_3$ und $m_Y = m_1 = m_2$. Die z-Koordinate steht senkrecht zur Ebene des Blattes.

$$G = \begin{bmatrix} m_1^{-1} + m_3^{-1} & m_3^{-1}\cos\alpha & -m_3^{-1}r^{-1}\sin\alpha \\ m_3^{-1}\cos\alpha & m_1^{-1} + m_3^{-1} & -m_3^{-1}r^{-1}\sin\alpha \\ -m_3^{-1}r^{-1}\sin\alpha & -m_3^{-1}r^{-1}\sin\alpha & 2r^{-2}(m_1^{-1} + m_3^{-1}(1-\cos\alpha)) \end{bmatrix} \qquad [3.3.2{:}4]$$

3.3.3. Zur Verwendung von kartesischen Koordinaten

Während die n inneren Koordinaten in Δr den n Schwingungsfreiheitsgraden eines Moleküls entsprechen, stehen die 3N kartesischen Koordinaten in Δx den $n = 3N - M$ Schwingungsfreiheitsgraden und den M Freiheitsgraden der Translation und Rotation gegenüber. Im allgemeinen kann die Molekülschwingung bei den von uns betrachteten Fällen als klein hinsichtlich ihrer Potentialmulden angesehen werden. Diese Kleinheit kann aber für die *Translations- und Rotationsschwingungen* nicht mehr vorausgesetzt werden. Nach *Eckart* (3:2) kann man aber trotzdem mit kartesischen Koordinaten arbeiten, wenn man die *Frequenzen der Translation und der Rotation gleich Null* setzt, und *die Koordinaten den Bedingungen*

$$\sum_{i=1}^{N} m_i \underline{\rho}_i = 0 \qquad [3.3.3{:}1]$$

und

$$\sum_{i=1}^{N} m_i \,(R_i \times \dot{\underline{\rho}}_i) = 0. \qquad [3.3.3{:}2]$$

gehorchen. Dabei ist $\underline{\rho}_i$ der Vektor mit den 3 Komponenten x_i, y_i und z_i. Der Vektor R_i beschreibt die Lage des i-ten Atomes relativ zum Schwerpunkt des Moleküls. Mit diesen sog. „*Eckart-Bedingungen*" wird das mit dem Molekül rotierende Koordinatensystem festgelegt. Diese Bedingungen setzen voraus, daß die *Kopplung zwischen den Rotations- und den Molekülschwingungen hinreichend klein ist, bzw. daß keine der Schwingungsfrequenzen sehr viel kleiner als die übrigen ist*. Die Gleichung [3.3.3:1] entspricht dem Satz von der *Er-*

haltung des Schwerpunktes, Gl. [3.3.3:2] dem Satz von der *Erhaltung des Drehimpulses*.

3.3.4. Formelsammlung zur Aufstellung der Matrix G für nichtzyklische Moleküle nach Decius

Nach *Decius* (3:3) kann man die Berechnung der inversen Matrix der kinetischen Energie G für das allgemeine Valenzkraftfeld und für *nichtzyklische*

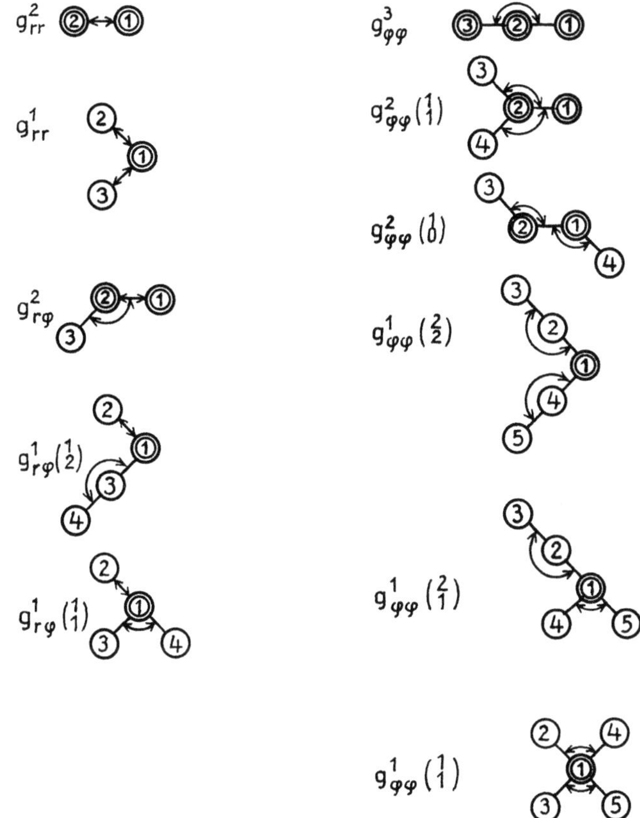

Abb. 3:2. Schematische Darstellung der Elemente der inversen Matrix der kinetischen Energie, G ((0:36), S. 304).

Erklärungen zu Abb. 3:2. Doppelkreise bezeichnen Atome, die beide Koordinaten gemeinsam haben, Einzelkreise Atome mit nichtgemeinsamen Koordinaten. Dazu sind gemeinsame Atome auf einer waagrechten Linie angeordnet.

Die nichtgemeinsamen Atome sind durch 45° Diagonalen angezeigt, und dies ohne Rücksicht auf die wirkliche Molekülgeometrie; die über der gemeinsamen Reihe liegenden gehören zur 1. Koordinaten, die darunter liegenden zur 2. Koordinate. (Wegen weiterer Erklärungen siehe (0:36), S. 304–305, (0:14), S. 325.)

Moleküle auf wenige Ausgangsgleichungen zurückführen, von denen die wichtigsten hier angeführt seien. Mit ihnen kann die *G-Matrix baukastenartig aufgestellt* werden[3:7)].

Formelsatz der Elemente g_{rr}, $g_{r\varphi}$ *und* $g_{\varphi\varphi}$:

$$g_{rr}^2 = \mu_1 + \mu_2 \qquad [3.3.4:1]$$

$$g_{rr}^1 = \mu_1 \cos\varphi \qquad [3.3.4:2]$$

$$g_{r\varphi}^2 = -\rho_{23}\mu_2 \sin\varphi \qquad [3.3.4:3]$$

$$g_{r\varphi}^1 \left(\begin{smallmatrix}1\\2\end{smallmatrix}\right) = \rho_{13}\mu_1 \sin\varphi \cos\tau \qquad [3.3.4:4]$$

$$g_{r\varphi}^1 \left(\begin{smallmatrix}1\\1\end{smallmatrix}\right) = -(\rho_{13}\sin\varphi_{213}\cos\psi_{234} + \rho_{14}\sin\varphi_{214}\cos\psi_{243})\mu_1 \qquad [3.3.4:5]$$

$$g_{\varphi\varphi}^3 = \rho_{12}^2\mu_1 + \rho_{23}^2\mu_3 + (\rho_{12}^2 + \rho_{23}^2 - 2\rho_{12}\rho_{23}\cos\varphi)\mu_2 \qquad [3.3.4:6]$$

$$g_{\varphi\varphi}^2 \left(\begin{smallmatrix}1\\1\end{smallmatrix}\right) = (\rho_{12}^2\cos\psi_{314})\mu_1 + [(\rho_{12} - \rho_{23}\cos\varphi_{123} - \rho_{24}\cos\varphi_{124})\,\rho_{12}\cos\psi_{314}$$
$$+(\sin\varphi_{123}\sin\varphi_{124}\sin^2\psi_{314} + \cos\varphi_{324}\cos\psi_{314})\,\rho_{23}\rho_{24}]\mu_2 \qquad [3.3.4:7]$$

$$g_{\varphi\varphi}^2 \left(\begin{smallmatrix}1\\0\end{smallmatrix}\right) = -\rho_{12}\cos\tau\,[(\rho_{12} - \rho_{14}\cos\varphi_1)\mu_1 + (\rho_{12} - \rho_{23}\cos\varphi_2)\mu_2] \qquad [3.3.4:8]$$

$$g_{\varphi\varphi}^1 \left(\begin{smallmatrix}2\\2\end{smallmatrix}\right) = -(\sin\tau_{25}\sin\tau_{34} + \cos\tau_{25}\cos\tau_{34}\cos\varphi_1)\,\rho_{12}\,\rho_{14}\,\mu_1 \qquad [3.3.4:9]$$

$$g_{\varphi\varphi}^1 \left(\begin{smallmatrix}2\\1\end{smallmatrix}\right) = [(\sin\varphi_{214}\cos\varphi_{415}\,\tau_{34} - \sin\varphi_{215}\cos\tau_{35})\rho_{14} + (\sin\varphi_{215}\cos\varphi_{415}\cos\tau_{35}$$
$$- \sin\varphi_{214}\cos\tau_{34})\rho_{15}]\,\frac{\rho_{12}\mu_1}{\sin\varphi_{415}} \qquad [3.3.4:10]$$

$$g_{\varphi\varphi}^1 \left(\begin{smallmatrix}1\\1\end{smallmatrix}\right) = [(\cos\varphi_{415} - \cos\varphi_{314}\cos\varphi_{315} - \cos\varphi_{214}\cos\varphi_{215} + \cos\varphi_{213}\cos\varphi_{214}.$$
$$\cos\varphi_{315})\quad \rho_{12}\rho_{13} + (\cos\varphi_{413} - \cos\varphi_{514}\cos\varphi_{513} - \cos\varphi_{214}\cos\varphi_{213}$$
$$+ \cos\varphi_{215}\cos\varphi_{214}\cos\varphi_{513})\rho_{12}\rho_{15} + (\cos\varphi_{215} - \cos\varphi_{312}\cos\varphi_{315}$$
$$- \cos\varphi_{412}\cos\varphi_{415} + \cos\varphi_{413}\cos\varphi_{412}\cos\varphi_{315})\rho_{14}\rho_{13} + (\cos\varphi_{213}$$
$$- \cos\varphi_{512}\cos\varphi_{513} - \cos\varphi_{412}\cos\varphi_{413} + \cos\varphi_{415}\cos\varphi_{412}\cos\varphi_{513})$$
$$\cdot\ \rho_{14}\rho_{15}]\,\frac{\mu_1}{\sin\varphi_{214}\sin\varphi_{315}} \qquad [3.3.4:11]$$

Erläuterungen zum Formelsatz:

$\mu_i = m_i^{-1}$ ist die reziproke Masse des i-ten Atomes mit $i = 1, 2, 3, \ldots$
$\rho_{ik} = r_{ik}^{-1}$ ist der reziproke Abstand zwischen den Atomen i und k mit i, $k = 1, 2, 3, \ldots$
φ ist der Valenzwinkel.
Die Indizes r und φ an den Elementen g beziehen sich auf die inneren Koordinaten der Bindungsdehnung (r) und der Winkeldeformation (φ).
Die Winkel $\varphi\alpha\delta\beta$, $\varphi\alpha\delta\gamma$ und $\varphi\beta\delta\gamma$ sind durch die Abbildung 3:3 erklärt.

Abb. 3:3. Die Winkel $\varphi\alpha\delta\beta$ usw.

3:7) Ein Teil dieser Formeln kann aus Gl. [3.3.2:4] entnommen bzw. übertragen werden.

Der Winkel $\psi_{\alpha\beta\gamma}$ ist durch

$$\cos \psi_{\alpha\beta\gamma} = \frac{\cos \varphi_{\alpha\delta\gamma} - \cos \varphi_{\alpha\delta\beta} \cos \varphi_{\beta\delta\gamma}}{\sin \varphi_{\alpha\delta\beta} \sin \varphi_{\beta\delta\gamma}} \qquad [3.3.4:12]$$

definiert.
Der Winkel τ ist durch

$$\cos \tau = \frac{(e_{12} \times e_{23})}{\sin \varphi_2} \cdot \frac{(e_{23} \times e_{34})}{\sin \varphi_3} \qquad [3.3.4:13]$$

gemäß der Abb. 3:4 festgelegt[3:8] (e_{12}, e_{23}, e_{34} Einheitsvektoren).

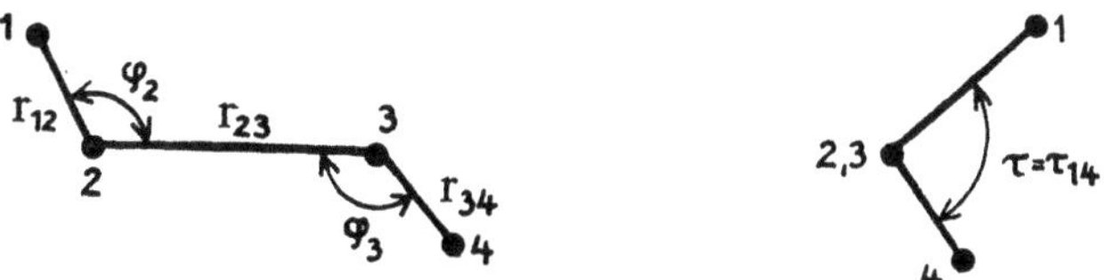

Abb. 3:4. Zur Definition des Winkels τ
(τ ist der Winkel zwischen den durch 1, 2, 3 und 2, 3, 4 aufgespannten Ebenen.)

3.3.4.1. Beispiel: 3-atomiges Molekül XYZ (C_s)

Mit dem Formelsatz [3.3.4:1] bis [3.3.4:11] von *Decius* wird die *G*-Matrix baukastenähnlich wie folgt zusammengesetzt:

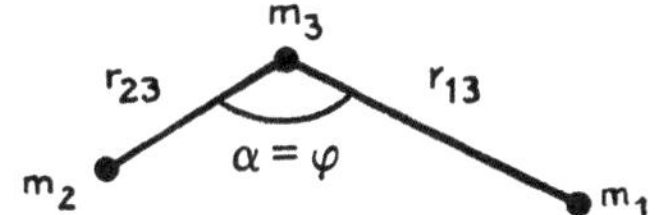

Abb. 3:5. Skizze eines Moleküls XYZ(C_s)

$$G(\mathrm{XYZ}(C_s)) = \begin{bmatrix} g^2_{\mathrm{rr}} & g^1_{\mathrm{rr}} & g^2_{\mathrm{r}\varphi} \\ g^1_{\mathrm{rr}} & g^2_{\mathrm{rr}} & g^2_{\mathrm{r}\varphi} \\ g^2_{\mathrm{r}\varphi} & g^2_{\mathrm{r}\varphi} & g^3_{\varphi\varphi} \end{bmatrix}. \qquad [3.3.4.1:1]$$

Daraus ergibt sich in entsprechender Übertragung der in Abb. 3:5 eingetragenen Massen und Gleichgewichtsabstände

[3:8]) Die Glieder der *G*-Matrix für die Torsion einer 5-atomigen Gruppe stellte *U. Müller* auf (3:37).

[3.3.4.1:2]

$$G(\mathrm{XYZ}(C_s)) = \begin{bmatrix} \mu_1 + \mu_3 & \mu_3\cos\varphi & -\mu_3\rho_{23}\sin\varphi \\ \mu_3\cos\varphi & \mu_2 + \mu_3 & -\mu_3\rho_{13}\sin\varphi \\ -\mu_3\rho_{23}\sin\varphi & -\mu_3\rho_{13}\sin\varphi & \rho_{13}^2\mu_1 + \rho_{23}^2\mu_2 + (\rho_{13}^2 + \rho_{23}^2 - 2\rho_{12}\rho_{23}\cos\varphi)\,\mu_3 \end{bmatrix}$$

Aus dieser Matrix $G(\mathrm{XYZ}(C_s))$ folgt sofort die in 3.3.2. gewonnene $G(\mathrm{XY}_2(C_{2v}))$-Matrix nach [3.3.2:4].

3.3.5. Zur Berechnung der G-Matrizen vielatomiger Moleküle mit Programmrechnern

Während die Berechnung von inversen Matrizen der kinetischen Energie *G* für relativ niedrigatomige Moleküle schon einige Mühe bereiten kann, wird der Rechenaufwand für vielatomige bereits so groß, daß sich der Einsatz von elektronischen Rechenanlagen zeitlich bezahlt macht. Meistens wird man auf die grundlegende Relation [3.3.1:6] zurückgreifen, doch können selbstverständlich auch die Deciusschen Formeln nach 3.3.4. verwendet werden.

Folgende Programme sind mir bisher bekanntgeworden:

1. Programm von *Pulay* (3:4).
2. Programm von *Gussoni* und *Zerbi* (3:5).
3. Programm von *Freeman* und *Henshall* (3:6), (3:7).
4. Programm von *Schachtschneider* ((0:18), S. 24), (3:7a).
5. Programm von *Bleckmann* (3:7b).
6. Programm von *Papoušek* und *Pliva* (3:7c).
7. Programm von *Tatzel* (3:7d).

3.4. Unabhängige und überzählige innere Koordinaten

Bei einer Reihe von Molekülsystemen tritt das Problem überzähliger (redundanter) innerer Koordinaten auf. Im vorliegenden stützen wir uns vorwiegend auf die Arbeiten von *Billes* ((3:26–28)) und verweisen weiterhin auf die Arbeiten ((3:29) bis (3:36)) bzw. auf die Monographien (u. a. (0:36), S. 140, (0:27), S. 124, 128, 129, 143).

3.4.1. Anzahl der geometrischen Elemente und inneren Koordinaten

Die Berechnung der Anzahl der inneren Koordinaten kann über die folgenden 4 *geometrischen Elemente* erfolgen:

1. Bindungslinie r (Linie in der chemischen Bindung);
2. Valenzwinkel φ (Winkel zwischen 2 Bindungslinien);
3. Azimutalwinkel ϑ (Winkel zwischen einer Bindungslinie und einer durch 2 Bindungslinien aufgespannten Ebene, wenn die 3 Bindungslinien von einem Atom ausgehen); (auch häufig in der Literatur „Aus-der-Ebene-Winkel“ γ genannt);

4. Torsionswinkel τ (Winkel durch die beiden Ebenen (a, r) und (b, r) definiert, wenn die Bindungslinien a und b von den beiden Endpunkten der Bindungslinie r ausgehen).

Es sei N die Anzahl der Atome j mit j = 1, 2, 3, . . . , N im Molekül. Die von einem Atom j ausgehende Anzahl von Bindungslinien sei r (j) und die mit ihm verbundenen Atome werden mit i gekennzeichnet. Dann ergibt sich nach (3:26) und (3:27) für die gesamte *Anzahl der Bindungslinien* Σ [r], die gesamte *Anzahl der Valenzwinkel* $\Sigma[\varphi]$, die gesamte *Anzahl der Azimutalwinkel* $\Sigma[\vartheta]$ und für die gesamte *Anzahl der Torsionswinkel* $\Sigma[\tau]$ der Formelsatz:

$$\Sigma\,[r] = \frac{1}{2} \sum_{j=1}^{N} r(j), \tag{3.4.1:1}$$

$$\Sigma\,[\varphi] = \frac{1}{2} \sum_{j=1}^{N} r(j)\,(r(j) - 1), \tag{3.4.1:2}$$

$$\Sigma\,[\vartheta] = \frac{1}{2} \sum_{j=1}^{N} r(j)\,(r(j) - 1\,(r(j) - 2), \tag{3.4.1:3}$$

$$\Sigma\,[\tau] = \frac{1}{2} \sum_{j=1}^{N} ((r(j) - 1) \sum_{i=1}^{r(j)} (r(i) - 1)). \tag{3.4.1:4}$$

Die *Herleitungen* seien nur skizziert wiedergegeben:
Zu [3.4.1:1]: Da jede Bindung 2 Atomen angehört, muß die Summe durch 2 geteilt werden.
Zu [3.4.1:2]: $\varphi = \varphi$ (j) ist gleich der Kombination zur 2. Klasse ohne Wiederholungen $\binom{r(j)}{2}$ der Anzahl r (j) der Bindungslinien[3:9]).
Zu [3.4.1:3] : $\vartheta = \vartheta$ (j) ist gleich der Kombination zur 3. Klasse ohne Wiederholungen $\binom{r(j)}{3}$ der Anzahl r (j) von Verbindungslinien, multipliziert mit dem Faktor 3 (innerhalb der 3-gliedrigen Gruppe gehört ein Valenzwinkel zu jeder Bindungslinie).
Zu [3.4.1:4] : $\tau = \tau$ (j) ist für gemeinsame Atome j und i wegen i = 1, 2, . . . , r (j) gleich (r (j) − 1) (r (i) − 1) (Verbindungslinie j-i bleibt unberücksichtigt), summiert über alle i. Da bei der Summation über alle Atome j doppelt gezählt wird, muß die Gesamtsumme durch 2 geteilt werden.

Da die *inneren Koordinaten* K für die Valenz-, Deformations-, Azimutal- und Torsionsschwingungen gleich den Änderungen der entsprechenden 4 geometrischen Elemente sind, können deren Anzahl nach dem Formelsatz [3.4.1:1–4][3:10])

[3:9]) Die Kombination aus n Elementen zur r-ten Klasse sind die Anordnungen, die sich aus je r der n Elemente ohne Beachtung der Reihenfolge der Elemente bilden lassen. Die Anzahl der Kombinationen aus n Elementen zur r-ten Klasse ohne Wiederholung ist ((0:87), S. 15)

$$K_r(n) = \binom{n}{r} = \frac{n!}{r!\,(n-r)!} = \frac{n(n-1)\ldots(n-r+1)}{1\cdot 2\cdot 3\cdots r}\,.$$

[3:10]) Neben diese Vierereinteilung innerer Koordinaten wird häufig eine Sechsereinteilung verwendet, die zu den 4 aufgezählten Elementen noch die der Nickschwingungen (wag-

berechnet werden. Die Anzahl der so berechneten inneren Koordinaten kann jedoch größer sein als die Anzahl der Normalschwingungen oder Schwingungsfrequenzen. Auf die Elimination dieser sog. *überzähligen* oder *redundanten Koordinaten* zur Auffindung der unabhängigen Koordinaten gehen wir in 3.4.2. und 3.4.3. ein.

3.4.2. Redundanzbedingungen als Korrelationen der geometrischen Elemente

Die Wechselbeziehungen *(Korrelationen)* der voneinander abhängigen geometrischen Elemente nach 3.4.1. ergeben die *Bedingungen für die überzähligen Koordinaten (Redundanzbedingungen)*. Diese geometrischen Betrachtungen führen häufig auf umfangreiche Herleitungen und Formelsätze einzelner Molekülsysteme, so daß wir uns hier auf einige Angaben beschränken müssen. Hierzu seien noch folgende *Literaturhinweise* angefügt:

Lineare Moleküle (3:27);
Teilweise lineare Moleküle (3:27);
Nichtlineare Kettenmoleküle (3:27);
Nichtlineare Vielkettenmoleküle (3:27);
Planare Moleküle (3:26);
Räumliche Moleküle (3:26);
Einringmoleküle (3:28);
Mehrringmoleküle (3:28).

3.4.2.1. Redundanzbedingungen planarer Molekülsysteme

Für ebene (planare) Molekülsysteme lassen sich die Redundanzbedingungen auf kleinem Raum herleiten (3:26).

Korrelationen der Valenzwinkel

Der Valenzwinkel für die Atome 1, 2 und N sei durch die Einheitsvektoren e_1 und e_2 in den Bindungslinien dargestellt, die als Linearkombination nach

$$e_i = a_i e_1 + b_i e_2 = -\frac{\sin \varphi_{2i}}{\sin \varphi_{12}} e_1 + \frac{\sin \varphi_{1i}}{\sin \varphi_{12}} e_2$$

mit $i \geqq 3$ [3.4.2.1:1]

für Schwingungen in der Ebene den dritten Einheitsvektor e_i definieren. Dabei werden die Bindungslinien mit wachsenden Indizes im entgegengesetzten Uhr-

---

Fortsetzung von S. 49

ging vibrations) und der Schaukelschwingungen (rocking vibrations) hinzunimmt ((0:14a), S. 92–96; (0:5a), S. 76–77).
Weiterhin werden für Deformationsschwingungen im engeren Sinn Scherenschwingung (scissoring vibration) und für Azimutalschwingung „Aus-der-Ebene-Schwingung" (out of plane vibration) als Bezeichnungen gebraucht.
Die englischen Wörter für die übrigen Schwingungen sind:
Stretching vibration = Valenzschwingung;
bending vibration = Deformationsschwingung;
twisting vibration = Torsionsschwingung.

zeigersinn verwendet. (Die Koeffizienten a_i und b_i folgen aus Gl. [3.4.2.1:1] linker Teil durch vektorielle Multiplikationen mit e_2 bzw. e_1 definitionsgemäß.) Durch skalare Multiplikationen der Gl. [3.4.2.1:1] mit dem Vektor e_i folgen die *Korrelationen* für die Valenzwinkel zu

$$-\sin\varphi_{2i}\cos\varphi_{1j} + \sin\varphi_{1i}\cos\varphi_{2j} = \cos\varphi_{ij}\sin\varphi_{12}$$

$$\text{für } j \geqq i \geqq 3. \qquad [3.4.2.1:2]$$

Die *Redundanzbedingungen* der inneren Koordinaten für die Valenzschwingungen ergeben sich dann definitionsgemäß durch Differentiation zu

$$\sin\varphi_{ij}\sin\varphi_{12}\,K(\varphi_{ij}) - \cos\varphi_{ij}\cos\varphi_{12}\,K(\varphi_{12}) +$$
$$+\cos\varphi_{1i}\cos\varphi_{2j}\,K(\varphi_{1i}) - \sin\varphi_{1i}\sin\varphi_{2j}\,K(\varphi_{2j}) -$$
$$-\cos\varphi_{2i}\cos\varphi_{1j}\,K(\varphi_{2i}) + \sin\varphi_{2i}\sin\varphi_{1j}\,K(\varphi_{1j}) = 0. \qquad [3.4.2.1:3]$$

Wegen der Bedingung $j \geqq i \geqq 3$ ist die *Anzahl der Redundanzbedingungen* (vergleiche Herleitung der Gl. [3.4.1:2])

$$R(\varphi) = \binom{N-2}{2} = \tfrac{1}{2}(N-2)(N-3). \qquad [3.4.2.1:4]$$

Korrelationen der Azimutalwinkel

Wiederum wird die ungeänderte Ebene des Moleküls durch die beiden Einheitsvektoren e_1 und e_2 oder durch die Atome 1,2 und N beschrieben. Die sich von der Ebene (e_1, e_2) abhebende Ebene werde durch die Vektoren e_a und e_b und der Azimutalwinkel ϑ_{cab} durch den Einheitsvektor e_c und die Ebene (e_a, e_b) gekennzeichnet. Geometrisch folgt dann für den Azimutalwinkel

$$d\,\vartheta_{cab} = d\,\vartheta_{c12} + \frac{d\,\vartheta_{a12} + d\,\vartheta_{b12}}{2} \qquad [3.4.2.1:5]$$

bzw. für die inneren Koordinaten

$$K(\vartheta_{cab}) = K(\vartheta_{c12}) + \frac{K(\vartheta_{a12}) + K(\vartheta_{b12})}{2}. \qquad [3.4.2.1:6]$$

Nach diesem Vorgang können alle $K(\vartheta_{cab})$ als Funktion der $K(\vartheta_{i12})$ – Werte für $i > 2$ ermittelt werden. Wegen $i > 2$ beträgt die Gesamtzahl der unabhängigen $K(\vartheta)$ -Werte $N - 3$, und die Anzahl der Redundanzbedingungen bei Einbeziehung von [3.4.1:3] (mit $r(j{=}N) = N-1$ und $r(j{=}1, 2, \ldots, N-1) = 1$, Zentralatom durch N gekennzeichnet)

$$R(\vartheta) = \frac{1}{2}(N-1)(N-2)(N-3) - (N-3) = \frac{1}{2}N(N-3)^2. \qquad [3.4.2.1:7]$$

3.4.2.2. Anzahl der Redundanzbedingungen räumlicher, nichtzyklischer Molekülsysteme

Die Herleitung der Redundanzbedingungen für die Valenzwinkel räumlicher, nichtzyklischer Molekülsysteme läuft analog zu der in 3.4.2.1. . Die Ableitungen der Redundanzbedingungen für die Azimutalwinkel ergeben sich elegant aus der vektoriellen Schreibweise für das Volumen des Parallelepipedons. Wegen der umfangreichen Formelmassen seien lediglich die Ergebnisse für die Anzahl der Redundanzbedingungen mitgeteilt (3:26):

Anzahl der Redundanzbedingungen für die Valenzwinkel

$$R(\varphi) = \binom{N-3}{2} = \frac{1}{2}(N-3)(N-4). \qquad [3.4.2.2:1]$$

Anzahl der Redundanzbedingungen für die Azimutalwinkel

$$R(\vartheta) = 3\binom{N-1}{3} = \frac{1}{2}(N-1)(N-2)(N-3)\,. \qquad [3.4.2.2:2]$$

3.4.3. Anzahl der unabhängigen inneren Koordinaten für die Valenz-, Deformations-, Azimutal- und Torsionsschwingungen

Die Anzahl aller unabhängigen inneren Koordinaten ist gleich der Anzahl der Schwingungsfreiheitsgrade bzw. Schwingungsfrequenzen eines Moleküls (siehe 1.2.). Die Anzahl unabhängiger innerer Koordinaten für die Valenz-, Deformations-, Azimutal- und Torsionsschwingungen bestimmen sich aus dem Formelsatz [3.4.1:1–4] unter Abzug der entsprechenden redundanten Koordinaten nach 3.4.2.. In Tab. 3:1 findet sich eine Zusammenstellung einiger wichtiger Molekülsysteme, die als Parameter nur die Anzahl N der Atome im Molekül enthalten.

Tab. 3:1. Anzahl der Valenzschwingungen, Deformationsschwingungen, Azimutalschwingungen und Torsionsschwingungen wichtiger Typen N-atomiger Moleküle

Molekül	Valenzschwingungen	Deformationsschwingungen	Azimutalschwingungen	Torsionsschwingungen	Literatur
Linear	N – 1	2N – 4 (zweifach entartet)	0	0	(0:17a), S. 77; (3:27)
Nichtlinear kettenförmig	N – 1	N – 2	0	N – 3	(3:27)
Eben (planar)	N – 1	N – 2	N – 3	0	(3:26)
Räumlich nicht-zyklisch	N – 1	2N – 5	0	0	(3:26) (0:21), S. S. 62–63

3.4.4. *Beispiel: Molekültyp* $XY_3(D_{3h})$

Für den ebenen Molekültyp $XY_3(D_{3h})$ erhalten wir folgende Koordinaten und Redundanzbeziehungen:

Mit X = 4 und Y = 1, 2 und 3 ergibt sich

$$r(1) = r(2) = r(3) = 1 \text{ und } r(4) = 3, \qquad [3.4.4:1]$$

woraus sich die Zahl der inneren Koordinaten nach [3.4.1:1–4] zu

$$\Sigma[r] = 3, \Sigma[\varphi] = 3, \Sigma[\vartheta] = 3 \text{ und } \Sigma[\tau] = 0 \qquad [3.4.4:2]$$

ableitet. Die Zahl der Redundanzbedingungen berechnet sich nach den Gln. [3.4.2.1:4] und [3.4.2.1:7] zu

$$R(\varphi) = 1 \text{ und } R(\vartheta) = 2. \qquad [3.4.4:3]$$

Durch Vergleich mit [3.4.4:2] bzw. nach Tab. 3:1 bestimmt sich die Anzahl der unabhängigen Koordinaten für die Valenz-, die Deformations- und die Azimutalschwingungen zu

$$\Sigma K(r) = 3, \Sigma K(\varphi) = 2 \text{ und } \Sigma K(\vartheta) = 1. \qquad [3.4.4:4]$$

Gl. [3.4.4:3] entsprechen nach [3.4.2.1:3] und [3.4.2.1:6] eine Redundanzbedingung für die Deformationsschwingungen und 2 Redundanzbedingungen für die Azimutalschwingungen gemäß

$$K(\varphi_{12}) + K(\varphi_{23}) + K(\varphi_{31}) = 0 \qquad [3.4.4:4a]$$

und

$$K(\vartheta_{213}) = K(\vartheta_{123}) = \frac{1}{2} K(\vartheta_{312}), \qquad [3.4.4:5]$$

denen die Beziehungen für die Valenzwinkel

$$\varphi_{12} = \varphi_{31} = \varphi_{23} = 120° \qquad [3.4.4:6]$$

und die Azimutalwinkel

$$\vartheta_{123} = \vartheta_{213} = \vartheta_{312} = 180° \qquad [3.4.4:7]$$

zugrundeliegen (in der Literatur findet sich häufig für K das Differenzenzeichen Δ).

3.4.5. Zur Vermeidung des Redundanzproblems

Die Verwendung von inneren Koordinaten[3:11]) führt bereits bei relativ einfachen Molekülsystemen zum Auftreten von Redundanzbedingungen, die bei komplizierteren Systemen häufig nicht alle bekannt sind. Deshalb empfiehlt sich zur völligen Umgehung des Redundanzproblems bei größeren Molekülen die Verwendung kartesischer Koordinaten, da bei einem N-atomigen Molekül die 3N kartesischen Koordinaten voneinander unabhängig sind ((0:27), S. 124, 128, 129). Ein weiterer Vorteil besteht in der einfachsten Darstellung der kinetischen Energie durch kartesische Koordinaten (siehe 3.3.1.3.). Nachteile sind die Mitnahme der Freiheitsgrade der Translation und Rotation und der Verlust an Anschaulichkeit.

4. Aussagen und Vereinfachungen bei symmetrischen Molekülen

Allein aus der symmetrischen Anordnung der Atome im Molekül ergeben sich eine Reihe von Aussagen, die auch als rein geometrische *Symmetrieeigenschaften des Kerngerüstes* bezeichnet werden ((0:8), S. 27), (4:1). Weiterhin lassen sich ohne Kenntnis der Gleichgewichtsabstände und eines speziellen Kraftfeldes die *Klassifizierung* und die *Symmetrieeigenschaften der Schwingungen* des als Punktsystem aufgefaßten Molekülgerüstes anführen ((0:27)), S. 168). Damit können oft aus der besonderen Anordnung der experimentell ermittelten Schwingungsspektren die Symmetrien von Molekülen ermittelt werden.

Besonders die *Energiematrizen* G und F *vereinfachen sich* bei symmetrischen Molekülen *oft stark*, so daß die mit der Lösung der Säkulargleichung verbundenen inversen Eigenwertprobleme zur Bestimmung der Kraftkonstanten niedrigere Ordnungen aufweisen.

Die Darstellung der Symmetrie erfolgt durch die rein mathematische Disziplin der Gruppentheorie als eine der möglichen Anwendungen ((0:96), S.76)[4:1]).

Die Gruppentheorie selbst kann als ein Zweig der allgemeinen Zahlentheorie aufgefaßt werden ((0:96), S. 256–257).

4.1. Gruppentheoretische Grundbegriffe

Eine Gesamtheit oder Menge G von endlich oder unendlich vielen Elementen nennt man endliche oder unendliche *Gruppe*, wenn sie folgende 4 Forderungen (Gruppenpostulate) erfüllt ((0:27), S. 3–10), ((0:98), S. 246), ((0:25:25), S. 1–3):

1) Es existiert eine *Verknüpfung*, die jedem Paar von Elementen A, B aus der Menge G eindeutig ein Element $C = A\,B$ aus G zuordnet; es ist allgemein $AB \neq BA$.

[3:11]) Besondere Vorteile innerer Koordinaten liegen in der den chemischen Bindungsverhältnissen angepaßten Darstellung und in der Anschaulichkeit (siehe 3.2.1.). Weiterhin ergeben sich mit ihnen manche Vereinfachungen (siehe 4.5. und 4.9.).

[4:1]) Es sind zahlreiche ausführliche Darstellungen der Gruppentheorie auch in deutscher Sprache vorhanden (z. B. (0:97), (0:94), (0:27), (0:25)).

2) Für beliebige A, B, C aus G gilt das *assoziative Gesetz*:

$$(AB)C = A(BC) = ABC$$

3) Es existiert ein *Einheitselement* E in G; damit gilt für jedes A aus G die Relation: EA = A.
4) Es existiert zu jedem Element A aus der Menge G ein *reziprokes (inverses) Element* A^{-1} in G, so daß A^{-1} A = E ist.
Ein *Element* kann eine Zahl, eine geometrische Deckoperation oder ein anderer mathematischer Begriff sein. Die Anzahl g der Elemente nennt man *Ordnung der Gruppe*.

X sei ein Element aus der Menge G; dann wird $B = X^{-1}AX$ als ein zu A *konjugiertes* Element definiert. Damit gilt auch $A = XBX^{-1}$, also ist auch A zu B konjugiert. Nur zueinander konjugierte Elemente gehören zu einer *Klasse*. Wenn wir mit X alle Elemente der Menge G erfassen, so werden alle Elemente der Klasse von A durch $X^{-1}AX$ dargestellt. Jedes Element gehört genau einer Klasse an, und alle Elemente einer Klasse haben dieselbe Ordnung. E bildet eine Klasse für sich. In *Abelschen Gruppen* besteht jede Klasse aus einem einzigen Element; dabei gilt für Abelsche Gruppen: AB = BA.

Eine Gruppe G nennt man *homomorph* auf eine andere Gruppe G' abgebildet, wenn jedem Element von G eindeutig ein Element von G' zugeordnet ist, so daß dem Produkt zweier Elemente aus G das Produkt der entsprechenden Elemente in G' entspricht. Ist die Zuordnung umkehrbar eindeutig, so nennt man G und G' zueinander *isomorph*.

4.2. Darstellung einer Gruppe, Charakter einer Darstellung und Sätze über Charaktere

Kann eine abstrakte Gruppe G homomorph auf eine Gruppe M abgebildet werden, die durch endliche quadratische Matrizen $M(A)$ mit det $M(A) \neq 0$ darstellbar ist, so nennt man M eine *Darstellung* von G. Die Spalten- oder Zeilenzahl von $M(A)$ definiert den *Grad* oder die *Dimension* der Darstellung ((0:98), S. 250–252). Der *Charakter der Darstellung* M ist durch

$$\chi(A) = \text{spur}\,(M(A)) = \sum_{k=1}^{h} m_{kk}(A) \qquad [4.2:1]$$

gegeben, wenn $M(A)$ die Matrix der Darstellung M der Ordnung h ist.

Jede Darstellung von G heißt *reduzibel*, wenn sie aus anderen Darstellungen von G hervorgeht. Eine nicht reduzible Darstellung heißt *irreduzibel*. Entsprechend nennt man die dazugehörigen Charaktere reduzibel bzw. irreduzibel.

Sätze

1) *Der Charakter einer Darstellung bleibt bei Ähnlichkeitstransformationen ungeändert.*

2) *Elemente der gleichen Klasse haben den gleichen Charakter.*
3) *Bilden die* g *Elemente einer endlichen Gruppe G r verschiedene Klassen konjugierter Elemente, so existieren genau r nichtäquivalente irreduzible Darstellungen der Dimensionen* $f_1, \dots f_r$. *Die Dimensionen* f_r *sind Teiler von* g. *Die Quadratsumme der Dimensionen ist gleich* g (siehe Gl. [4.2:6]).
Bezeichnungen: Es sei $\chi_i^{(j)}$ der Charakter der i.ten Klasse in der j.ten Darstellung. g_i sei die Anzahl der Elemente einer Klasse; $\bar{\chi}$ sei konjugiert komplex zu χ. f sei der Entartungsgrad; g sei die Anzahl der Elemente der Gruppe. Dann gelten folgende Sätze:
4) *Inverse Elemente haben konjugiert komplexe Charaktere*

$$\chi^{(j)}(A^{-1}) = \bar{\chi}^{(j)}(A). \qquad [4.2:2]$$

5)
$$\chi^{(j)}(E) \equiv \chi^{(j)}(I) \equiv \chi_1^{(j)} = f = f_j. \qquad [4.2:3]$$

6)
$$\sum_{i=1}^{r} g_i \, \chi_i^{(j)} \, \bar{\chi}_i^{(j')} = \delta_{jj'} \, g \quad \text{mit} \quad \delta_{jj'} = \begin{matrix} 1 \text{ für } j = j', \\ 0 \text{ für } j \neq j'. \end{matrix} \qquad [4.2:4]$$

7)
$$\sum_{j=1}^{r} \chi_i^{(j)} \, \bar{\chi}_{i'}^{(j)} = g_i^{-1} \, g \, \delta_{ii'}. \qquad [4.2:5]$$

8)
$$\sum_{j=1}^{r} (\chi_1^{(j)})^2 = \sum_{j=1}^{r} f_j^2 = g. \qquad [4.2:6]$$

Die Beweise für diese Sätze sind dem Buche von *Matossi* über Gruppentheorie zu entnehmen ((0:27), S. 42–43, 53–77).

4.3. Symmetrieoperationen und -elemente – Symmetrie- oder Punktgruppen

Als erste praktische Anwendung werden die Moleküle nach Symmetriegruppen geordnet, wozu 5 Symmetrieoperationen bzw. Symmetrieelemente genügen.

4.3.1. Symmetrieoperationen und Symmetrieelemente

Bei Anwendung der Gruppentheorie auf Molekülschwingungen gebrauchen wir folgende *Symmetrieoperationen* und ersetzen damit mögliche Gruppenelemente durch *Symmetrieelemente* ((0:27), S. 15–18), ((0:3), S. 160).

Tab. 4:1. Symmetrieoperationen, Symmetrieelemente und deren Abkürzungen

Symmetrieoperation	*Symmetrieelement*	Symbol d. Elementes
Drehung um 0° bzw. 360°	*Identität*	I
Spiegelung an einem Punkt	*Symmetriezentrum*	i
Spiegelung an einer Ebene	*Symmetrieebene*	σ
Drehung um $2\pi/p$	*p-zählige Drehachse (Symmetrieachse)*	C_p
Drehung um $2\pi/p$ *mit Spiegelung an der Ebene senkrecht zur Achse*	*p-zählige Drehspiegelachse*	S_p

Mit diesen 5 Symmetrieelementen für endliche Punktsysteme nach Tab. 4:1 *können alle Molekülsymmetrien erfaßt werden.*

4.3.2. Symmetrie- oder Punktgruppen

Symmetrieelemente können zu Gruppen zusammengesetzt werden, und man nennt jede mögliche Kombination von Symmetrieelementen eine *Symmetrie- oder Punktgruppe*. Aus dieser endlichen Zahl von Gruppen (230) bringen wir nur eine kleine Auswahl ((0:98), S. 262, (0:13a), S. 172–179, Aufzählung sämtlicher 230 Raumgruppen von Kristallen). Dazu kommen noch 2 Gruppen mit unendlichzähliger Achse (vgl. (0 : 25), S. 20–51).

Tab. 4:2. Einige wichtige Symmetriegruppen von Molekülen ((0:3), S. 162), ((0:17), S. 11–12).

Symmetriegruppe	Symmetrieelemente	Beispiele
C_1	I	CH_3-CHClBr
C_2	I, C_2	H_2O_2
C_s	I, σ	ONF
C_{2v}	I, C_2, $2\sigma_v$	H_2O, SO_2
C_{3v}	I, C_3, $3\sigma_v$	NH_3, PH_3
$C_{\infty v}$	I, C_∞, $\infty\sigma_v$	HCN, ClCN
$D_{\infty h}$	I, C_∞, ∞C_2, $\infty\sigma_v$, σ_h, i	H_2, CO_2, CS_2
T_d	I, $3C_2$, $4C_3$, 6σ, $3S_4$	CH_4, SiH_4, $SiBr_4$

(Die Indizes bedeuten: v = vertikal; h = horizontal; d = diagonal.)

4.3.3. Zur Klassifikation der Moleküle nach Symmetriegruppen nach Zeldin

Zur *Bestimmung der Symmetriegruppe eines Moleküls* gibt *Zeldin* (4:2) ein *einfaches Schema* an, das in Abb. 4:1 wiedergegeben ist. Es unterscheidet die Moleküle nach Linearität, spezieller, extrem hoher Symmetrie oder nach eigentlicher Drehachse. Nach der im Schema angegebenen Weise wird jeweils nach der Existenz der Symmetrieelemente bzw. nach Relationen zwischen einzelnen Symmetrieelementen gesucht, so daß sich nach dem Dualprinzip (Ja-Nein-Aussage) die gesuchte Symmetriegruppe des Moleküls zwangsläufig ergibt[4:2]).

4.4. Reduzible und irreduzible Charaktere

Im vorhergehenden Abschnitt haben wir die Symmetrieoperationen auf Moleküle angewandt, bei denen sich alle Atomkerne in der Gleichgewichtslage befinden. Auf diese Weise konnten wir alle Moleküle einer Punktgruppe zuordnen. In gleicher Weise können wir die *Symmetrieoperationen auf Moleküle anwenden,*

4:2) Eine relativ ausführliche Beschreibung findet sich in ((0:14), S. 21–25).

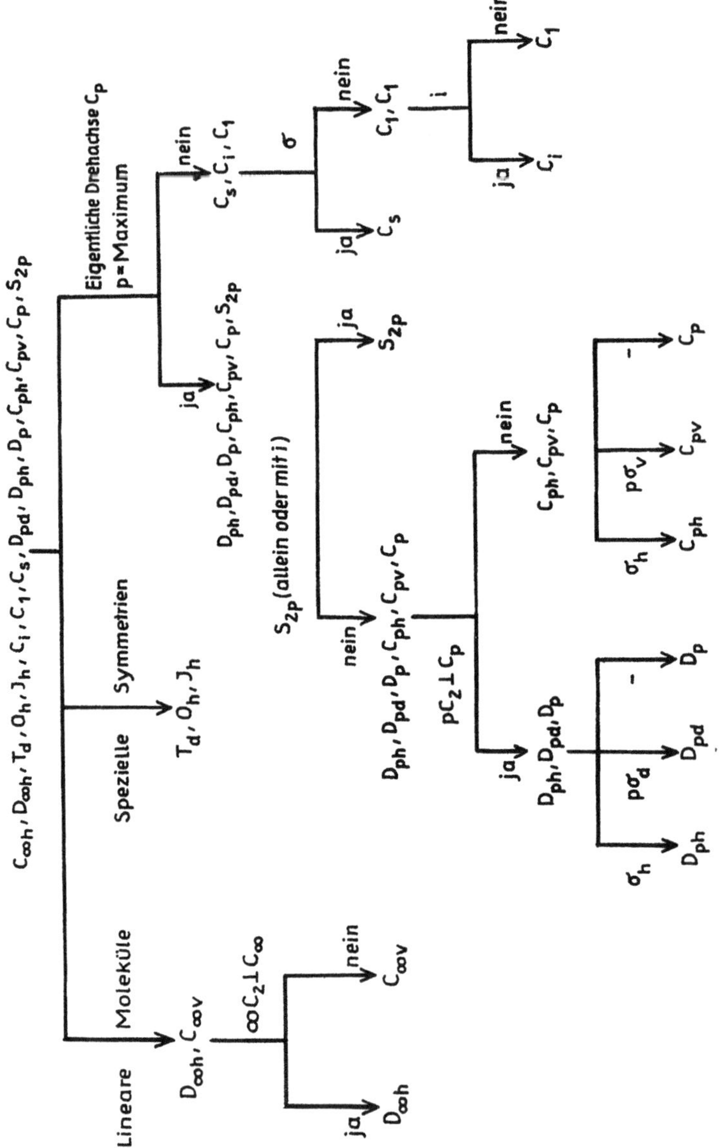

Abb. 4:1. Schema zur Auffindung der Symmetriegruppe oder Punktgruppe eines Moleküls nach *Zeldin*

wenn die Atomkerne kleine Schwingungen um ihre Gleichgewichtslage ausführen. Bei der Darstellung der Molekülschwingungen durch Matrizen zeigt es sich, daß vor allem der *Charakter der Darstellung von entscheidender Bedeutung* ist, die Darstellung selbst wird selten gebraucht ((0:3), S. 163–194), ((0:7), S. 72–82), ((0:27), S. 72–77), (4:3)). Wir behandeln zunächst die reduziblen Charaktere.

4.4.1. Reduzible Charaktere

Bei einem N-atomigen Molekül können die Molekülschwingungen durch die 3 N Normalkoordinaten unter Einschluß der Translation und Rotation beschrieben werden. Wir fassen sie in der Spaltenmatrix Δx zusammen (siehe z. B. Gl. [3.3.2:1]).
Die Matrix Δx enthält 3 N Zeilen. Wenden wir nun die für das jeweilige Molekül möglichen *Symmetrieoperationen auf die Molekülschwingungen* an, so kann dies *durch folgende Transformationsmatrix* beschrieben werden:

$$\Delta x_{\mathrm{T}} = T \cdot \Delta x. \qquad [4.4.1:1]$$

(Die Matrix T enthält 3 N Zeilen und Spalten.) *Die Transformationsmatrix T liefert eine reduzible Darstellung der Molekülschwingungen vom Grad oder Dimension 3 N. Der reduzible Charakter ergibt sich dann einfach als Summe der Diagonalelemente.*
Beispiel: Wir stellen die Transformationsmatrizen T für die 4 Symmetrieoperationen I, C_2, $\sigma(xz)$, $\sigma(yz)$ eines *3-atomigen Moleküls der Symmetrie C_{2v}* auf. Dabei benützen wir die Figur in Abb. 3:1 und Gl. [3.3.2:1] in zyklischer Vertauschung der Koordinaten nach Abb. 4:2 (z ≙ x; x ≙ y; y ≙ z (vgl. auch Abb. 4:3 u. Abb. 4:4). Wir erhalten:

$$T(\mathrm{I}) \; \begin{bmatrix} + &&&&&&&& \\ & + &&&&&&& \\ && + &&&&&& \\ &&& + &&&&& \\ &&&& + &&&& \\ &&&&& + &&& \\ &&&&&& + && \\ &&&&&&& + & \\ &&&&&&&& + \end{bmatrix} \quad T(\mathrm{C_2}) \; \begin{bmatrix} &&& - &&&&& \\ &&&& - &&&& \\ &&&&& + &&& \\ - &&&&&&&& \\ & - &&&&&&& \\ && + &&&&&& \\ &&&&&& - && \\ &&&&&&& - & \\ &&&&&&&& + \end{bmatrix} \quad T(\sigma(\mathrm{xz})) \; \begin{bmatrix} &&& + &&&&& \\ &&&& - &&&& \\ &&&&& + &&& \\ + &&&&&&&& \\ & - &&&&&&& \\ && + &&&&&& \\ &&&&&& + && \\ &&&&&&& - & \\ &&&&&&&& + \end{bmatrix} \quad T(\sigma(\mathrm{yz})) \; \begin{bmatrix} - &&&&&&&& \\ & + &&&&&&& \\ && + &&&&&& \\ &&& - &&&&& \\ &&&& + &&&& \\ &&&&& + &&& \\ &&&&&& - && \\ &&&&&&& + & \\ &&&&&&&& + \end{bmatrix} \qquad [4.4.1:2]$$

Dabei ist: $+ \triangleq +1$; $- \triangleq -1$. Damit bekommen wir für ein Molekül XY_2 der Symmetrie C_{2v} die in Tab. 4:3 aufgeführten reduziblen Charaktere.

Tab. 4:3. Tafel der reduziblen Charaktere für $XY_2(C_{2v})$

$XY_2(C_{2v})$	I	C_2	$\sigma(xz)$	$\sigma(yz)$
χ_{red}	9	−1	1	3

Die *Bestimmung des Charakters* einer reduziblen Darstellung läßt sich jedoch noch wesentlich *einfacher* durchführen. Da lediglich die Atome Diagonalelemente der Transformationsmatrix T liefern, die bei Anwendung einer Symmetrieoperation ihren Platz nicht ändern, *brauchen wir nur die Transformationsmatrix bzw. den Charakter eines einzelnen Atomes bei Anwendung einer Symmetrieoperation zu bestimmen und dann den Charakter mit der Zahl der unbewegten Atome zu multiplizieren.*
Beispiel: Die reduzible Darstellung eines unbewegten Atomes bei reiner Drehung.

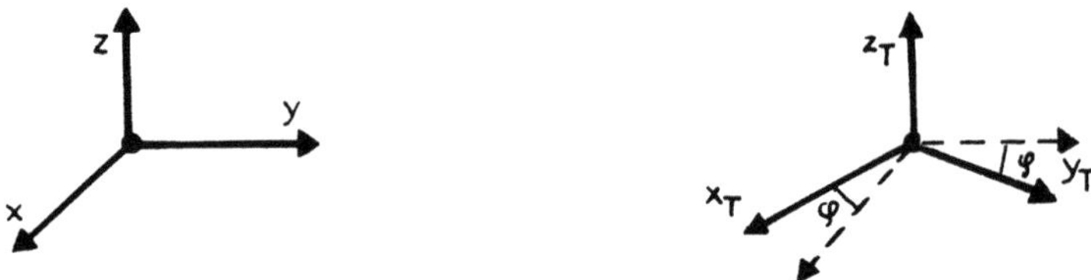

Abb. 4:2. Reine Drehung um die z-Achse eines sonst unbewegten Atoms

Aus der Geometrie folgt

$$\begin{bmatrix} \Delta x_T \\ \Delta y_T \\ \Delta z_T \end{bmatrix} = \begin{bmatrix} \cos\varphi & -\sin\varphi & 0 \\ \sin\varphi & \cos\varphi & 0 \\ 0 & 0 & 1 \end{bmatrix} \begin{bmatrix} \Delta x \\ \Delta y \\ \Delta z \end{bmatrix} . \qquad [4.4.1:3]$$

Damit erhalten wir den *reduziblen Charakter*

$$\chi(C_p^k) = 1 + 2\cos\varphi \text{ mit } \varphi = \frac{2\pi k}{p} \qquad [4.4.1:4]$$

und mit k gleich Anzahl der Drehungen um 360°.
Bei Drehspiegelung ist in der Transformationsmatrix T die + 1 in der 3. Zeile und der 3. Spalte durch eine − 1 zu ersetzen. Allgemein ist, wenn u_R die Anzahl der bei der Symmetrieoperation R unbeweglich gebliebenen Atome bezeichnet

$$\chi_{red} = u_R\ \chi(R). \qquad [4.4.1:5]$$

Diese Ergebnisse werden in der Tab. 4:4 angegeben.

Tab. 4:4. Tafel der reduziblen Charaktere für verschiedene Symmetrieoperationen

Operation R	Charakter $\chi(R)$	Operation R	Charakter $\chi(R)$
C_p^k	$1 + 2\cos(\frac{2\pi k}{p})$	S_p^k	$-1 + 2\cos(\frac{2\pi k}{p})$
$I = C_1^k$	3	$\sigma = S_1^1$	1
C_2^1,	-1	$i = S_2^1$	-3
C_3^1, C_3^2	0	S_3^1, S_3^5	-2
C_4^1, C_4^3	1	S_4^1, S_4^3	-1
C_6^1, C_6^5	2	S_6^1, S_6^5	0

Beispiel: Molekül XY_2 der Symmetriegruppe C_{2v}. Die Zahl der unbewegten Atome ist für I gleich 3, für C_2 gleich 1, für $\sigma(xz)$ gleich 1 und für $\sigma(yz)$ gleich 3. Damit erhalten wir das Ergebnis der Tab. 4:3.

4.4.2. Irreduzible Charaktere – Schwingungstypen

Gemäß der Definition liegt eine *irreduzible Darstellung* vor, *wenn sich eine Darstellung nicht mehr weiter reduzieren läßt.* Die Berechnung der dazugehörigen irreduziblen Charaktere kann nach den in 4.2. dargelegten Sätzen allgemein durchgeführt werden. Diese Tafeln der irreduziblen Charaktere finden sich in vielen Büchern der reinen und angewandten Gruppentheorie ((0:90) bis (0:97)). Wir wollen hier einen Weg zeigen, um durch einfache geometrische Überlegungen die Charaktertafel der Moleküle der Symmetriegruppe C_{2v} aufzustellen.

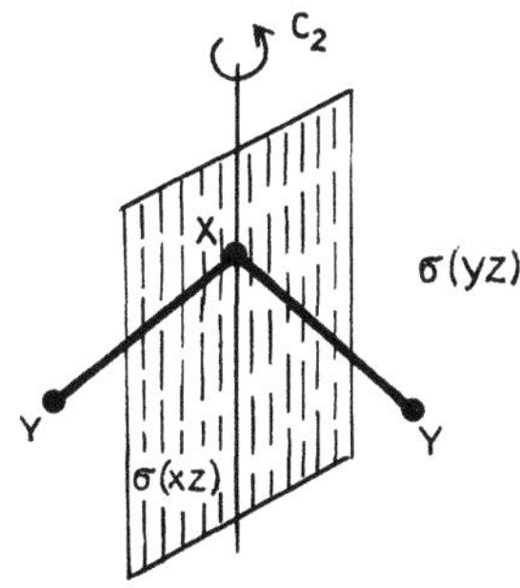

Abb. 4:3. Symmetrieelemente der Punktgruppe C_{2v} für das Molekül XY_2

Wir erhalten damit die 4 Symmetrieelemente I, C_2, $\sigma(xz)$, $\sigma(yz)$. Jedes der 4 Symmetrieelemente bleibt eine Klasse für sich.
Beweis: Es gilt $\sigma(xz) \cdot X \neq X \cdot \sigma(yz)$; $I \cdot X \neq X \cdot C_2$; usw., wenn X eine der 4 Symmetrieoperationen ist. Andererseits ist aber $\sigma(xz) \cdot X = X \cdot \sigma(xz)$, $C_2 \cdot X = X \cdot C_2$, usw. (Siehe 4.1. Klassen!)
Da die 4 Symmetrieelemente 4 Klassen bilden, müssen 4 irreduzible Darstellungen existieren.

Nun wollen wir die Darstellung der Translationsbewegungen T_x, T_y, T_z und der Rotationsbewegungen R_x, R_y, R_z aus den Vektoren der Verrückungen der Atomkerne aus ihren Gleichgewichtslagen bestimmen. Die kartesischen Koordinaten seien mit jedem Atomkern verbunden.

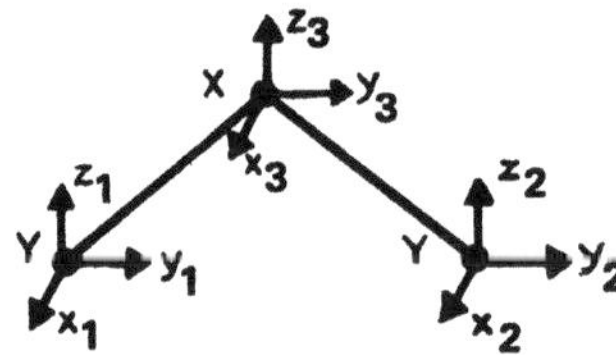

Abb. 4:4. Die mit jedem Atomkern verbundenen kartesischen Koordinatensysteme des Moleküls $XY_2(C_{2v})$

Nun wenden wir die Symmetrieoperationen auf die Molekülschwingungen an und erhalten

$$C_2(T_x) = (-1) \cdot T_x, C_2(T_y) = (-1) \cdot T_y, \sigma(xz)(T_z) = (+1) \cdot T_z \text{usw.}$$

Wir bekommen ausschließlich Matrizen mit einer Zeile und Spalte. Wir fassen diese Darstellungen in der Tab. 4:5 zusammen.

Tab. 4:5. Tafel der irreduziblen Charaktere der Symmetriegruppe C_{2v}

C_{2v}	I	C_2	$\sigma(xz)$	$\sigma(yz)$	Transl. Rotat.
$\Gamma_1 = A_1$	1	1	1	1	T_z
$\Gamma_2 = A_2$	1	1	−1	−1	R_z
$\Gamma_3 = B_1$	1	−1	1	−1	R_y, T_x
$\Gamma_4 = B_2$	1	−1	−1	1	R_x, T_y

Diese 4 Darstellungen Γ_1 bis Γ_4 sind nicht mehr zu reduzieren, und wir haben damit die 4 irreduziblen Darstellungen gewonnen. Da die Darstellungen nur aus 11-Matrizen bestehen, können wir Tab. 4:5 auch als *Charaktertafel der irreduziblen Darstellung* benützen[4:3]).

In gleicher Weise kann die Charaktertafel für die Punktgruppe C_{3v} aufgestellt werden. Wir geben nur noch das Ergebnis in Tab. 4:6 an.

[4:3]) Ganz allgemein könnnen die Tafeln irreduzibler Charaktere beliebiger symmetrischer Systeme mit den Sätzen für Charaktere nach 4.2. aufgestellt werden. So können im vorliegenden Fall der Herleitung der Charaktertafel für C_{2v}-Systeme die Charaktertafeln der leichter aufstellbaren Systeme C_i, C_s, C_2 und C_{2h} verwendet werden (vergleiche auch (0:27), S. 46–47 und (0:25), S. 183–186, 188).

Tab. 4:6. Charaktertabelle der Symmetriegruppe C_{3v}

C_{3v}	I	$2\,C_3$	$3\,\sigma_v$	Transl. Rotat.
A_1	1	1	1	T_z
A_2	1	1	−1	R_z
E	2	−1	0	$(R_x, R_y), (T_x, T_y)$

Die Charaktertafel aller weiteren Punktgruppen sind der Literatur zu entnehmen. (z. B. ((0:7), S. 434–447), ((0:28), S. 69 u. Tabelle 7), ((0:29), S. 297–305), ((0:36), S. 323–330), ((0:25), S. 184–195), (0:32)).

Die *irreduziblen Darstellungen werden in folgender Weise abgekürzt* ((0:27), S. 46):

A bzw. B: *Symmetrie* bzw. *Antisymmetrie zu einer ausgezeichneten Drehachse.*
E: *zweifach entarteter Schwingungstyp.*
F: *dreifach entarteter Schwingungstyp.*
G: *vierfach entarteter Schwingungstyp.*
H: *fünffach entarteter Schwingungstyp.*
1 bzw. 2: *Symmetrie* bzw. *Antisymmetrie zu einer nicht-ausgezeichneten Achse* oder *Zählindex.*
g bzw. u: *Symmetrie oder Antisymmetrie zum Symmetriezentrum* i.
‚bzw": Symmetrie bzw. Antisymmetrie zu σ_h (Symmetrieebene senkrecht zu zu einer ausgezeichneten Achse).

4.5. Zahl der Schwingungen eines Punktsystems

Ein N-atomiges Molekül besitzt 3N *Freiheitsgrade* bzw. nach Abzug der 6 Freiheitsgrade der Translation und Rotation 3N-6 Schwingungsfreiheitsgrade. Damit wird ein Molekül allgemein durch 3N *Koordinaten* beschrieben, und es werden meist Normalkoordinaten verwandt. Diese Zahl der Normalkoordinaten ist aber weit größer als die *Zahl der irreduziblen Darstellungen* oder *Schwingungstypen* bzw. *Rassen*. Es ergibt sich somit die *Frage, wie viele der Normalkoordinaten zu je einem der Schwingungstypen gehören*, da jeder Schwingungstyp durch eine minimale Anzahl von Koordinaten beschrieben wird, und die Normalkoordinaten in gleicher Weise den verschiedenen Symmetrieoperationen gehorchen wie die Schwingungstypen. Diese Frage läßt sich *gruppentheoretisch* dadurch beantworten, daß man *die Anzahl* n_γ *der in der vollen reduziblen Darstellung enthaltenen irreduziblen Darstellungen berechnet*. Dies geschieht nach folgender Formel ((0:27), S. 77–79):

$$n_\gamma = \frac{1}{g} \sum_{\substack{\text{über alle} \\ \text{Klassen } i}} g_i \, \chi_i^{(\gamma)} \, \chi_i \, . \qquad [4.5:1]$$

Dabei ist: g = *Ordnung der Gruppe* oder *Zahl der Elemente,*
g_i = *Zahl der Elemente in der Klasse* i,
$\chi_i^{(\gamma)}$ = *irreduzibler Charakter in der Klasse* i,
χ_i = *reduzibler Charakter in der Klasse* i,
Die Gesamtzahl n_γ *aller irreduziblen Darstellungen ist* 3 N, da wir bei der Berechnung der reduziblen Charaktere von 3N *kartesischen Koordinaten* ausgegangen sind. Wir müssen also bei der Berechnung der Anzahl der Schwingungsfrequenzen die *6 Freiheitsgrade der Translation und Rotation abziehen*; sie sind für jede irreduzible Darstellung oder jeden Schwingungstyp in der Charaktertafel angegeben.
Herleitung: Definitionsgemäß ist

$$\chi_i = \sum_{i=1}^{c} n_\gamma \chi_i^{(\gamma)}. \qquad [4.5:2]$$

Diese Gleichung besagt, wie oft die c irreduziblen Darstellungen in der reduziblen Darstellung enthalten sind. Wir multiplizieren mit g_i und $\chi_i^{(\gamma)}$ und summieren über alle Klassen i

$$\sum_{i=1}^{c} g_i \chi_i^{(\gamma)} \chi_i = \sum_{i=1}^{c} g_i \chi_i^{(\gamma)} \sum_{i=1}^{c} n_\gamma \chi_i^{(\gamma)}. \qquad [4.5:3]$$

Es gilt die Relation [4.2:4]

$$\sum_{i=1}^{c} g_i \chi_i^{(\gamma)} \chi_i^{(\gamma)} = \delta_{j'j}\, g \text{ mit } \delta_{j'j} = \begin{matrix} 1 \text{ für } j' = j \\ 0 \text{ für } j' \neq j. \end{matrix} \qquad [4.5:4]$$

Daraus folgt nach Division mit g Gleichung [4.5:1].
Beispiel: Berechnung der in der irreduziblen Darstellung γ *enthaltenen Schwingungen* n_γ *für ein 3-atomiges Molekül der Punktgruppe* C_{2v}.
Nach Gl. [4.5:1] ist die Zahl der Normalschwingungen pro Schwingungstyp wie folgt gegeben:
$g = 4$, $g_i = 1$ für alle Klassen.
Die irreduziblen und reduziblen Charaktere entnehmen wir den Tabellen 4:5 und 4:4 bzw. 4:3.
Zahl der Schwingungen der Schwingungstypen A_1, A_2, B_1, B_2:

$$n_{A_1} = \frac{1}{4} \cdot (1 \cdot 9 + 1 \cdot (-1) + 1 \cdot 1 + 1 \cdot 3) = \frac{12}{4} = 3, \qquad [4.5:5]$$

$$n_{A_2} = \frac{1}{4} \cdot (1 \cdot 9 + 1 \cdot (-1) + (-1) \cdot 1 \cdot + (-1) \cdot 3) = \frac{4}{4} = 1,$$

$$n_{B_1} = \frac{1}{4} \cdot (1 \cdot 9 + (-1) \cdot (-1) + 1 \cdot 1 + (-1) \cdot 3) = \frac{8}{4} = 2,$$

$$n_{B_2} = \frac{1}{4} \cdot (1 \cdot 9 + (-1) \cdot (-1) + (-1) \cdot 1 + 1 \cdot 3) = \frac{12}{4} = 3.$$

Damit erhalten wir in der gebräuchlichen Schreibweise

$$\Gamma_{red} = 3\ A_1 + 1\ A_2 + 2\ B_1 + 3\ B_2. \qquad [4.5:6]$$

Dies sind 9 Schwingungen. Da wir bei der Aufstellung der Tabelle 4:3 für die volle reduzible Darstellung von den 3 N = 3·3 = 9 kartesischen Koordinaten des 3-atomigen Moleküles ausgegangen sind, müssen wir noch die 6 Freiheitsgrade der Translation und Rotation nach der in der Charaktertabelle angegebenen Zuordnung abziehen (Tabelle 4:5). Wir erhalten dann

$$\Gamma_{vib} = (3-1)\ A_1 + (1-1)\ A_2 + (2-2)\ B_1 + (3-2)\ B_2,$$
$$\Gamma_{vib} = 2\ A_1 + B_2. \qquad [4.5:7]$$

Damit haben wir *2 Normalschwingungen des Schwingungstypes A_1* und *eine Normalschwingung des Schwingungstypes B_2 bei einem 3-atomigen Molekül der Punktgruppe C_{2v} zu erwarten.*
(Bemerkung: Wären wir bei der Aufstellung der Tab. 4:3 für die nun nicht mehr vollen reduziblen Charaktere von den 3 inneren Koordinaten ausgegangen, so hätten wir sofort die Gl. [4.5:7] erhalten, ohne daß wir uns um die zugeordneten Freiheitsgrade der Translation und Rotation hätten kümmern müssen!)
Wir erhalten *2 vollsymmetrische Normalschwingungen* und *eine* bez. der Drehachse C_2 und einer nicht-ausgezeichneten Achse *antisymmetrische Normalschwingung*[4:3a]).

Abb. 4:5. Normalschwingungen eines Moleküls des Typs $XY_2(C_{2v})$

[4:3a]) Zur Berechnung der Zahl der Schwingungen für die einzelnen Schwingungstypen der Punktsysteme sind *Formelsätze* aufgestellt worden, die eine bequeme Handhabung ermöglichen [(0:17), S. 131–140; (0:8), S. 37–44 (Beispiel: $X_2Y_4(D_{2h})$)].
Es sei darauf hingewiesen, daß vor allem bei hochsymmetrischen Molekülen die positiven und ganzzahligen Größen c_ν und n_ν in der Summe

$$N = \Sigma\ c_\nu\ n_\nu$$

(mit N = Anzahl der Atome) eine *„zahlentheoretische" Berechnung* der Anzahl der Schwingungen pro Rasse ermöglichen.
1. Beispiel: $XY_6(O_h)$: $N = 7 = 6\ n_4 + n_0$. Daraus folgt
$\Gamma = A_{1g} + E_g + 2F_{1u} + F_{2g} + F_{2u}$. [Siehe (0:8)!]
2. Beispiel: Für die Molekülsysteme $X_4(T_d)$, $X_6(O_h)$, $X_8(O_h)$, $X_{12}(I_h)$ und $X_{20}(I_h)$ ist je eine Schwingung (Valenzschwingung) in der jeweiligen vollsymmetrischen Rasse vorhanden [vgl. (0:8); Tab. 4:9].

Anmerkung über Kombinations- und Oberschwingungen

Die Reduktionsformel [4.5:1] führt auch für die Frequenzen von *Kombinationsschwingungen* ($\nu_1 \pm \nu_2$) zu Auswahlregeln. Dabei ist $\chi_i^{(\gamma)}$ durch das Produkt $\chi_X^{(\gamma)} \cdot \chi_Y^{(\gamma)}$ zu ersetzen, wobei X und Y die Schwingungstypen der in Kombination gesetzten Frequenzen darstellen. Rechenbeispiele und Tafeln für Systeme der Symmetrien $T_d, D_{4h}, O_h, D_{3h}, C_{3v}, C_{2v}$ und $C_{\infty v}$ finden sich in (0:14), S. 57–127.

Auf die gleiche Weise gewinnt man Auswahlregeln von *Oberschwingungen nichtentarteter Schwingungen* ((0:14), S. 64).

Zur Aufstellung von Auswahlregeln der v-*ten Oberschwingungen von zweifach entarteten Schwingungen* muß $\chi_i^{(\gamma)}$ in [4.5:1] durch

$$\chi_i^{(\gamma)} = \chi_{E\,v}(R) = 1/2\,(\chi_{E\,v-1}(R)\,\chi_E(R) + \chi_E(R^v)) \qquad [4.5:8]$$

ersetzt werden. Dabei stellt R die entsprechende Symmetrieoperation dar. $\chi_E(R^v)$ ist der Charakter in Korrespondenz mit der v-mal nacheinander ausgeführten Symmetrieoperation R. Charaktertafeln von $\chi_E(R^v)$ für kleinere Werte von v und Anwendungsbeispiele finden sich ebenfalls bei (0:14), S. 66 usw.

Die *Oberschwingungen dreifach entarteter Schwingungen* führen auf eine entsprechend umfangreichere Formel für $\chi_i^{(\gamma)}$, die sich ebenfalls ohne Herleitung bei (0:14), S. 68 nebst Anwendungsbeispielen für die oben bereits aufgeführten Systeme findet (vgl. auch (0:27), S. 97–105).

Die quantentheoretische Begründung und Herleitung der Formeln für die Oberschwingungen mehrfach entarteter Schwingungen stammen von *Tisza* (4:5).

4.6. Auswahlregeln für Ultrarot- und Raman-Spektren

Die Formel [4.5:1] zur Berechnung der Anzahl n_γ der in einer reduziblen Darstellung enthaltenen irreduziblen Darstellungen gestattet weiterhin *Auswahlregeln* für die Ultrarot- und Ramanspektren aufzustellen.
Wir müssen hier lediglich die dazugehörigen reduziblen Charaktere bestimmen. Für $n_\gamma = 0$ ist die Schwingung des Typs γ inaktiv, für $n_\gamma \neq 0$ ist eine Schwingung des Typs γ Raman- oder ultrarotaktiv. Ob aber diese Schwingung sehr schwach oder sehr stark ist, darüber vermag die Gruppentheorie keine Aussage zu machen ((0:27), S. 94).
Diese Auswahlregeln sind in vielen Büchern mit den Charaktertafeln aufgeführt (z. B. ((0:36), 323–330)).

4.6.1. *Auswahlregeln für Ultrarotspektren*

Nach der klassischen Auffassung wird die ultrarote Absorption einer Schwingungsfrequenz durch die *periodische Veränderung des Moleküldipolmomentes* hervorgerufen. Es sei p die *Änderung des Dipolmomentes*, Δr_i die vektorielle Lageänderung eines Atomes im Molekülverband mit der Ladung e_i, dann ist

$$p = \sum_i e_i\ \Delta r_i\,. \qquad [4.6.1:1]$$

Wir müssen nun untersuchen, *ob das Dipolmoment p in einer irreduziblen Darstellung vorkommt.* Da sich aber p nach Gl. [4.6.1:1] als Vektor wie die

Koordinaten transformiert, erhalten wir für den *Charakter der reduziblen Darstellung des Dipolmomentes* ((0:27), S. 87)

$$\chi_p = \pm 1 + 2 \cos \left(\frac{2 \pi k}{p}\right) \qquad [4.6.1:2]$$

für k = 1, 2, . . ., + *eigentliche Symmetrieoperationen (Drehungen),*
– *uneigentliche Symmetrieoperationen (Drehspiegelungen).*

(Siehe [4.4.1:3], [4.4.1:4] und Drehspiegelung!)

Beispiel: 3-atomiges Molekül der Symmetrie C_{2v}

Nach Formel [4.6.1.2] erhalten wir die in Tab. 4:7 niedergelegten Charaktere, wobei sich die einzelnen Werte sofort aus Tab. 4:4 ergeben.

Tab. 4:7. Charakter der reduziblen Darstellung des Dipolmoments für $XY_2(C_{2v})$

C_{2v}	I	C_2	$\sigma(xz)$	$\sigma(yz)$
χ_p	3	−1	1	1

$$n_{A_1}(p) = \frac{1}{4}(1 \cdot 1 \cdot 3 + 1 \cdot 1 \cdot (-1) + 1 \cdot 1 \cdot 1 + 1 \cdot 1 \cdot 1) = 1,$$

$$n_{A_2}(p) = \frac{1}{4}(1 \cdot 1 \cdot 3 + 1 \cdot 1 \cdot (-1) + 1 \cdot (-1) \cdot 1 + 1 \cdot (-1) \cdot 1) = 0,$$

$$n_{B_2}(p) = \frac{1}{4}(1 \cdot 1 \cdot 3 + 1 \cdot (-1) \cdot (-1) + 1 \cdot (-1) \cdot 1 + 1 \cdot 1 \cdot 1) = 1.$$

Damit haben wir im Ultrarotspektrum Schwingungen für ein 3-atomiges Molekül der Symmetrie C_{2v} nach den *Schwingungstypen* A_1 *und* B_2 zu erwarten. Ganz allgemein fehlt jedoch bei Molekülen der Symmetrie C_{2v} die Ultrarotschwingung des Schwingungstypes A_2.

4.6.2. Auswahlregeln für Raman-Spektren

Die Intensitäten der *Raman*-Linien sind nach der *Placzek*schen Theorie durch die *Änderungen der Polarisierbarkeit der Moleküle* bedingt. Dabei ist die Polarisierbarkeit durch das *von einem äußeren elektrischen Feld im Molekül induzierte Dipolmoment* gegeben. Die *Amplituden der Änderung der Polarisierbarkeit* $\underline{\alpha}$ sind durch einen Tensor darstellbar. Es ist

$$\underline{\alpha} = \begin{bmatrix} \alpha_{xx} & \alpha_{xy} & \alpha_{xz} \\ \alpha_{yx} & \alpha_{yy} & \alpha_{yz} \\ \alpha_{zx} & \alpha_{zy} & \alpha_{zz} \end{bmatrix} . \qquad [4.6.2:1]$$

Die Indizes beziehen sich auf die molekülfeste Achse. Zur Bestimmung des Charakters der reduziblen Darstellung der Polarisation stellen wir die Gleichung bei

Drehung (bzw. Drehspiegelung) um die molekülfeste Achse z auf. Es ist ((0:29), S. 39–41)

$$C_\Theta \begin{bmatrix} \alpha'_{xx} & \alpha'_{xy} & \alpha'_{xz} \\ \alpha'_{yx} & \alpha'_{yy} & \alpha'_{yz} \\ \alpha'_{zx} & \alpha'_{zy} & \alpha'_{zz} \end{bmatrix} = \begin{bmatrix} \cos\Theta & \sin\Theta & 0 \\ -\sin\Theta & \cos\Theta & 0 \\ 0 & 0 & 1 \end{bmatrix} \cdot$$

$$\cdot \begin{bmatrix} \alpha_{xx} & \alpha_{xy} & \alpha_{xz} \\ \alpha_{yx} & \alpha_{yy} & \alpha_{yz} \\ \alpha_{zx} & \alpha_{zy} & \alpha_{zz} \end{bmatrix} \cdot \begin{bmatrix} \cos\Theta & -\sin\Theta & 0 \\ \sin\Theta & \cos\Theta & 0 \\ 0 & 0 & 1 \end{bmatrix} . \quad [4.6.2:2]$$

Unter Berücksichtigung der Symmetrie der Polarisierbarkeit führt dies auf

$$C_\Theta \begin{bmatrix} \alpha'_{xx} \\ \alpha'_{yy} \\ \alpha'_{zz} \\ \alpha'_{xy} \\ \alpha'_{xz} \\ \alpha'_{yz} \end{bmatrix} = \begin{bmatrix} \cos^2\Theta & \sin^2\Theta & 0 & 2\sin\Theta\cos\Theta & 0 & 0 \\ \sin^2\Theta & \cos^2\Theta & 0 & -2\sin\Theta\cos\Theta & 0 & 0 \\ 0 & 0 & 1 & 0 & 0 & 0 \\ -\sin\Theta.\cos\Theta & \sin\Theta.\cos\Theta & 0 & 2\cos^2\Theta-1 & 0 & 0 \\ 0 & 0 & 0 & 0 & \cos\Theta & \sin\Theta \\ 0 & 0 & 0 & 0 & -\sin\Theta & \cos\Theta \end{bmatrix}$$

$$\cdot \begin{bmatrix} \alpha_{xx} \\ \alpha_{yy} \\ \alpha_{zz} \\ \alpha_{xy} \\ \alpha_{xz} \\ \alpha_{yz} \end{bmatrix} . \quad [4.6.2:3]$$

Damit ist der *reduzible Charakter* durch

$$\chi_\alpha(R) = 2\cos\Theta \cdot (\pm 1 + 2\cos\Theta) \text{ mit } \Theta = \frac{2\pi k}{p} \quad [4.6.2:4]$$

gegeben. Das + Vorzeichen bezieht sich auf *Drehungen (eigentliche Symmetrieoperation)*, das – Vorzeichen auf *Drehspiegelungen (uneigentliche Symmetrieoperation)*.

Durch Gl. [4.5:1] ist *für alle Schwingungstypen oder Rassen* festgelegt, *ob eine Schwingung Raman-aktiv oder Raman-inaktiv ist.*

Diese Überlegungen können noch verfeinert werden, so daß über das Verschwinden oder Nichtverschwinden einzelner Komponenten von α_{ik} Aussagen gewonnen werden. Diese und alle weiteren Einzelheiten sind in ((0:27), S. 89–96) nachzulesen.

Beispiel: 3-atomiges Molekül der Symmetriegruppe C_{2v}

Nach Gl. [4.6.2:4] erhalten wir als reduziblen Charakter der Polarisation für ein 3-atomiges Molekül der Symmetriegruppe C_{2v} die Tab. 4:8. Dabei ergibt sich der Winkel Θ aus der Wirkung der jeweiligen Symmetrieoperation (für I: $\Theta = 360°$ C_2 : $\Theta = 180°$; σ: $\Theta = 360°$). Da der Klammerausdruck in Gl. [4.6.2:4] χ_p in Gl. [4.6.1:2] entspricht, müssen lediglich die Ergebnisse in Tab. 4:7 mit den entsprechenden Werten von $2 \cdot \cos\Theta$ multipliziert werden. (Besonders einfach ergeben sich die Winkel Θ für die Elemente I, C_2 und σ aus den Indizes p und k in Tab. 4:4 nach Einsetzen in Gl. [4.4.1:4] bzw. Gl. [4.6.2:4].)

Tab. 4:8. Tafel der reduziblen Charaktere der Polarisation für $XY_2(C_{2v})$

C_{2v}	I	C_2	$\sigma(xz)$	$\sigma(yz)$
$\chi_\alpha(R)$	6	2	2	2

Es ist g = 4, g_i = 1 für alle Klassen. Die irreduziblen Charaktere entnehmen wir der Tabelle 4:5.

$$n_\alpha(A_1) = 1 \cdot \frac{1}{4} \cdot (1 \cdot 1 \cdot 6 + 1 \cdot 1 \cdot 2 + 1 \cdot 1 \cdot 2 + 1 \cdot 1 \cdot 2) = 3,$$

$$n_\alpha(B_2) = 1 \cdot \frac{1}{4} \cdot (1 \cdot 1 \cdot 6 + 1 \cdot (-1) \cdot 2 + 1 \cdot (-1) \cdot 2 + 1 \cdot 1 \cdot 2) = 1.$$

Damit sind die *Schwingungen der A_1- und B_2-Rasse Raman-aktiv.*

Anmerkung über Kombinations- und Oberschwingungen

Die Anwendung der Auswahlregeln für Ultrarot- und Ramanschwingungen auf Kombinations- und Oberschwingungen läßt sich in entsprechender Weise durchführen. Dabei zeigt es sich, daß Kombinations- und Oberschwingungen von verbotenen Fundamentalschwingungen Raman- und ultrarotaktiv werden können. Für das System $XY_2(C_{2v})$ sind die Ergebnisse in ((0:14), S. 120–123) zu finden.

4.7. Zur Aufstellung der Symmetriekoordinaten

In diesem Abschnitt werden wir die Methoden zur Aufstellung von Symmetriekoordinaten kennenlernen. Ihr *wesentlicher Vorteil* liegt in der Möglichkeit, die *Säkulargleichung* det $(GF - \lambda E) = 0$ *faktorisieren zu können.* Damit schrumpft der Rechenaufwand zur Berechnung der Frequenzen oder Kraftkonstanten auf einen kleinen Bruchteil zusammen. Während wir erst im nächsten Abschnitt die Faktorisierung ausführlich behandeln, wollen wir hier die *Symmetriekoordinaten als Linearkombination von inneren Koordinaten* bestimmen und beschränken uns zunächst auf nichtentartete Koordinaten.
Eine ausführliche Darstellung und zahlreiche Herleitungen finden sich in (0:36), S. 117–127.

4.7.1. Formel zur Berechnung von Symmetriekoordinaten bei Nichtentartung

Definitionsgemäß sind die *Symmetriekoordinaten* $S^{(\gamma)}$ *Linearkombinationen von* inneren *Koordinaten* Δr_i (bzw. kartesischen oder sonstigen Koordinaten)

$$S^{(\gamma)} = \sum_i U_i^{(\gamma)} \Delta r_i = N\,(a \cdot \Delta r_1 + b \cdot \Delta r_2 + \ldots). \qquad [4.7.1{:}1]$$

Die *Normierungskonstante* (*Normierungsfaktor*) N bestimmt sich aus

$$N = \frac{1}{\sqrt{a^2 + b^2 + \ldots}}\,. \qquad [4.7.1{:}2]$$

In Matrizenschreibweise lautet Gl. [4.7.1:1]

$$S = U\,\Delta r. \qquad [4.7.1{:}3]$$

Dabei ist S die *Spaltenmatrix der n Symmetriekoordinaten,* Δr die *Spaltenmatrix* der *n inneren Koordinaten* und U die *Transformationsmatrix*. Zur Bestimmung der Transformationsmatrix U ziehen wir noch folgende 2 Gleichungen hinzu:
Für nicht entartete Koordinaten gilt, wenn wir die Symmetrieoperation R auf Symmetriekoordinaten bzw. innere Koordinaten anwenden

$$S^{(\gamma)} \overset{R}{\rightarrow} S^{(\gamma)\prime} = \chi_R^{(\gamma)}\, S^{(\gamma)}, \qquad [4.7.1{:}4]$$

$$\Delta r_i \overset{R}{\rightarrow} \Delta r_i' = \sum_{i'} R_{ii'}\, \Delta r_{i'} = R_{ij}\, \Delta r_j. \qquad [4.7.1{:}5]$$

Während Gl. [4.7.1:1] lediglich den formalen Zusammenhang der Symmetriekoordinaten mit den inneren Koordinaten festlegt, stellt erst Gl. [4.7.1:4] die *eigentliche Definition der Symmetriekoordinaten* dar. Danach zeichnen sich Symmetriekoordinaten vor anderen Koordinaten dadurch aus, daß sie *bei Anwendung von Symmetrieoperationen durch Multiplikation der dazugehörigen Transformationskoeffizienten* $\chi_R^{(\gamma)}$ *der Tafel der irreduziblen Charaktere der Symmetriegruppe des betrachteten Moleküls ineinander übergeführt werden.* Da auch die inneren Koordinaten einfach permutieren, verschwinden alle Elemente von $R_{ii'}$ bis auf R_{ij}; und da nur eine Vorzeichenvertauschung möglich ist, wird

$$R_{ij} = \pm 1;\ R_{ii'} = 0 \text{ für } i' \neq j. \qquad [4.7.1{:}6]$$

Damit wird

$$S^{(\gamma)\prime} = \chi_R^{(\gamma)}\, S^{(\gamma)} = \chi_R^{(\gamma)} \sum_j U_j^{(\gamma)}\, \Delta r_j \qquad [4.7.1{:}7]$$

$$= \sum_i U_i^{(\gamma)}\, \Delta r_i' = \sum_{i,j} U_i^{(\gamma)}\, R_{ij}\, \Delta r_j. \qquad [4.7.1{:}8]$$

Nach dem Koeffizientenvergleich erhalten wir mit j = 1

$$\chi_R^{(\gamma)} U_j^{(\gamma)} = \sum_i U_i^{(\gamma)} R_{ij}. \qquad [4.7.1:9]$$

Wegen Gl. [4.7.1:5] und [4.7.1:6] wird aber

$$U_i^{(\gamma)} = \chi_R^{(\gamma)} U_j^{(\gamma)}. \qquad [4.7.1:10]$$

Damit erhalten wir schließlich aus Gl. [4.7.1:8]

$$S^{(\gamma)\prime} = \sum_{i,j} U_j^{(\gamma)} \chi_R^{(\gamma)} R_{ij} \Delta r_j. \qquad [4.7.1:11]$$

In einprägsamer Form wird diese Gleichung wie folgt geschrieben:

$$S^{(\gamma)} = N \sum_R \chi_R^{(\gamma)} R \Delta r_j. \qquad [4.7.1:12]$$

Dabei ist N der Normierungsfaktor (Gl. [4.7.1:2]). Der irreduzible Charakter $\chi_R^{(\gamma)}$ wird der jeweiligen Charaktertafel entnommen. Die Symmetrieoperation R wird auf die innere Koordinate Δr_j für ein festes j angewandt und die Summe Σ wird über alle Symmetrieoperationen R gebildet ((0:36), S. 118–125).
Beispiel: Berechnung der Symmetriekoordinaten für ein 3-atomiges Molekül der Symmetriegruppe C_{2v}

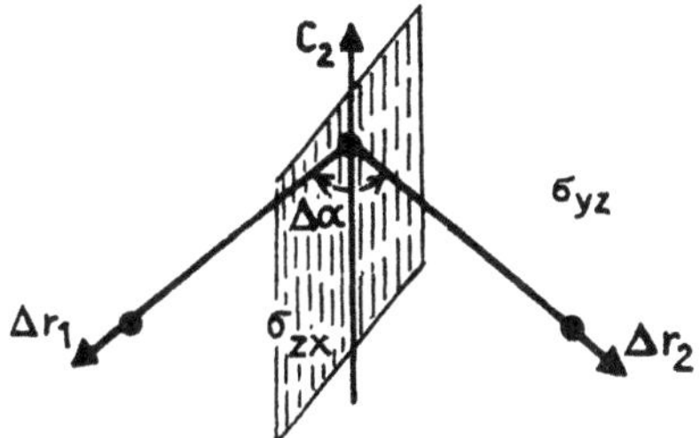

Abb. 4:6. Symmetrieelemente und innere Koordinaten für $XY_2(C_{2v})$

$$S_1(A_1) = N(\chi_I I\Delta r_1 + \chi_{C2} C_2\Delta r_1 + \chi_{\sigma(zx)} \sigma(zx)\Delta r_1 + \chi_{\sigma(yz)}\sigma(yz)\Delta r_1)$$

$$= N(1\Delta r_1 + 1\,\Delta r_2 + 1\,\Delta r_2 + 1\,\Delta r_1) = N\,2\,(\Delta r_1 + \Delta r_2).$$

$$S_1(A_1) = (2)^{-1/2}(\Delta r_1 + \Delta r_2).$$

$$S(A_2) = 0.\ S(B_1) = 0.\ S_3(B_2) = (2)^{-1/2}(\Delta r_1 - \Delta r_2).$$

$S_2(A_1) = \Delta\alpha$, wenn wir als innere Koordinate $\Delta\alpha$ verwenden. Ansonsten

$S(A_2) = S(B_1) = S(B_2) = 0$. Die Anwendung von R auf Δr_2 führt auf keine neuen Ergebnisse.

Wir fassen die Ergebnisse in der Form der Matrizen nach Gl. [4.7.1:3] zusammen

$$\begin{bmatrix} S_1(A_1) \\ S_2(A_1) \\ S_3(B_2) \end{bmatrix} = \begin{bmatrix} 1/\sqrt{2} & 1/\sqrt{2} & 0 \\ 0 & 0 & 1 \\ 1/\sqrt{2} & -1/\sqrt{2} & 0 \end{bmatrix} \begin{bmatrix} \Delta r_1 \\ \Delta r_2 \\ \Delta\alpha \end{bmatrix}. \qquad [4.7.1:13]$$

4.7.2. Zur Aufstellung von Symmetriekoordinaten bei Entartung

Auch *entartete Symmetriekoordinaten* berechnen sich nach Gl. [4.7.1:12]. Es muß jedoch noch folgender *Zusatz* berücksichtigt werden: *Wenn mehr als ein Satz von inneren Koordinaten zur Aufstellung von Symmetriekoordinaten in demselben Schwingungstyp führen, so muß die Richtung der Symmetriekoordinaten berücksichtigt werden.* Dies geschieht dadurch, daß wir die innere Koordinate Δr_j in Gl. [4.7.1:12] durch die nichtverschwindende Linearkombination

$$H_j = \sum_i a_i \Delta r_i \qquad [4.7.2:1]$$

ersetzen.

Die Wahl von H_j bzw. der Koeffizienten a_i bestimmt die Richtung der Symmetriekoordinate. Damit erhalten wir die *verallgemeinerte Gleichung zur Aufstellung von Symmetriekoordinaten bei Entartung*

$$S^{(\gamma)} = N \sum_R \chi_R^{(\gamma)} R \sum_i a_i \Delta r_i. \qquad [4.7.2:2]$$

Wegen der ausführlichen Begründung müssen wir auf (0:36), S. 123–125 verweisen.

Beispiel: Aufstellung der Symmetriekoordinaten eines Moleküls XY_3 *der Symmetriegruppe* C_{3v}

Unter Verwendung der Charaktertafel der Symmetriegruppe C_{3v} und der Gl. [4.7.1:12] erhalten analog dem vorhergehenden Beispiel die ersten 4 Symmetriekoordinaten

$$\left.\begin{aligned} S_1(A_1) &= (3)^{-1/2} (\Delta r_1 + \Delta r_2 + \Delta r_3), \\ S_2(E) &= (6)^{-1/2} (2\Delta r_1 - \Delta r_2 - \Delta r_3), \\ S_3(A_1) &= (3)^{-1/2} (\Delta\alpha_{12} + \Delta\alpha_{31} + \Delta\alpha_{23}), \\ S_4(E) &= (6)^{-1/2} (2\Delta\alpha_{12} - \Delta\alpha_{31} - \Delta\alpha_{23}). \end{aligned}\right\} \qquad [4.7.2:3]$$

Wegen der 3 N – 6 = 3 · 4 – 6 = 6 Freiheitsgrade bzw. inneren Koordinaten fehlen aber noch 2 Symmetriekoordinaten, die aus Gl. [4.7.1:12] nicht mehr gewonnen werden können. Wir bilden nun nach Gl. [4.7.2:1] die beiden Linearkombinationen

$$H_j = (\Delta r_2 + 0{,}5\ \Delta r_1),\ H_j = (\Delta\alpha_{31} + 0{,}5\ \Delta\alpha_{23}). \qquad [4.7.2:4]$$

Damit erhalten wir nach Gl. [4.7.2:2] die beiden restlichen Symmetriekoordinaten mit [4:4])

$$S_5(E) = (2)^{-1/2}\ (\Delta r_2 - \Delta r_3),\ S_6(E) = (2)^{-1/2}\ (\Delta\alpha_{31} - \Delta\alpha_{12}). \qquad [4.7.2:5]$$

4.8. Faktorisierung der Säkulargleichung – Energiematrizen G und F für Symmetriekoordinaten

Mit der Aufstellung der Symmetriekoordinaten können wir nun die *Säkulargleichung faktorisieren* oder die Matrizen G und F in die *Stufenmatrizen* G_{St} und F_{St} überführen. Der Formelsatz lautet

$$F_{St} = U\,F\,U', \qquad [4.8:1]$$

$$G_{St}^{-1} = U\,G^{-1}\,U', \qquad [4.8:2]$$

$$G_{St} = U\,G\,U', \qquad [4.8:3]$$

$$S = U\,\Delta r. \qquad [4.8:4]$$

4.8.1. Herleitung

Die *potentielle Energie* V und die *kinetische Energie* T sind *unabhängig von der Koordinatenwahl.* Wir können diese Energien als quadratische Formen in inneren Koordinaten Δr oder in Symmetriekoordinaten S anschreiben:

$$2V = \Delta r'\,F\,\Delta r = S'\,F_{St}\,S. \qquad [4.8.1:1]$$

Nach Gl. [4.7.1:3] gilt

$$S = U\,\Delta r \text{ oder } \Delta r = U^{-1}\,S = U'\,S \text{ bzw.} \qquad [4.8.1:2]$$

$$\Delta r' = (U'\,S)' = S'\,U'' = S'\,U. \qquad [4.8.1:3]$$

[4:4]) Die explizite Rechnung mit den in (0:29), S. 53–55 angeführten Energiematrizen erklärt dieses Vorgehen wie folgt: Die Überführung der Energiematrizen G und F von $XY_3(C_{3v})$ für innere Koordinaten in Stufenmatrizen für Symmetriekoordinaten erfordert für die Rasse E mit den beiden Symmetriekoordinaten $S_5(E)$ und $S_6(E)$ die Elimination der beiden inneren Koordinaten Δr_1 in $S_5(E)$ und $\Delta\alpha_{23}$ in $S_6(E)$. Dies wird mit dem Ansatz [4.7.2:5] erreicht.

Damit erhalten wir aus Gl. [4.8.1.1]

$$2V = S'\,U\,F\,U'\,S = S'\,F_{St}\,S. \qquad [4.8.1{:}4]$$

Daraus folgt

$$F_{St} = U\,F\,U', \text{ w. z. b. w.} \qquad [4.8.1{:}5]$$

In gleicher Weise läßt sich die Gl. [4.8:2] bzw. [4.8:3] aus

$$2\,T = \Delta\dot{r}'\,G^{-1}\,\Delta\dot{r} = \dot{S}'\,G_{St}^{-1}\,\dot{S} \qquad [4.8.1{:}6]$$

herleiten.

(Die *Transformationsmatrix* U *ist orthogonal*, d. h. es ist

$$\det U = +1, \qquad [4.8.1{:}7]$$

und es gilt die Relation

$$U' = U^{-1}.) \qquad [4.8.1{:}8]$$

4.8.2. Zur Aufstellung der Formelsätze für die Kraftkonstantenberechnung eines 3-atomigen Moleküls der Symmetriegruppe C_{2v}

Nach Gl. [4.7.1:13] ist die Transformationsmatrix U für ein 3-atomiges Molekül der Punktgruppe C_{2v} durch den Ausdruck gegeben:

$$U = \begin{bmatrix} 1/\sqrt{2} & 1/\sqrt{2} & 0 \\ 0 & 0 & 1 \\ 1/\sqrt{2} & -1/\sqrt{2} & 0 \end{bmatrix}, \text{ bzw. } U' = \begin{bmatrix} 1/\sqrt{2} & 0 & 1/\sqrt{2} \\ 1/\sqrt{2} & 0 & -1/\sqrt{2} \\ 0 & 1 & 0 \end{bmatrix}. \qquad [4.8.2{:}1]$$

Die inverse Matrix der kinetischen Energie G ist unter Berücksichtigung der Symmetrie nach Gl. [3.3.2:4] wie folgt

[4.8.2:2]

$$G = \begin{bmatrix} g_{11} & g_{12} & g_{13} \\ g_{12} & g_{22} & g_{23} \\ g_{13} & g_{23} & g_{33} \end{bmatrix} = \begin{bmatrix} \mu_1 + \mu_3 & \mu_3 \cos\alpha & -\mu_3\,\rho\,\sin\alpha \\ & \mu_1 + \mu_3 & -\mu_3\,\rho\,\sin\alpha \\ & & 2\,\rho^2\mu_1 + 2\,\rho^2\,\mu_3(1-\cos\alpha) \end{bmatrix}$$

gegeben.

Aus Gl. [4.8:3] erhalten wir nach Ausführung der Matrizenmultiplikationen

$$G_{St} = \begin{bmatrix} \mu_3(1+\cos\alpha)+\mu_1 & -\sqrt{2}\,\rho\,\mu_3\cdot\sin\alpha & 0 \\ -\sqrt{2}\,\rho\,\mu_3\,\sin\alpha & 2\,\mu_1\,\rho^2 + 2\,\mu_3\,\rho^2(1-\cos\alpha) & 0 \\ 0 & 0 & \mu_3(1-\cos\alpha)+\mu_1 \end{bmatrix}$$

$$= \begin{bmatrix} G_{11} & G_{12} & 0 \\ G_{12} & G_{22} & 0 \\ 0 & 0 & G_{33} \end{bmatrix} \qquad [4.8.2{:}3]$$

In entsprechender Weise bestimmen wir die Kraftkonstantenstufenmatrix F_{St} aus den Gln. [4.8:1], [4.8.2:1] und

$$F = \begin{bmatrix} f_{11} & f_{12} & f_{13} \\ f_{12} & f_{22} & f_{23} \\ f_{13} & f_{23} & f_{33} \end{bmatrix} = \begin{bmatrix} f'_{11} & f'_{12} & r\,f'_{13} \\ f'_{12} & f'_{22} & r\,f'_{13} \\ r\,f'_{13} & r\,f'_{13} & r^2 f'_{33} \end{bmatrix}. \qquad [4.8.2:4]$$

Wir bekommen

$$F_{St} = \left[\begin{array}{cc|c} f'_{11} + f'_{12} & \sqrt{2}\,r\,f'_{13} & 0 \\ \sqrt{2}\,r\,f'_{13} & r^2\,f'_{33} & 0 \\ \hline 0 & 0 & f'_{11} - f'_{12} \end{array}\right] = $$

$$= \begin{bmatrix} F_{11} & F_{12} & 0 \\ F_{12} & F_{22} & 0 \\ 0 & 0 & F_{33} \end{bmatrix}. \qquad [4.8.2:5]$$

Die zugeordneten Frequenzen ν bzw. Eigenwerte λ sind nach [4.5:7]

$$\underline{N}_z(\nu) = \begin{bmatrix} \nu_1(A_1) & & \\ & \nu_2(A_1) & \\ & & \nu_3(B_2) \end{bmatrix}, \underline{\Lambda}_z(\lambda) = \begin{bmatrix} \lambda_1(A_1) & & \\ & \lambda_2(A_1) & \\ & & \lambda_3(B_2) \end{bmatrix}$$

[4.8.2:6]

Es sei darauf weiterhin hingewiesen, daß auch für Symmetriekoordinaten bei Entartung ausführliche Darstellungen für die Aufstellung der Energiematrizen vorliegen[4:5]).

Anmerkung

Häufig wird der Begriff *Normalkoordinatenanalyse* (normal coordinate treatment, abgek. NCT) gebraucht. Darunter versteht man folgendes Vorgehen ((0:14), S. 135–137):

1.) Es wird ein geeignetes Molekülmodell ausgewählt.
2.) Es werden die Energiematrizen G und F für geeignete Koordinatensysteme aufgestellt oder berechnet.
3.) Sind die Zahlenwerte für G und vor allem für die Kraftkonstantenmatrix F bekannt, so werden mit der Säkulargleichung die Eigenwerte (bzw. Frequenzen) und Eigenvektoren berechnet. Dabei ergeben sich aus den Symmetriekoordinaten *näherungsweise* die Bewegungsrichtungen nach den Normalkoordinaten, wenn die Wechselwirkungen in einer Rasse nicht zu groß sind ((0:32), S. 17).

[4:5]) Eine ausführliche Herleitung des Systems XY_3Z (C_{3v}) findet sich z. B. in (0:9), S. 432–462.

4.9. Zur Berechnung einzelner Elemente der Symmetrieenergiematrizen F und G

Es werden einige Regeln zur Aufstellung verschiedener Elemente der Energiematrizen für Symmetriekoordinaten aus den Energiematrizen für innere Koordinaten mitgeteilt, die besonders bei vollsymmetrischen Schwingungstypen einfache Herleitungen gestatten. Dazu finden sich eine Interpretation der Symmetriekraftkonstanten und die Verwendung der Symmetriekraftkonstanten für Näherungsrechnungen (4:6).

4.9.1. Vereinfachte Aufstellung der Elemente der Symmetrieenergiematrizen für vollsymmetrische Schwingungstypen

Zunächst beschränken wir unsere Untersuchungen auf die Aufstellung von Symmetriekraftkonstanten der Valenzbindungen für vollsymmetrische Schwingungstypen der Molekülsysteme X_p und XY_p, die nur eine Art von Valenzkraftkonstanten f_r aufweisen. Wegen der gleichsinnigen Beanspruchung der Valenzbindungen eines der genannten symmetrischen Moleküle durch die dazugehörige totalsymmetrische Schwingung schrumpft die entsprechende Teilmatrix $F_r(f_r)$ der j Valenzkraftkonstanten f_r in der Kraftkonstantenmatrix F_r für innere Koordinaten r auf ein einziges Element $F_S(f_r) = F_{11}(f_r)$ der Kraftkonstantenmatrix F_S für Symmetriekoordinaten S zusammen. Da wegen der vorgegebenen Gleichsinnigkeit kein Vorzeichenwechsel bei den Kopplungskraftkonstanten f_{rr} auftritt und die Kopplung der Valenzkraftkonstanten f_r zu jeder weiteren Valenzkraftkonstanten definitionsgemäß nur einmal auftritt, ergibt sich aus Dimensionsgründen der einfache Summenausdruck[4:6]).

$$F_{11}\,(\text{vollsymmetrischer Schwingungstyp}) = f_r + \sum_{q=1}^{j-1} f_{rr}^{(q)}. \qquad [4.9.1:1]$$

Damit lautet die *molekülspektroskopische Formulierung: Die Symmetriekraftkonstante* $F_{11}(f_r)$ *des vollsymmetrischen Schwingungstyps für Molekülsysteme mit einer Art von Valenzkraftkonstanten* f_r *berechnet sich aus der Valenzkraftkonstanten* f_r *und der Summe aller positiv gewerteten Kopplungskraftkonstanten* $f_{rr}^{(q)}$ *zu den übrigen* N-2 *Valenzbindungen*[4:7]).

Auf *5 Vorzüge* dieses Satzes zur Gl. [4.9.1:1] sei kurz hingewiesen:

1. Die Symmetriekraftkonstanten $F_{11}(f_r)$ für vollsymmetrische Schwingungstypen haben damit eine einfache Veranschaulichung gefunden.
2. Mit ihm können auch für umfangreiche Molekülsysteme die Symmetriekraft-

---

[4:6]) Allgemein läßt sich die Beziehung [4.9.1:1] aus den Gleichungen [4.7.1:1–3, 12] und [4.8:1] herleiten.

[4:7]) In der Matrixschreibweise bedeutet dies: Die Symmetriekraftkonstante $F_{11}(f_r)$ des vollsymmetrischen Schwingungstyps für die Valenzkraftkonstante f_r ist gleich der Summe der Elemente einer beliebigen Zeile oder Spalte in der entsprechenden Teilmatrix $F_r(f_r)$ der Valenzkraftkonstanten f_r in der Kraftkonstantenmatrix F_r für innere Koordinaten.

konstanten $F_{11}(f_r)$ für Valenzbindungen ohne zusätzlichen Aufwand hergeleitet werden.

3. Wegen der völligen Analogie der inversen Matrix der kinetischen Energie $G_{St} = G_S$ für Symmetriekoordinaten zur Symmetriekraftkonstantenmatrix $F_{St} = F_S$ nach den Gln. [4.8:1–4] ergibt sich das Element $G_{11}(f_r)$ von G_S des vollsymmetrischen Schwingungstyps in entsprechender Übertragung der Elemente nach Gl. [4.9.1:1] zu

$$G_S(f_r) = G_{11}(f_r) = g_r + \sum_{q=1}^{j-1} g_{rr}^{(q)}. \qquad [4.9.1:2]$$

Dabei sind die g_r die den Valenzkraftkonstanten f_r zugeordneten Diagonalelemente für innere Koordinaten und die $g_{rr}^{(q)}$ die den Kopplungskraftkonstanten $f_{rr}^{(q)}$ zugeordneten Kopplungselemente. Diese Übertragung gilt auch für alle übrigen Schwingungstypen nach entsprechender Erweiterung.

4. Eventuell vorhandene Redundanzbedingungen müssen zur Aufstellung von $F_{11}(f_r)$ nicht bekannt sein (vgl. 3.4.).

5. Von den gruppentheoretischen Untersuchungen wird nur die Zahl der Schwingungen des Molekülsystems in den Schwingungstypen benützt. Hiervon benötigen wir lediglich den Nachweis einer einzigen Schwingung für den vollsymmetrischen Schwingungstyp zur Aufstellung der Schwingungsgleichung

$$F_{11}(f_r) \cdot G_{11}(f_r) = \lambda_1 \text{ (vollsym. Rasse)}. \qquad [4.9.1:3]$$

Dieser Nachweis kann bei den in Tab. 4:9 aufgeführten Molekülsystemen auch schwingungstheoretisch-geometrisch erbracht werden, da die vollsymmetrischen Schwingungen nur die Valenzen ohne Winkelveränderungen beanspruchen.

In Tab. 4:9 sind die meist in einer Zeile anschreibbaren *Ergebnisse* für alle in der Formelsammlung der Energiematrizen in 22.3. angeführten Molekülsysteme der Art nach Gl. [4.9.1:3] angeführt. Dazu finden sich einige höheratomige Molekülsysteme, für die die bisherige Methode nach 4.8. weit mehr Mühe bereitet. Zur erleichterten Aufstellung des $G_{11}(f_r)$-Elementes sind die entsprechenden Kopplungskraftkonstanten f_{rr} für innere Koordinaten mit den Winkeln der dazugehörigen Valenzbindungen versehen. Die Berechnung von $G_{11}(f_r)$ aus $F_{11}(f_r)$ erfolgt dann nach der *Übertragungsvorschrift* unter Verwendung der Gleichungen [3.3.4:1–2]:

$$f_{XX} = f_r \longrightarrow 2\,\mu_X, \qquad [4.9.1:4]$$

$$f_{XY} = f_r \longrightarrow \mu_X + \mu_Y, \qquad [4.9.1:5]$$

$$f_{XX/XX} = f_{rr}(\sphericalangle\, XXX) \longrightarrow \mu_X \cos(\sphericalangle\, XXX), \qquad [4.9.1:6]$$

$$f_{XY/XY} = f_{rr}(\sphericalangle\, YXY) \longrightarrow \mu_X \cos(\sphericalangle\, YXY). \qquad [4.9.1:7]$$

Tab. 4:9. Elemente der Symmetrieenergiematrizen vollsymmetrischer Schwingungstypen einiger Molekülsysteme X_p und XY_p nebst Eigenwert

System	Symmetriekraftkonstante F_{11}	G_{11}	λ_1
Ebene Ringsysteme einer Atomart			
$X_p(D_{ph})$	$f_r + 2f_{rr}(\alpha) + \sum_{q=3}^{p-1} f_{rr}^{(q)}$	$4\cos^2 \frac{\alpha}{2} \cdot \mu_X$	$\lambda_1(A_{1g})$
	mit $\alpha = \frac{(p-2)}{p} \cdot 180° = 180° - \frac{360°}{p}$		$\lambda_1(A_1')$
	und A_{1g} für ungerade p, A_1' für ungerade p		
Platonische Systeme einer Atomart			
$X_4(T_d)$	$f_r + 4f_{rr}(60°) + f_{rr}'$	$4\,\mu_X$	$\lambda_1(A_1)$
$X_6(O_h)$	$f_r + 4f_{rr}(60°) + 2f_{rr}'(90°) + 4f_{rr}'' + f_{rr}'''$	$4\,\mu_X$	$\lambda_1(A_{1g})$
$X_8(O_h)$	$f_r + 4f_{rr}(90°) + 2f_{rr}' + 4f_{rr}'' + f_{rr}'''$	$2\,\mu_X$	$\lambda_1(A_{1g})$
$X_{12}(I_h)$	$f_r + 4f_{rr}(60°) + 4f_{rr}(108°) + \sum_{q=9}^{29} f_{rr}^{(q)}$	$(5-\sqrt{5}) \cdot \mu_X =$ 2,76393 μ_X	$\lambda_1(A_g)$
$X_{20}(I_h)$	$f_r + 4f_{rr}(108°) + \sum_{q=5}^{29} f_{rr}^{(q)}$	$(3-\sqrt{5}) \cdot \mu_X =$ 0,763932 μ_X	$\lambda_1(A_g)$
Tetraeder- und Oktaedersysteme zweier Atomarten			
$XY_4(T_d)$	$f_r + 3f_{rr}(109,4712°)$	μ_Y	$\lambda_1(A_1)$
$XY_6(O_h)$	$f_r + 4f_{rr}(90°) + f_{rr}'(180°)$	μ_Y	$\lambda_1(A_{1g})$
Ebene Systeme zweier Atomarten			
$XY_3(D_{3h})$	$f_r + 2f_{rr}(120°)$	μ_Y	$\lambda_1(A_1')$
$XY_4(D_{4h})$	$f_r + 3f_{rr}(90°) + f_{rr}'(180°)$	μ_Y	$\lambda_1(A_{1g})$
Archimedische Systeme einer Atomart			
$X_{12}(O_h)$	$f_r + 2f_{rr}(60°) + 2f_{rr}'(90°) + 2f_{rr}''(120°)$	$2 \cdot \mu_X$	$\lambda_1(A_{1g})$
(3,4,3,4)	$+ \sum_{q=7}^{23} f_{rr}^{(q)}$		
$X_{30}(I_h)$	$f_r + 2f_{rr}(60°) + 2f_{rr}'(108°) +$	$(3-\sqrt{5}) \cdot \mu_X =$	$\lambda_1(A_g)$
(3,5,3,5)	$+ 2f_{rr}''(144°) + \sum_{q=7}^{59} f_{rr}^{(q)}$	$0{,}763932 \cdot \mu_X$	
(0:97a), S. 16–22			

4.9.2. Weitere Regeln zur Aufstellung der Elemente von Symmetrieenergiematrizen

Der Kreis der aufstellbaren Elemente der Energiematrizen für Symmetriekoordinaten aus den Energiematrizen für innere Koordinaten läßt sich durch folgende Regeln beträchtlich erweitern:

1. Aus gruppentheoretischen Herleitungen sei die Anzahl der Schwingungen für jeden Schwingungstyp bekannt.
2. Weiterhin benötigt man die aus der Matrixrechnung folgende Indexlogik zur Aufstellung der allgemeinen Summenausdrücke der blockweise dazugehörigen Kraftkonstanten für innere Koordinaten für jeden Schwingungstyp.
3. Aus den geometrisch und gruppentheoretisch hergeleiteten Schwingungsbildern lassen sich die Anzahl und die Vorzeichen der einzelnen inneren Kraftkonstanten in den Summenausdrücken der Symmetriekraftkonstanten aus gleichsinnigen oder gegensinnigen Richtungen mit den Faktoren +1 oder −1 schon häufig richtig wiedergeben.
4. Die zusätzlichen Faktoren in den Summenausdrücken der Kopplungskraftkonstanten F_{ik} für Symmetriekoordinaten berechnen sich aus dem Produkt der beiden Normierungskonstanten der i. und k. Zeile der Transformationsmatrix U für innere Koordinaten und Symmetriekoordinaten.
5. Die inverse Matrix der kinetischen Energie G_S für Symmetriekoordinaten folgt in analoger Übertragung der Elemente der inversen Matrix der kinetischen Energie G_r für innere Koordinaten gemäß den Ergebnissen für die Symmetriekraftkonstantenmatrix F_S.

Zahlreiche Ergebnisse der in Kap. 21 zusammengestellten Formelsätze lassen sich auf diese Weise einfach ableiten oder überprüfen. Als Beispiele seien die Systeme $XY_2(C_{2v})$, $XY_2(D_{\infty h})$, $X_2Y_2(D_{\infty h})$ und $XY_4(D_{4h})$ genannt.

Die einfache Form der 3. Regel zur Bestimmung der Anzahl und der Vorzeichen der einzelnen inneren Kraftkonstanten in den Summenausdrücken der Symmetriekraftkonstanten genügt jedoch nicht bei der Aufstellung der Symmetriekraftkonstanten für den Schwingungstyp E′ des Molekülsystems $XY_3(D_{3h})$. Dies kann hier durch eine Doppelzählung behoben werden. Ganz allgemein sind aber weitere Untersuchungen zur Klärung aller übrigen Probleme anzustellen[4:8]).

Insgesamt gesehen handelt es sich bei der vorliegenden gruppentheoretischen Methode um ein Separationsprinzip zur Aufstellung der Symmetrieenergiematrizen F_S und G_S aus den Energiematrizen F_r und G_r für innere Koordinaten.

4.9.3. Symmetriekraftkonstanten als erweiterte Valenz- und Deformationskraftkonstanten

In verschiedenen Molekülsystemen ist die *Berechnung der Kopplungskraftkonstanten* aus den Beziehungen für die Symmetriekraftkonstanten noch möglich. Als Beispiel sei die Kopplungskraftkonstante des Systems $XY_6(O_h)$ nach 21.3.1. mit

[4:8]) So lassen sich durch einfache Übertragungsvorschriften von inneren Koordinaten der Symmetriekoordinaten auf Kraftkonstanten (z.B. $\Delta r_1 \rightarrow f_r$; $\Delta r_2 \rightarrow f_{rr}$; $\Delta\alpha_1 \rightarrow f_\alpha$; $\Delta\alpha_2 \rightarrow f_{\alpha\alpha}$ usw.) sämtliche Energiematrizen in Kap. 21 herleiten.

$$f_{XY/XY} = f_{rr}(90°) = 6^{-1}\ (F_{11}(A_{1g}) - F_{22}(E_g)) \qquad [4.9.3:1]$$

angeführt. Solche Beziehungen sind zur Abschätzung der meist unbekannten Kopplungskraftkonstanten verwandter Verbindungen niedrigerer Symmetrie recht nützlich.

Häufig aber ist bei höheratomigen und hochsymmetrischen Systemen die alleinige Darstellung der Kopplungskraftkonstanten aus den Symmetriekraftkonstanten auch bei Kenntnis vollständiger Ausgangsdatensätze nicht mehr möglich. Als Beispiel sei die Wechselwirkungskraftkonstante $f_{YXY/YXY}$ zwischen Deformationskraftkonstanten f_{YXY} des Molekülsystems $XY_3(D_{3h})$ erwähnt (siehe 21.3.1.). Eine Überwindung dieser Schwierigkeit kann bei relativ niedrigatomigen Molekülen durch isotope Moleküle niedrigerer Symmetrie noch erreicht werden. Bei den Systemen X_{12} (I_h) und X_{20} (I_h) ist jedoch eine Berechnung jeder einzelnen Kopplungskraftkonstanten rechentechnisch nicht durchführbar.

Eine Behebung dieser Probleme erreichen wir durch die *Interpretation der Symmetriekraftkonstanten als „erweiterte Valenz-, und Deformationskraftkonstanten"* für die verschiedenen Schwingungstypen (Rassen). Für die chemischen Anwendungen sind besonders die *Symmetriekraftkonstanten der Valenzen für vollsymmetrische Schwingungstypen* von Interesse. Zur Erläuterung sei die Symmetriekraftkonstante des Systems $XY_6(O_h)$

$$F_{11}(A_{1g}) = f_r + 4f_{rr}(90°) + f'_{rr}(180°) = \lambda_1(A_{1g}) \cdot m_Y \qquad [4.9.3:2]$$

aus der Tab. 4:9 angeschrieben. Diese Symmetriekraftkonstante $F_{11}(A_{1g})$ als „erweiterte Valenzkraftkonstante" umfaßt die Valenzkraftkonstante f_r und deren sämtliche Kopplungskraftkonstanten $f_{rr}(90°)$ und $f'_{rr}(180°)$ zu allen übrigen Valenzbindungen bei vollständiger Ausschließung sämtlicher Kopplungen zu den Deformationskraftkonstanten. Damit beinhaltet die Symmetriekraftkonstante $F_{11}(A_{1g})$ die gesamten Valenzbindungen des 7-atomigen Molekülsystems $XY_6(O_h)$, während die Valenzkraftkonstante f_{rr} partiell nur den Hauptanteil wiedergibt. Die Symmetriekraftkonstante $F_{11}(A_{1g})$ liefert so ein Höchstmaß an Realitätsbezogenheit für die Valenzbindungen von $XY_6(O_h)$ im Rahmen des allgemeinen Valenzkraftmodelles. Weiterhin ist die Symmetriekraftkonstante $F_{11}(A_{1g})$ das Produkt der 2 observablen Größen der Schwingungsfrequenz der vollsymmetrischen Schwingung und der Masse m_Y des Außenatoms, während die Bestimmung der Valenzkraftkonstante f_r die Auflösung eines linearen Gleichungssystems und eines quadratischen Gleichungssystems nach 11.1.1. unter Einbeziehung verschiedener Daten eines isotopen Moleküls erfordert. Damit lassen sich in homologen Molekülreihen für die Symmetriekraftkonstante $F_{11}(A_{1g})$ wesentlich leichter allgemeine Aussagen gewinnen als für die Valenzkraftkonstante f_r.

Schließlich sei noch folgende Anwendung vermerkt: Bei einem größeren Molekül, bei dem einzelne Molekülteile verschiedene Symmetrien aufweisen, können die Symmetriekraftkonstanten dieser Molekülteile zur Aufstellung einer Ausgangskraftkonstantenmatrix bei Verwendung eines Extremalverfahrens nach Kap. 7 oder eines Iterationsverfahrens nach Kap. 11 zur Berechnung der Kraftkonstantenmatrix des gesamten Moleküls benützt werden. Unter Einbeziehung der Extremlösung des Zweimassenmodells nach 2.1. und 2.6. ergeben sich oft engere Lösungsbereiche.

Molekülbeispiel: N'NNZ$_2$ aus $N(CH_3)_4((Al(CH_3))_2$ NNN):
Aus (4:7) entnehmen wir die beiden Schwingungsfrequenzen
$\nu_{as}(N_3) = 2128$ und $\nu_s(N_3) = 1280$ cm^{-1}. Mit dem $XY_2(D_{\infty h})$-Modell als gruppentheoretischem Näherungsmodell für das Teilmolekül (4:8) N'NN berechnen sich folgende Kraftkonstanten (vgl. Gln. [21.1.2:18–24]): $f_{N'N} = 13{,}52$; $f_{NN} = 12{,}45$; $f_{N'N/NN} \geqq 0{,}53$ mdyn/Å. ($f_{N'N/NN} > 0{,}53$ ergibt sich aus Realitätsgründen nach Gl. [7.1.4:5].)

Unter Hinzunahme der Lösungen des Zweimassenmodells ergeben sich für die beiden Valenzkraftkonstanten die Näherungsbereiche: $13{,}52 < f_{N'N} < 18{,}68$; $6{,}76 < f_{NN} < 12{,}45$ mdyn/Å. Damit können durch Mittelung der Bereiche der Valenzkraftkonstanten folgende Ausgangswerte für ein Extremalverfahren nach Kap. 7. (z. B. 7.1.4.) verwendet werden: $f_{N'N} = 16{,}10$; $f_{NN} = 9{,}61$; $f_{NN/N'N} = 0{,}53$ mdyn/Å.

5. Molekülkraftkonstantenberechnung als inverses algebraisches Eigenwertproblem

Nach der experimentellen Bestimmung der Schwingungsspektren eines Moleküls mit Raman- und Ultrarot-Geräten und der theoretischen Deutung der Spektren durch Zuordnung der Frequenzen zu den einzelnen Schwingungsformen des Moleküls stellt die *quantitative Verwertung der Schwingungsspektren zur Berechnung der Konstanten der potentiellen Energie der Moleküle bzw. der Molekülkraftkonstanten eine der Hauptaufgaben der theoretischen und angewandten Schwingungsspektroskopie* dar ((0:21), S. 59), ((0:32), S. 28).

5.1. Die Berechnung der Kraftkonstantenmatrix F als eine Umkehrung des allgemeinen algebraischen Eigenwertproblems

In der Molekülspektroskopie sind die Schwingungsfrequenzen der Moleküle experimentell im allgemeinen leicht durch die Raman- und Ultrarot-Spektrometer zugänglich.

Aus Rotationsspektren, aus Röntgen-, Neutronen- und Elektronenbeugungsversuchen sind bereits für zahlreiche Moleküle die Gleichgewichtsabstände, Valenzwinkel und teilweise die Strukturen der einfacheren Moleküle bekannt. Da die chemischen Bindungskräfte um die Gleichgewichtslage aber experimentell am schwersten zugänglich sind, stellt die Kraftkonstantenberechnung den Versuch dar, die Konstanten der 2. Ableitung der potentiellen Energie des Moleküls nach klassisch-mechanischen Methoden zu berechnen.

Es sei nun vorausgesetzt, daß die Eigenwertmatrix $\underline{\Lambda}$ aus den n Schwingungsfrequenzen und die inverse Matrix der kinetischen Energie G aus den geometrischen, mechanischen Daten und der Molekülstruktur vollständig innerhalb der möglichen experimentellen Genauigkeit bekannt sind. Dann läuft die Berechnung der Kraftkonstantenmatrix F auf *eine Umkehrung des allgemeinen algebraischen Eigenwertproblems*

$$F\,l = \lambda\,G^{-1}\,l \text{ bzw. } (G\,F - \lambda\,E)\,l = 0 \qquad [5.1.:1]$$

hinaus, das *dann und nur dann* Eigenlösungen oder Eigenvektoren l besitzt, wenn die *Bedingungsgleichung* der sog. *charakteristischen Gleichung* oder *Säkulargleichung* [5:0])

$$\det(G\,F - \lambda\,E) = 0 \qquad [5.1:2]$$

erfüllt ist (Kap. 3.1.1.5.). Damit besteht unsere *Hauptaufgabe der Berechnung der Kraftkonstantenmatrix F in der mathematischen Behandlung der Säkulargleichung* [5.1:2], die sich als vielfältige Problemstellung erweist und uns bis Kap. 17 gänzlich oder teilweise beschäftigen wird. Beim sog. *allgemeinen inversen Eigenwertproblem* sind wie beim allgemeinen Eigenwertproblem ((0: 62), S. 165) die Eigenlösungen l unbekannt. Sie werden für die Kraftkonstantenberechnung nach [5.1:2] nicht benötigt. Sie können jedoch für berechnete F bis auf eine unbekannte Konstante berechnet werden, d. h. es können die Verhältnisse der Elemente von l eindeutig bestimmt werden.

5.2. Eigenschaften der Kraftkonstantenmatrix F

Sämtliche Eigenschaften der Kraftkonstantenmatrix F lassen sich gemäß der Aufgabenstellung des allgemeinen inversen Eigenwertproblems rein mathematisch aus den Eigenschaften der Eigenwertmatrix $\underline{\Lambda}$ *und der inversen Matrix der kinetischen Energie* G[5:1]) *herleiten* (5:1), (5:2). Dies steht in Analogie zur Herleitung der Eigenschaften der Eigenwertmatrix $\underline{\Lambda}$ aus denen der beiden Energiematrizen G und F nach dem allgemeinen Eigenwertproblem ((0:62), S 150–226). Dieses Vorgehen entspricht dem logischen Grundsatz der Ver-

---

[5:0]) Weitere Formulierungen des vorliegenden inversen Eigenwertproblems finden sich u. a. in: 6.4.1.; 6.4.3; 6.4.4.; 7.2.1.; 7.2.3.; 7.3.1; 11.5.3.2.; 11.5.3.3.

[5:1]) Nach Kap. 3.1. können die vorausgesetzten Eigenschaften wie folgt zusammengefaßt werden:
Eigenschaften von $\underline{\Lambda}$: Quadratisch der endlichen Ordnung n, diagonal, reell, positiv, mit lauter voneinander verschiedenen Diagonalelementen und mit endlich großem maximalen Diagonalelement.
Eigenschaften von G: Quadratisch der endlichen Ordnung n, symmetrisch, reell, eigentlich positiv definit, diagonalähnlich, größtes Diagonalelement endlich (analog den Eigenschaften der Matrix F nach [5.2:1] bis [5.2:18]). Verschiedene Diagonalelemente können einander gleich sein, ebenso verschiedene Kopplungsglieder

$$g_{ij} = g_{ik} \text{ mit } i \neq j \neq k.$$

wendung einer minimalen Anzahl von Voraussetzungen bei der Darstellung einer beliebigen Disziplin.

In Kapitel 3 sind die wichtigsten Eigenschaften der Kraftkonstantenmatrix F physikalisch begründet worden, die zur besseren Übersicht hier stichwortartig zusammengestellt werden:

Liste der Eigenschaften der Kraftkonstantenmatrix F

1. F ist eine *quadratische Matrix der endlichen Ordnung* n, d. h.

$$F = (f_{ik}) = \begin{bmatrix} f_{11} & f_{12} & \dots & f_{1n} \\ f_{21} & f_{22} & \dots & f_{2n} \\ \dots & \dots & \dots & \dots \\ f_{n1} & f_{n2} & & f_{nn} \end{bmatrix} \qquad [5.2:1]$$

mit

$$i, k = 1, 2, \dots n < \infty. \qquad [5.2:2]$$

2. F ist *symmetrisch*, d. h.

$$F = F' \qquad [5.2:3]$$

oder

$$f_{ik} = f_{ki} \qquad [5.2:4]$$

bzw.

$$F = \begin{bmatrix} f_{11} & f_{12} & \dots & f_{1n} \\ f_{12} & f_{22} & \dots & f_{2n} \\ \dots & \dots & \dots & \dots \\ f_{1n} & f_{2n} & \dots & f_{nn} \end{bmatrix}. \qquad [5.2:5]$$

Damit ergibt sich die Anzahl der gesuchten Elemente zu

$$n(F) = n\,(n + 1)/2. \qquad [5.2:6]$$

Die Ordnung n ist gleich der Anzahl der Schwingungsfrequenzen des Moleküls und berechnet sich aus

$$n = 3\,N - 6 \text{ für \textit{nichtlineare} Moleküle,} \qquad [5.2:7]$$

bzw. aus

$$n = 3\,N - 5 \text{ für \textit{lineare} Moleküle,} \qquad [5.2:8]$$

wobei N die Anzahl der Atome des Moleküls bedeutet.

3. F ist *reell*, d. h.

$$F = F_r + i F_i = F_r, \qquad [5.2:9]$$

wenn F_r den Realteil und F_i den Imaginärteil von F darstellen. Komplexe Lösungen sind in der Spektroskopie ohne physikalische Bedeutung. Sie treten jedoch häufig als mathematische Lösungen bei der Auflösung der algebraischen Gleichungssysteme auf.

4. F ist *eigentlich positiv definit.*
Die notwendige und hinreichende Bedingung hierfür sind *durchwegs positive Hauptabschnittsdeterminanten*, d. h. ((0:62), S. 133–134) *sämtliche Diagonalelemente* f_{ii} *sind positiv*,

$$f_{ii} > 0 \qquad [5.2:10]$$

und

$$\begin{vmatrix} f_{ii} & f_{ij} \\ f_{ii} & f_{ii} \end{vmatrix} > 0, \qquad [5.2:11]$$

$$\begin{vmatrix} f_{ii} & f_{ij} & f_{ik} \\ f_{ij} & f_{jj} & f_{jk} \\ f_{ik} & f_{jk} & f_{kk} \end{vmatrix} > 0, \qquad [5.2:12]$$

. . . .

$$\det F > 0. \qquad [5.2:13]$$

Für Nichtdiagonalglieder f_{ik} gilt innerhalb der durch [5.2:10] bis [5.2:13] vorgegebenen Grenzen

$$f_{ik} \lesseqgtr 0. \qquad [5.2:14]$$

Weiterhin ist in der eigentlich positiven Definitheit von F auch die *Nichtsingularität* von F enthalten, d. h.
F ist *nichtsingulär* oder

$$\det F \neq 0. \qquad [5.2:15]$$

5. F ist *diagonalähnlich,* d. h. ((0:62), S. 192–194) die Matrix F transformiert sich nach

$$L^{-1} F L = \underline{\Lambda} \qquad [5.2:16]$$

beim Übergang auf das durch die Eigenvektoren l_i fixierte Eigenachsensystem auf die diagonale Eigenwertmatrix $\underline{\Lambda}$. Da sich diese Ähnlichkeitstransformationen einzig mit n *linear unabhängigen Eigenvektoren* l_i durchführen lassen, folgt diese Eigenschaft der Eigenvektoren aus der Diagonalähnlichkeit von F. L ist die *nichtsinguläre Eigenvektormatrix* oder *Modalmatrix*

$$L = (l_1, l_2, \ldots, l_n) \cdot \qquad [5.2{:}17]$$

Die Diagonalähnlichkeit ist in der Verschiedenheit aller Eigenwerte begründet ((0:62), S. 167, 227).

6. Das *größte Diagonalelement* von F ist *endlich*, d. h.

$$f_{ii,\,max} < \infty. \qquad [5.2{:}18]$$

5.3. Fallunterscheidungen des allgemeinen inversen Eigenwertproblems

Die Berechnung der Kraftkonstantenmatrix F nach dem allgemeinen inversen Eigenwertproblem erfordert mannigfaltige mathematische und physikalische Fallunterscheidungen. Wir betrachten hier allein die für die Molekülspektroskopie wichtigen und bisher behandelten Fälle[5:2]), die in den Kap. 6 bis 17 noch ausführlicher dargestellt werden (5:3), (5:4), (5:5).

I. *Reduktion der Eigenwertprobleme für symmetrische Moleküle durch gruppentheoretische Methoden* (Kap. 4)

Bei symmetrischen Molekülen können häufig inverse Eigenwertprobleme der Ordnung n auf inverse Eigenwertprobleme niedrigerer Ordnungen reduziert werden. Diese Reduktion sei weiterhin stets vorausgesetzt. Diese gruppentheoretischen Methoden werden entsprechend auch bei den zusätzlichen physikalischen Methoden des Zentrifugaldehnungseffektes, der Coriolis-Kopplung, der Schwingungsamplituden, des Trägheitsdefektes und der Raman-Intensität angewandt (Kap. 12 und 16).

II. *Frequenzsatz eines Moleküls*: $F_{sym} = f(\underline{\Lambda}, G)$

Neben den geometrischen Daten, der Struktur und den Massen seien sämtliche n Schwingungsfrequenzen des Moleküls bekannt.

[5:2]) So sind auf anderen naturwissenschaftlichen und technischen Gebieten weitere Fallunterscheidungen bekannt geworden.
Z. B. tritt in der Flugmechanik bei der Behandlung des sog. Flatterproblems ein *quadratisches Matrizeneigenwertproblem* der Form

$$(\lambda^2 A_0 + \lambda A_1 + A_2)\, x = O$$

mit konstanten Matrizenelementen auf. Analog zu [5.1:1] ist die Matrix A_2 gesucht, die sich aus der generalisierten aerodynamischen Steifigkeitsmatrix und der generalisierten strukturellen Steifigkeitsmatrix zusammensetzt (5:8), (5:9), (5:6). Die Matrix A_0 als generalisierte Trägheitsmatrix und die Matrix A_1 als generalisierte Dämpfungsmatrix und die n Eigenwerte λ bzw. n Eigenfrequenzen seien bekannt. x stellt generalisierte Koordinaten dar.

1. n = 1: Der Fall der Ordnung n = 1 ist *analytisch lösbar* (Kap. 2). Er lautet für die verallgemeinerte Form

$$F_{ent} = \underline{\Lambda}\, G_{diag}^{-1}. \qquad [5.3:1]$$

2. Fall $n \geqq 2$ und F_{sym}.
   Es existieren *unendlich viele reelle Lösungen von* F_{sym}.
   a. n = 2: Die *einfach unendliche Lösungsmannigfaltigkeit* von F_{sym} ist *analytisch beschreibbar.*
   b. $n \geqq 3$: Die n(n–1)/2-*fach unendliche Lösungsmannigfaltigkeit* kann nur noch *iterativ behandelt* werden.
3. Fall $n \geqq 2$ und F_{diag}.
   Es handelt sich hierbei um einen allgemein nicht realisierten *Grenzfall.* Es finden sich jedoch einzelne Näherungsrealfälle (z. B. beim $XY_2Z(C_s)$. Eigenwertproblem für n = 2, Gl. [11.5.2.1:2]).
   a. Die *Zahl der mathematisch möglichen Lösungen* von

$$F_{diag} = f(\underline{\Lambda}, G) \qquad [5.3:2]$$

   ist die Fakultät der Ordnung, d. h.

$$z(F_{diag}) = n!. \qquad [5.3:3]$$

   b. n = 2: Dieser Fall kann für jede der beiden gesuchten Kraftkonstanten f_{11} und f_{22} auf eine *Gleichung 2. Grades* zurückgeführt werden (Kap. 6.2). Er ist der *einzige analytisch lösbare Fall von* [5.3:2].
   c. Fall $n \doteq 3$: Die Bestimmung eines der 3 Diagonalglieder (z. B. f_{11}) kann formelmäßig auf eine *algebraische Gleichung 6. Grades* für eine Unbekannte zurückgeführt werden. Die Gleichung selbst muß iterativ gelöst werden (Kap. 6.3).
   d. Fall $n \geqq 4$: Die Lösungen von F_{diag} können allgemein *nur noch iterativ* berechnet werden. Es sind hierfür eine Reihe von Verfahren entwickelt worden (Kap. 6.4.).
4. Fall n beliebig und $F_{sym} = F(\lambda) = f(\underline{\Lambda} = \lambda \cdot E, G)$. [5.3:4]
   Dieser Grenzfall lauter gleicher Eigenwerte existiert gemäß unserer spektroskopischen Voraussetzung, daß sämtliche Eigenwerte (bzw. Schwingungsfrequenzen) stets voneinander (in einer Rasse) verschieden sind, nicht als Realfall. Seine Bedeutung liegt in der *Durchführbarkeit mehrerer Extremalbetrachtungen* (Kap. 7.7). Die *Lösung* lautet

$$F(\lambda) = \lambda \cdot G^{-1}. \qquad [5.3:5]$$

III. *Frequenzsatz eines Moleküls und Extremalforderung für* $n \geqq 2$

Die Bestimmung einer Lösung

$$F_{sym,min} = f(\underline{\Lambda}, G, \min) \qquad [5.3:6]$$

aus der unendlichen Lösungsmannigfaltigkeit von

$$F_{sym} = f(\underline{\Lambda}, G) \qquad [5.3:7]$$

unter *Verwendung einer Minimalforderung* entsprang den praktischen Bedürfnissen der mathematischen Bearbeitung schwingungsspektroskopischer Daten zur näherungsweisen Berechnung von Kraftkonstanten, zur Auffindung von charakteristischen Schwingungen usw.

a. Es sei eine für schwingungsspektroskopische Untersuchungen brauchbare Ausgangslösung $F_{Näh}$ gegeben. Für Moleküle mit genügend charakteristischen Frequenzen hat sich [5.3:1] als brauchbar erwiesen. In Kap. 7.1. finden sich mehrere Verfahren.
b. Weiterhin sind zahlreiche Verfahren mit Extremalforderungen für die Kraftkonstantenmatrix F, für die inverse Matrix der kinetischen Energie G, für Koordinatensysteme, für Potentialfunktionen, für die Eigenvektormatrix L und für die Eigenwertmatrix $\underline{\Lambda}$ aufgestellt worden (Kap. 7.2. bis 7.7.).

IV. *Frequenzsatz eines Moleküls und zusätzliche Frequenzsätze isotoper Moleküle*

Zur Aufstellung weiterer n(n-1)/2 algebraisch unabhängiger Gleichungen zur Bestimmung der n(n+1)/2 Kraftkonstanten der Kraftkonstantenmatrix F_{sym} können zusätzlich weitere Frequenzsätze isotoper Moleküle $\underline{\Lambda}_1, \underline{\Lambda}_2, \ldots$ herangezogen werden. Die allgemeine Problemstellung lautet

$$F_{sym} = f(\underline{\Lambda}, G, \underline{\Lambda}_1, G_1, \underline{\Lambda}_2, G_2, \ldots). \qquad [5.3:8]$$

1. Fall: Algebraische Unabhängigkeit des Gleichungssystems und Zahl der Lösungen von F_{sym}.
   a. Auswahl von n(n+1)/2 voneinander algebraisch unabhängigen Bestimmungsgleichungen nach den verschiedenen Isotopenregeln (z. B. Summenregeln, Produktregeln, usw.) (Kap. 9).
   b. *Die Zahl der Lösungen von* F_{sym} *ist gleich dem Produkt der positiven Grade aller Polynome des algebraischen Gleichungssystems mit den* n(n+1)/2 *algebraisch voneinander unabhängigen Gleichungen.* Einen Spezialfall bringen wir in Kap. 11.3..
2. Fall: Vollständige Berechnung von F_{sym} mit hinreichend vielen Isotopenfrequenzsätzen.
   a. n = 2: Es gibt 2 Lösungen von F_{sym}. (Siehe Kap. 10.1., in dem auch zahlreiche Unterfälle behandelt sind.) Dies ist der *einzige analytisch darstellbare Fall* der vollständigen Lösung von F_{sym} in IV.
   b. n = 3: Dieser Fall läßt sich allgemein nur noch *iterativ* lösen. Es können jedoch verschiedene Untersuchungen und Sonderfälle relativ einfach formelmäßig überschaut werden (Kap. 11.2.).

c. n $\geqq$ 3: Führt zur Aufstellung allgemeiner *Iterationsverfahren* (Kap. 11.5.).

d. n beliebig. – Zur Auswahl der physikalischen Lösung aus der Lösungsmannigfaltigkeit von F_{sym}.
Dieses Problem ist eng an eine physikalisch brauchbare Ausgangslösung geknüpft (Kap. 11.4.).

3. Fall: Analytische Berechnung von Lösungsintervallen einzelner Kraftkonstanten bei nicht hinreichend vielen Isotopenfrequenzsätzen bei geeigneter Isotopensubstitution.

a. n = 2, 3 und 4: Für diese niedrigen Ordnungen lassen sich eine *Reihe von besonders einfachen Beziehungen* finden, die zu weiteren Untersuchungen führen (Kap. 10.3., 11.5.2.1, 10.2.2.).

b. n beliebig: *Grundsätzlich können für beliebig große Moleküle exakte Lösungsbereiche einzelner Kraftkonstanten berechnet werden*, deren Brauchbarkeiten nur durch die Meßungenauigkeiten eingeschränkt werden (Kap. 10.1.).

V. *Frequenzsatz eines Moleküls und zusätzliche Daten aus Zentrifugaldehnungskonstanten, Coriolis-Kopplung, Schwingungsamplituden, Trägheitsdefekt und Raman-Intensitäten*

Die Bestimmung von

$$F_{sym} = f(\underline{\Lambda}, G, Z_1, Z_2, \ldots, Z_l) \qquad [5.3:9]$$

aus den Grunddaten des Moleküls $\underline{\Lambda}$ und G und den l zusätzlichen Daten Z_1 bis Z_l führt auf *zu IV. analogen Fallunterscheidungen.* Naturgemäß ist der einfachste Fall n = 2 am häufigsten untersucht worden, und er ist hier vorwiegend dargestellt. Es gibt aber auch schon eine Reihe von Untersuchungen für Ordnungen n = 3, 4 usw.
Siehe Kap. 12 bis 17.

VI. *Ausschließliche Benutzung von zusätzlichen Daten aus Zentrifugaldehnungskonstanten usw.*

Für die Berechnung von

$$F_{sym} = f(Z_1, Z_2, \ldots Z_l) \qquad [5.3:10]$$

gelten grundsätzlich die Fallunterscheidungen von IV. Als ein praktisches Beispiel sei $XY_2(C_{2v})$ genannt, dessen Kraftkonstanten sich vollständig durch Zentrifugaldehnungskoeffizienten darstellen lassen (5:7).

6. Berechnung von n Kraftkonstanten aus der Säkulargleichung bei n gemessenen Frequenzen

Lediglich in seltenen Ausnahmen stehen zur Bestimmung der $n(n+1)/2$ Kraftkonstanten eines Moleküls neben seinen n Schwingungsfrequenzen hinreichend viele Zusatzdaten zur Verfügung. Fast ausschließlich sind nur die n Schwingungsfrequenzen der Moleküle experimentell bekannt. Damit können bei Kenntnis der n gemessenen Schwingungsfrequenzen aus der Säkulargleichung nur n Bestimmungsgleichungen zur Berechnung von n Kraftkonstanten der Kraftkonstantenmatrix F bei gleichzeitiger Konstanthaltung oder Nullsetzung der übrigen $n(n-1)/2$ Kraftkonstanten aufgestellt werden. Da der größte Teil der potentiellen Energie durch die Hauptdiagonalelemente f_{11} von F dargestellt wird, wählt man meist diese n Hauptdiagonalelemente aus. Aus diesem Grund beschränken wir uns in diesem Kapitel auf die *Berechnung der diagonalen Kraftkonstantenmatrix*

$$F = F_{\text{diag}} = \begin{bmatrix} f_{11} & 0 & 0 \\ 0 & f_{22} & 0 \\ & & \ddots \\ 0 & 0 & f_{nn} \end{bmatrix} = f(\Lambda, G) \quad [6.0:1]$$

als Funktion der Eigenwertmatrix Λ, berechnet aus den n Schwingungsfrequenzen, *und* den geometrisch-mechanischen Daten des Moleküls, zusammengefaßt in *der inversen Matrix der kinetischen Energie* G.

Es soll *stets die Voraussetzung* gelten, daß *die* n *algebraischen Gleichungen* des durch die Säkulargleichung gegebenen algebraischen Gleichungssystems *algebraisch voneinander unabhängig* sind. Eine *notwendige* und *hinreichende Bedingung* für die algebraische Unabhängigkeit der n Gleichungen und damit für die Lösbarkeit des algebraischen Gleichungssystems ist durch das *Nichtverschwinden der Funktionaldeterminante* gegeben ((0:74), Bd. I., S. 134) [6:0]). Diese Bedingung ist bei den bisherigen Kraftkonstantenberechnungen praktisch immer erfüllt gewesen.

6.1. Zahl der Lösungen der Diagonalmatrix F_{diag}

Die *Zahl der reellen und komplexen Lösungen der diagonalen Kraftkonstantenmatrix* F_{diag} ist gemäß der Struktur der n algebraischen Gleichungen der Säkulargleichung durch die *Fakultät der Ordnung* n, d. h. durch

---

[6:0]) Die analytische Bedingung für die Unabhängigkeit von n Funktionen für n Veränderliche

$$f_1(x_1, x_2, \ldots x_n) = f_1,$$
$$\ldots\ldots\ldots\ldots$$
$$f_n(x_1, x_2, \ldots x_n) = f_n$$

ist, daß die Funktionaldeterminante in dem betrachteten Gebiet nicht identisch verschwindet. D. h., es ist

$$\begin{vmatrix} \frac{\delta f_1}{\delta x_1} & \frac{\delta f_1}{\delta x_2} & \ldots & \frac{\delta f_1}{\delta x_n} \\ \ldots & \ldots & \ldots & \ldots \\ \frac{\delta f_n}{\delta x_1} & \frac{\delta f_n}{\delta x_2} & \ldots & \frac{\delta f_n}{\delta x_n} \end{vmatrix} \neq 0.$$

$$z(F_{diag}) = n! \qquad [6.1:1]$$

gegeben (6:1). Dies läßt sich einfach wie folgt herleiten:
Die n durch die Säkulargleichung [5.1:2] gegebenen algebraischen Gleichungen sind vom positiven Grad 1, 2, 3, 4, . . ., n. Da die Zahl der Lösungen eines algebraischen Gleichungssystems gleich dem Produkt der positiven Grade aller Polynome ist ((0:71), Bd. II, S. 39, 42, 81), folgt daraus [6.1:1].

Von den n Lösungen $z(F_{diag})$ sind nur die reellen Lösungen von physikalischem Interesse. Sind Zuordnungen der Frequenzen zu den einzelnen Bindungen gegeben und bekannt, so kann auch die reelle Lösungsmannigfaltigkeit nach [6.1:1] bis auf wenige oder nur noch eine Lösung eingeschränkt werden.

6.2. Analytische Berechnung von F_{diag} für n = 2

Lediglich für den Fall der Ordnung n = 2 kann F_{diag} noch *vollständig analytisch* berechnet werden:
Wir gehen von

$$\det (G \cdot F - \lambda E) = \lambda^2 + c_1 \cdot \lambda + c_0 = 0 \qquad [6.2:1]$$

mit

$$c_1 = -(\lambda_1 + \lambda_2) \text{ und } c_0 = \lambda_1 \cdot \lambda_2 \qquad [6.2:2]$$

aus. Die Berechnung der Determinantengleichung

$$\det \left[\begin{bmatrix} g_{11} & g_{12} \\ g_{12} & g_{22} \end{bmatrix} \begin{bmatrix} f_{11} & f_{12} \\ f_{12} & f_{22} \end{bmatrix} - \begin{bmatrix} \lambda & \\ & \lambda \end{bmatrix} \right] = 0 \qquad [6.2:3]$$

ergibt nach Ausführung der Matrizenmultiplikation die Gleichung

$$\lambda^2 - (g_{11}f_{11} + 2g_{12}f_{12} + g_{22}f_{22}) \cdot \lambda + \det G \cdot (f_{11}f_{22} - f_{12}^2) = 0, \qquad [6.2:4]$$

woraus sich durch Vergleich mit [6.2:1] und [6.2:2] die *beiden Bestimmungsgleichungen*

$$g_{11}f_{11} + 2g_{12}f_{12} + g_{22}f_{22} = \lambda_1 + \lambda_2 \qquad [6.2:5]$$

und

$$f_{11}f_{22} - f_{12}^2 = \lambda_1 \lambda_2 \det^{-1} G \qquad [6.2:6]$$

ergeben. Unter *Nullsetzung des Wechselwirkungsgliedes* f_{12}

$$f_{12} = 0 \qquad [6.2:7]$$

ergeben sich für f_{11} und f_{22} die *Lösungen*

$$f_{11}^{(\pm)} = 0{,}5\, g_{11}^{-1} \cdot K^{(\pm)} \qquad [6.2:8]$$

und

$$f_{22}^{(\pm)} = 0{,}5\, g_{22}^{-1}\, K^{(\pm)} \qquad [6.2:9]$$

mit

$$K^{(\pm)} = (\lambda_1 + \lambda_2) \pm \sqrt{(\lambda_1 + \lambda_2)^2 - 4g_{11}g_{22}\,\det{}^{-1}G \cdot \lambda_1 \lambda_2}\,. \qquad [6.2:10]$$

Wie sich durch Einsetzen in die charakteristische Gleichung [6.2:1] nachweisen läßt, sind nur die *beiden Lösungen*

$$F_{\text{diag},1} = \begin{bmatrix} f_{11}^{(+)} & 0 \\ 0 & f_{22}^{(-)} \end{bmatrix}, \quad F_{\text{diag},2} = \begin{bmatrix} f_{11}^{(-)} & 0 \\ 0 & f_{22}^{(+)} \end{bmatrix} \qquad \begin{matrix}[6.2:11] \\ [6.2:12]\end{matrix}$$

möglich.

Wegen der *Realitätsforderung* [5.2:9] für Molekülkraftkonstanten muß

$$(\lambda_1 + \lambda_2)^2 - 4g_{11}g_{22}\,\det{}^{-1}G \cdot \lambda_1 \lambda_2 \geqq 0 \qquad [6.2:13]$$

vorausgesetzt werden. Ist diese Forderung nicht erfüllt, dann existiert keine reelle Diagonallösung nach [6.2:11–12][6:0a]).

Hinweis: Wegen Gl. [6.2:6] ist $f_{12} \neq 0$ für den Fall $g_{12} = 0$. Erst wenn das vorliegende Eigenwertproblem der Ordnung n = 2 auch in 2 verschiedene Schwingungstypen bei Grenzfallbetrachtungen zerfällt, wird die Kopplungskraftkonstante $f_{12} = 0$. Dies gilt in entsprechender Verallgemeinerung für beliebige Ordnungen n von Eigenwertproblemen (vgl. z. B. für n = 3 Gln. [11.2.1: 2–6]). Von praktischem Interesse sind diese Überlegungen bei der Herleitung der G- und F-Matrizen höhersymmetrischer Molekülsysteme aus den Energiematrizen niedrigersymmetrischer Molekülsysteme. Dies gelingt z. B. für $XY_2(D_{\infty h})$ aus $XY_2(C_{2v})$ (siehe Gln. [21.1.2:16–17 u. 23–24] und für $XYZ(C_{\infty v})$ aus $XYZ(C_s)$ (siehe Gln. [21.1.2:4–5 u. 7–8]). Es geht jedoch direkt nicht für $X_3(D_{3h})$ aus $XY_2(C_{2v}$-Ring) wegen des Wechsels der Struktur von XY_2 auf X_3. Unter Hinzunahme der in Abschnitt 4.9.1. dargestellten gruppentheoretischen Methode läßt sich auch diese Grenzfallbetrachtung durchführen.

6.3. Iterative Berechnung von F_{diag} für n = 3

Bereits ab der Ordnung n = 3 kann die Berechnung der Kraftkonstantenmatrix *nur noch iterativ* durchgeführt werden. Dazu sind einige Verfahren bekannt geworden, von denen hier 2 explizit dargestellt werden.

6.3.1. Berechnung von F_{diag} für n = 3 aus einer Gleichung 6. Grades – Variante von Ruth u. Philippe

Für den Fall der Ordnung n = 3 erhalten wir für

$$F_{\text{diag}} = \begin{bmatrix} f_{11} & & \\ & f_{22} & \\ & & f_{33} \end{bmatrix} \qquad [6.3.1:1]$$

[6:0a]) Die Berechnung des Realitätsbereiches der Kopplungskraftkonstante f_{12} erfolgt nach Gl. [7.1.4:5]. Als Molekülbeispiel sei SeCS angeführt, das unter Verwendung der in Abschnitt 8.1. aufgeführten Ausgangsdaten folgenden Realitätsbereich aufweist: $0{,}27 < f_{12} = f_{\text{SeC/CS}} < 13{,}7$ mdyn/Å, d. h. die Kopplungskraftkonstante $f_{\text{SeC/CS}}$ ist positiv. Die exakte Vorzeichenangabe der Kopplungskraftkonstanten f_{12} nach [7.1.4:5] ohne zusätzliche Daten gemäß den Kap. 9 bis 16 stellt sogar einen Informationsgewinn dar.

aus der Säkulargleichung bzw. aus der charakteristischen Gleichung

$$\det-(G \cdot F_{\text{diag}} - \lambda E) = \lambda^3 + c_2 \cdot \lambda^2 + c_1 \cdot \lambda + c_0 = 0 \qquad [6.3.1:2]$$

mit

$$c_2 = -(\lambda_1 + \lambda_2 + \lambda_3),\ c_1 = \lambda_1\lambda_2 + \lambda_1\lambda_3 + \lambda_2\lambda_3,$$
$$c_0 = -\lambda_1\lambda_2\lambda_3 \qquad [6.3.1:3]$$

die 3 Bestimmungsgleichungen für die 3 gesuchten Kraftkonstanten f_{11}, f_{22} und f_{33} zu

$$-c_2 = g_{11}f_{11} + g_{22}f_{22} + g_{33}f_{33}, \qquad [6.3.1:4]$$
$$c_1 = K_1f_{11}f_{33} + K_2f_{22}f_{33} + K_3f_{11}f_{22}, \qquad [6.3.1:5]$$
$$-c_0 = \det G \cdot f_{11}f_{22}f_{33}. \qquad [6.3.1:6]$$

Dabei haben wir die *Sarrus*sche Regel ((0:84), S. 126) angewandt und einen Koeffizientenvergleich in [6.3.1:2] durchgeführt. Die Auflösung der 3 Gleichungen [6.3.1:4], [6.3.1:5] und [6.3.1:6] nach f_{11} führt auf eine algebraische Gleichung 6. Grades, die nicht mehr geschlossen gelöst werden kann. Der Formelsatz lautet:

$$c'_6 \cdot f_{11}^6 + c'_5 \cdot f_{11}^5 + c'_4 \cdot f_{11}^4 + c'_3 \cdot f_{11}^3 + c'_2 \cdot f_{11}^2 +$$
$$+ c'_1 \cdot f_{11} + c'_0 = 0 \qquad [6.3.1:7]$$

mit den Koeffizienten

$$c'_0 = K_8^2 \cdot K_9,\ c'_1 = 2 \cdot K_7K_8K_9,\ c'_2 = K_9\,(K_7^2 + 2 \cdot K_6K_8) +$$
$$+ K_4^{-1} \cdot K_8 \cdot c_2,$$
$$c'_3 = g_{22} + c_2 \cdot K_4^{-1} \cdot K_7 + g_{11} \cdot K_4^{-1} \cdot K_8 + 2 \cdot (K_5 \cdot K_8 + K_6 \cdot K_7) \cdot K_9,$$
$$c'_4 = c_2 \cdot K_4^{-1} \cdot K_6 + g_{11} \cdot K_4^{-1} \cdot K_7 + (K_6^2 + 2 \cdot K_5 \cdot K_7) \cdot K_9, \qquad [6.3.1:8]$$
$$c'_5 = c_2 \cdot K_4^{-1} \cdot K_5 + g_{11}K_4^{-1} \cdot K_6 + 2 \cdot K_5 \cdot K_6 \cdot K_9,$$
$$c'_6 = g_{11} \cdot K_4^{-1} \cdot K_5 + K_5^2 \cdot K_9.$$

Dabei verwenden wir die Abkürzungen:

$$c_0 = -\lambda_1 \cdot \lambda_2 \cdot \lambda_3,\ c_1 = \lambda_1 \cdot \lambda_2 + \lambda_1 \cdot \lambda_3 + \lambda_2 \cdot \lambda_3,$$
$$c_2 = -(\lambda_1 + \lambda_2 + \lambda_3), \qquad [6.3.1:9]$$

$$\left.\begin{aligned} &K = -c_0 \cdot \det^{-1} G,\ K_1 = g_{11} \cdot g_{33} - g_{13} \cdot g_{31},\\ &K_2 = g_{22} \cdot g_{33} - g_{23} \cdot g_{32},\\ &K_3 = g_{11} \cdot g_{22} - g_{12} \cdot g_{21},\ K_4 = -K \cdot (g_{33} \cdot K_3 -\\ &\quad - g_{22} \cdot K_1),\ K_5 = g_{11} \cdot K_3,\\ &K_6 = c_2 \cdot K_3,\ K_7 = c_1 \cdot g_{22},\ K_8 = -g_{22} \cdot K \cdot K_2,\\ &K_9 = g_{33} \cdot K \cdot K_4^{-2}. \end{aligned}\right\} \qquad [6.3.1:10]$$

Die Lösung dieser Gleichung 6. Grades führt auf 6 reelle oder komplexe Werte von f_{11}. Als Lösungsverfahren kann das *Graeffe*sche Verfahren, das Unbehauen-Verfahren (6:2) oder bei reellen Lösungen das Newton-Verfahren verwendet werden.

Die 6 zu f_{11} gehörenden f_{22}- und f_{33}-Werte berechnen wir aus den Gleichungen

$$f_{22} = K_4 \cdot f_{11} \cdot (K_5 \cdot f_{11}^3 + K_6 \cdot f_{11}^2 + K_7 \cdot f_{11} + K_8)^{-1}, \qquad [6.3.1:11]$$

$$f_{33} = K \cdot f_{11}^{-1} \cdot f_{22}^{-1}. \qquad [6.3.1:12]$$

Zahlenbeispiel: Gegeben seien die Matrix G und die zugeordnete Eigenwertmatrix $\underline{\Lambda}_z$ mit

$$G = \begin{bmatrix} 2 & 1 & 1 \\ 1 & 4 & -1 \\ 1 & -1 & 6 \end{bmatrix}, \qquad [6.3.1:13]$$

$$\underline{\Lambda}_z = \begin{bmatrix} 1{,}374\,6735\,66 & & \\ & 7{,}943\,4794\,7 & \\ & & 18{,}681\,847\,0 \end{bmatrix}. \qquad [6.3.1:14]$$

Dann erhalten wir aus [6.3.1:1] bis [6.3.1:10] zur Bestimmung von f_{11} die Gleichung 6. Grades

$$51\,1/3\, f_{11}^6 - 1437\,1/3\, f_{11}^5 + 15364\,2/3\, f_{11}^4 - 78198\,2/3\, f_{11}^3$$
$$+ 192\,284\, f_{11}^2 - 204\,240\, f_{11} + 76\,176 = 0. \qquad [6.3.1:15]$$

Eine Lösung ist exakt $f_{11} = 1$. Damit wird

$$F_{\text{diag}} = \begin{bmatrix} 1 & & \\ & 2 & \\ & & 3 \end{bmatrix}, \qquad [6.3.1:16]$$

wobei für f_{22} und f_{33} die Gleichungen [6.3.1:11] und [6.3.1:12] verwendet worden sind. Die restlichen 5 Lösungen von f_{11} sind nach dem Unbehauen-Verfahren (6:2):

$$f_{11}:\ 0{,}991\,459;\ 4{,}353\,99;\ 4{,}904\,48;\ 8{,}151\,37;\ 8{,}598\,70. \qquad [6.3.1:17]$$

Ein ähnliches Verfahren geben *Ruth* und *Philippe* (6:3) an.

6.3.2. Graphische Bestimmung von F_{diag} für $n = 3$ nach Heinrich – Variante von Mai

Heinrich (6:4) stellt aus den beiden Gleichungen [6.3.1:4] und [6.3.1:5] durch Elimination von f_{33} für die beiden Unbekannten f_{11} und f_{22} die allgemeine Kegelschnittsgleichung

$$A f_{11}^2 + B f_{11} f_{22} + C f_{22}^2 + D f_{11} + E f_{22} + F = 0 \qquad [6.3.2:1]$$

mit

$$A = K_1\, g_{11} > 0 \qquad [6.3.2:2]$$

$$B = K_1\, g_{22} + K_2\, g_{11} - g_{33}\, K_3 \gtreqless 0 \qquad [6.3.2:3]$$

$$C = K_2\, g_{22} > 0 \qquad [6.3.2:4]$$

$$D = K_1\, c_2 > 0 \qquad [6.3.2:5]$$

$$E = K_2\, c_2 > 0 \qquad [6.3.2:6]$$

$$F = g_{33}\, c_1 > 0 \qquad [6.3.2:7]$$

auf. Unter Ausschluß des Sonderfalles zerfallender Kegelschnitte bestimmt dann wegen

$$4\,A\,C - B^2 \quad \begin{matrix} > 0 \text{ (Ellipse)} \\ = 0 \text{ (Parabel)} \\ < 0 \text{ (Hyperbel)} \end{matrix} \qquad [6.3.2:8]$$

die Größe B den nicht zerfallenden Kegelschnitt in angeführter Weise ((0:89), M.F., S. 22). Da B aber nur von der Matrix G, nicht aber von der Eigenwertmatrix $\underline{\Lambda}$ abhängt, bestimmt die Matrix G den speziellen Kegelschnitt Ellipse, Parabel oder Hyperbel. Wird weiterhin der Fall einer imaginären Ellipse ausgeschlossen ((0:86), S. 495), so liefert der jeweilige Kegelschnitt eine unendliche Anzahl von reellen Lösungspaaren f_{11} und f_{22}. Die graphische Darstellung verschafft sofort einen Überblick über mögliche Lösungsbereiche. Als weitere Bedingung für die Existenz reeller Lösungen von F_{diag} muß wegen [6.3.1:6] und [6.3.1:4] nach Elimination von f_{33} die Gleichung

$$f_{11}\, f_{22}\, (c_2 + g_{11} f_{11} + g_{22} f_{22}) = c_0\, g_{33}\, \det^{-1} G \qquad [6.3.2:9]$$

erfüllbar sein.

Mai ((6:5), S. 21–23) gibt noch folgende Variante eines graphischen Verfahrens an: Durch Elimination von f_{33} aus den Gl. [6.3.1:4] und [6.3.1:6] ergibt sich

$$g_{11}\, f_{11}^2\, f_{22} + g_{22}\, f_{11}\, f_{22}^2 + c_2\, f_{11}\, f_{22} = c_0\, g_{33}\, \det^{-1} G. \qquad [6.3.2:10]$$

Dann wird zusätzlich diese Kurve 3. Grades in das Diagramm des Kegelschnittes eingetragen. Die Berechnung der Punkte erfordert die Lösung von wenigen Gleichungen 2. Grades nach f_{11} für ein jeweils gewähltes f_{22}. Durch geeignete Umformungen der 3 Ausgangsgleichungen nach der Säkulargleichung lassen sich weitere numerische Vereinfachungen erzielen.

6.4. Iterationsverfahren zur Berechnung von F_{diag} für $n \geq 4$

Die Zurückführung aller algebraischen Gleichungen zur Bestimmung von F_{diag} für die Ordnung $n = 4$ aus der Säkulargleichung [5.1:2] auf eine einzige Gleichung mit einer Unbekannten ist bisher nicht durchgeführt worden. Gelänge diese Reduktion, so wäre z. B. für f_{11} eine algebraische Gleichung 24. Grades zu lösen, da nach [6.1:1] die Zahl der Lösungen von F_{diag} und damit auch von f_{11} durch $4! = 24$ festgelegt ist. Weiterhin würde der große formelmäßige Aufwand der praktischen Anwendung entgegenstehen. Aus diesem Grund wird bereits ab der Ordnung $n = 4$ das inverse Eigenwertproblem zur Berechnung der diagonalen Lösungen F_{diag} der Kraftkonstantenmatrix F in iterativer Weise angegangen. So sind in den letzten 20 Jahren eine Reihe von Iterationsverfahren bekannt geworden, die auf verschiedenen mathematischen Sätzen und Iterationsmethoden beruhen. Sie sollen hier abrißartig dargestellt werden[6:1]).

[6:1]) *Mai* ((6:5), S. 18–30) bringt in seiner Zusammenstellung eine Reihe von kleinen Varianten.

6.4.1. Verfahren von Downing und Householder

Downing und *Householder* (6:6) gehen von der charakteristischen Gleichung

$$\det(H - \lambda X^2) = 0 \qquad [6.4.1:1]$$

aus. Dabei ist H eine hermitische Matrix[6:2]), und X sei eine reelle, nichtsinguläre und diagonale Matrix. In Übertragung auf das hier vorliegende Eigenwertproblem der Molekülspektroskopie zur Berechnung von Kraftkonstanten wäre dann

$$H = G \qquad [6.4.1:2]$$

und

$$X^2 = F_{\text{diag}}^{-1} \qquad [6.4.1:3]$$

mit

$$x_{ii}^2 = f_{ii}^{-1} \text{ für } i = 1, 2, \ldots, n \qquad [6.4.1:4]$$

zu setzen. Es sei X_j die j-te Näherungslösung von X mit

$$j = 0, 1, 2, \ldots \qquad [6.4.1:5]$$

Dann kann aus Gl. [6.4.1:1] bei bekannter Matrix H eine Eigenwertmatrix $\underline{\Lambda}_j$ berechnet werden, die die experimentell gegebene Eigenwertmatrix $\underline{\Lambda}$ näherungsweise darstellen möge. Damit ergibt sich aus einer Transformationsformel für hermitische Matrizen

$$X_j^{-1}\, H\, X_j^{-1} = U_j\, \underline{\Lambda}_j\, U_j^* \qquad [6.4.1:6]$$

die unitäre Matrix[6:3]) U_j. Der Unterschied zwischen der experimentellen Eigenwertmatrix $\underline{\Lambda}$ und der Näherungsmatrix $\underline{\Lambda}_j$ wird nach dem *Ansatz*

$$\underline{\Lambda}\,(E + \epsilon B_j) = \underline{\Lambda}_j \quad (E \text{ die Einheitsmatrix}) \qquad [6.4.1:7]$$

entwickelt. Dabei ist B_j eine reelle, diagonale Matrix. Der Hilfsparameter ϵ soll andeuten, daß für $X_j \to X$ auch $B_j \to 0$ geht. Dann folgt aus [6.4.1:6] sofort

$$B_j = \underline{\Lambda}^{-1}\, \underline{\Lambda}_j - E. \qquad [6.4.1:8]$$

Weiterhin wird für die *verbesserte Lösung* X_{j+1} folgende Entwicklung

$$X_{j+1} = (E - 1/2\, \epsilon\, C_j)^{-1}\, X_j \qquad [6.4.1:9]$$

angesetzt. Zur Bestimmung der Matrix C_j benutzen die Verfasser folgenden

---

6:2) Eine hermitische Matrix ist die komplexe Verallgemeinerung der reell symmetrischen Matrix ((0:62), S. 41–42), d. h. $H^* = H$.

6:3) Eine unitäre Matrix ist die Verallgemeinerung der reell orthogonalen Matrix, d. h. es ist $U^* = U^{-1}$ mit $|\det U| = 1$.

Satz: Jede unitäre Matrix U_j, für die nicht -1 eine charakteristische Zahl ist, kann in der Form

$$U_j = (E + i\,\epsilon\, H_j)\,(E - i\,\epsilon\, H_j)^{-1} \qquad [6.4.1:10]$$

dargestellt werden, wobei das vor der hermitischen Matrix H_j stehende $i = \sqrt{-1}$ ist. Setzt man zunächst [6.4.1.:9] und dann [6.4.1:7] und [6.4.1:10] in [6.4.1:6] ein, so ergibt eine einfache Rechnung bei geeigneter Wahl von C_j die Beziehung

$$C_j = U_j^{*-1}\, B_j\, U_j^{-1}. \qquad [6.4.1:11]$$

Damit wäre der *Iterationszyklus* dargestellt. Die Frage der *Konvergenz* des Verfahrens ist jedoch *nicht geklärt*.

Ein Zahlenbeispiel findet sich in (6:5), S. 23–26.

6.4.2. Verfahren von Uhlig

Uhlig (6:7) geht bei der Berechnung von F_{diag} von der charakteristischen Gleichung der Form

$$\det\,(G \cdot F_{diag} - \lambda_l \cdot E) = 0 \qquad [6.4.2:1]$$

mit

$$l = 1, 2, 3, \ldots, n$$

aus. Als *1. Näherungslösung* wird eine Matrix

$$F_{diag}^{(1)} = E + \begin{bmatrix} 0 & & & & & & & & & \\ & 0 & & & & & & & & \\ & & 0 & & & & & & & \\ & & & \cdot & & & & & & \\ & & & & \cdot & & & & & \\ & & & & & \cdot & & & & \\ & & & & & & f_{ii}^{(1)} & & & \\ & & & & & & & 0 & & \\ & & & & & & & & \cdot & \\ & & & & & & & & & \cdot \\ & & & & & & & & & & 0 \end{bmatrix} \qquad [6.4.2:2]$$

gewählt, d. h., bis auf das Element $f_{ii}^{(1)}$ sind alle übrigen n-1 Elemente gleich 1 gesetzt. Setzt man zur Abkürzung

$$f_{ii}^{(k)} = d_i^{(k)} \qquad [6.4.2:3]$$

bzw.

$$F_{\text{diag}}^{(k)} = D^{(k)}, \qquad [6.4.2:4]$$

wenn k die k. Näherungslösung anzeigen soll, so berechnet sich nach einem Satz aus der Lehre der Determinanten in einer bereits umgeformten Form die *verbesserte Näherung*

$$d_i^{(k+1)} = 1 : (1 + \frac{\det(G^{(k)} - \lambda_i \cdot E)}{\lambda_i \cdot \det(G^{(k)} - \lambda_i \cdot E)_{ii}}) \qquad [6.4.2:5]$$

mit

$$i = 1, 2, 3, \ldots, n. \qquad [6.4.2:6]$$

Die (n-1)-reihige, quadratische Matrix $(G^{(k)} - \lambda_i \cdot E)_{ii}$ erhält man aus der n-reihigen Matrix $(G^{(k)} - \lambda_i \cdot E)$ durch das Streichen der i-ten Zeile und der i-ten Spalte. Mit der verbesserten Matrix $D^{(k+1)}$ ergibt sich die *neue Matrix* $G^{(k+1)}$ nach

$$G^{(k+1)} = G^{(k)} \cdot D^{(k+1)}. \qquad [6.4.2:7]$$

Dabei wird von

$$G^{(0)} = G \qquad [6.4.2:8]$$

ausgegangen. Im Falle der Konvergenz gilt die *Grenzwertbeziehung*

$$F_{\text{diag}} = (G^{(0)})^{-1} \cdot \lim_{k \to \infty}(G^{(k)}) = \lim_{k \to \infty} D^{(k)}. \qquad [6.4.2:9]$$

Durch die Änderung der Reihenfolge der λ_i-Werte in $\underline{\Lambda}$ können wegen der n! Permutationen Lösungen von F_{diag} in ihren Realitätsbereichen berechnet werden.

6.4.3. Verfahren von E. Schmid

Schmid (6:8), (6:9), (6:10), (6:11) geht von der *Eigenwertgleichung*

$$(C - \lambda E)\, q = 0 \qquad [6.4.3:1]$$

mit[6:3a])

6:3a) Hier und bei den entsprechenden Stellen in 7.2.1., 7.2.2., 7.2.3., 7.4.1., 7.6.1. und 7.6.2. ist die Mehrdeutigkeit der Lösungen einer Wurzel aus einer Matrix zu beachten (6:11a), (6:11b).
Als einfaches Beispiel sei angeführt (6:11c):

$$\begin{bmatrix} 2 & -1 \\ 3 & -2 \end{bmatrix}^2 = \begin{bmatrix} 1 & 0 \\ 0 & 1 \end{bmatrix}^2 = \begin{bmatrix} 1 & 0 \\ 0 & 1 \end{bmatrix}.$$

$$C = G'^{-1/2} A' F_{\text{diag}} A G^{1/2} \qquad [6.4.3:2]$$

aus. Dabei ist A die Transformationsmatrix beim Übergang von Symmetriekoordinaten zu Verzerrungskoordinaten. Als Näherungslösung wird C_0 gewählt. Dann kann durch Auflösung des linearen Gleichungssystems [6.4.3:1] q_0 bzw. für alle Eigenwerte λ_i die Modalmatrix Q_0 berechnet werden. Damit ergibt sich aus dem Formelsatz der Hauptachsentransformation folgende berechnete Eigenwertmatrix $\underline{\Lambda}_0$ nach

$$\underline{\Lambda}_0 = Q_0' \cdot C_0 \cdot Q_0 \cdot \qquad [6.4.3:3]$$

Ist C_0 bereits eine *hinreichend genaue Näherungslösung* von C, so kann eine *verbesserte Näherungslösung* C_1 nach

$$C_1 = C_0 + \Delta C_1 \qquad [6.4.3:4]$$

gefunden werden. Setzt man nämlich diesen Ausdruck wieder in die Gl. [6.4.3:3] entsprechende Gleichung ein, so kann ΔC_1 nach

$$\Delta C_1 = Q_0'^{-1} (\underline{\Lambda} - \underline{\Lambda}_0) Q_0^{-1} \qquad [6.4.3:5]$$

bestimmt werden. Auf die gleiche Weise können die *2., 3. bis m. Näherung* berechnet werden.

Selbstverständlich kann das Verfahren nur konvergieren, wenn noch reelle Lösungen von F_{diag} existieren. Unter dieser Voraussetzung läßt sich die *Konvergenz* unter Umständen durch die Iteration mit gleitendem Konvergenzziel erzwingen (vgl. auch Kopplungsstufenverfahren in 6.4.5.).

6.4.4. Verfahren von Mann, Shimanouchi, Meal und Fano

Nach der von den Autoren (6:12) benützten Indizierung sei ν_0 die Matrix der experimentell gegebenen Frequenzen, $\underline{\nu}_i$ die mit dem i-ten Satz der Kraftkonstantenmatrix F_i berechnete Matrix. Weiterhin sei

$$\underline{\Delta\nu}_i = \underline{\nu}_{i+1} - \underline{\nu}_i \qquad [6.4.4:1]$$

und

$$\Delta F_i = F_{i+1} - F_i . \qquad [6.4.4:2]$$

Definitionsgemäß ist die *Varianz* S

$$S_i = (\underline{\nu}_i + \underline{\Delta\nu}_i - \underline{\nu}_0)\, W\, (\underline{\nu}_i + \underline{\Delta\nu}_i - \underline{\nu}_0). \qquad [6.4.4:3]$$

Dabei ist W eine *diagonale Matrix mit geeignet gewählten Gewichtsfaktoren*, und die Autoren schlagen als Diagonalelemente

$$W_{kk} = \frac{1}{(\nu_{0,kk})^2} \quad \text{mit } k = 1, 2, \ldots, n \qquad [6.4.4:4]$$

vor.

Das Verfahren selbst beruht auf der *Matrixgleichung*,

$$\underline{\Delta\nu}_i = J_i \, \Delta F_i, \qquad [6.4.4:5]$$

die den Zusammenhang für die Differenzen der Frequenz- und Kraftkonstantenmatrizen für hinreichend kleine Differenzen darstellt. J_i ist eine *Jacobi-Matrix* für den i-ten Satz mit den Elementen

$$J_{i,nm} = \frac{\delta \nu_{i,n}}{\delta f_{i,mm}} \qquad [6.4.4:6]$$

und der Dimension s mal r. Dabei sei s die Zahl der experimentellen Grundfrequenzen und r die Zahl der voneinander unabhängigen Kraftkonstanten. Für diagonale $F = F_{diag}$ ist meistens $n = s \geqq r$. Geht man mit [6.4.4:5] in [6.4.4:3] ein, differenziert die so umgeschriebene Gleichung partiell nach ΔF_i, setzt dann

$$\delta S_i / \delta \, \Delta F_i = 0, \qquad [6.4.4:7]$$

so kann nach der Matrixgleichung

$$\Delta F_i = (J_i' \, W \, J_i)^{-1} \, J_i' \, W \, (\underline{\nu}_i - \underline{\nu}_0) \qquad [6.4.4:8]$$

die *Verbesserung der Kraftkonstantenmatrix* ΔF_i berechnet werden.

Dieses Verfahren ist später von *Overend* und *Scherer* weiterentwickelt worden (6:13). Dazu haben *Long, Gravenor* und *Woodger* (6:14), (6:15) und *Aldous* und *Mills* (6:16) *weitere Varianten* des Verfahrens aufgestellt.

Freeman und *Henshall* (6:16a) untersuchen die Konvergenz des Verfahrens und die Auffindung physikalisch brauchbarer Lösungen.

6.4.5. Einfache Kopplungsstufenverfahren

Die diagonale Lösung F_{diag} von F_{sym} läßt sich auch nach der Arbeitsvorschrift des Kopplungsstufenverfahrens lösen, das als Minimalisierungsverfahren ausführlich in Kap. 7 dargestellt ist. Dabei muß allgemein nur F durch F_{diag} und ΔF durch ΔF_{diag} unter Weiterverwendung der dort gebrauchten Indizierung ersetzt werden.

Das in 7.1.5. beschriebene Verfahren beruht auf der Verwendung des *Cayleigh*-Hamiltonschen Theorems ((0:62), S. 176–179). Selbstverständlich können auch andere Sätze oder Relationen zum Aufbau entsprechender Verfahren der Kopplungsstufen benützt werden. So sind bisher folgende *Varianten* angegeben:

1) *Newtonsche Formeln* ((0:58), Bd. I, S. 81).
2) Nach *einem Satz aus der Determinantenlehre* (6:4).
3) Nach *einer Spur-Eigenwert-Beziehung* ((0:58), Bd. I, S. 81).
4) Nach der Matrix-Gleichung mit der *Frobenius-Matrix* ((0:62), S. 225).

Diese 4 weiteren Verfahren sind in (6:17) erwähnt und in (6:18) explizit in voller Indizierung dargestellt.
Dabei ist allgemein zur Lösung des algebraischen Gleichungssystems das Iterationsverfahren von *Newton* ((0:81), S. 262–271) zugrundegelegt worden, das eine quadratische Konvergenz aufweist.

Selbstverständlich kann ein entsprechendes einfaches Kopplungsstufenverfahren auch mit den Formelsätzen der Hauptachsentransformation aufgebaut werden (6:17).

Ein besonderer Vorteil dieser Verfahren liegt in der Möglichkeit der Angabe von *Bedingungen für die Existenz einer Lösung* von F_{diag} und der *Konvergenz des Verfahrens* (6:18). Sie sind von *Bußmann* (6:19) für das Newtonsche Verfahren zur Lösung algebraischer Gleichungssysteme allgemein aufgestellt worden und von *Rehbock* in (6:20) kurz zusammengefaßt worden.

6.4.6. Verfahren von Mai

Mai (6:5) geht von der Form der Säkulargleichung

$$\det (D - \lambda K) = 0 \qquad [6.4.6:1]$$

mit

$$K = G^{-1} \qquad [6.4.6:2]$$

und

$$D = F_{\text{diag}} \qquad [6.4.6:3]$$

aus. Er *setzt* die eigentliche positive Definitheit von K bzw. von G^{-1}, die Verschiedenheit aller Eigenwerte, d. h.

$$\lambda_i \neq \lambda_j \text{ für alle } i \neq j^{5:1)} \qquad [6.4.6:4]$$

und die *Existenz einer reellen Diagonallösung D voraus.*

Das Verfahren beruht auf den *Formelsätzen der Hauptachsentransformation* und der *Parameterdarstellung orthogonaler Matrizen.* Im einzelnen geht *Mai* von der Darstellung von D nach

$$D = (H\,R)\,\underline{\Lambda}\,(H\,R)^t \qquad [6.4.6:5]$$

aus (vergl. 3.1.1.6.). Dabei wird H näherungsweise aus den Hauptvektoren der Matrix K nach

$$H H^t = K \qquad [6.4.6:6]$$

berechnet. Eine wesentlich einfachere Bestimmung ergibt sich nach *Cholesky* durch Zerlegen von K in eine untere und in eine obere Dreiecksmatrix ((0:62), S. 109, 133, 149).

Die orthogonale Matrix R mit der positiven Determinanten $+1$ wird durch die *Parameterdarstellung als Produkt aus den Matrizen* $R_{pq}(\varphi)$ nach[6.4])

$$R = R_{12}(\varphi_{12}) \cdots R_{1N}(\varphi_{1N}) \cdot R_{23}(\varphi_{23}) \cdots \cdots R_{N-1,N}(\varphi_{N-1,N}) \qquad [6.4.6:7]$$

erzeugt[6:5]). Nacheinander werden die Matrizen $R_{12}(\varphi_{12})$, $R_{13}(\varphi_{13})$ usw. berechnet. Im k-ten Teilschritt wird der Winkel φ_k so bestimmt, daß nach [6.4.6:5]die kleinste aller Euklidschen Außennormen steht, und dieser Winkel wird optimaler Winkel genannt.
Wenn nach diesen $\binom{N}{2}$ Einzeltransformationen die Euklidsche Außennorm der Matrix nach [6.4.6:5] einen festgesetzten Betrag nicht übersteigt, so kann das Iterationsverfahren abgebrochen werden.

Für den *(k + 1)-ten Schritt* ergibt sich

$$\hat{D}^{(k+1)}_{p,q} = (H^{(k)} R^{(k+1)}_{pq}(\varphi) \Lambda (H^{(k)} R^{(k+1)}_{pq}(\varphi))^t \qquad [6.4.6:8]$$

mit[6:5])

$$H^{(k)} = H \prod_{j=1}^{k} R^{(j)}. \qquad [6.4.6:9]$$

Für das *(i, j)-te Element der Matrix* $D^{(k+1)}_{p,q}$ erhält man schließlich

$$(\hat{D}^{(k+1)}_{p,q})_{ij} = (\hat{D}^{(k)})_{ij} + (\lambda_p - \lambda_q)\,((h^{(k)}_{iq} h^{(k)}_{jq} - h^{(k)}_{ip} h^{(k)}_{jp}) \sin^2 \varphi - - (h^{(k)}_{ip} h^{(k)}_{jq} + h^{(k)}_{iq} h^{(k)}_{jp}) \sin \varphi \cdot \cos \varphi) \qquad [6.4.6:10]$$

mit

$$(\hat{D}^{(k)})_{ij} = \sum_{\nu=1}^{N} \lambda_\nu h^{(k)}_{i\nu} h^{(k)}_{j\nu}. \qquad [6.4.6:11]$$

[6:4]) Eine ausführliche Darstellung der Parameterdarstellung orthogonaler Matrizen findet sich in ((0:64), S. 51–64, insbesonders Sätze 26 und 27).

[6.5]) Die *Matrix* $R_{pq}(\varphi)$ mit $p < q$ ist wie folgt definiert: In der p-ten Zeile und p-ten Spalte und in der q-ten Zeile und der q-ten Spalte steht $\cos\varphi$, in der p-ten Zeile und q-ten Spalte $\sin\varphi$ und in der q-ten Zeile und p-ten Spalte $-\sin\varphi$. Alle übrigen Hauptdiagonalelemente sind $=1$ und alle übrigen Nichtdiagonalelemente $= 0$. Alle R_{pq} sind orthogonale Matrizen mit

$$\det R_{pq} = +1$$

((0:64), S. 56–57).

Das *Quadrat der Euklidschen Außennorm der Matrix* $\hat{D}^{(k+1)}_{p,q}$ führt auf den Ausdruck

$$\rbrack \hat{D}^{(k+1)}_{p,q} \lbrack = \rbrack \hat{D}^{(k)} \lbrack + \psi \; . \qquad [6.4.6:12]$$

Soll das *Verfahren konvergieren*, so muß *notwendig*

$$\psi = \psi^{(k+1)}_{p,q} < 0 \qquad [6.4.6:13]$$

sein. Deshalb unternimmt *Mai* (6:5) umfangreiche Untersuchungen der Eigenschaften der periodischen Funktion ψ, deren explizite Gestalt hier wegen ihrer Länglichkeit nicht wiedergegeben wird. Diese *zahlreichen Einzelergebnisse* und *Fallunterscheidungen* müssen in der Originalarbeit nachgesehen werden. Trotzdem konnten aber wegen der komplizierten Struktur der Funktion ψ *noch nicht die allgemeinen Bedingungen für die Konvergenz des Verfahrens gefunden* werden, und dies ist letztlich der Grund, die Existenz einer reellen Lösung D vorauszusetzen.

7. Berechnung von n(n + 1) /2 durch Extremalvorschriften festgelegte Kraftkonstanten

Ein Nachteil der Verfahren vollständiger Datensätze zur Überwindung $n(n-1)/2$-facher unendlicher Lösungsmannigfaltigkeit von F liegt in ihrer praktischen Beschränkung auf die niedrigsten Ordnungen. So sind überwiegend Fälle der Ordnung $n = 2$ behandelt worden. Die Zahl der bisher berechneten Moleküle liegt in der Größenordnung von 100. Bereits für die nächste Ordnung $n = 3$ liegen nur noch einige vollständig berechnete Kraftkonstantenmatrizen vor. Einzelfälle für die Ordnungen $n = 4$ oder etwas höhere Ordnungen werden zur Zeit in Angriff genommen.

Die praktische Behandlung der Molekülschwingungen durch Kraftkonstantenberechnungen fordert jedoch auch die Beherrschung höherer Ordnungen, zumal durch den Einsatz leistungsfähiger Programmrechner die Rechenarbeit relativ leicht zu bewältigen ist. Diese Gründe zwangen den Spektroskopiker schon frühzeitig Methoden zu entwickeln, die eine grobe Abschätzung der $n(n-1)/2$ Kopplungsglieder in F zulassen. Dies gilt ganz besonders für die nicht seltenen Fälle, bei denen die rein diagonalen Lösungen F_{diag} von F nicht mehr reell sind, oder bei denen die Lösungen F_{diag} physikalisch teilweise oder ganz unbrauchbar sind.

Zu der Säkulargleichung mit ihren maximal n algebraischen Gleichungen muß noch mindestens *eine zusätzliche physikalische Aussage* treten, durch die sich die Zahl der algebraisch voneinander unabhängigen algebraischen Gleichungen auf $n(n+1)/2$ erhöht. Dabei genügt es *bereits für einige Anwendungen, wenn die zusätzliche physikalische Aussage in die ungefähre Richtung der physikalischen Lösung* F_{phys} *von* F *führt.*

Die „Denkökonomie" erfordert die Formulierung dieser Aussagen in Extremalforderungen.

Im folgenden ordnen wir die einzelnen Verfahren nach den Extremalvorschriften für die verschiedenen Matrizen ein, die miteinander durch Matrizengleichungen in Relation stehen.

7.1. Berechnung von n(n + 1)/2 zu einer Ausgangslösung nächstgelegenen Kraftkonstanten

Diese Verfahren stellen eine gewisse Fortführung der Methoden des letzten Kapitels 6 dar, und sie sollen deshalb zuerst behandelt werden. Sie gliedern sich wie folgt:

1) Die *Lösungsmannigfaltigkeit* F für $n \geqq 2$ und voneinander verschiedener Eigenwerte ist *durch die Säkulargleichung gegeben.*
2) Es muß eine *physikalisch brauchbare Näherungslösung* bekannt sein. Ihre *Auffindung* führt zu einem *eigenen Problemkreis.*
3) Die unendliche Lösungsmannigfaltigkeit von F und die Näherungslösung $F_{\text{näh}}$ müssen durch ein physikalisch oder mathematisch geeignetes *Minimalprinzip* miteinander verbunden sein.

Ergänzend zu 2) kann ganz allgemein gesagt werden, daß die *Brauchbarkeit dieser verschiedenen Rechenmodelle aufs engste mit der Auffindbarkeit von Näherungslösungen verknüpft ist, die für die physikalisch-chemischen Belange genügend genau sind.*

Als *allgemeine Ausgangslösungen* haben sich bewährt:

a) Gl. [5.3:1]. Siehe auch 7.1.4.*Entkopplungslösung* und 7.1.5.!
b) Gl. [5.3:5]. Siehe auch 7.7. Ein einfaches Abschätzungsverfahren!
c) Gl. [7.4.1:1]. (*Matrix für die dichteste Übertragung*). Siehe nebst Herleitung und Bedeutung in 7.4.1. auch Verwendung in 7.1.6., speziell Gl. [7.1.6:14].

7.1.1. Vorschlag von Taylor

Taylor (7:1) schlägt vor, alle $n(n + 1)/2$ Kraftkonstanten *aus den Formelsätzen der Hauptachsentransformation* [3.1.1.6:4] und [3.1.1.6:5] zu berechnen, ohne aber Näherungslösungen und verfahrenstechnische Einzelheiten anzuführen.

Eine mögliche Realisierung dieses Vorschlages findet sich in 7.1.3.und 11. 5. 3. (Bemerkung).

7.1.2. Verfahren von Torkington

Torkington (7:2), (7:3), (7:4), (7:5) geht von *genügend charakteristischen Frequenzen* aus und zerlegt die Säkulargleichung in $n \cdot (n + 1)/2$ Gleichungen. Er gewinnt so ein System von $n \cdot (n + 1)/2$ linearen Gleichungen zur näherungsweisen Berechnung von Kraftkonstanten. Voraussetzungsmäßig wird dieses Verfahren für stärkere Kopplungen unbrauchbar, da auch weiterhin die durch die Säkulargleichung gegebenen Kopplungen unbeachtet geblieben sind.

7.1.3. Einfaches Probier- oder Abtastverfahren

Das Verfahren setzt eine *hinreichend genaue Näherungslösung* $F_{\text{näh}}$ voraus, die den chemischen Vorstellungen grob entsprechen soll. Dann wird mit der vorgegebenen Matrix G nach eigenem Gutdünken so lange Element um Element in $F_{\text{näh}}$ abgeändert, bis alle berechneten Eigenwerte λ_{ber} mit den entsprechenden experimentellen Eigenwerten λ_{exp} innerhalb einer ausreichenden Fehlerschranke übereinstimmen.

Bei der *praktischen Durchführung* kann man wie folgt vorgehen: Nach der Matrizenmultiplikation $G \cdot F_{\text{näh}} = A$ stellen wir mit dem *Hessenberg-Verfahren* ((0:62), S. 315) aus der Säkulargleichung das charakteristische Polynom auf.

Aus dieser algebraischen Gleichung für die Unbekannte λ bestimmen wir die n Lösungen λ_1, λ_2 bis λ_n von λ, wobei mit Vorteil das *Newtonsche Verfahren* ((0:81), S. 262) verwendet werden kann. Nach den in Kap. 5.2. zusammengestellten Eigenschaften der 3 Matrizen *G, F* und $\underline{\Lambda}$ ergeben sich stets positiv reelle Eigenwerte. Auf diese Weise können wir sehr einfach eine zu der Näherungslösung $F_{\text{näh}}$ möglichst benachbarte Lösung F_{benach} mit Näherungswerten sämtlicher $n(n+1)/2$ Elemente aufstellen.

Das Verfahren kann *leicht* für eine programmgesteuerte Rechenanlage *programmiert* werden. Es *arbeitet sehr sicher*, ermüdet aber bei der Behandlung größerer Matrizen zunehmend[7·1]).

Selbstverständlich kann auch die Änderung der Näherungswerte in $F_{\text{näh}}$ systematisch z. B. nach der *Methode des stärksten Abstiegs* (*Gradientenmethode*) ((0:80a), S. 84) nach einem Vorschlag von *R. Unbehauen*[7:2]) vorgenommen werden, die jedoch auch Lösungen liefern kann, die u. U. außerhalb der chemischen Betrachtungsweise liegen.

Schließlich hat *Tatzel* ein Programm entwickelt, durch das er unter Einbeziehung chemischer Modellvorstellungen und von Rechenergebnissen vergleichbarer Verbindungen eine Kraftkonstantenmatrix nach optimalen Abgleich erhält (7:6a).

Es sei auch bemerkt, daß *L. Beckmann* und *E. Funck* eine *spezielle Analogrechenmaschine* hierfür gebaut haben (7:7), (7:7a).

7.1.4. *Verfahren der nächsten Lösung – Entkopplungslösung als Ausgangs- oder Näherungslösung*

Im „*Verfahren der nächsten Lösung*" (7:8), (7:9) wird aus der unendlichen Lösungsmannigfaltigkeit von F für $n \geqq 2$ die zu einer vorgegebenen Ausgangslösung bzw. Näherungslösung $F_{\text{näh}}$ durch das Prinzip der kleinsten Fehlerquadrate nach der *Minimalbeziehung*

$$Q = \sum_{\substack{i=1 \\ i \geq k}}^{n} (f_{ik,\text{näh}} - f_{ik})^2 = \text{Minimum} \qquad [7.1.4:1]$$

nächste Lösung $F_{\min}$ ausgewählt. Dabei beschränken wir uns auf die Behandlung des *Hauptfalles der Existenz einer nächsten Lösung.*

Fall n = 2

Aus der *Cayley-Hamiltonschen Gleichung* ((0:62), S. 176–179) folgt

$$f_{11}^{(\pm)} = K^{(\pm)} \cdot g_{11}^{-1}, \; f_{22}^{(\pm)} = K^{(\pm)} \cdot g_{22}^{-1} \quad \text{mit} \qquad [7.1.4:2]$$

7:1) Dieses Verfahren wurde für die elektronische Rechenanlage Zuse 22 programmiert und zahlreiche Moleküle damit berechnet. (Siehe z. B. (7:6)!)

7:2) Diese Gradientenmethode wurden von *R. Schehrer* in Erweiterung des Verfahrens nach[7:1]) programmiert.

$$K^{(\pm)} = 0{,}5 \cdot (-(c_1 + 2g_{12}f_{12}) \pm \sqrt{(c_1 + 2g_{12}f_{12})^2 - 4g_{11}g_{22}\,(f_{12}^2 + c_0 \det{}^{-1} G)}). \qquad [7.1.4:3]$$

Wegen der Realität der Kraftkonstanten untersuchen wir nur den Fall

$$R = (c_1 + 2g_{12}f_{12})^2 - 4g_{11}g_{22}(f_{12}^2 + c_0 \det{}^{-1} G) \geqq 0 \qquad [7.1.4:4]$$

Der ***Bereich reeller Lösungen*** ergibt sich aus $R = 0$ mit (Diskriminantenkette)

$$f_{12}^{(\pm)} = 0{,}5 \cdot \det{}^{-1} G \cdot (c_1 g_{12} \pm (\lambda_1 - \lambda_2) \cdot \sqrt{g_{11}g_{22}}), \qquad [7.1.4:5]$$

wobei nach Voraussetzung der Ausdruck $g_{11} \cdot g_{22}$ stets größer als Null ist. Im *Fall gleicher Eigenwerte*

$$\lambda = \lambda_1 = \lambda_2 \qquad [7.1.4:6]$$

schrumpft diese reelle Lösungsmannigfaltigkeit auf eine ***einzige reelle Lösung*** (7:5)

$$F(\lambda) = \lambda \cdot G^{-1} = \lambda \cdot \det{}^{-1} G \cdot \begin{bmatrix} g_{22} & -g_{12} \\ -g_{12} & g_{11} \end{bmatrix} \qquad [7.1.4:7]$$

zusammen. Durch Einsetzen der Gleichungen [7.1.4:2] in die Säkulargleichung folgen nach Koeffizientenvergleich die ***beiden Vorzeichenkombinationen***

$$f_{11}^{(+)} \text{ und } f_{22}^{(-)} \text{ oder } f_{11}^{(-)} \text{ und } f_{22}^{(+)}. \qquad [7.1.4:8]$$

Als 3. algebraische Gleichung führen wir jetzt die ***Minimalbedingung*** [7.1.4:1] ein. Es ist

$$Q = (f_{11,\text{näh}} - f_{11})^2 + (f_{12,\text{näh}} - f_{12})^2 + (f_{22,\text{näh}} - f_{22})^2 = \text{Minimum}. \qquad [7.1.4:9]$$

Wir setzen voraus, daß die 3 algebraischen Gleichungen [7.1.4:2] und [7.1.4:9] voneinander algebraisch unabhängig sind, d. h. ihre Funktionaldeterminante sei von Null verschieden. Dann existieren nach einem Satz der Algebra ((0:74), Bd. I, S. 292) nur endlich viele Lösungen für $F_{\min}$. Mit den Gleichungen [7.1.4:2] können wir die beiden Kraftkonstanten f_{11} und f_{22} aus Gleichung [7.1.4:9] eliminieren, so daß Q nur noch als Funktion von f_{12} verbleibt. Es ist allgemein

$$Q = f(f_{12}) = \text{Minimum}. \qquad [7.1.4:10]$$

Zur Bestimmung der Wechselwirkungskraftkonstante f_{12} erhalten wir aus der Minimalbedingung

$$\frac{dQ}{df_{12}} = 0 \qquad [7.1.4:11]$$

eine Gleichung 4. Grades [7:2a].

[7:2a]) Verwendet man statt der beiden Gleichungen [7.1.4:2] die beiden direkt aus der Säkulargleichung folgenden Gleichungen [6.2:5] und [6.2:6], so ergibt mit [7.1.4:9] die Auflösung nach f_{12} eine algebraische Gleichung 4. Grades, die sich geschlossen lösen läßt. Wegen der langwierigen Umformungen empfiehlt sich jedoch auch hier die im folgenden angeführte Iteration durchzuführen.

Die Bestimmung der Koeffizienten der algebraischen Gleichung [7.1.4:11] führt auf umfangreiche Formelsätze. Aus diesem Grunde haben wir ein *einfaches Näherungsverfahren* aufgestellt, das sich zudem auch leicht programmieren läßt: Zunächst berechnen wir den reellen Lösungsbereich von F nach [7.1.4:5]. In diesem Realitätsbereich geben wir ein festes f_{12} vor, bestimmen nach Gl. [7.1.4:2] und den Auswahlregeln [7.1.4:8] einen Wertesatz für f_{11} und f_{22} und gehen mit diesen 3 Zahlenwerten in die Minimalbedingung [7.1.4:9] ein. Durch Variation von f_{12} können die Minima von Q für beide Vorzeichenkombinationen [7.1.4:8] leicht bestimmt werden[7:3]). Von diesen Lösungen $F_{min,\kappa}$ mit $\kappa = 1, 2, \ldots, 8$ wählen wir die Lösung mit dem kleinsten Q im Minimum aus. In vielen Fällen kann die Auswahl der Vorzeichenkombination nach physikalisch-chemischen Gesichtspunkten erfolgen.

Geometrische Darstellung

Wir fassen die 3 Kraftkonstanten f_{11}, f_{12} und f_{22} als die 3 rechtwinkligen Koordinaten des 3-dimensionalen Raumes auf. Die durch die Säkulargleichung gegebenen Gl. [7.1.4:2] und [7.1.4:3] stellen wegen der Gl. [3.1.1.3:6] jeweils einen elliptischen Zylinder dar. *Keine reelle Lösung* existiert, wenn sich die Zylinder weder berühren noch schneiden (Gl. [7.1.4:4] $R < 0$ für alle f_{12}). Berühren sich beide Zylinder, so existiert die *einzige reelle Lösung* $F(\lambda)$ (Gl. [7.1.4:7]). Durchdringen sich beide Zylinder, so erhalten wir eine *unendliche reelle Lösungsmannigfaltigkeit* für F, deren Bereich durch die Schnittkurve gegeben ist ([7.1.4:4] und [7.1.4:5]).

Die Näherungslösung $F_{\text{näh}}$ definiert einen Punkt in diesem Raum. Nach der Minimalbedingung [7.1.4:9] suchen wir unter allen möglichen Abständen $F_{\text{näh}}F$ den kleinsten Abstand $F_{\text{näh}} \cdot F_{min}$ heraus. Deshalb nennen wir dieses mathematische Modell das „Verfahren der nächsten Lösung". In Bild 7:1 veranschaulichen wir diese Verhältnisse.

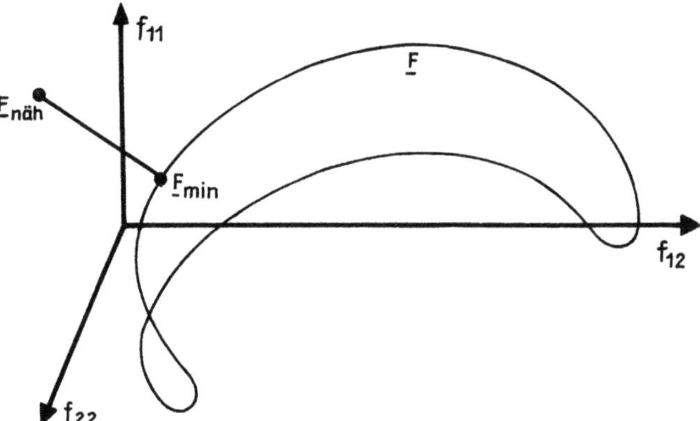

Ab. 7:1. Zur Veranschaulichung des „Verfahrens der nächsten Lösung" für n = 2 im 3-dimensionalen Raum. Eingezeichnet ist die Lösungskurve der Kraftkonstantenmatrix F aus det $(F\,G - \lambda E) = 0$, die Näherungslösung $F_{\text{näh}}$ und die zu $F_{\text{näh}}$ von F nächstgelegene Lösung F_{min}.

[7:3]) Es wurde das einfache Verfahren der *Intervallschachtelung* verwendet. – In fortführender Weise kann damit das Minimum durch eine der Interpolationsformeln eingegabelt werden.

Zum Fall $n \geqq 3$

Das Verfahren der nächsten Lösung läßt sich für Probleme der Ordnung $n \geqq 3$ im $n \cdot (n+1)/2$-dimensionalen Raum darstellen, wenn wir jeder der $n \cdot (n+1)/2$ Kraftkonstanten eine Koordinate zuordnen. Durch die Säkulargleichung ist in diesem höherdimensionalen Raum eine Lösungsmannigfaltigkeit gegeben, und wir bestimmen wieder die zu $F_{\text{näh}}$ nächste Lösung $F_{\min}$ bzw. nächsten Lösungen. Die Darstellung in Abb. 7:1 kann symbolisch übertragen werden.

Erweiterte Formen dieses Verfahrens unter Einbeziehung der Gleichungen aus isotopen Molekülen finden sich in 11.5.1. und 11.5.2. Dabei kann Abb. 11:2 als eine Verallgemeinerung von Abb. 7:1 für diskrete Lösungen verstanden werden.

Entkopplungslösung als Ausgangs- oder Näherungslösung

Die Vorstellung der *charakteristischen Schwingungen oder Frequenzen* kann zur Aufstellung einer physikalisch brauchbaren Näherungslösung verwendet werden. Wir *idealisieren* diese empirische Vorstellung in folgender Weise: Wir fassen die Schwingungsfrequenzen eines Moleküls als vollständig charakteristisch auf, d. h. wir denken uns das Molekül aus *lauter Einzeloszillatoren* aufgebaut, die in keiner Wechselwirkung zueinander stehen. Dann ist *jeder Schwingungsfrequenz* ν_i *eindeutig eine Kraftkonstante* f_{ii} mit $i = 1, 2, \ldots, n$ *zugeordnet*, wobei die f_{ii} im allgemeinen Valenz- und Deformationskraftkonstanten darstellen. Dieser Fall der Entkopplung läßt sich jedoch einfach mathematisch behandeln. Wir erhalten als Näherungs- oder Ausgangslösung die *Entkopplungslösung* mit (6:4), ((0:62), S. 309)

$$F_{\text{diag,entk}} = F_{\text{diag},0,0,z} = G_{\text{diag}}^{-1} \cdot \underline{\Lambda}_z. \qquad [7.1.4:12]$$

Der Index z soll anzeigen, daß die Matrix L mit den n Eigenwerten (bzw. Schwingungsfrequenzen) eindeutig der Kraftkonstantenmatrix F zugeordnet ist. Ist aber eine eindeutige Zuordnung von $\underline{\Lambda}$ zu F nicht bekannt, so muß $F_{\text{diag,entk}}$ für sämtliche physikalisch möglichen Zuordnungen in $\underline{\Lambda}$ berechnet werden. Sind keine Zuordnungen bekannt, so ist die mögliche Zahl der Zuordnungen durch die n! möglichen Anordnungen der n Eigenwerte in $\underline{\Lambda}$ gegeben. Wir schreiben

$$F_{\text{diag},0,0,\kappa} = G_{\text{diag}}^{-1} \cdot \underline{\Lambda}_\kappa \quad \text{mit } \kappa = 1, 2, \ldots, n!. \qquad [7.1.4:13]$$

Wir setzen aber im folgenden voraus, daß eine eindeutige Zuordnung nach [7.1.4:12] bekannt sei und setzen deshalb

$$\kappa = z. \qquad [7.1.4:14]$$

Es ist zu erwarten, daß die Entkopplungslösung für Moleküle mit hinreichend charakteristischen Frequenzen ((0:21), S. 134–137, (7:10)) als Näherungslösung brauchbar ist. Wir setzen für diese Arbeit Moleküle voraus, für die jede der Schwingungsfrequenzen in erster Näherung oder überwiegend einer Kraftkonstanten zugeordnet ist, d. h. für die die Kopplungen mit den übrigen Kraftkonstanten genügend schwach sind. Damit können diese durch die Kopplungen bedingten Einflüsse als hinreichend kleine Störungen aufgefaßt werden. Durch Einführung der Kopplungen in die Matrix G als der inversen Matrix der kinetischen Energie kann eine verbesserte bzw. möglichst benachbarte Lösung F_z berechnet werden.

Zahlenbeispiel: BrCN

Von der Entkopplungslösung [7.1.4:12] als Ausgangslösung und den Daten (0:23), ((0:29), S. 87)

$$r_{CN} = 1{,}13\ \text{Å},\ r_{BrC} = 1{,}76\ \text{Å},\ \nu_{BrC} = 574\ \text{cm}^{-1},\ \nu_{CN} = 2200\ \text{cm}^{-1}$$

ausgehend erhält man mit dem „Verfahren der nächsten Lösung" folgende Elemente der Matrix F_{min}:

$$f_{BrC} = 3{,}9,\ f_{CN} = 18{,}1 \text{ und } f_{BrC/CN} = 0{,}76\ \text{mdyn/Å}.$$

Die entsprechenden Werte unter Einbeziehung des Zentrifugaldehnungseffektes sind 4,0; 17,8 und 0,7 mdyn/Å (7:11).

7.1.5. Newtonsches Iterationsverfahren – Kopplungsstufenverfahren

Eine einfache Methode zur Auswahl einer Lösung $F_{benachb}$ aus der unendlichen Lösungsmannigfaltigkeit von F für $n = 2$ und nichtgleichen Eigenwerten zu einer vorgegebenen Ausgangslösung $F_{näh}$ kann durch *Linearisierung* des durch die Säkulargleichung gegebenen algebraischen Gleichungssystems nach *Newton* aufgestellt werden (7:12), (7:9).

Verwendet man die *Cayley-Hamiltonsche Matrixgleichung* [3.1.1.5:11], so kann bei nichtverschwindender Determinante des durch die Linearisierung entstandenen inhomogenen linearen Gleichungssystems eine verbesserte Lösung bezüglich $F_{näh}$ gefunden werden.

Als Ausgangslösung wird meist die *Entkopplungslösung* [5.3:1] verwendet. Der ausführliche Formelsatz des sich damit ergebenden sog. *Kopplungsstufenverfahrens* ist nachfolgend in 7.1.3.1. systematisiert dargestellt ((7:13), S. 18–21).

Selbstverständlich können beliebig andere Ausgangslösungen ebenso verwendet werden (7:9).

Ein entsprechendes Verfahren kann mit den Formelsätzen der *Hauptachsentransformation* begründet werden ((7:12), Bemerkung), (vergl. [3.1.1.6:4] und [3.1.1.6:5]). Eine *Variante* hiervon geben *Becher* und *Mattes* an (7:14), (vergl. auch (7:14a)).

Weiterhin können auch die Frequenzen isotoper Moleküle in entsprechend erweiterten Verfahren miteinbezogen werden (siehe 11.5.).

Weitere Variationen schlagen *Alix* und *Bernard* vor (u. a. eine logarithmische Kopplungsstufenmethode) (7:14b), (7:14c).

Vollständiger Formelsatz des Kopplungsstufenverfahrens

Der Formelsatz des Kopplungsstufenverfahrens in einer für die numerische Rechnung und für die Programmierung an einem automatischen Ziffernrechner geeigneten Systematik setzt sich aus folgenden 3 Teilen zusammen:

Die Berechnung der Koeffizienten c_τ

Als erstes berechnen wir die Koeffizienten c_τ mit $\tau = 0, 1, 2, \ldots, n-1$ der charakteristischen Gleichung bzw. des *Cayley-Hamilton*schen Theorems ((0:62), S. 176–179) aus den gegebenen Eigenwerten λ_i für $i = 1, 2, \ldots, n$ mit dem Wurzelsatz von *Vieta* ((0:84), S. 120). Er lautet:

$$-c_{n-1} = \lambda_1 + \lambda_2 + \ldots + \lambda_n, \qquad [7.1.5:1]$$

$$c_{n-2} = \lambda_1 \cdot \lambda_2 + \lambda_1 \cdot \lambda_3 + \ldots + \lambda_{n-1} \cdot \lambda_n, \qquad [7.1.5:2]$$

$$-c_{n-3} = \lambda_1 \cdot \lambda_2 \cdot \lambda_3 + \lambda_1 \cdot \lambda_2 \cdot \lambda_4 + \ldots + \lambda_{n-2} \cdot \lambda_{n-1} \cdot \lambda_n, \qquad [7.1.5:3]$$

....

....

....

$$(-1)^n \cdot c_0 = \lambda_1 \cdot \lambda_2 \cdot \lambda_3 \cdot \ldots \cdot \lambda_n. \qquad [7.1.5:4]$$

Die Entkopplungslösung als Näherungs- oder Ausgangslösung

Beim Kopplungsstufenverfahren setzen wir die eindeutige Zuordnung der n Eigenwerte λ_i zu den n Kraftkonstanten f_{ii}

$$\underline{\Lambda}_z \Rightarrow F_z \qquad [7.1.5:5]$$

voraus, und wir verwenden die Entkopplungslösung [7.1.4:12]

$$F_{\text{diag,entk}} = F_{\text{diag},0,0,z} = G^{-1}_{\text{diag}} \cdot \underline{\Lambda}_z \qquad [7.1.5:6]$$

als Näherungs- oder Ausgangslösung.

Zur Berechnung der möglichst benachbarten Lösung $F_{\text{benach}} = F_z$

Von der *Entkopplungslösung* [7.1.5:6] *als Näherungs- oder Ausgangslösung* ausgehend wählen wir aus der durch die Säkulargleichung gegebenen unendlichen Lösungsmannigfaltigkeit für F eine Lösung $F_{\text{benach}} = F_z$ aus, so daß F_{benach}

zu $F_{\text{diag,entk}}$ im Sinne der *durch die Linearisierung nach Newton festgelegten Minimalisierungsvorschrift* möglichst benachbart sein soll. Dabei bauen wir die Matrix G als inverse Matrix der kinetischen Energie von der völlig entkoppelten Matrix G_{diag}^{-1} ausgehend in einer *stufenweisen Kopplungszunahme* in m Schritten auf. Die Schrittanzahl m wird durch Probieren so gewählt, daß das Verfahren hinreichend konvergiert.

Der Formelsatz lautet für die Matrizen G_ν und $F_{\nu,\mu,z}$:

$$G_\nu = G_{\text{diag}} + \frac{\nu}{\text{m}} \cdot (G - G_{\text{diag}}) \qquad [7.1.5:7]$$

mit den Schritten

$$\nu = 1, 2, 3, \ldots, \text{m} \qquad [7.1.5:8]$$

und

$$G_{\text{m}} = G, \qquad [7.1.5:9]$$

$$F_{\nu,\mu,z} = F_{\nu,\mu-1,z} + \Delta F_{\nu,\mu,z} \qquad [7.1.5:10]$$

mit der Anzahl der Iterationen μ für jeden Schritt

$$\mu = 1, 2, \ldots, w_\nu. \qquad [7.1.5:11]$$

Die *Näherungslösung für den 1. Schritt* ist

$$F_{1,0,z} = F_{\text{diag},0,0,z} = F_{\text{diag,entk}} = G_{\text{diag}}^{-1} \cdot \underline{\Lambda}_z. \qquad [7.1.5:12]$$

Die *Verbindung zwischen dem* $(\nu - 1)$. *und dem* ν. *Schritt* wird durch

$$F_{\nu,0,z} = F_{\nu-1,w_{\nu-1},z} \qquad [7.1.5:13]$$

hergestellt. Die *gesuchte Matrix* $F_{\text{benach}} = F_z$ ist dann näherungsweise durch

$$F_{\text{benach}} = F_z = F_{\text{m},w_{\text{m}},z} \qquad [7.1.5:14]$$

gegeben.

Die Berechnung der Verbesserungsmatrix $\Delta F_{\nu,\mu,z}$

Die *Verbesserungsmatrix*

$$\Delta F_{\nu,\mu,z} = (\Delta f_{ik})_{\nu,\mu,z} \qquad [7.1.5:15]$$

mit $i, k = 1, 2, \ldots, n$ [7.1.5:15a]
gewinnen wir durch Einsetzen der Gl. [7.1.5:7] und [7.1.5:10] in die *Cayley-Hamiltonsche Gleichung* [3.1.1.5:11] und anschließender *Linearisierung nach*

Newton ((0:81), S. 269), bezogen auf die Näherungslösung $F_{\nu,\mu-1,z}$. Damit erhalten wir aus dem System von n^2 algebraischen Gleichungen ein *inhomogenes Gleichungssystem* von n^2 linearen Gleichungen der Form

$$R_{\nu,\mu-1,z} \cdot \Delta v_{\nu,\mu,z} = b_{\nu,\mu-1,z}. \qquad [7.1.5:16]$$

Daraus berechnen wir die *Verbesserungsmatrix* [7.1.5:15] in 4 Rechenschritten.
1. Rechenschritt: Die Berechnung der n^2 Elemente der Spaltenmatrix

$$b_{\nu,\mu-1,z} = \begin{bmatrix} j_{11} \\ j_{12} \\ \cdots \\ \cdots \\ \cdots \\ j_{nn} \end{bmatrix}_{\nu,\mu-1,z} \qquad [7.1.5:17]$$

erfolgt durch einfaches Umordnen aus

$$J_{\nu,\mu-1,z} = (j_{ik})_{\nu,\mu-1,z} = -(A^n_{\nu,\mu-1,z} + c_{n-1} \cdot A^{n-1}_{\nu,\mu-1,z} + \\ + \ldots + c_0 \cdot E) \qquad [7.1.5:18]$$

mit [7.1.5:15a]

$$A_{\nu,\mu-1,z} = G_\nu \cdot F_{\nu,\mu-1,z}. \qquad [7.1.5:19]$$

2. Rechenschritt: Die n^4 Elemente der Koeffizientenmatrix

$$R_{\nu,\mu-1,z} = \begin{bmatrix} r_{11} & r_{12} & \ldots & r_{1n^2} \\ r_{21} & r_{22} & \ldots & r_{2n^2} \\ \ldots & \ldots & \ldots & \ldots \\ \ldots & \ldots & \ldots & \ldots \\ \ldots & \ldots & \ldots & \ldots \\ r_{n^21} & r_{n^22} & \ldots & r_{n^2n^2} \end{bmatrix}_{\nu,\mu-1,z} \qquad [7.1.5:20]$$

ermitteln wir aus den Gleichungen

$$\sum_{\rho=0}^{n-1} \sum_{r'=1}^{n} \sum_{r=1}^{n} p_{sr'}^{(\rho)} \cdot f_{r'r} \cdot q_{rt'}^{(\rho)} = r_{u1} \cdot \Delta f_{11} + r_{u2} \cdot \Delta f_{12} + \\ + \ldots + r_{un^2} \cdot \Delta f_{nn} = j_{st'} . \qquad [7.1.5:21]$$

Dabei berechnen sich die Koeffizienten aus

$$r_{uk} = \sum_{\rho=0}^{n-1} p_{sr'}^{(\rho)} \cdot Q \; q_{rt'}^{(\rho)} \qquad [7.1.5:22]$$

mit

$$u = n \cdot (s - 1) + t'; k = (r' - 1) \cdot n + r; s, t', r', r = = 1, 2, \ldots, n. \qquad [7.1.5:23]$$

(Weiterhin stehen an den Elementen $p_{st'}^{(\rho)}, q_{rt'}^{(\rho)}, r_{u1}$ bis r_{un^2} die Indizes $\nu, \mu-1$, z und an den Elementen $\Delta f_{r'r}$ die Indizes ν, μ, z. Wir haben sie aus Gründen der Übersicht weggelassen.)
Die Elemente $p_{sr'}^{(\rho)}$ und $q_{rt'}^{(\rho)}$ ergeben sich aus

$$(p_{sr'}^{(\rho)})_{\nu,\,\mu-1\,,\,z} = (A_{\nu,\mu-1,z}^{n-\rho-1} + c_{n-1} \cdot A_{\nu,\mu-1,z}^{n-\rho-2} + \ldots + c_{\rho+1} \cdot E) \cdot G \qquad [7.1.5:24]$$

mit

$$c_n = 1; \rho = 0, 1, \ldots, n - 1; s, r' = 1, 2, \ldots, n. \qquad [7.1.5:25]$$

$$(q_{rt'}^{(\rho)})_{\nu,\,\mu-1,\,z} = A_{\nu,\mu-1,z}^{\rho} \text{ mit } (q_{rt'}^{(0)})_{\nu,\mu-1,z} = E \qquad [7.1.5:26]$$

und mit

$$\rho = 1, 2, \ldots, n - 1; r, t' = 1, 2, \ldots, n. \qquad [7.1.5:27]$$

3. Rechenschritt: Mit dem *Gaußschen Algorithmus* ((0:62), S. 62) bestimmen wir die Matrix

$$\Delta v_{\nu,\mu,z} = \begin{bmatrix} \Delta f_{11} \\ \Delta f_{12} \\ \cdots \\ \cdots \\ \cdots \\ \Delta f_{nn} \end{bmatrix}_{\nu,\mu,z} \qquad [7.1.5:28]$$

aus dem inhomogenen linearen Gleichungssystem [7.1.5:16]. Es existiert dann und nur dann eine nichttriviale, eindeutige Lösung $\Delta v_{\nu,\mu,z}$ wenn der Rang der Koeffizientenmatrix $R_{\nu,\mu-1,z}$ gleich n^2 und wenigstens ein Element der Spaltenmatrix $b_{\nu,\mu-1,z}$ von Null verschieden ist.

4. Rechenschritt: Die Aufstellung der *Verbesserungsmatrix*

$$\Delta F_{\nu,\mu,z} = \begin{bmatrix} \Delta f_{11} & \Delta f_{12} & \dots & \Delta f_{1n} \\ \Delta f_{21} & \Delta f_{22} & \dots & \Delta f_{2n} \\ \dots & \dots & \dots & \dots \\ \dots & \dots & \dots & \dots \\ \dots & \dots & \dots & \dots \\ \Delta f_{n1} & \Delta f_{n2} & \dots & \Delta f_{nn} \end{bmatrix}_{\nu,\mu,z} \qquad [7.1.5:29]$$

aus der Matrix $\Delta v_{\nu,\mu,z}$ [7.1.5:28] erfolgt durch einfaches Umordnen.

Zahlenbeispiele

Zahlreiche Zahlenbeispiele für die Ordnung n = 2 und eine Reihe von Vergleichen mit den Ergebnissen der Rechnungen mit vollständigen Ausgangsdatensätzen finden sich in *Sieberts* Buch ((0:32), S. 47–83). Viele weitere Beispiele auch für höhere Ordnungen finden sich in Einzelarbeiten (vergl. z. B. (7:15) bis (7:25)).

7.1.6. Verfahren der Parameterdarstellung nach Pulay und Török

Pulay und *Török* ((7:26) bis (7:30)) gehen bei ihrer *Parameterdarstellung der Kraftkonstantenmatrix* F von einer Ausgangslösung F_0 aus, die der aus der mathematischen Lösungsmannigfaltigkeit herausgegriffenen physikalischen Lösung $F = F_{\text{phys}}$ (siehe 11.3.) bereits hinreichend nahe kommt. Dabei kann das algebraische Gleichungssystem mit den $n(n+1)/2$ algebraisch voneinander unabhängigen Gleichungen, die erst bei Kenntnis hinreichend vieler Zusatzdaten aufstellbar sind, in der Form

$$\varphi_k(F) = 0 \text{ für } k = 1, 2, 3, \dots, N = \binom{n}{2} \qquad [7.1.6:1]$$

geschrieben werden. Für das bequemere Rechnen gehen die Autoren von der *symmetrischen Matrix*

$$g F g \qquad [7.1.6:2]$$

mit

$$g = G^{1/2} \qquad [7.1.6:3]$$

aus, die die gleichen Eigenwerte wie die nichtsymmetrische Matrix $G F$ liefert. Als *Ausgangsgleichung* wird dann die *Hauptachsentransformation* der Form

$$F = (g^{-1} U g) F_0 (g^{-1} U g)' = g^{-1} U g F_0 g U' g^{-1} \qquad [7.1.6:4]$$

gewählt, die sich aus der Ähnlichkeit von $g F_0 g$ mit $g F g$ durch die beliebige, reelle, orthogonale Matrix U ergibt. Weiterhin wird die *orthogonale Matrix* U als *Rotationsmatrix* gewählt, die sich als Produkt von $\binom{n}{2}$ Rotationen nach

$$U = U(\varphi) = U(\varphi_1, \ldots, \varphi_N) = \prod_{i=1}^{n-1} \prod_{j=i+1}^{n} T_{ij}(\alpha_{ij}) \qquad [7.1.6:5]$$

berechnet. Jede dieser *elementaren Rotationsmatrizen in der* ij-*Ebene* stellt eine Rotation für nur 2 Koordinatenachsen dar und hat die Gestalt

$$T_{ij}(\varphi_{ij}) = \left[\begin{array}{cccccc}
1 \ldots & 0 & & \ldots 0 & & \ldots 0 \\
\cdot & \cdot & & \cdot & & \\
\cdot & 0 & & 0 & & \\
\cdot & & & & & \\
1 & & & & & \\
0 \ldots & \cos\alpha_{ij} & & -\sin\alpha_{ij} & & \ldots 0 \\
0 \ldots & 0 & 1 & 0 & & \ldots 0 \\
 & & \cdot & & & \\
 & & \cdot & & & \\
 & & \cdot & & & \\
0 \ldots & 0 \ldots\ldots & 0 & 1 & 0 \ldots & 0 \\
0 \ldots & \sin\alpha_{ij} & & \cos\alpha_{ij} & & \ldots 0 \\
 & \cdot & & \cdot & 1 & \\
 & \cdot & & \cdot & \cdot & \\
 & \cdot & & \cdot & \cdot & \\
 & & & & \cdot & \\
0 \;.\; & 0 & . & 0 & & \ldots 1
\end{array}\right]
\begin{array}{l}
\\ \\ \\ \\ \\ \ldots i \\ \\ \\ \\ \\ \\ \ldots j \\ \\ \\ \\ \\ \\
\end{array}
, \qquad [7.1.6:6]$$

$$\begin{array}{cc}
\cdot & \cdot \\
\cdot & \cdot \\
i & j
\end{array}$$

Damit ist die Parameterdarstellung sämtlicher Matrizen F als Funktion von $\binom{n}{2}$ Parametern mit

$$0 < \alpha_{ij} < 2\pi \qquad [7.1.6:7]$$

grundsätzlich aufgezeigt.

Durch die Wahl einer Ausgangslösung F_0 ergibt sich nun die Festlegung eines algebraischen Gleichungssystems von $n(n+1)/2$ Gleichungen zur Berechnung einer im Konvergenzradius von F_0 liegenden Lösung $F = F(F_0)$ aus der unendlichen Lösungsmannigfaltigkeit von F. Im allgemeinen wird es sich um eine

Iterationsfolge von Matrizen

$$F_0, F_1, F_2, \ldots, F_m, F_{m+1}, \ldots, F = F(F_0) \qquad [7.1.6:8]$$

handeln, wobei nach [7.1.6:4] der Zusammenhang

$$F_{m+1} = g^{-1} U_m \, g \, F_m \, g \, U'_m \, g^{-1} \qquad [7.1.6:9]$$

mit

$$U_m = U_m(\alpha_{ij}^{(m)}) \qquad [7.1.6:10]$$

besteht.

Als spezielles Verfahren zur Berechnung der Lösung $F = F(F_0)$ aus dem algebraischen Gleichungssystem wird das *Newton-Verfahren* ((0:81), S. 269) gewählt. Danach ergeben sich die *Parameter* $\alpha_{ij}^{(m)}$ der Matrix $U_m(\alpha_{ij}^{(m)})$ aus dem linearen Gleichungssystem

$$\sum_{i<j=2}^{n} \left. \frac{\delta \varphi_k(F_{m+1})}{\delta \alpha_{ij}} \right|_0 \alpha_{ij}^{(m)} = -\varphi_k(F_m) \qquad [7.1.6:11]$$

mit k nach [7.1.6:1]. Dabei bedeutet:

$$\left. \frac{\delta \varphi_k(F_{m+1})}{\delta \varphi_{ij}} \right|_0 = \sum_{\mu,\nu=1}^{n} \frac{\delta \varphi_k(F_{m+1})}{\delta (F_{m+1})} \cdot \left. \frac{\delta (F_{m+1})}{\delta \alpha_{ij}} \right|_0 \qquad [7.1.6:12]$$

mit $(F_{m+1})_{\mu\nu}$ als Element $\mu\nu$ der Matrix F_{m+1}.
Der Ausdruck $(\delta\varphi_k(F_{m+1}))$: $(\delta(F_{m+1})_{\mu\nu})$ ist durch die Funktion φ_k definiert.

$\left. \frac{\delta (F_{m+1})_{\mu\nu}}{\delta \alpha_{ij}} \right|_0$ ist das $\mu\nu$-te Element der Matrix

$$\left. \frac{\delta F_{m+1}}{\delta \alpha_{ij}} \right|_0 \text{ mit } \left. \frac{\delta F_{m+1}}{\delta \alpha_{ij}} \right|_0 = g^{-1} \left. \frac{\delta U_m}{\delta \alpha_{ij}} \right|_0 g \, F_m + $$

$$+ \left(g^{-1} \left. \frac{\delta U_m}{\delta \alpha_{ij}} \right|_0 g \, G F_m \right)' \qquad [7.1.6:13]$$

Die Matrix $\left. \frac{\delta U_m}{\delta \alpha_{ij}} \right|_0$ besteht aus lauter Nullelementen außer den ij- und ji-ten Elementen mit -1 bzw. $+1$.

Die Brauchbarkeit dieses Verfahrens zur näherungsweisen Berechnung der physikalischen Lösung oder einer physikalisch noch verwendbaren Lösung hängt entscheidend von der Ausgangslösung F_0 ab. Soll dieses Verfahren zur Beschreibung der Schwingungsvorgänge durch F führen, so müssen in der Ausgangslösung F_0 hinreichend viele physikalische Aussagen stecken. Die Autoren schlagen

$$F_0 = g^{-1} \underline{\Lambda} g^{-1} \quad [7.1.6:14]$$

als *Ausgangslösung* vor, deren physikalische Deutung und mathematische Herleitung in 7.4.1. ausführlicher behandelt wird (7:31).

Ein besonderer Vorteil dieses Verfahrens ist die *mögliche Einbeziehung der Gleichungen zusätzlicher Daten* (7:32), (7:33) u. (7:34) (vergl. auch Kap. 17).

7.2. Extremalvorschriften für die Kraftkonstantenmatrix F

Für die Kraftkonstantenmatrix F bzw. für einzelne Elemente von F sind mehrere Extremalvorschriften aufgestellt worden, die teilweise unter Verzicht der Lösung aller n(n+)/2 Kraftkonstanten zu *exakten Aussagen über die größte und über die kleinste Kraftkonstante in der Hauptdiagonale von* F führen.

7.2.1. Verfahren von Strey

Strey (7:35), (7:36) geht von folgender *Eigenvektormatrix* L aus:

$$L = L_0\, C. \quad [7.2.1:1]$$

Dabei setzt sich L_0 aus

$$L_0 = V \underline{\Gamma}^{1/2} \quad [7.2.1:2]$$

zusammen, wobei sich die *orthogonale Matrix* V der charakteristischen Vektoren von G und die Diagonalmatrix $\underline{\Gamma}$ der charakteristischen Wurzeln, bzw. Eigenwerte von G nach

$$G\, V = V \underline{\Gamma} \quad [7.2.1:3]$$

darstellen (vergl. Billes-Verfahren in 7.3.1. und (7:5)). C ist eine wählbare orthogonale Matrix des Ranges n mit n(n − 1)/2 Parametern.

Fall der Ordnung $n = 2$ *und Typ* $XY_2(C_{2v})$

Für die Ordnung n = 2 wird vorteilhaft die *orthogonale Matrix* C nach

$$C = \begin{bmatrix} \cos\varphi & -\sin\varphi \\ \sin\varphi & \cos\varphi \end{bmatrix} \quad \text{mit } 0 \leqq \varphi \leqq 2\pi \quad [7.2.1:4]$$

verwendet.

Für die 4 Funktionen $f_r(\varphi)$, $f_\alpha(\varphi)$, $f_{rr}(\varphi)$ und $f_{r\alpha}(\varphi)$ ergeben sich unter Verwendung der Formelsätze nach 21.1.2. für $XY_2(C_{2v})$ folgende *Extremallagen* (d. h. *Minima* oder *Maxima*):

$$f_r'(\varphi) = 0 \text{ für } \operatorname{tg}\varphi_r = (\gamma_1/\gamma_2)^{1/2}\, v_{12}/v_{22}, \quad [7.2.1:5]$$

$$f_\alpha'(\varphi) = 0 \text{ für } \operatorname{tg}\varphi_\alpha = (\gamma_2/\gamma_1)^{1/2}\, v_{12}/v_{22}, \quad [7.2.1:5]$$

$$f_{rr}'(\varphi) = 0 \text{ für } \varphi_{rr} = \varphi_r, \qquad [7.2.1:6]$$

$$f_{r\alpha}'(\varphi) = 0 \text{ für } \varphi_{r\alpha} = (\varphi_r + \pi/2 + \varphi_\alpha)/2. \qquad [7.2.1:7]$$

Durch Vergleich mit den Ergebnissen unter Verwendung vollständiger Datensätze zur Bestimmung aller 4 Kraftkonstanten f_r, f_α, f_{rr} und $f_{r\alpha}$ erbringt *Strey* den *empirischen Nachweis*, daß für zahlreiche Moleküle des Typs $XY_2(C_{2v})$ die Kraftkonstanten einer der angeführten Extremallage zugeordnet werden können. So folgen die Moleküle H_2O, H_2S, H_2Se der Bedingung $f_r'(\varphi) = 0$, während die Moleküle SO_2, NO_2, ClO_2 der Bedingung $f_\alpha'(\varphi) = 0$ folgen.

Für das Wassermolekül H_2O seien noch die Zahlen angeführt:

$$\varphi_r = -3{,}06^\circ: f_r = 8{,}45, f_\alpha = 0{,}76, f_{rr} = -0{,}10, f_{r\alpha} = 0{,}24 \text{ mdyn/Å}$$

(Vergl. Tab. 22:8!)

Fall $n = 2$ und Typ $XYZ(C_{\infty v})$

In einer weiteren Arbeit (7:37) wird der empirische Nachweis erbracht, daß *für lineare Moleküle des Typs $XYZ(C_{\infty v})$* mit 2 in Wechselbeziehung stehenden Valenzschwingungen *keine Extremaleigenschaften* aufgedeckt werden können. Dabei wurden u. a. HCN, NNO und OCS untersucht.

7.2.2. Extremalbeziehungen von Strey und Klauss

Strey und *Klauss* (7:37) untersuchen die Extremaleigenschaften der Kraftkonstanten theoretisch nach der *Multiplikatoren-Methode* von *Lagrange* ((0: 102), S. 109). Dabei wählen sie folgende Form der Formelsätze der Hauptachsentransformation

$$G F L = L \underline{\Lambda}, \qquad [7.2.2:1]$$

die sich aus [3.1.1.6:4] und [3.1.1.6:5] wegen der Orthogonalität von L mit

$$L' = L^{-1} = A \qquad [7.2.2.:2]$$

sofort ergibt. Als allgemeine Aussage erhält man, daß zwar keine Aussagen über lokale Extrema gemacht werden können, daß aber *die größten und kleinsten Werte* berechenbar sind. Explizit ergibt sich:

Für den *größten Wert* mit λ_1 als dem größten Eigenwert

$$F_{ii} = \lambda_1 \, (G^{-1})_{ii} \qquad [7.2.2:3]$$

in dem Punkt

$$a_{1i} = (G^{-1})_{ii}^{1/2}, \qquad [7.2.2:4]$$

$$a_{ji} = 0 \text{ für } j \neq 1,$$

$$l_{1i} \neq 0,$$

$$l_{ji} = 0 \text{ für } j \neq 1.$$

Für den *kleinsten Wert* mit λ_n als dem kleinsten Eigenwert

$$F_{ii} = \lambda_n \, (G^{-1})_{ii} \qquad [7.2.2:5]$$

in dem Punkt

$$a_{ji} = 0 \text{ für } j \neq n, \qquad [7.2.2:6]$$

$$a_{ni} = (G^{-1})_{ii}^{1/2} \text{ mit } l_{ni} \neq 0,$$

$$l_{ji} = 0 \text{ für } j \neq n.$$

Im 1. Fall liegt die $S^{(i)}$-Achse der Symmetriekoordinate in der Richtung der $Q^{(1)}$-Achse der Normalkoordinate, im 2. Fall in der Richtung der $Q^{(n)}$-Achse.

Als Beispiel für die Ordnung n = 2 wird H_2O mit einem Winkel von 86,71° des $S^{(1)}S^{(2)}$-Achsensystems angeführt, der nahezu mit dem 90°-Winkel des $Q^{(1)}Q^{(2)}$-Achsensystems übereinstimmt. Fällt die Achse $S^{(1)}$ mit $Q^{(1)}$ zusammen, so handelt es sich um eine reine Valenzschwingung (z. B. nahezu beim H_2O). Bei entsprechendem Zusammenfallen von $S^{(2)}$ mit $Q^{(2)}$ wird dagegen eine reine Deformationsschwingung angezeigt, wie dies in guter Näherung z. B. bei den Molekülen NO_2, ClO_2 und SO_2 erfüllt ist (vergl. auch (7:38)).

7.2.3. Obere und untere Grenzen von Kraftkonstanten nach Freeman

Freeman (7:39) erhält *strenge Extremalbeziehungen* durch folgende Überlegungen: Er geht von den Gleichungen

$$L = U \underline{\Gamma}^{1/2} X, \quad L'^{-1} = M, \quad M = P X, \quad P = U \underline{\Gamma}^{1/2}. \qquad [7.2.3:1]$$

$$X = (E - K)(E - K)^{-1} \text{ (Cayleysche Formel)} \qquad [7.2.3:2]$$

mit U als *orthogonaler*, $\underline{\Gamma}$ als *diagonaler*, E als *Einheits-* und K als *antisymmetrischer Matrix* aus. Dabei enthält X wegen der n Nullelemente in der Diagonale lediglich n(n– 1)/2 unabhängige Variable. Aus den Formelsätzen der *Hauptachsentransformation*

$$F = L'^{-1} \underline{\Lambda} L^{-1} = M \underline{\Lambda} M' \qquad [7.2.3:3]$$

$$G^{-1} = L'^{-1} L^{-1} = M M' \qquad [7.2.3:4]$$

folgt dann in Verallgemeinerung der Ergebnisse die *Relation*

$$F_{ii} = (G^{-1})_{ii} \lambda_r + \sum_{s(\neq r)}^{n} M_{is}^2 (\lambda_s - \lambda_r). \qquad [7.2.3:5]$$

Damit erhält man sofort die beiden *oberen* und *unteren Grenzen* von F_{ii} zu

$$F_{ii}^{max} = (G^{-1})_{ii}\,\lambda_r \text{ für } \lambda_r > \lambda_s \text{ und } s \neq r, \qquad [7.2.3:6]$$

d. h. für die höchste Frequenz λ_{ri};

$$F_{ii}^{min} = (G^{-1})_{ii}\,\lambda_r \text{ für } \lambda_r < \lambda_s \text{ und } s \neq r, \qquad [7.2.3:7]$$

d. h. für die niedrigste Frequenz $\lambda_r = \lambda_{min}$.

Dies steht wiederum in völliger Übereinstimmung zu den Ergebnissen von *Strey* und *Klauss* (vergl. 7.2.2.).

Aus hier können keine Aussagen für die zwischen den Maxima und Minima der Kraftkonstanten liegenden Werte gemacht werden.

Entsprechende Aussagen können für die inverse Kraftkonstantenmatrix (Matrix der compliance Konstanten) $F^{-1} = C$ gewonnen werden (7:40).

Zahlenbeispiel: Obere und untere Grenzen der Kraftkonstanten für C_2H_6, Rasse (Symmetrietyp) E_g.
Es ist:

$$F_{11}^{max} = 4{,}86 \quad (4{,}71) \text{ mdyn/Å}, \qquad [7.2.3:8]$$

$$F_{33}^{min} = 0{,}63 \quad (0{,}68) \text{ mdyn/Å}. \qquad [7.2.3:9]$$

Die in Klammern stehenden Vergleichswerte entstammen Rechnungen von *Duncan* (7:41) unter Verwendung vollständiger Daten.

7.3. Extremalvorschriften bezüglich der inversen Matrix der kinetischen Energie G

Neben der Verwendung der entkoppelten inversen Matrix der kinetischen Energie G_{diag} können noch weitere Extremalvorschriften für G aufgestellt werden, um die Richtung der physikalisch brauchbaren Lösung von F näherungsweise abzustecken.

7.3.1. Extremalverfahren von Billes

Billes (7:42) baut sein Extremalverfahren auf der *Minimalvorschrift*

$$| G_{jj} - g_k | = \text{Minimum} \qquad [7.3.1:1]$$

für alle

$$k = 1, 2, \ldots, n$$

mit g_k als *individuelle Eigenwerte* auf, die sich aus folgender Diagonalisierung der Matrix der kinetischen Energie G^{-1} ergibt:

Es sei U eine *orthogonale Transformationsmatrix*, durch die die Matrix G^{-1} bzw. ihre inverse G mit

$$U'\,G\,U = \underline{\Gamma} \qquad [7.3.1:2]$$

in die diagonale Matrix $\underline{\Gamma}$ übergeführt wird. Dabei besteht zwischen den bisher verwendeten *Symmetriekoordinaten* S und den *neuen Koordinaten* J der Zusammenhang

$$J = U S. \qquad [7.3.1:3]$$

Aus der Hauptachsentransformation folgt

$$G s = g s \qquad [7.3.1:4]$$

mit s als aus Symmetriekoordinaten S_i bestehenden Spaltenvektor und mit g als einer Komponenten des Tensors in Richtung einer Hauptachse. Nach Division mit dem Absolutwert von s erhält man den Vektor e, der in der Richtung einer Hauptachse liegt, in der Form.

$$(G - g E)\, e = 0, \qquad [7.3.1:5]$$

die nur für

$$\det (G - g E) = 0 \qquad [7.3.1:6]$$

nichttriviale Lösungen hat. Dabei ergeben sich die Elemente von $\underline{\Gamma}$ aus den Eigenwerten nach

$$\Gamma_{ii} = g_{ii}. \qquad [7.3.1:7]$$

Die entsprechenden Eigenvektoren e_i liefern die Richtung der Hauptachsen und ihre Komponenten führen auf die Elemente der Transformationsmatrix nach

$$(e_i)_j = U_{ij}. \qquad [7.3.1:8]$$

Im Rechenverfahren selbst wird an dieser Stelle die Minimalvorschrift ausgeführt, wobei g_k der neuen Koordinate J_i zugeordnet ist und S_j die Symmetriekoordinate mit dem größten Koeffizienten darstellt.

Die entsprechende diagonale Form der Kraftkonstantenmatrix F ergäbe sich sofort aus

$$U' F U = \underline{\varphi}. \qquad [7.3.1:9]$$

Da aber nach der Problemstellung F gesucht ist, müssen die n Diagonalelemente φ_{ii} der Diagonalmatrix φ noch bestimmt werden. Analog zu 3.1.1.4. führt die Verwendung der neuen Koordinaten J mit der Ausgangsgleichung

$$T + V = \dot{J}' \underline{\Gamma}^{-1} \dot{J} + J' \underline{\varphi} J \qquad [7.3.1:10]$$

auf die n Bewegungsgleichungen

$$\ddot{J}_i = -\varphi_{ii} \Gamma_{ii} J_i \qquad [7.3.1:11]$$

mit den Eigenwerten

$$\lambda_i = \varphi_{ii} \Gamma_{ii} \text{ für } i = 1, 2, \ldots, n. \qquad [7.3.1:12]$$

Damit ergibt sich aus der Matrix

$$\underline{\varphi} = (\varphi_{ii}) \text{ mit } \varphi_{ii} = \lambda_i \Gamma_{ii}^{-1} \qquad [7.3.1:13]$$

die *gesuchte Matrix* F aus

$$F = U \underline{\varphi} U'. \qquad [7.3.1:14]$$

Zahlenbeispiel: $Y_2XXY_2(V_h)$, speziell H_2CCH_2 (Äthylen), Rasse B_{1g}.

$$\nu_5 = 3075 \text{ cm}^{-1}, \; S_5 = 1/2\,(\Delta r_1 - \Delta r_2 - \Delta r_3 - \Delta r_4),$$

$$\nu_6 = 1236 \text{ cm}^{-1}, \; S_6 = 1/2\,(\Delta \alpha_1 - \Delta \alpha_2 - \Delta \alpha_3 + \Delta \alpha_4),$$

$$G = \begin{bmatrix} 1{,}0338 & -0{,}0559 \\ -0{,}0559 & 0{,}9397 \end{bmatrix},$$

$$U = \begin{bmatrix} 0{,}9068 & 0{,}4216 \\ -0{,}4216 & 0{,}9068 \end{bmatrix},$$

$$\underline{\Gamma} = \begin{bmatrix} 1{,}0690 & 0 \\ 0 & 0{,}9045 \end{bmatrix},$$

$$\underline{\varphi} = \begin{bmatrix} 5{,}2104 & 0 \\ 0 & 0{,}9948 \end{bmatrix},$$

$$F = \begin{bmatrix} 4{,}50 & -1{,}63 \\ -1{,}63 & 1{,}74 \end{bmatrix}.$$

Cyvin, Kristiansen und *Brunvoll* weisen in einer Arbeit (7:43) die *approximative Arbeitsweise* des *Billes*-Verfahrens nach.

Freemann gibt eine *andere Herleitung* der Billesschen Methode an, die auf der Symmetrie der Wilsonschen $G\,F$-Matrizen beruht. Er zeigt außerdem, daß sich die Ergebnisse für ein Molekül allgemein nicht auf ein isotopes Molekül nach [9.1:1] übertragen lassen. Er weist für die *Übertragbarkeit* die *Kommutationsbedingung*

$$[G, G'] = 0 \qquad [7.3.1:15]$$

nach, wobei die eckigen Klammern den Kommutator der beiden Matrizen G für das Molekül und G' für das isotope Molekül bezeichnen ((7:44), vergl. auch (7:45)).

7.4. Extremalvorschrift für Koordinatensysteme

Für Koordinatensysteme ist bisher eine Extremalvorschrift bekannt geworden.

7.4.1. Extremalvorschrift für die dichteste Übertragung

Herranz und *Castaño* (7:46), (7:47) und nach ((7:27), S. 7) auch unabhängig *Pulay* und *Török* stellen folgende Matrix F_0 mit

$$F_0 = G^{-1/2} \underline{\Lambda} G^{-1/2} \qquad [7.4.1:1]$$

auf, die in Übereinstimmung mit der dichtesten Übertragung zwischen *inneren Koordinaten* q und *Normalkoordinaten* Q gemäß der *Minimalbedingung*

$$\sum_{i=1}^{n} | Q_i - q_i | = \text{Minimum} \qquad [7.4.1:2]$$

unter Einbeziehung der *Orthonormalitätsbeziehung*

$$Q' Q = E \qquad [7.4.1:3]$$

steht.

Eine elegante und kurze *Herleitung* von [7.4.1:1] gibt *Pulay* (7:31) durch den Hinweis, daß dieses Problem dem Problem der symmetrischen Orthogonalisierung entspricht, das von *Carlson* und *Keller* (7:48) und *Löwdin* (7:49) gelöst worden ist. Danach ist

$$Q = L^{-1} q = G^{-1/2} q \qquad [7.4.1:4]$$

mit

$$L^{-1} = G^{-1/2}, \qquad [7.4.1:5]$$

und aus der Hauptachsentransformation folgt sofort [7.4.1:1].

Török und *Pulay* (7:27) zeigen, daß *die Bedingung* [7.4.1:2] *der Forderung*

$$\text{Sp}\, L = \text{Maximum} \qquad [7.4.1:6]$$

nach *Herranz* und *Castaño* (7:46) *entspricht*. Ihr Beweis geht von der etwas *abgewandelten Minimalbedingung*

$$| R_i |^2 = | Q_i - q_i |^2 = \text{Minimum} \qquad [7.4.1:7]$$

aus. Aus

$$R = Q - q = Q - L\,Q = (E - L)\,Q \qquad [7.4.1:8]$$

folgt nach [4.8:3] der Zusammenhang zwischen der Matrix G_R für das Koordinatensystem R und der Matrix G_Q für das Koordinatensystem Q

$$\begin{aligned} G_R &= (E - L)\,G_Q\,(E - L)' = (E - L)\,(E - L)' \\ &= E + L\,L' - L - L' = E + G - L - L'. \end{aligned} \qquad [7.4.1:9]$$

Aus

$$(R_i, R_i) = \mathrm{Sp}\,G_R = \mathrm{Sp}\,(G) + n - 2\,\mathrm{Sp}\,L = \text{Minimum} \qquad [7.4.1:10]$$

ergibt sich [7.4.1:6].

7.5. Extremalvorschriften für die Potentialfunktionen

Zur Auswahl physikalisch brauchbarer Lösungen von F sind eine Reihe von speziellen Potentialenergieverteilungen angegeben worden, von denen hier eine spezielle Verteilung von *Becher* und *Ballein* ausführlicher dargestellt wird.

7.5.1. *Spezielle Potentialenergieverteilungen nach Becher und Ballein*

Becher und *Ballein* (7:50) geben für die Ordnung $n = 2$ die *spezielle Potentialenergieverteilung der Valenzschwingung* auf Grund empirischer Befunde zu

$$V_1(F_{22}) = -2V_1(F_{12}) \qquad [7.5.1:1]$$

als Extremalvorschrift für das Auftreten je einer Valenzschwingung und Deformationsschwingung an. Diesem Auswahlprinzip liegt die *Vorstellung der charakteristischen Schwingungsfrequenzen* zugrunde, nach der die Valenzschwingung vorwiegend durch die Valenzkraftkonstanten und die Deformationsschwingung möglichst stark durch die Deformationskraftkonstante bei physikalisch möglichst kleiner Kopplung dargestellt werden ((3:1), S. 165–170).

Zur Veranschaulichung seien einige Zahlenbeispiele angeführt, die eine ausreichende Übereinstimmung mit den Literaturwerten zeigen.

Tab. 7:1. Nach der Forderung [7.5.1:1] berechnete Kraftkonstanten für die Verbindungen NO_2, NO_3^- und CCl_4, die nach Vergleich der in Klammern stehenden Literaturwerte relativ stark gekoppelt sind.

	NO_2	NO_3^-	CCl_4
F_{11}	12,26	6,78	2,61
	(12,43)	(6,80)	(2,70)
F_{22}	1,10	1,06	0,45
	(1,10)	(1,07)	(0,44)
F_{12}	0,57	0,68	0,40
	(0,76)	(0,65)	(0,41)

Bei *2 gekoppelten Valenzschwingungen* erhält man jedoch mit der Forderung [7.5.1:1] *keine genügende Übereinstimmung mit bekannten Literaturwerten* aus vollständigen Datensätzen, wofür u. a. eine stärkere Mischung der Symmetriekoordinaten verantwortlich ist.

Weitere abgewandelte Potentialenergieverteilungen geben *Mattes* und *Becher* (7:51) und *Becher* und *Höfler* (7:52) an. *Zahlreiche Fallunterscheidungen* für die Ordnung n = 2 finden sich bei *Torkington* (7:5), der sich schon früh mit diesem Problem auseinandergesetzt hat.

7.5.2. Anmerkung zur Potentialenergieverteilung $V_1(F_{22}) = -2V_1(F_{12})$ von Becher und Ballein nach Pfeiffer

Pfeiffer (7:53) kommt von der *speziellen Becher-* und *Balleinschen Potentialverteilung* [7.5.1:1] auf spezielle Lösungen der Kraftkonstanten folgendermaßen:

Ausgehend von der *Parameterdarstellung* der *F*-Matrix der allgemeinsten Form

$$F = (L')^{-1}\; U \underline{\Lambda}\, U' L^{-1} \qquad [7.5.2:1]$$

mit

$$G = L\, L' \qquad [7.5.2:2]$$

unter *Vorgabe* von

$$L = \begin{bmatrix} g_{11} & 0 \\ 0 & g_{22} \end{bmatrix} \begin{bmatrix} \cos\psi & -\sin\psi \\ -\sin\psi & \cos\psi \end{bmatrix} \qquad [7.5.2:3]$$

$$\psi = 1/2 \operatorname{arc\,sin}\left(\frac{-g_{12}}{\sqrt{g_{11}\, g_{22}}}\right) \qquad [7.5.2:4]$$

und dem *Ansatz*

$$U = \begin{bmatrix} \cos\chi & -\sin\chi \\ \sin\chi & \cos\chi \end{bmatrix} \qquad [7.5.2:5]$$

ergibt sich für die *3 Elemente der Kraftkonstantenmatrix* für n = 2

$$f_{11} = 1/2\, g_{22} \det{}^{-1} G\, (\lambda_1 + \lambda_2 + (\lambda_1 - \lambda_2) \cos 2\,(\chi - \psi)), \qquad [7.5.2:6]$$

$$f_{22} = 1/2\, g_{11} \det{}^{-1} G\, (\lambda_1 + \lambda_2 - (\lambda_1 - \lambda_2) \cos 2\,(\chi + \psi)), \qquad [7.5.2:7]$$

$$f_{12} = -\, 1/2 \det{}^{-1} G\, ((\lambda_1 + \lambda_2)\, g_{12} - (\lambda_1 - \lambda_2) \sqrt{g_{11}\, g_{22}} \sin 2\chi). \qquad [7.5.2:8]$$

Umgekehrt folgen aus der inversen Beziehung

$$\underline{\Lambda} = U' L' F L\, U \qquad [7.5.2:9]$$

einfach für den *ersten Eigenwert* die einzelnen Anteile der Kraftkonstanten zur Schwingungsenergie der Valenzschwingung

$$\lambda_1 = \cos^2 (\chi + \psi)\, g_{11}\, f_{11} + \qquad [7.5.2:10]$$
$$2 \cos(\chi + \psi) \sin(\chi - \psi) \sqrt{g_{11}\, g_{22}}\, f_{12} + \sin^2 (\chi - \psi)\, g_{22}\, f_{22}.$$

Da nach *Becher* und *Ballein* die Schwingungsenergie der Valenzschwingung allein durch die Kraftkonstante der Valenzbewegung f_{11} festgelegt ist, während sich die Beiträge der Deformations- und Kopplungskraftkonstanten gegenseitig gerade aufheben, müssen die beiden letzten Summanden in [7.5.2:10] gerade Null sein. Dies führt zusammen mit der Parameterdarstellung nach [7.5.2:6], [7.5.2:7] und [7.5.2:8] zu der *transzendenten Bedingungsgleichung*

$$2\,\lambda_1 \det G = g_{11}\, g_{22} \cos^2 (\chi + \psi)\,(\lambda_1 + \lambda_2 + (\lambda_1 - \lambda_2) \cos\, 2(\chi - \psi)), \qquad [7.5.2{:}11]$$

deren Auflösung auf die beiden Lösungen führt:

1. Lösung:

$$f_{11} = \lambda_1\, g_{22} \det{}^{-1} G. \qquad [7.5.2{:}12]$$

2. Lösung:

$$f_{11} = \lambda_1\, g_{11}^{-1}, \qquad [7.5.2{:}13]$$

$$f_{22} = \lambda_2\, g_{11} \det{}^{-1} G, \qquad [7.5.2{:}14]$$

$$f_{12} = -\,1/2\, \lambda_2\, g_{12} \det{}^{-1} G. \qquad [7.5.2{:}15]$$

Für die 2. Lösung muß noch

$$\lambda_2 \lambda_1^{-1}\, g_{12}^2 \det{}^{-1} G \ll 1 \qquad [7.5.2{:}16]$$

vorausgesetzt werden. Dies bedeutet, daß entweder die Kopplungsgröße g_{12} in der inversen Matrix der kinetischen Energie, G, hinsichtlich der Diagonalglieder g_{11} und g_{22} hinreichend klein, oder daß der der Deformationsschwingung zugeordnete Eigenwert λ_1 sei. Letzteres trifft für die meisten bisher behandelten Moleküle zu.

7.5.3. Zusammenhänge und Verallgemeinerungen

Bei der *Anwendung* der *Becher-Balleinschen Extremalvorschriften auf inverse Eigenwertprobleme höherer Ordnung* wird die Aufstellung modifizierter Vorschriften notwendig, die zu zusätzlichen Fallunterscheidungen führen (7:54).
In entsprechender Weise wird die mathematische Behandlung nach *Pfeiffer* mit zunehmender Ordnung umfangreicher und schwieriger.
Vergleicht man jedoch die Ergebnisse der beiden Lösungen [7.5.2:12] und [7.5.2:13] mit der Lösung [5.3:5] und mit der Lösung völliger Entkopplung in G und F nach [5.3:1], so liegen sämtliche *Pfeiffer*schen Ergebnisse in den oder zwischen den durch diese Extremfälle bestimmten Bereichsgrenzen. Da aber beide Grenzfälle [5.3:1] und [5.3:5] allgemeine Lösungen der Säkulargleichung sind (vergl. 7.7.), liefern sie auch zwangsläufig für die höheren Ordnungen n der Becher-Balleinschen Extremalmethode in der *Pfeiffer*schen Fassung Lösungen oder Bereichsgrenzen von Lösungen. Der Vorteil der Verwendung der Gl. [5:3:5] liegt in der übersichtlichen mathematischen Struktur und in der einfachen numerischen Auswertung. Es empfiehlt sich jedoch, aus Gl. [5.3:5] nur die Kopplungskraftkonstanten bzw. deren gemittelte Lösungsbereiche zu verwenden, um mit diesen $n(n-1)/2$ Näherungswerten durch Eingehen in die Säkulargleichung die n dazugehörigen diagonalen Kraftkonstanten zu bestimmen (siehe 7.7., Abschätzungsverfahren). Ein allgemeines Iterationsverfahren ist dazu bereits ausgearbeitet.

7.6. Extremalvorschriften für die Eigenvektormatrix L

Hierfür verdienen drei Methoden besondere Beachtung, die über die allgemeinen Matrizengleichungen des Eigenwertproblems nach 5.1. zu den bisherigen Extremalbetrachtungen zahlreiche Zusammenhänge liefern.

7.6.1. Methode der charakteristischen Valenzkoordinatensätze nach Herranz und Castaño

Herranz und *Castaño* (7:46) *postulieren unter den möglichen Koordinatensätzen für innere Koordinaten* den „*charakteristischen Satz*", für den

$$\mathrm{Sp}\, L = \sum_{i=1}^{n} L_{ii} = \text{Maximum} \qquad [7.6.1:1]$$

gilt, wenn zu den Normalkoordinaten Q die bekannte Beziehung

$$S = L\, Q \qquad [7.6.1:2]$$

besteht. Damit gehört diese L-Matrix mit der maximalen Spur zu den Matrizen mit kleinen Nichtdiagonalelementen, da die Summe der Quadrate der Elemente der Matrizen bezüglich jeder anderen durch Orthogonaltransformationen verbundenen eine *Invariante* ist. Deshalb sagt man, daß diese Matrix eine „möglichst diagonale Form" annimmt. Damit kann diese Methode als *eine Verallgemeinerung der Konzeption der charakteristischen Schwingungen* aufgefaßt werden. Wegen [7.6.1:1] und [3.3.1:6] ist nach (7:46)

$$L^{-1} = B\, M^{1/2}\, B'. \qquad [7.6.1:3]$$

Dabei diagonalisiert die orthogonale Matrix B die inverse Matrix der kinetischen Energie G, und $M^{1/2}$ stellt die diagonale Matrix dar, deren Elemente die Reziproken der positiven quadratischen Wurzeln der Eigenwerte von G sind.

Damit ist das Schema des Extremalverfahrens wie folgt festgelegt: Es wird ein Satz von möglichst charakteristischen Valenzkoordinaten gewählt und jeder Koordinate eine charakteristische Schwingung des Schwingungsspektrums zugeordnet [7.1.4:12]. Dann wird die diesem Valenzkoordinatensatz zugeordnete G-Matrix berechnet, aus der sich die Matrizen B, $M^{1/2}$ und L^{-1} ergeben. Aus [3.1.1.6:5] bzw. [7.2.3:3] folgt dann die zugehörige Kraftkonstantenmatrix F.

Zahlenbeispiel: SiH_4

Tab. 7:2. Die 3 Symmetriekraftkonstanten F_{33}, F_{34} und F_{44} von SiH_4, berechnet nach der Methode von *Herranz* und *Castaño*. In Klammern finden sich Vergleichswerte nach *Mills* ((0:13), S. 189).

F_{33} mdyn Å^{-1}	F_{34} mdyn	F_{44} mdyn Å
2,73	– 0,12	0,50
(2,63 bis 2,74)	(– 0,21 bis + 0,27)	(0,49 bis 0,55)

7.6.2. Verfahren von Müller

Müller (7:55) geht bei der Berechnung von Kraftkonstanten von der *Beziehung der Hauptachsentransformation* [3.1.1.6:4] in der umgeformten Gestalt

$$G = L\,L' \qquad [7.6.2:1]$$

zur Berechnung der Eigenvektormatrix L bzw. einer Näherung von L aus. Für die n^2 im allgemeinen voneinander verschiedenen Elemente von L folgen aus [7.6.2:1] lediglich $n(n+1)/2$ Gleichungen, so daß insgesamt $n(n-1)/2$ Gleichungen zur vollständigen Bestimmung von L fehlen.

Es können nun folgende *modellmäßigen Extremalforderungen* zur Behebung der Unterbestimmtheit gemacht werden:

1. *Es werden* $n(n-1)/2$ *Kopplungsglieder in* L *Null gesetzt.*

a. Nach *Müller* hat sich der Unterfall

$$L_{12} = L_{13} = \ldots = L_{1n} = L_{23} = L_{24} = \ldots L_{2n} = \ldots = L_{n-1,n} = 0 \qquad [7.6.2:2]$$

bei zahlreichen Molekültypen mit hinreichend charakteristischen Deformationsschwingungen (δ) und Valenzschwingungen (ν) in einem Schwingungstyp oder einer Rasse bewährt. Für den *Typ* „$\nu\delta$" der Ordnung $n = 2$ ergibt sich für den Zusammenhang zwischen den inneren Symmetriekoordinaten S und den Normalkoordinaten Q

$$S = \begin{bmatrix} S_1 \\ S_2 \end{bmatrix} = L\,Q = \begin{bmatrix} L_{11}\,Q_1 + L_{12}\,Q_2 \\ L_{21}\,Q_1 + L_{22}\,Q_2 \end{bmatrix}. \qquad [7.6.2:3]$$

Hierin geht die Symmetriekoordinate S_1 in die Normalkoordinate Q_2 mit wesentlich kleinerem Koeffizienten als S_2 in Q_1 ein, *da allgemein die Valenzschwingungen weitaus weniger charakteristisch sind als die Deformationsschwingungen.* Dieser *Fall* „$\nu\delta$" kommt bei den Problemen der Ordnung $n = 2$ am häufigsten vor, z. B. bei allen XY_p-Molekültypen (7:56). Weiterhin kommen bei höheren Ordnungen n diese gemischten Typen zwangsläufig vor (z. B. beim *Typ* $XYZ(C_s)$ für $n = 3$ mit „$\nu\nu\delta$"). Aus diesen und rechentechnischen Gründen ist deshalb der Unterfall [7.6.2:2] am ausführlichsten untersucht worden.

Aus dem Vorhergehenden kann der weitere Unterfall der Nullsetzung aller linksseitigen Nichtdiagonalglieder ausgeschieden werden.

b. Weiterhin können auch einige linke Nichtdiagonalglieder in L bei erwartungsgemäß *vernachlässigbaren Kopplungen Null* gesetzt werden, so daß für entsprechend viele rechte Nichtdiagonalglieder in L Bestimmungsgleichungen gewonnen werden können. Als Beispiel sei der Typ $XYZ(C_s)$ mit $L_{13} = L_{23} = L_{31} = 0$ angeführt, für den 3 Gleichungen zur Bestimmung von Näherungswerten von L_{21}, L_{32} und L_{12} zu Verfügung stehen.

2. Als 2. brauchbarer Weg bietet sich die *Gleichsetzung* der $n(n-1)/2$ rechtsseitigen Nichtdiagonalglieder mit den $n(n-1)/2$ linksseitigen Nichtdiagonalgliedern *nach*

$$L_{ik} = L_{ki} \qquad [7.6.2:4]$$

für

$$i \neq k \text{ und } i, k = 1, 2, \ldots, n$$

an (7:56).
Dies wird z. B. bei dem Fall „*νν*" zweier etwa gleich charakteristischer Valenzschwingungen plausibel, für die nach [7.6.2:3] keine Bevorzugung gilt. Ist jedoch eine Valenzschwingung wesentlich charakteristischer als die andere Valenzschwingung, so könnte wieder der Grenzfall [7.6.2:2] benutzt werden. In der Tat konnte an zahlreichen Fällen gezeigt werden, daß die wirklichen Werte für „*νν*" meistens zwischen diesen beiden Grenzfällen liegen.
3. Entsprechend dem Unterfall 1.b. können auch *Kombinationen* aus 1. und 2. gebildet werden.

Fall der Ordnung n = 2

Im Fall der Ordnung n = 2 ergeben sich folgende einfache Beziehungen *ohne Vernachlässigung von* L_{12} (7:57) für [7.6.2:2]:

$$g_{11} = L_{11}^2 + L_{12}^2, \qquad [7.6.2:5]$$

$$g_{12} = g_{21} = L_{11} L_{21} + L_{12} L_{22}, \qquad [7.6.2:6]$$

$$g_{22} = L_{21}^2 + L_{22}^2, \qquad [7.6.2:7]$$

$$f_{11} = (L_{22}^2 \lambda_1 + L_{21}^2 \lambda_2) : (\det L)^2, \qquad [7.6.2:8]$$

$$f_{12} = f_{21} = -(L_{12} L_{22} \lambda_1 + L_{11} L_{21} \lambda_2) : (\det L)^2. \qquad [7.6.2:9]$$

$$f_{22} = (L_{12}^2 \lambda_1 + L_{11}^2 \lambda_2) : (\det L)^2. \qquad [7.6.2:10]$$

Mit der Festsetzung und *Vernachlässigung*

$$L_{12} = 0 \qquad [7.6.2:11]$$

ergeben sich folgende *Näherungsrelationen* für die Kraftkonstanten:

$$f_{12} = -g_{12} \lambda_2 \det^{-1} G, \qquad [7.6.2:12]$$

$$f_{22} = g_{11} \lambda_2 \det^{-1} G, \qquad [7.6.2:13]$$

$$f_{11} = (\lambda_1 \det G + \lambda_2 g_{12}^2) : (g_{11} \det G). \qquad [7.6.2:14]$$

Zahlenbeispiele (7:55)

Tab. 7:3. Nach $L_{12} = 0$ abgeschätzte Symmetriekraftkonstanten von Molekülen des Typs XY_4(zu F_2) in mdyn/A. In Klammern finden sich die Werte bei Kenntnis vollständiger Datensätze.

$XY_4(T_d)$	F_{11}	F_{22}	F_{12}	Literatur
SiF_4	6,66	0,43	0,41	
	(6,58)	(0,44)	(0,38)	(7:58)
OsO_4	7,80	0,42	0,09	
	(7,80)	(0,42)	(0,05)	(7:59)

Den *Fall*

$$L_{12} = L_{21} \qquad [7.6.2:15]$$

kann man aus den 3 Gleichungen [7.6.2:8] bis [7.6.2:10] bei geeigneten Einsetzungen und Umformungen auf eine Gleichung 4. bzw. 2. Grades zurückführen. Es ist damit

$$L_{22} = \sqrt{\frac{-b \pm \sqrt{b^2 - 4ac}}{2a}} \qquad [7.6.2:16]$$

mit

$$a = K_2^2 - 4K^2, \qquad [7.6.2:17]$$

$$b = 2K_1K_2 - 4K^2(g_{11} - g_{22}), \qquad [7.6.2:18]$$

$$c = K_1^2, \qquad [7.6.2:19]$$

$$K = g_{12}^2 (g_{11} - g_{22})^{-2}, \qquad [7.6.2:20]$$

$$K_1 = (1 + K) \cdot (g_{11} - g_{22}) - g_{11}, \qquad [7.6.2:21]$$

$$K_2 = 1 + 2K. \qquad [7.6.2:22]$$

Daraus ergeben sich

$$L_{11} = \sqrt{g_{11} - g_{22} - L_{22}^2}, \qquad [7.6.2:23]$$

$$L_{12} = \sqrt{g_{22} - L_{22}^2}. \qquad [7.6.2:24]$$

Allgemeiner Fall der Ordnung n = 3

Mit

$$L_{12} = L_{13} = L_{23} = 0 \qquad [7.6.2:25]$$

als *Müllersche Bedingung* ergeben sich folgende noch recht übersichtliche Zusammenhänge (7:56):

$$f_{11} = (\lambda_1 A + \lambda_2 g_{12}^2 + \lambda_3 g_{11} C^2 \det^{-1} G) : (g_{11} A), \qquad [7.6.2:26]$$

$$f_{12} = -(\lambda_2 g_{12} + \lambda_3 BC) : (A \det G), \qquad [7.6.2:27]$$

$$f_{13} = \lambda_3 \, C \det{}^{-1} G, \qquad [7.6.2:28]$$

$$f_{22} = (\lambda_2 \, g_{11} \det G + \lambda_3 \, B^2) : (A \det G), \qquad [7.6.2:29]$$

$$f_{23} = - \lambda_3 \, B \det{}^{-1} G, \qquad [7.6.2:30]$$

$$f_{33} = \lambda_3 \, A \det{}^{-1} G \qquad [7.6.2:31]$$

mit den Abkürzungen

$$A = g_{11} \, g_{22} - g_{12}^2, \qquad [7.6.2:32]$$

$$B = g_{11} \, g_{23} - g_{12} \, g_{13}, \qquad [7.6.2:33]$$

$$C - g_{12} \, g_{23} - g_{13} \, g_{22}. \qquad [7.6.2:34]$$

Zahlenbeispiele (7:56)

Tab. 7:4. Kraftkonstanten nach der Näherung $L_{12} = L_{13} = L_{23} = 0$ in mdyn/Å. Vergleiche damit in Tab. 22:15 ONF!

XYZ(C_s)	f_{11}	f_{12}	f_{13}	f_{22}	f_{23}	f_{33}
ONBr	14,53	0,68	0,20	2,41	0,11	0,17
$^{16}O^{14}NF$	15,92	0,83	0,55	3,21	0,36	0,69

Einige allgemeine Zusammenhänge für $n = 2$

Für $n = 2$ geben *Müller* und *Peacock* eine Reihe von allgemeineren Zusammenhängen an (7:60), (7:61):

1) F_{22} = Minimum

entspricht (vergl. 7.5:1)

$$L_{12} = 0 \qquad [7.6.2:35]$$

$$V_{12} = -2\,V_{22} \text{ in } \nu_1 \text{ und } V_{22} = 1 \text{ in } \nu_2.$$

2) Der Extremalforderung (vergl. 7.6.1. und 7.4.1.)

$$\mathrm{Sp}\, L = \text{Maximum mit } L = G^{1/2}$$

steht [7.6.2:36]

$$L_{12} = L_{21}$$

gegenüber.

3) F_{22} = Maximum

ist

$$L_{21} = 0, \qquad [7.6.2:37]$$

$$V_{12} = -2V_{11} \text{ in } \nu_2 \text{ und } V_{11} = 1 \text{ in } \nu_1$$

äquivalent.

7.6.3. $L^{(0)}$-Methode von Alix

Alix (7:68–70), (7:72–74) verwendet die allgemeine Parameterdarstellung von [7.5.2:1] und beschränkt seine Untersuchungen auf das inverse Eigenwertproblem der Ordnung $n = 2$. Die allgemeine Parameterdarstellung umfaßt mehrere der bereits besprochenen Methoden. Im speziellen behandelt die *Alix*sche Methode den physikalisch häufig vorkommenden Fall der schwachen kinematischen Kopplung mit $|\sin(2\psi)| \ll 1$ (siehe Gl. [7.5.2:4]) oder den Grenzfall der charakteristischen Schwingungen. Die Formulierung lautet mit dem Parameter α

$$L = L^0\, R(\alpha), (L^0)_{ij} = 0 \text{ für } i < j \Leftrightarrow M_i^{(k)} = \delta_{ik}. \qquad [7.6.3:1]$$

Dabei ist $R(\alpha) = U$ [7.6.3:2]

durch [7.5.2:5] bereits festgelegt. Die Matrix M ist

$$M = \left[\begin{array}{c|c} M_1^{(1)} & M_2^{(1)} = M_1^{(2)} \\ & \\ M_1^{(2)} = 1 - M_1^{(1)} & M_2^{(2)} = M_1^{(1)} \end{array}\right] \qquad [7.6.3:3]$$

mit

$$M_i^{(k)} = L_{ik}\, L_{ki}^{-1}, \qquad [7.6.3:4]$$

$$M_i^{(i)}(\alpha) = M_i^{(i)}(\alpha, \psi) = (1 + \mathrm{tg}(2\psi) \cdot \mathrm{tg}\alpha) : (1 + \mathrm{tg}^2\alpha) \qquad [7.6.3:5]$$

und

$$\mathrm{tg}(2\psi) = -g_{12}(\det G)^{-1/2} \qquad [7.6.3:6]$$

gegeben.
Daraus folgt die Parameterdarstellung der 3 Kraftkonstanten zu

$$f_{11} = 0{,}5\, g_{22} \det{}^{-1} G\,((\lambda_1 + \lambda_2) + (\lambda_1 - \lambda_2)\cos(2\psi - 4\alpha)), \qquad [7.6.3:7]$$

$$f_{22} = 0{,}5\, g_{11} \det{}^{-1} G\,((\lambda_1 + \lambda_2) + (\lambda_1 - \lambda_2)\cos(2\alpha)), \qquad [7.6.3:8]$$

$$f_{12} = -0{,}5\, g_{12} \det{}^{-1} G\,((\lambda_1 + \lambda_2) + (\lambda_1 - \lambda_2)\sin(2\alpha - 2\psi)\, \sin^{-1}(2\psi)), \qquad [7.6.3:9]$$

mit

$$\cos(2\psi) = ((\det G) : (g_{11} g_{22}))^{1/2}. \qquad [7.6.3:10]$$

(Sie weicht nur wenig von der *Pfeiffer*schen Darstellung nach [7.5.2:6–8] ab.)

Physikalisch ist besonders der Extremfall

$$\alpha = 0 \text{ mit } f_{22,\min} \Leftrightarrow L^0 \qquad [7.6.3:10]$$

von *Alix* auf zahlreiche Moleküle mit Erfolg angewandt worden. Weiterhin führt

$$\alpha = 2\psi \text{ auf } f_{11,\max} \Leftrightarrow L^0 \qquad [7.6.3:11]$$

als zweiten Grenzfall

Bemerkenswert ist die Korrespondenz von $\alpha = 0$ mit dem Maximalwert der von *Cerf* eingeführten Verhältniszahl v zweier Symmetriekraftkonstanten, die z. B. für das Molekülsystem $XY_4(T_d)$

$$v = \frac{F_{33}(F_2)}{F_{11}(A_1)} = \frac{f_{XY} - f_{XY/XY}}{f_{XY} + 3f_{XY/XY}} \qquad [7.6.3:12]$$

lautet. *Cerf* konnte übrigens mit dieser Verhältniszahl für zahlreiche Molekülreihen lineare Beziehungen empirisch nachweisen (7:75–77).

7.7. Extremfall der Eigenwertmatrix

Als mathematischer Extremfall der Eigenwertmatrix $\underline{\Lambda}$ kann der Fall *lauter gleicher Eigenwerte*

$$\lambda = \lambda_1 = \lambda_2 = \ldots = \lambda_n \qquad [7.7:1]$$

angesehen werden, der den Vorzug der analytischen Darstellung der dazugehörigen Matrix F nach

$$F = F(\lambda) = \lambda \cdot G^{-1} \qquad [7.7:2]$$

aufweist. Der Nachweis ergibt sich z. B. einfach durch Einsetzen in die Säkulargleichung (7:62), (7:8), (vergl. auch [7.1.4:6]).

Aus der allgemeinen Wellenlehre ist bekannt, daß die *Kopplung zweier resonanzfähiger Systeme, die im ungekoppelten Zustand die exakt gleichen Frequenzen aufweisen, eine Aufspaltung der beiden Eigenfrequenzen in eine höhere und in eine niedrigere Frequenz bewirkt.* Dabei ist die *Differenz* der beiden aufgespaltenen Frequenzen *ein Maß für die Stärke der Kopplung* ((0:110), S. 204). Damit ist der Grenzfall gleicher Eigenwerte innerhalb einer Rasse physikalisch nicht möglich. Als bekanntes Beispiel aus der Schwingungsspektroskopie sei die Aufspaltung der beiden Schwingungen von $YXY(D_{\infty h})$, die den an sich gleichen XY-Bindungen zugeordnet sind, in eine symmetrische und in eine antisymmetrische Schwingung zweier verschiedener Schwingungstypen oder Rassen angeführt. (Vergl. auch 21.1.2.!)

Umgekehrt führt die mathematische Gleichsetzung 2-er an sich empirisch nicht gleicher Schwingungsfrequenzen 2-er Schwinger im Molekül zu einer Kopplungsverstärkung. Damit kann die Grenzfallösung $F(\lambda)$ *als mathematisches Modell zur Bestimmung von Richtungen* (bzw. *Vorzeichen*) und *Lösungsbereichen der gesuchten* $n(n-1)/2$ *Kopplungskraftkonstanten in der Matrix der potentiellen Energie* F *verwendet* werden (7:63).

Zur analytischen Vorzeichenbestimmung der Kopplungskraftkonstanten hinreichend massengekoppelter Moleküle

Eine Hauptanwendung der Extremallösung [7.7:2] liegt in der *vollständig analytischen Vorzeichenbestimmung* (7:64), (7:65) *der Kopplungskraftkonstanten* in $F(\lambda)$ durch die Matrix der kinetischen Energie G^{-1}. Damit sind bei den realen Molekülen bei hinreichend kleinen Kraftkopplungen auch durch $F(\lambda)$ die Richtungen bzw. die Vorzeichen der Kopplungskraftkonstanten von F_{sym} ausfestgelegt. Auf diese Weise könnten die *einzelnen Lösungsbereiche* der Kraftkonstanten in F_{sym} *stark eingeschränkt* werden.

Andererseits kann ein *empirisches Abweichen* einer Kopplungskraftkonstanten von dieser Vorzeichenregel als ein Überwiegen der Kraftkopplung über die Massenkopplung in der klassisch-physikalischen Begriffsbildung ((0:33), S. 461) erklärt werden.

Auf Grund der bisherigen Untersuchungen durch Vergleich der theoretisch vorhergesagten und der rechnerisch bei Kenntnis der vollständigen Datensätze gefundenen Vorzeichen der Kopplungskraftkonstanten kann die Aussage bestätigt werden, daß es sich nach *Funck* bei den allermeisten schwingenden Molekülen um ein Überwiegen der Massen- oder Trägheitskopplung durch gemeinsame Atome handelt, und daß das Überwiegen der Kraftkopplung nur selten vorkommt (*Funck*), in: (0:33), S. 461).

Ordnung $n = 2$

Ganz allgemein ergibt sich die *Vorzeichenbeziehung für $n = 2$* (vergl. (0:84), S. 233)

$$\text{sign } f_{12}(\lambda) = -\text{sign } g_{12} \text{ mit } |g_{12}| > 0. \qquad [7.7:3]$$

Damit können für die einzelnen in 21.1. angeführten Energiematrizen die Vorzeichen sofort hingeschrieben werden.
Beispiel: $XYZ(C_{\infty v})$

$$\text{sign } f_{12}(\lambda) = \text{sign } f_{XY/YZ}(\lambda) = -\text{sign }(-\mu_Y) = +1. \qquad [7.7:4]$$

Als Beispiele finden sich ClCN, BrCN und OSC in Tab. 22:15.

Weiterhin sei darauf hingewiesen, daß sämtliche in dem Buch von *Siebert* ((0:32), S. 47–69) angeführten Vorzeichen der Kopplungskraftkonstanten durch [7.7:3] richtig wiedergegeben werden. Die Ergebnisse sind in Tab. 7:5 zusammengestellt.

Fall der Ordnung $n = 3$ für $XYZ(C_s)$

Nach der Inversion der G-Matrix von $XYZ(C_s)$ nach 21.1.2. ergeben sich für einen Valenzwinkel α mit

Tab. 7:5. Vorzeichen der Kopplungsgröße f_{12} (λ) des Grenzfalles F (λ) für die Ordnung n = 2 für verschiedene Molekülsysteme
Literatur: Siehe Kap. 21 und (7:64).

Es sind: r Gleichgewichtsabstände zwischen den Atomen X und Y; α Valenzwinkel zwischen YXY der Systeme XY_m mit m = 2, 3, 4, 6; μ_X reziproke Masse des Atomes X.
Anwendungen: Siehe Tab. 22:8 bis 22:14.

Molekültyp	Symmetriegruppe	Rasse	Wechselwirkungsglied von *G* g_{12} oder G_{12}	Wechselwirkungsglied von *F* f_{12} oder F_{12}	Vorzeichen von f_{12} (λ)
XYZ	$C_{\infty v}$	Σ^+	$-\mu_Y$	$f_{XY/YZ}$	+
XY_2	C_{2v}	A_1	$-\sqrt{2}\, r^{-1}\, \mu_X \sin\alpha$ für $0 < \alpha < 180°$	$r\sqrt{2}\, f_{XY/YXY}$	+
YXXY	$D_{\infty h}$	Σ_g^+	$-\sqrt{2}\, \mu_X$	$\sqrt{2}\, f_{XX/XY}$	+
XY_3	D_{3h}	E′	$\frac{3}{2}\sqrt{3}\, r^{-1}\, \mu_X$	$r\,(f'_{XY/YXY} - f_{XY/YXY})$	−
XY_3	C_{3v}	A_1	$\frac{-2\,(1 + 2\cos\alpha)\sin\alpha}{r\,(1+\cos\alpha)}\, \mu_X$ für $0 < \alpha < 120°$	$r\,(2\, f_{XY/YXY} + f'_{XY/YXY})$	+
		E	$\frac{(1-\cos\alpha)^2}{r\sin\alpha}\, \mu_X$ für $0 < \alpha < 180°$	$r\,(-f_{XY/YXY} + f'_{XY/YXY})$	−
XY_4	T_d	F_2	$\frac{-8}{3}\, r^{-1}\, \mu_X$	$\sqrt{2}\, r\,(f_{XY/YXY} - f'_{XY/YXY})$	+
XY_4	D_{4h}	E_u	$-2\sqrt{2}\, r^{-1}\, \mu_X$	$\sqrt{2}\, r\,(f_{XY/YXY} - f'_{XY/YXY})$	+
XY_6	O_h	F_{1u}	$4\, r^{-1}\, \mu_X$	$-2\, r\,(f_{XY/YXY} - f'_{XY/YXY})$	−

$$90^\circ \leqq \alpha < 180^\circ \qquad [7.7:5]$$

die einfachen *Vorzeichenregeln ohne weitere Fallunterscheidungen* (7:66)

$$\text{sign } f_{12}(\lambda) = +1, \qquad [7.7:6]$$

$$\text{sign } f_{13}(\lambda) = +1, \qquad [7.7:7]$$

$$\text{sign } f_{23}(\lambda) = +1. \qquad [7.7:8]$$

Die für die Moleküle ONF, ONCl, ONBr vorliegenden Berechnungen mit vollständigen Datensätzen nach Tab. 22:15 erfüllen sämtliche 3 Vorzeichenregeln für f_{12}, f_{13} und f_{23}.

Bereichsabschätzung von Kopplungskraftkonstanten

Die Extremallösung $F(\lambda)$ gestattet die Berechnung von oberen bzw. unteren Grenzen der $n(n-1)/2$ Kopplungskraftkonstanten, die für jede Kopplungskraftkonstante $f_{ik}(\lambda)$ wegen der 2 zugeordneten Eigenwerte λ_i und λ_k 2 Lösungen aufweist. In einer Reihe von Fällen kann man eine der beiden Lösungen als die physikalische auswählen. Ist dies jedoch nicht möglich, so wähle man die Lösungen für die jeweils größten Eigenwerte aus.

Als *Beispiel* sei ClCN($C_{\infty v}$) mit

$$0 < f_{12}(\text{ClCN}) = f_{\text{ClC/CN}} = 1{,}33 < 2{,}4 \text{ mdyn/Å} \qquad [7.7:9]$$

angeführt.

Ein einfaches Abschätzungsverfahren

Die Berechnung der n Diagonalglieder in F_{svm} nach [7.7:2] aus $F(\lambda)$ empfiehlt sich schon deshalb nicht, weil in den n f_{ii}-Gliedern die Hauptanteile der potentiellen Energie V nach den einzelnen Schwingungsfrequenzen bzw. deren Eigenwerte stecken. So ergibt sich ein einfaches Abschätzungsverfahren für alle $n(n+1)/2$ Kraftkonstanten durch die Berechnung der n Diagonalglieder aus der Säkulargleichung bei Verwendung von $n(n-1)/2$ Nichtdiagonalgliedern aus $F(\lambda)$ (7:67), (7:63).

7.8. Einige Vergleiche

Nachdem bereits bei der Beschreibung der einzelnen Extremalmethoden auf verschiedene innere Zusammenhänge hingewiesen wurde (z. B. in 7.2.3., 7.4.1, 7.5.3., 7.6.2:35–37), sollen abschließend auch die Arbeiten angeführt werden, die verschiedene hier behandelte Verfahren theoretisch und teilweise numerisch miteinander vergleichen (7:61), (7:68), (7:69), (7:70), (7:71), (7:72).

Die statistische Auswertung des bisherigen Datenmaterials zeigt, daß sich die Vorstellungen der charakteristischen Schwingungen gut bewährten (7:61), (7:71). Da sich diese Untersuchungen auf die Ordnung $n = 2$ beschränken, sind sie in ihrer Aussage stark eingeschränkt. Erweiterungsfähig wären diese Untersuchungen durch Anwendung der Methoden der theoretischen Wahrscheinlichkeitsrechnung und Statistik.

Von einem allgemeineren Standpunkt aus lassen sich folgende Unterscheidungen treffen:

1) Die Extremalforderungen führen auf allgemeine Aussagen. Ein Beispiel findet sich in 7.2.2. und 7.2.3.

2) Die Verfahren lassen sich auf die Einbeziehung von Zusatzdaten erweitern und ermöglichen auf diese Weise allgemeine Aussagen. Beispiele sind in 11.5.1., 17.2.2. und 17.2.3. zu finden.
3) Die Extremalforderungen stellen beschränkte und bedingt gültige Aussagen dar (vergleiche z. B. 7.7.).
4) Durch die Extremalforderungen lassen sich keine Lösungsbereiche angeben. Dies gilt für die überwiegende Anzahl der Verfahren in diesem Kapitel.

8. Einige Anwendungen

Bereits die unvollständige oder näherungsweise Berechnung der Kraftkonstantenmatrix F läßt eine Reihe von Anwendungen zu. In der Anwendung auf Molekülkristalle wird die sonst für alle übrigen Kapitel vorausgesetzte Beschränkung auf freie Moleküle aufgehoben.

8.1. Verwendung der Kraftkonstantenrechnung zur Frequenzzuordnung

Eine der Hauptanwendungsmöglichkeiten der Kraftkonstantenberechnung aus den Schwingungsfrequenzen liegt in der Umkehrung dieser Fragestellung *im Aufsuchen der Zuordnung der Schwingungsfrequenzen zu den einzelnen Schwingungsformen* (1.4.). An vielen Molekülbeispielen zeigte es sich, daß hierfür häufig keine zusätzlichen Schwingungsfrequenzen isotoper Moleküle bekannt sein müssen, sondern daß für zahlreiche Fälle die alleinige Kenntnis des Schwingungsspektrums des zu untersuchenden Moleküls zur Auffindung sämtlicher oder wichtiger Zuordnungen genügt. (Häufig sind ja keine zusätzlichen Informationen gegeben, so daß man nur mit diesem Grunddatenmaterial arbeiten kann.)

Ergeben sich bei den Berechnungen nach Kap. 6 reelle Diagonalmatrizen F_{diag} und sind keine zu starken Kopplungen vorhanden, so können grundsätzlich die Zuordnungen nach den Verfahren von 6. gefunden werden. Der Vorteil liegt in einer relativ schnellen Rechnung. Leider aber treten bei nicht wenigen Fällen so starke Kopplungen in der Kraftkonstantenmatrix F auf, daß keine reellen Diagonalmatrizen F_{diag} mehr existieren. Dafür sind dann diese Methoden ungeeignet.

Damit können ganz allgemein für beliebig starke Kopplungen in der Kraftkonstantenmatrix F mit den Methoden des Kap. 7 wenigstens stets reelle F-Matrizen nach den Extremalmethoden gefunden werden. Diese notwendige Voraussetzung reicht aber nach Ausweis der numerischen Erfahrungen zur Frequenzzuordnung vielfach aus.

Molekülbeispiele

1. Beispiel: SeCS. Gleichgewichtsabstände: $r_{CS} = 1{,}56$; $r_{CSe} = 1{,}71$ Å.
Gemessene Schwingungsfrequenzen: 1435, 506 und 355 cm^{-1} ((0:32, S. 45).
1. Zuordnung: $\nu_{SC} = 1435$, $\nu_{SeC} = 506$ und $\nu_{SeCS} = 355$ cm^{-1}.

Nach dem Kopplungsstufenverfahren (7.1.5.) erhalten wir folgende verbesserten Näherungswerte gegenüber der Entkopplungslösung: f_{SC} = 9,2 und f_{CSe} = 3,7 mdyn/Å. Die Kraftkonstante f_{SeCS} = 0,52 mdyn/Å liegt in der Größenordnung der bekannten Deformationskraftkonstanten und gilt wegen der Ordnung n = 1 exakt.
2. Zuordnung: ν_{SC} = 506 und ν_{CSe} = 1435 cm^{-1}.
Kraftkonstantenrechnung (wie oben): f_{CS} = 3,74 und f_{CSe} = 13,1 mdyn/Å.
Nimmt man als Orientierung die Kraftkonstanten der Moleküle S_2C und Se_2C der Symmetriegruppe $D_{\infty h}$ mit f_{SC} = 7,62 und f_{SeC} = 5,94 mdyn/Å, so folgt daraus die 1. Zuordnung. Die starken Abweichungen der Kraftkonstanten zeigen eine starke Kopplung und damit größere Anteile der Schwingungsenergien der Bindungen miteinander an (7:9).

Zur Zuordnung der S-Cl-Valenzschwingung beim $(SO_3Cl)^-$.

Als Gesamtbereich für die S-Cl-Valenzschwingung gibt *Nakamoto* etwa 350 bis 700 cm^{-1} an ((0:29), S. 324). Für zahlreiche Verbindungen heben sich die beiden Bereiche 390 bis 440 cm^{-1} und 520 bis 620 cm^{-1} heraus (8:1). Als Beispiele seien für den Bereich 390 bis 440 NSCl ((0:29), S. 90), S_2Cl_2 ((0:32), S. 62), $OSCl_2$ ((0:32), S. 59) und für den Bereich 520 bis 620 cm^{-1} SCl_2 ((0:32), S. 48–50), O_2SCl_2 ((0:32), S. 73) angeführt.

Für die Zuordnung der S-Cl-Valenzschwingung beim $(SO_3Cl)^-$ ergeben sich folgende 2 Möglichkeiten nach *Steger* und *Ciurea* (8:1):
1. Zuordnung: Mit ν(SCL) = 540 cm^{-1} folgt die Valenzkraftkonstante f_{SCl} = 4,39 mdyn/Å.
2. Zuordnung: Mit ν(SCl) = 416 cm^{-1} ergibt sich die wesentlich niedrigere Valenzkraftkonstante f_{Cl} = 2,75 mdyn/Å.
Als Vergleich werden einige Kraftkonstanten f_{SCl} zusammengestellt, die auf verschiedenen Näherungen oder Interpolationen beruhen: 3 Berechnungen an SO_2Cl_2: 2,26 bis 2,62.
Sieberts Regel (vergl. 20.1.):2,69.
Badgers Regel (vergl. 19.1.): 2,58 mdyn/Å.
Damit folgt aus der Kraftkonstantenrechnung die 2. Zuordnung der S-Cl-Valenzschwingung für $(SO_3Cl)^-$.

8.2. Zur Berechnung von Kraftkonstanten von Molekülkristallen

Die Methoden in 3.1. können auch zur Kraftkonstantenberechnung von Molekülkristallen erweitert werden. Eine ausführliche einführende Darstellung findet sich in *Becker*, Theorie der Wärme, verfaßt von *G. Leibfried* ((0:107), S. 200–224). Eine umfangreiche Zusammenstellung der gesamten molekülspektroskopischen Problemstellungen und Lösungen gibt *B. Schrader* in seiner Habilitationsschrift (8:2).

Bereits an der linearen Kette als einfachstem Beispiel lassen sich wesentliche Grundzüge in der mathematischen Behandlung von Molekülkristallen aufzeigen. Dabei beschränken wir uns auf den Unterfall gleicher Massen und gleicher Kraftkonstanten.

Es sei m die Masse eines Atomes, f die Kraftkonstante (Federkonstante), a der Abstand zwischen 2 Atomen, q_1 usw. die entsprechenden Verschiebungen der 1. Masse usw.
Es wird nun aus der unendlich langen Kette eine endlich lange Kette mit N Atomen herausgegriffen, die die Vorgänge in der unendlich langen Kette mit der Periode $N \cdot a$ wiedergibt. Für hinreichend große N ergibt sich aus der Periodizitätsforderung

$$q_n = q_{n+N} \qquad [8.2:1]$$

die Bedingung

$$\begin{aligned} &k\,a\,N = 2\pi j \text{ mit } j = -(N/2-1), \ldots, -1, 0, 1, \ldots, \\ &(N/2-1), N/2 \text{ für das Intervall } -\pi/a < k \leqq \pi/a, \\ &j \text{ stets ganzzahlig, } N \text{ sei geradzahlig.} \end{aligned} \qquad [8.2:1]$$

Von den N Eigenfrequenzen des endlichen Systems seien 2 typische Grenzschwingungsfälle herausgegriffen:

1) Benachbarte Gitterbausteine besitzen entgegengesetzt gleiche Amplitude, d. h. jedes Atom bewegt sich so in der Kette, daß die Mitten der beiden benachbarten Federn in Ruhe bleiben. Dann ist

$$\omega^{*2} = (2\pi\nu^*)^2 = 4f/m. \qquad [8.2:3]$$

2) Es schwinge nur ein Teilgitter, z. B. $j = 0, \pm 2, \pm 4, \ldots$, das andere Teilgitter bleibe in Ruhe, z. B. $j = \pm 1, \pm 3, \pm 5, \ldots$. Hierfür ist die Grenzfrequenz

$$\omega^{*2} = (2\pi\nu^*)^2 = 2f/m. \qquad [8.2:4]$$

Nach *Schrader* ((8:2), S. 82) liegen die zwischenmolekularen Kraftkonstanten im Kristallgitter meist in dem Bereich von 0,001 bis 0,1 mdyn/Å. Bei Wasserstoffbrücken und Gruppierungen mit freien Ladungen findet sich der Bereich von 0,1 bis 1 mdyn/Å.

2. Unterabschnitt

Zusätzliche Verwendung von Schwingungsfrequenzen isotoper Moleküle

Durch die Einbeziehung der Schwingungsfrequenzen isotoper Moleküle zu den Schwingungsfrequenzen eines Moleküls können *zusätzliche algebraische Gleichungen* für die Berechnung einiger oder bei niedrigen Ordnungen aller Kopplungskraftkonstanten aufgestellt werden. Die verschiedenen Problemstellungen sollen in den Kapiteln 9, 10 und 11 behandelt werden.

9. Vollständige Berechnung aller n(n + 1)/2 Kraftkonstanten für n $\geqq$ 2 durch zusätzliche Schwingungsspektren isotoper Moleküle

Die Berechnung von n(n + 1)/2 Kraftkonstanten erfordert zu der Kenntnis der n Gleichungen des Moleküls noch n(n − 1)/2 zusätzliche und algebraisch unabhängige Gleichungen, wenn die Ordnung n größer als 1 ist. In *kontinuierlicher Fortsetzung der experimentellen Technik der Schwingungsspektroskopie* sollen nun die Möglichkeiten untersucht werden, *die Spektren möglichst chemisch ähnlicher, d. h. isotoper Moleküle zur Gewinnung weiterer Zusatzgleichungen zu verwenden.*

9.1. Zur Gleichheit der Kraftkonstantenmatrizen isotoper Moleküle

Ersetzt man in einem Molekül ein Atom durch ein Isotop, so bleiben die für die Bindung entscheidenden Protonenanzahlen unverändert. Dies führt auf die *Annahme,* daß die *Potentialfunktion durch Isotopensubstitutionen in 1. Näherung unverändert* bleibt. Damit bleiben definitionsgemäß auch die Kraftkonstanten für isotope Moleküle näherungsweise gleich denen des Ausgangsmoleküls. Diese Näherung wird jedoch wegen der Bildung der zweimaligen Ableitungen weniger genau sein.

Eine einfache Untersuchung der Brauchbarkeit dieser Annahme ist durch die Berechnung der Kraftkonstanten für Moleküle und deren isotope Moleküle gegeben, deren Eigenwertprobleme sich noch vollständig lösen lassen. Als *Beispiele für die Ordnung n = 1* nennen wir Moleküle des Typs XY der Symmetrie $C_{\infty v}$ mit: $H^{35}Cl$ bis $T^{37}Cl$, $H^{79}Br$ bis $H^{81}Br$, HJ und DJ, $^{12}C^{16}O$ und $^{13}C^{16}O$, $^{14}N^{16}O$ und $^{15}N^{16}O$. Weiterhin seien für XX ($D_{\infty h}$) H_2 und D_2 angeführt. Es sei bemerkt, daß die Gültigkeit dieser Annahme die *Anharmonizitätskorrektur voraussetzt. Die so berechneten Kraftkonstanten stimmen meist auf 3 Stellen für isotope Moleküle überein.* Eine kleine Zusammenstellung findet sich in *Tab.* 22:4.

Wegen des Stellenschwundes, der bei der Bildung der in der numerischen Rechnung vorkommenden kleinen Differenzen auftritt, muß eine *möglichst hohe Genauigkeit in den Frequenzmessungen vorausgesetzt* werden. Damit ergibt sich für eine etwa 3-ziffrige Kraftkonstantenbestimmung mit den heute vorhandenen Spektrometern die praktische Grenze bei etwa der Massenzahl 35 isotoper Atome. In letzter Zeit sind jedoch genauere Frequenzmessungen bekannt geworden, die auch Brom als isotopes Atom mit der Massenzahl 79 bzw. 81 zur Gewinnung von Kraftkonstanten mit 2 Ziffern Genauigkeit zulassen (9:1). Aus diesem Grund haben wir im Anhang eine entsprechend erweiterte Tabelle mit den isotopen Atomen angeführt (siehe Tab. 22:2).

Weiterhin empfiehlt es sich bei der praktischen Rechnung die *Massen der Atome* möglichst genau in Rechnung zu stellen, da auch hier durch Differenzenbildung Stellenschwunde vorkommen. Aus diesem Grund haben wir in der Tabelle der reziproken Massen (Tab. 22:1) alle bekannten Ziffern angegeben. Dies führt gelegentlich zu einer beachtlichen Genauigkeitsverbesserung.

Es sei bemerkt, daß die Veränderung der Massenzahl bei den isotopen Atomen zu Veränderungen der Schwingungsfrequenzen führen muß. Damit ändern sich die inverse Matrix der kinetischen Energie G und die Spektralmatrix $\underline{\Lambda}$ eines isotopen Moleküls zu denen des Ausgangsmoleküls. Diese Ergebnisse seien kurz in den *3 Gleichungen* zusammengefaßt, wobei der in Klammern stehende Strich das isotope Molekül andeuten soll:

$$F = F(') = F_j, \qquad [9.1:1]$$

$$G \neq G(') \neq G_j, \qquad [9.1:2]$$

$$\underline{\Lambda} \neq \underline{\Lambda}(') \neq \underline{\Lambda}_j. \qquad [9.1:3]$$

Die Verwendung von Isotopenfrequenzen hat weiterhin den Vorteil, daß sich das *gesamte algebraische Gleichungssystem* in der einfachen *erweiterten Form der Säkulargleichung* gemäß

$$\det (G_j F - \lambda_j E) = 0 \qquad [9.1:4]$$

mit

$$j = 0, 1, 2, 3, \ldots, j_h \qquad [9.1:5]$$

schreiben läßt. Dabei soll $j = 0$ das Ausgangsmolekül bedeuten, $j = 1$ das erste isotope Molekül, usw.. Von wesentlicher Bedeutung ist noch die *Frage, wie viele der* $(j_h + 1) \cdot n$ *algebraischen Gleichungen algebraisch voneinander verschieden* sind. Die Beantwortung dieser Fragestellung läßt dann nach der Auffindung einer hinreichenden Anzahl j_h von isotopen Molekülen die vollständige Berechnung aller $n(n + 1)/2$ Kraftkonstanten aus dem algebraischen Gleichungssystem [9.1:4] zu.

Die ausführlichen *Begründungen* finden sich u. a. in ((0:8), S. 62–63), ((0:7), S. 125–132), ((0:17), S. 227–238), ((0:36), S. 182–193).

9.2. Relationen zwischen isotopen Molekülen

Setzt man *mathematisch völlig übereinstimmende Kraftkonstantenmatrizen für isotope Moleküle* und *rein harmonische Schwingungen* voraus, so können eine Reihe von Relationen zwischen den Frequenzen, geometrischen Größen und Kraftkonstanten gefunden werden. Solche Relationen lassen sich besonders einfach dann auffinden, wenn sich eine Gesamtheit von Kraftkonstanten einer Gleichung explizit so darstellen läßt, daß sie keine durch Isotopensubstitutionen veränderlichen Ausdrücke mehr enthält. Die beiden erstgenannten Regeln werden als Beispiele dazu angeführt.

9.2.1. Produktregel

Aus den Gln. [9.1:1] und [9.1:4] folgt sofort die einfache Form der sog. *Produktregel* mit

$$\det F = \det \underline{\Lambda} \cdot \det^{-1} G = \det \underline{\Lambda}_1 \cdot \det^{-1} G_1 = \ldots$$
$$= \det \underline{\Lambda}_{j_h} \cdot \det^{-1} G_{j_h} \qquad [9.2.1:1]$$

Aus ihr folgt zunächst, daß durch die Schwingungsfrequenzen eines isotopen Moleküles nicht mehr n, sondern *nur noch n – 1 zusätzliche Gleichungen zur Kraftkonstantenberechnung gewonnen* werden können. Oder: *Eine Schwingungsfrequenz eines isotopen Moleküls kann durch die n – 1 übrigen Schwingungsfrequenzen und durch die n Schwingungsfrequenzen des Ausgangsmoleküls bei bekannten G-Matrizen berechnet werden.*

Dazu lassen sich eine *Reihe weiterer Formulierungen* angeben, die nach ihren Entdeckern genannt sind ((0:7), S. 125), ((0:17), S. 227–238), ((0:36), S. 182–186).

Es sei bemerkt, daß Gl. [9.2.1:1] *auch gilt, wenn durch die Isotopensubstitutionen die Moleküle verschiedenen Symmetriegruppen zuzuordnen* sind. Als *einfachstes Beispiel* seien die Typen der Symmetriegruppen YXY ($D_{\infty h}$) und YXY′ ($C_{\infty v}$) erwähnt, für die sich nach den Formelsätzen der F-Matrizen nach [21.1.2:24] ergibt:

$$\det F(\mathrm{YXY}(D_{\infty h})) = \det F(\mathrm{YXY'}(C_{\infty v})) = (f_r^2 - f_{rr}^2)\, r^2\, f_\alpha. \qquad [9.2.1:2]$$

9.2.2. Eine Differenzenbeziehung

Eine 2. explizite Auflösung nach den Kraftkonstanten ergibt bei der Substitution eines Außenatomes i für nichtzyklische Typen zahlreicher Symmetrien und verschiedener zyklischer Typen

$$f_{ii} + r_{ik}^{-2}\, f_{kk} = (\mu_i - \mu_i')^{-1} \cdot \mathrm{Sp}(\underline{\Lambda} - \underline{\Lambda}'). \qquad [9.2.2:1]$$

(Herleitung und ausführliche Begründungen bringen wir in 10.1.2. u. 10.3.2..)

Auch hier führen weitere Isotopenfrequenzsätze zu keinen weiteren Aussagen über die beiden Kraftkonstanten.

9.2.3. Summenregeln

Nach *Decius* und *Wilson* gilt folgende *Summenregel* ((0:36), S. 186–188), (9:2):

$$\sum_i n_i \sum_{k=1}^{n} \nu_{ik}^2 = \sum_i n_i \operatorname{Sp} \underline{\Lambda}_i = 0. \qquad [9.2.3:1]$$

Dabei bedeuten: i *Molekülformen*, k *Normalschwingungen. Entartete Schwingungen sind mit dem Entartungsgrad zu multiplizieren. Gehören alle Moleküle zur gleichen Symmetriegruppe, so gilt* [9.2.3:1] *auch für jede Symmetrierasse in sich.*
Beweis:

$$\sum_i n_i \sum_k \nu_{ik}^2 = \sum_i n_i \sum_{kl} F_{jl} G_{kl} = \sum_i n_i \sum_\alpha \Big(\sum_{kl} F_{kl} H_{kl,\alpha}\Big) \mu_\alpha$$
$$= \sum_\alpha \sum_{kl} (F_{kl} H_{kl,\alpha}) \sum_i n_i \mu_{i\alpha} = 0, \qquad [9.2.3:2]$$

da

$$\sum_i n_i \, \mu_{i\alpha} = 0 \text{ für alle } \alpha. \qquad [9.2.3:3]$$

$\mu_{i\alpha}$ ist die reziproke Masse des α-ten Atomes im i-ten Molekül

$$(G_i)_{kl} = \sum_\alpha H_{kl,\alpha} \, \mu_{i\alpha}. \qquad [9.2.3:2a]$$

Anwendungen:

$$\Sigma^+: \operatorname{Sp}(\lambda_k(^{14}N^{14}NO) - \lambda_k(^{15}N^{14}NO) + \lambda_k(^{15}N^{14}NO) -$$
$$- \lambda_k(^{14}N^{15}NO)) = -0{,}002. \qquad [9.2.3:4]$$

$$\Pi: \operatorname{Sp}(\lambda(^{14}N^{14}NO) - \lambda(^{15}N^{14}NO) + \lambda(^{15}N^{14}NO) -$$
$$- \lambda(^{14}N^{15}NO)) = -0{,}001. \qquad [9.2.3:5]$$

Umgekehrt können daraus Frequenzen isotoper Moleküle in guter Näherung berechnet werden, z. B. für den Schwingungstyp II von NNO:

$$\nu^2(^{14}N^{15}NO) = \nu^2(^{14}N^{14}NO) + \nu^2(^{15}N^{15}NO) - \nu^2(^{15}N^{14}NO) = 575{,}1 \text{ cm}^{-1}.$$

Gemessen wurde 576 cm^{-1}. (Sämtliche Schwingungsfrequenzen sind ((0:29), S. 87) entnommen.)

9.2.4. Weitere Isotopenregeln

Nach den Arbeiten von *Heicklen* ergeben sich folgende Aussagen (9:3), (9:4): Es seien äquivalente Atome eines nichtlinearen Moleküls isotopensubstituiert. Dann existiert für 2 isotope Moleküle eine Relation (*Produktregel*) zwischen den Frequenzen, es existieren für 3 isotope Moleküle dazu 2 weitere Relationen (*Summenregeln 1. Ordnung*), für 4 isotope Moleküle dazu 2 weitere Relationen, für 5 und mehr isotope Moleküle stehen alle Frequenzen untereinander in Beziehung. Diese Regeln gelten bei gruppentheoretischen Reduktionen auch für jeden Symmetrieblock. Weiterhin ändert sich die Anzahl dieser Beziehungen nicht, wenn die isotopen Moleküle einer anderen Symmetriegruppe angehören. Bei ebenen Molekülen sind für die Schwingungen in der Ebene alle Schwingungsfrequenzen ab 4 isotopen Molekülen gekoppelt, für die Schwingungen außerhalb der Ebene und für lineare Moleküle treten ab 3 isotopen Molekülen alle Frequenzen in Wechselbeziehung zueinander.

Zwischen den Schwingungsfrequenzen von $m + 1$ isotopen linearen Molekülen, in denen nichtäquivalente Atome substituiert sind, bestehen *neben der Produktregel noch* $m(m - 1)/2$ *Relationen.*

Zur vollständigen Berechnung aller $n(n + 1)/2$ Kraftkonstanten der Matrix F ist die Kenntnis der *Frequenzen hinreichend vieler isotoper Moleküle notwendig*, die die Isotopensubstitutionen jedes Atomes enthalten, aber nur einen Frequenzsatz äquivalenter Atome.

Eine Reihe weiterer Summenregeln finden sich in den Darstellungen von *Sverdlov* (9:5), (9:6), *Bigeleisen* (9:7), *Brodersen* und *Langseth* (9:8) und *Mayanc* (0:28a). *Crawford* (9:9) und *Decius* (9:10) stellen *Summenregeln für die Intensitäten von Schwingungslinien* für isotope Moleküle auf.

Cederbaum, Engelke und *Strey* (9:11) bemühen sich um die Aufstellung einer *einheitlichen Theorie der Isotopenregeln* aller Klassen. Dabei teilen die Autoren die Isotopenregeln nach den Koeffizienten der symmetrischen Funktionen der Schwingungsfrequenzen in folgende 3 Klassen ein:

a) Die *Koeffizienten* sind *ganze Zahlen*.
b) Sie sind *massenabhängig*.
c) Sie sind *massen- und geometrieabhängig*.

Durch eine Verallgemeinerung der Theorie von *Mayanc* werden neue *massenabhängige Isotopenregeln* aufgestellt. Weiterhin gelingt die mathematische Herleitung der bisherigen Isotopenregeln für a) und b).

Bis heute ist jedoch für die allgemeine Ordnung n die genaue Zahl aller möglichen Isotopenregeln noch nicht bekannt (9:10), (9:11a), (9:11).

DeWames und *Wolfram* leiten aus dem Mechanismus der sog. „Greenschen Funktionen“ Isotopenregeln ab (9:14).

10. Vereinfachte Berechnung von Kraftkonstanten bei nichtsymmetrischen und symmetrischen Molekülen durch geeignete Isotopensubstitutionen

Wie man *für einzelne Kraftkonstanten exakte Aussagen* machen kann, *ohne die Gesamtheit von* $n(n+1)/2$ *Kraftkonstanten* in die Rechnung miteinzubeziehen, kann auf folgende Weise bewerkstelltigt werden (10:1), (10:2):

10.1. Isotopenreduktionsverfahren

10.1.1. Verschiedene Schwierigkeiten bei der Berechnung der Kraftkonstanten größerer Moleküle

Bei der Berechnung der Konstanten der potentiellen Energie der Moleküle kann bei symmetrischen Molekülen mit gruppentheoretischen Mitteln häufig die Ordnung n der inversen Eigenwertprobleme stark reduziert werden[10:1]. Leider reicht dieses Reduktionsvermögen bei großen und meist niedrigsymmetrischen Molekülen für die numerische Berechnung der Kraftkonstanten nicht mehr aus. Darüber hinaus sind fast alle großen Moleküle nichtsymmetrisch, wodurch eine Anwendung der Gruppentheorie ausgeschlossen ist. Weiterhin wird der Rechenaufwand selbst bei hinreichend vielen Zusatzdaten aus Isotopenfrequenzen so groß, daß die Berechnung einer einzigen Lösung aus dem dabei auftretenden algebraischen Gleichungssystem auch mit großen programmgesteuerten Rechenanlagen nicht mehr möglich ist (siehe Beispiel in 10.1.2.[10:2]). Darüber hinaus tritt bereits bei 4-atomigen, nichtsymmetrischen Molekülen eine Lösungsmannigfaltigkeit von über 10^9 nichtzugeordneten Lösungen für die Kraftkonstantenmatrix F auf (vergl. auch 11.3.2.). Fast ausnahmslos sind aber bis heute für größere Moleküle nebst den Schwingungsfrequenzen des Ausgangsmoleküls nur wenige Schwingungsfrequenzsätze isotoper Moleküle bekannt. Zu diesem Tatbestand tritt häufig die Problemstellung, daß nur *einzelne Valenzkraftkonstanten* zur Klärung *einer gewissen Bindung im Molekül* gesucht sind[10:3].

10.1.2. Reduktionsmethode mit geeigneten Isotopensubstitutionen

Wegen der Gleichheit der Kraftkonstantenmatrix F für isotope Moleküle [9.1:1] ist der Zusammenhang mit G als der inversen Matrix der kinetischen Energie und $\underline{\Lambda}$ als Spektralmatrix durch die Matrixgleichung ((0:98), S. 137)

[10:1] Es gibt auch Fälle symmetrischer Moleküle, die zu keiner Reduktion der Ordnung der Energiematrizen G und F führen. Als Beispiel sei der Typ XYZ der Symmetriegruppe C_s genannt. (Begründung: die gruppentheoretische Reduktion setzt Schwingungen verschiedener Schwingungstypen oder Rassen voraus. Diese Bedingung ist beim XYZ(C_s) mit den 3 Schwingungen der Rasse A' nicht erfüllt.)

[10:2] Dazu kommt die geringe Genauigkeit der Ausgangsdaten, die bei der Differenzenbildung benachbarter Isotopenfrequenzen und isotoper Massen in den Elementen in G bereits bei Systemen von Polynomgleichungen niedrigen Grades durch Stellenschwund zu ungenauen oder gar unbrauchbaren Ergebnissen führen kann. Diese Verhältnisse verschlechtern sich rasch bei Systemen von Polynomgleichungen höheren Grades u. a. durch Auflauffehler bis zur völligen Unbrauchbarkeit der Resultate.

[10:3] Weiterhin können heute die quantentheoretischen Methoden durch den Einsatz programmgesteuerter Rechenanlagen zur näherungsweisen Berechnung der Kraftkonstanten einfacher Moleküle herangezogen werden, wodurch sich eine zusätzliche Einengung in der Berechnung der Kraftkonstanten aus den experimentellen Schwingungsfrequenzen ergibt (vergl. Kap. 18, speziell 18.4.2. und 18.5.5.).

$$\mathrm{Sp}\,(G_j\,F)^k = \mathrm{Sp}\,\underline{\Lambda}_j^k \text{ für } k = 1, 2, 3, \ldots, n \qquad [10.1.2{:}1]$$

mit der Ordnung

$$n = 3N - 6 \qquad [10.1.2{:}2]$$

für nichtlineare Moleküle mit N Atomen und mit

$$z = n(n+1)/2 \qquad [10.1.2{:}3]$$

unbekannten Elementen in F gegeben. Die vollständige Aufstellung von z Gleichungen erfordert in einem *einfachen Fall* für geradzahlige Ordnungen n

$$j = j_g = n/2, \qquad [10.1.2{:}4]$$

für ungeradzahlige n

$$j = j_u = (n+1)/2 \qquad [10.1.2{:}5]$$

Isotopenfrequenzsätze[10:4]), ((0:58), Bd. I, S. 81).
Die Differenz zweier linearer Gleichungen aus [10.1.2:1] mit

$$k = 1, j = 0, G_0 = G, \underline{\Lambda}_0 = \underline{\Lambda} \text{ für das Molekül} \qquad [10.1.2{:}6]$$

und mit

$$k = 1, j = 1, G_1 = G^{(\prime)}, \underline{\Lambda}_1 = \underline{\Lambda}^{(\prime)} \text{ für ein isotopes Molekül} \qquad [10.1.2{:}7]$$

führt auf die Gleichung

$$\mathrm{Sp}\,((G - G^{(\prime)})\,F) = \mathrm{Sp}(\underline{\Lambda} - \underline{\Lambda}^{(\prime)}). \qquad [10.1.2{:}8]$$

Da bei geeigneten Isotopensubstitutionen oft zahlreiche Elemente der beiden Matrizen G und $G^{(\prime)}$ gleich sind, reduziert sich die Zahl der Unbekannten aus F in Gl. [10.1.2:8] bis auf die Zahl der voneinander verschiedenen Elemente in G und $G^{(\prime)}$. Die Wirksamkeit dieser *Reduktionsmethode* zeigt sich besonders bei großen Molekülen.

Nach den bisherigen Verfahren zur vollständigen Berechnung aller $n(n+1)/2$ Kraftkonstanten eines N-atomigen Moleküls mit dem Eigenwertproblem der Ordnung n mußten zur Berechnung einer einzigen Kraftkonstanten alle übrigen $n(n+1)/2 - 1$ Kraftkonstanten mitbestimmt werden, wozu hinreichend viele Isotopenfrequenzsätze bekannt sein sollen. Meistens sind aber bereits ab $n = 3$ nicht mehr hinreichend viele Zusatzdaten vorhanden. Die Bedeutung der Reduktionsgleichung [10.1.2:8] liegt u. a. in der Möglichkeit, *auch für nicht hinreichend viele Sätze von Zusatzdaten zu exakten Aussagen für* m

---

[10:4]) Für das hier behandelte Beispiel einer geradzahligen Ordnung n ergibt sich folgende *Indizierungsvorschrift*:
$j = 0$ (Molekül): $k = 1, 2, 3, \ldots, n$.
$j = 1, 2, 3, \ldots, n/2$ (isotope Moleküle): $k = 1, 2, \ldots, n - 1$.

Kraftkonstanten nach völliger Entkopplung von den übrigen n(n + 1)/2 – m *Kraftkonstanten zu kommen*, wenn m die Zahl der Unbekannten in [10.1.2:8] ist. Dieses Vorgehen kann als *eine Realisierung der* in ((0:21), S. 59) dargelegten *Vorstellungen von Kohlrausch* aufgefaßt werden.

Es sei weiterhin bemerkt, daß Gl. [10.1.2:8] auch für die übrigen Zusatzdaten zur Berechnung der Kraftkonstanten z. B. nach 13. entsprechend erweitert werden kann.

Zu welchen Vereinfachungen die Isotopenreduktionsmethode führen kann, zeigt sich besonders deutlich bei größeren Molekülen, bei denen sich in zahlreichen Fällen die Verhältnisse der Außenatome durch die einfache Gl. [10.1.2:6] beschreiben lassen. Als *Beispiel* sei ein *20-atomiges, nichtsymmetrisches Molekül* angeführt, dessen Matrizen die Ordnung n = 54 aufweisen, dessen Zahl der Unbekannten bzw. Gleichungen z = 1485 ist und zu dessen vollständiger Bestimmung wegen der Produkt- und Summenregeln mehr als 27 Isotopenfrequenzsätze bekannt sein müßten und die in der Praxis nie bekannt sind. Damit wäre bei Kenntnis eines Isotopenfrequenzsatzes eine Entkopplung der Valenzkraftkonstanten f_{XY} und der Deformationskraftkonstanten f_{XYZ} von den übrigen 1483 Kraftkonstanten gefunden, ohne daß eine einzige Kraftkonstante vernachlässigt worden wäre. Die Kopplungen werden durch die mathematische Verkettung der 54 Schwingungsfrequenzen beider isotoper Moleküle dargestellt, wobei die Zuordnungen der Frequenzen zu den einzelnen Schwingungsformen nicht bekannt sein müssen (vergl. X_{20} (I_h) in Tab. 4:9).

10.2. Vergleich mit der gruppentheoretischen Methode

In einer Tabelle sollen einige Eigenschaften und Ergebnisse der Isotopenreduktionsmethode und der gruppentheoretischen Reduktionsmethode stichwortartig zusammengestellt werden.

Tab. 10:1. Vergleich der Isotopen- mit der gruppentheoret. Methode

Isotopenreduktionsmethode	Gruppentheoretische Methode
1. Arbeitet besonders vorteilhaft bei nichtsymmetrischen Molekülen.	1. Bei nichtsymmetrischen Molekülen methodisch nicht anwendbar.
2. Auch auf symmetrische Moleküle anwendbar.	2. Reduktion der Ordnung der Matrizen *G* und *F* bei zahlreichen symmetrischen Molekülen.
3. Es können zahlreiche gruppentheoretisch behandelte Probleme noch weiter reduziert werden.	3. Bleibt bei Isotopensubstitutionen die Symmetriegruppe unverändert, so ergeben sich rein gruppentheoretisch keine Vereinfachungen. Bei großen Molekülen werden durch Isotopensubstitutionen häufig die Symmetriegruppen verändert (meist C_1).
4. Zunächst auf Kraftkonstantenberechnungen und den damit zusammenhängenden Molekülgrößen (Zentrifugaldehnungskonstanten, Coriolis-Kopplungen, Schwingungsamplituden) beschränkt[10:5].	4. Nebst den Kraftkonstantenberechnungen noch zahlreiche weitere Anwendungen möglich.

[10:5]) In einer Gl. [10.1.2:8] entsprechenden Gleichung können mit Coriolis-Kopplungskonstanten reduzierte lineare Gleichungen aufgestellt werden. So ergibt sich z. B. für $XY_3(D_{3h})$ und XY'_3 (D_{3h}) aus den beiden linearen Gleichungen für die Coriolis-Kopplungen eine lineare Gleichung mit der einzigen Unbekannten F_{12}.

Isotopenreduktionsmethode	Gruppentheoretische Methode
5. Es genügen meist Teilkenntnisse an Isotopendaten und von G und $G^{(i)}$ zur Berechnung von Einzelbindungen.	5. Es müssen sämtliche Glieder von G und F zur Reduktion der Ordnung in die Rechnung einbezogen werden.
6. Geringer Rechenaufwand.	6. Bei großen Molekülen großer Rechenaufwand für die Matrizenoperationen. Zahlreiche zusätzliche Untersuchungen notwendig.
7. Selbst bei großen Molekülen oft lineare Beziehungen bis zu 2 Unbekannten. Berechnung exakter oberer Grenzen von Valenz- und Deformationskraftkonstanten. Aufstellung neuer Auswahlregeln zur Beherrschung der Lösungsmannigfaltigkeit von F und einfacher Näherungsformeln.	7. Bei kleinen hochsymmetrischen Molekülen starke Reduktion der Ordnungen. Bei großen und daher meist niedrig symmetrischen Molekülen sind die Ordnungen der reduzierten Eigenwertprobleme häufig viel zu hoch, um zu einfachen Aussagen zu gelangen.

10.3. Anwendungen

Die Methode der Reduktion der Dimension der linearen Gleichungen durch geeignete Isotopensubstitutionen läßt zahlreiche Anwendungen zu, aus denen hier wichtige Typen herausgegriffen werden sollen.

10.3.1. Vollständig linear lösbare Fälle

Einige Fälle lassen sich mit der Isotopenreduktionsmethode noch vollständig linear lösen.

$$\mathrm{XYZ}(C_{\infty v}):\ f_{YA} = \frac{(\lambda_1 + \lambda_2) - (\lambda_1' + \lambda_2')}{\mu_A - \mu_A'} \quad \text{mit der}$$

Ordnung n = 2 [10.3.1:1]

Dabei kann das Außenatom A durch X oder Z ersetzt werden. Die Eigenwerte gehören zur Rasse (Symmetrietyp) Σ^+.

$$\mathrm{YXXY}(D_{\infty h}):\ f_{YX} + f_{XY/XY} = \frac{(\lambda_1 + \lambda_2) - (\lambda_1' + \lambda_2')}{\mu_Y - \mu_Y'}$$

mit der Ordnung n = 2. [10.3.1:2]

Die Eigenwerte gehören zur Rasse Σ_g^+.

10.3.2. Reduktion auf 2 Kraftkonstanten

In zahlreichen Fällen gelingt eine *Reduktion der Dimension der linearen* Gln. [10.1.2:8] von $n(n + 1)/2$ Kraftkonstanten auf 2 Kraftkonstanten, woran sich zahlreiche Anwendungen knüpfen.

Liegen in einer reduzierten Gleichung nur noch je eine Valenz- und Deformationskraftkonstante vor, so können *exakte obere Grenzen* angegeben werden. Betrachten wir den Typ XYZ der Symmetrie C_s und wählen die isotopen Typen X'YZ(C_s) und XYZ'(C_s), so erhalten wir die beiden Linearbeziehungen

$$(\mu_X - \mu'_X)\, f_{XY} + r_{XY}^{-2}\, (\mu_X - \mu'_X)\, f_{XYZ} = \mathrm{Sp}(\underline{\Lambda} - \underline{\Lambda}^{(')}), \quad [10.3.2:1]$$

$$(\mu_Z - \mu''_Z)\, f_{YZ} + r_{YZ}^{-2}\, (\mu_Z - \mu''_Z)\, f_{XYZ} = \mathrm{Sp}(\underline{\Lambda} - \underline{\Lambda}^{('')}). \quad [10.3.2:2]$$

Da die Valenzkraftkonstanten f_{XY} und f_{YZ} und die Deformationskraftkonstante nach [5.2:10] stets positiv sind, können aus beiden Gleichungen sofort obere Grenzen durch Nullsetzung einer Kraftkonstante exakt berechnet werden. Als ein *Beispiel* geben wir

$$f_{XY}(\text{obere Grenze}) = f_{XY,\max} = \frac{\mathrm{Sp}(\underline{\Lambda} - \underline{\Lambda}^{(')})}{\mu_X - \mu'_X}, \quad [10.3.2:3]$$

$$f_{YZ}(\text{obere Grenze}) = f_{YZ,\max} = \frac{\mathrm{Sp}(\underline{\Lambda} - \underline{\Lambda}^{('')})}{r_{YZ}^{-2}(\mu_Z - \mu''_Z)} \quad [10.3.2:4]$$

an.

Entsprechend erhalten wir aus den Gln. [10.3.2:1] und [10.3.2:2] 2 verschiedene obere Grenzen für die Deformationskraftkonstanten f_{XYZ}. Daraus ergibt sich für eine der Valenzkraftkonstanten eine *exakt gültige untere Grenze*, und wir können damit die Valenzkraftkonstante f_{XY} in ein *Intervall* exakt einschließen. Dieses Intervall erhält man bequem aus

$$f_{XY} + \frac{r_{XY}^{-2}}{r_{YZ}^{-2}} \left(\frac{\mathrm{Sp}(\underline{\Lambda} - \underline{\Lambda}^{('')})}{\mu_Z - \mu''_Z} - f_{YZ}\right) = \frac{\mathrm{Sp}(\underline{\Lambda} - \underline{\Lambda}'')}{\mu_X - \mu'_X}. \quad [10.3.2:5]$$

Wenn man $f_{YZ} = 0$ setzt, erhält man die untere Grenze von f_{YZ}, wählt man $f_{YZ,\max}$, dann ergibt sich $f_{XY,\max}$.

Zahlenbeispiel: ONBr (C_s).

Aus (9:1) entnehmen wir die Ausgangsdaten:

Isotop. Mol.	ν_1	ν_2	ν_3 cm^{-1}
$^{16}O^{14}N^{79}Br$	1832,4	548,1	269,7
$^{16}O^{14}N^{81}Br$	1832,4	547,9	268,9
$^{18}O^{14}N^{79}Br$	1782,9	541,1	262,1
$^{18}O^{14}N^{81}Br$	1782,9	540,9	261,3

d(NO) = 1,15 Å; d(NBr) = 2,14 Å; ∢ONBr = 114°.

Ergebnis:

$$f_{NBr,max} = 1,23 \pm 0,31 \text{ mdyn/Å}; \qquad [10.3.2:6]$$

$$11,90 \pm 1,06 < f_{NO} < 16,1_3 \text{ mdyn/Å} \qquad [10.3.2:7]$$

Wir haben mit Absicht ein Molekül mit dem relativ schweren Atom Br gewählt, um zahlenmäßig zu zeigen, daß auch dessen Isotope zu brauchbaren Aussagen über Lösungsbereiche führen. Dies war deshalb auch einer der Gründe, die Tab. 22:1 der isotopen Atome bis zum ^{81}Br zu erweitern.

10.3.3. Als Näherungsformel, Ausgangslösung, Auswahlregel und Zuordnungshilfe

Sind in den reduzierten Gleichungen neben den Valenz- und Deformationskraftkonstanten auch Kopplungskraftkonstanten vorhanden, so erhält man neben Grenzwerten für die Kopplungskraftkonstanten noch ***brauchbare Näherungswerte*** für die Valenz- bzw. Deformationskraftkonstanten, wenn die Kopplungskraftkonstanten vernachlässigt werden. Als Beispiele seien f_{XZ} und f_{YXY} von XY_2Z (C_s) genannt (siehe 11.5.2.1.).

Zugleich können diese Näherungswerte als ***Ausgangslösungen*** zur Berechnung des gesamten inversen Eigenwertproblems eines Moleküls mit dem Newton-Verfahren für algebraische Gleichungssysteme für einen Schritt oder in Schritt-für-Schritt-Verfahren verwertet werden. Eine Anwendung findet diese Möglichkeit im sog. Frequenzgangverfahren (siehe 11.5.2.). Bei einfacheren Fällen lassen sich diese Näherungsrechnungen nach *Newton* durch gestaffelte Gleichungssysteme stark vereinfachen, wofür XYZ (C_s) und XYZU (C_s) als Beispiele angeführt seien.

Weiterhin stellen diese mit der Isotopenreduktionsmethode gewonnenen Linearbeziehungen ***exakte Auswahlregeln*** zur Auswahl der physikalisch möglichen Lösung F_{phys} aus der mathematisch möglichen Anzahl diskreter Lösungen von F dar (siehe 11.3.).

Zugleich erschließen sich neue Möglichkeiten der ***Zuordnung*** der Frequenzen zu den einzelnen Bindungen bei hinreichender Charakteristik.

11. Allgemeine Rechenverfahren für Kraftkonstanten bei zusätzlichen Isotopenfrequenzen

Die vollständige Berechnung aller $n(n+1)/2$ Kraftkonstanten eines Moleküls für Ordnungen $n \geqq 2$ bei einer hinreichenden Anzahl von zusätzlichen Schwingungsspektren isotoper Moleküle erfordert die Darstellung allgemeiner Rechenverfahren. Damit ergeben sich folgende Untersuchungen: Bestimmung der *Anzahl der Lösungen, Ermittlung der Lösungen, Fallunterscheidungen, Lösbarkeitsbedingungen, Überwindung singulärer Fälle, Auswahl der physikalischen Lösung* F_{phys} aus der Lösungsmannigfaltigkeit von F, Aufstellung geeigneter *Ausgangslösungen* bei Iterationsverfahren usw. (11:1), (11:2), (11:3).

11.1. Berechnung der Kraftkonstantenmatrizen für n = 2

Der Fall der Ordnung $n = 2$ weist am häufigsten vollständige molekülphysikalische Ausgangsdaten auf und ist formelmäßig vollständig mathematisch beschreibbar.

11.1.1. 2 Lösungen bei Vorgabe eines zusätzlichen Isotopenfrequenzsatzes

Die Kraftkonstantenmatrizen können allgemein noch für den Fall der Ordnung $n = 2$ ***vollständig analytisch*** berechnet werden. Da die ***zusätzliche 3. Gleichung*** auch für die in 13.

behandelten Zusatzdaten aus Coriolis-Kopplungen, Schwingungsamplituden, Zentrifugaldehnungseffekten usw. die gleiche Form besitzt, schreiben wir sie allgemein (11:3)

$$c_{11}\, f_{11} + 2c_{12}\, f_{12} + c_{22}\, f_{22} = K_3. \qquad [11.1.1:1]$$

Die Koeffizienten bei Verwendung eines Isotopenfrequenzsatzes ergeben sich einfach durch Vergleich zu

$$K_3 = \lambda_1' + \lambda_2' = \mathrm{Sp}\,\underline{\Lambda}';\ c_{11} = g_{11}';\ c_{22} = g_{22}';\ c_{12} = g_{12}'. \qquad [11.1.1:2] - [11.1.1:5]$$

Die beiden Gleichungen des Moleküls finden sich in [6.2:3] und [6.2:4].

Diese 3 Gleichungen sind voneinander algebraisch unabhängig, wenn die Funktionaldeterminante ((0:74), Bd. I, S. 134), $^{6:0}$)

$$(c_{11}g_{12} - c_{12}g_{11})\, f_{11} + (c_{11}g_{22} - c_{22}g_{11})\, f_{12} + (c_{12}g_{22} - c_{22}g_{12})\, f_{22} \neq 0 \qquad [11.1.1:6]$$

ist. Dazu muß wenigstens eine der Klammern vor den Unbekannten von Null verschieden sein. Ist Gl. [11.1.1:6] erfüllt, dann führt die Auflösung dieser 3 Gleichungen auf eine Gleichung 2. Grades für eine der 3 Unbekannten, so daß 2 Lösungen der Kraftkonstantenmatrix F existieren müssen.

11.1.1.1. Formelsatz

$$F^{(+)} = \begin{bmatrix} f_{11}^{(+)} & f_{12}^{(+)} \\ f_{12}^{(+)} & f_{22}^{(+)} \end{bmatrix}, \quad F^{(-)} = \begin{bmatrix} f_{11}^{(-)} & f_{12}^{(-)} \\ f_{12}^{(-)} & f_{22}^{(-)} \end{bmatrix}, \qquad [11.1.1.1:1]\ [11.1.1.1:2]$$

$$f_{11}^{(\pm)} = \frac{-B \pm \sqrt{B^2 - 4AC}}{2A}, \qquad [11.1.1.1:3]$$

$$f_{22}^{(\pm)} = \frac{K_6 - K_4\, f_{11}^{(\pm)}}{K_5}, \qquad [11.1.1.1:4]$$

$$f_{12}^{(\pm)} = \frac{K_2 - g_{11}\, f_{11}^{(\pm)} - g_{22}\, f_{22}^{(\pm)}}{2\, g_{12}}, \qquad [11.1.1.1:5]$$

$$K_1 = \lambda_1 \lambda_2 \det{}^{-1} G,\ K_2 = \lambda_1 + \lambda_2, \qquad [11.1.1.1:6]$$

$$K_4 = g_{11}\, c_{12} - c_{11}\, g_{12},\ K_5 = g_{22}\, c_{12} - c_{22}\, g_{12},\ K_6 = c_{12}\, K_2 - g_{12}\, K_3, \qquad [11.1.1.1:7] - [11.1.1.1:9]$$

$$A = -g_{11}^2 + K_4K_5^{-1}(2(\det G - g_{12}^2) - g_{22}^2\, K_4\, K_5^{-1}), \qquad [11.1.1.1:10]$$

$$B = K_6\, K_5^{-1}(2(g_{12}^2 - \det G) + 2g_{22}^2K_4K_5^{-1}) + 2K_2(g_{11} - g_{22}K_4K_5^{-1}), \qquad [11.1.1.1:11]$$

$$C = -K_2^2 - 4K_1g_{12}^2 + K_6K_5^{-1}g_{22}(2K_2 - g_{22}K_6K_5^{-1}). \qquad [11.1.1.1:12]$$

Stets muß

$$K_5 \neq 0 \qquad [11.1.1.1:13]$$

vorausgesetzt werden. Für

$$A = 0 \qquad [11.1.1.1:14]$$

wird

$$f_{11} = -C B^{-1}, \qquad [11.1.1.1:15]$$

und die dazugehörigen Kraftkonstanten f_{22} und f_{12} ergeben sich eindeutig aus den Gln. [11.1.1.1:4] und [11.1.1.1:5][11:1]), [11:2]).

11.1.1.2. Fallunterscheidungen und Lösbarkeitsbedingungen

Für die beiden Voraussetzungen [11.1.1.1:13] und

$$A \neq 0 \qquad [11.1.1.2:1]$$

ergeben sich aus Gl. [11.1.1.1:3] folgende Fallunterscheidungen:
1. Fall:

$$B^2 - 4AC > 0. \qquad [11.1.1.2:2]$$

Die *beiden Kraftkonstantenmatrizen* [11.1.1.1:1] und [11.1.1.1:2] sind *reell*. Fall 1 kommt in den Anwendungen allgemein vor. Die Auswahl der Lösung wird später besprochen (11.1.2.).
2. Fall:

$$B^2 - 4AC = 0. \qquad [11.1.1.2:3]$$

Die beiden Lösungen [11.1.1.1:1] und [11.1.1.1:2] vereinigen sich zu der *einzigen reellen Lösung*

$$F = \begin{bmatrix} f_{11} & f_{12} \\ f_{12} & f_{22} \end{bmatrix}. \qquad [11.1.1.2:4]$$

Hierfür ist uns bisher kein praktisches Molekülbeispiel bekannt geworden.
3. Fall:

$$B^2 - 4AC < 0. \qquad [11.1.1.2:5]$$

Die beiden Kraftkonstantenmatrizen [11.1.1.1:1] und [11.1.1.1:2] sind *nicht reell*. Da komplexe Lösungen ohne physikalische Bedeutung in der Kraftkonstantenberechnung sind, ist dieser Fall in der Praxis auszuschließen. Damit führt Fall 3 auf eine *mathematische Bedingung für die Nichtanwendbarkeit der 6 physikalischen Methoden*[11:3]).

11:1) Der allgemeine Formelsatz von [11.1.1:2] bis [11.1.1.1:15] läßt sich leicht programmieren. (Für den Programmrechner ER 56 liegt ein Programm in Maschinensprache vor, nach dem sämtliche der hier behandelten Beispiele berechnet worden sind. Die Rechenzeit liegt in der Größenordnung von einer Sekunde für ein Beispiel.)

11:2) Die weitere Fallunterscheidung $g_{12} = 0$ ergibt sofort $f_{12} = 0$, $f_{11} = \lambda_1 g_{11}^{-1}$ und $f_{22} = \lambda_2 g_{22}^{-1}$ ohne Hinzunahme von Zusatzdaten.

11:3) Es sei erwähnt, daß auch für den Fall von $n(n + 1)/2$ linearen Gleichungen zur Berechnung der $n(n + 1)/2$ Kraftkonstanten bei Verwendung von entsprechend vielen weiteren Zusatzdaten keine Lösung existiert, wenn die Determinante der entsprechenden Koeffizientenmatrix gleich Null ist. Ist jedoch diese Determinante von Null verschieden, und dies ist der allgemeine Fall, so existiert eine einzige Lösung. Diese Einzellösung entspricht für $n = 2$ äußerlich dem Fall 2, ist aber aus physikalischen Gründen dem Fall 1 zuzuordnen.

11.1.1.3. Der singuläre Fall $K_5 = 0$

Bei der Verwendung von Isotopenfrequenzen kann leicht der *singuläre Fall mit* $K_5 = 0$ auftreten. Als *Beispiel* geben wir den Molekültyp XYZ der Symmetriegruppe $C_{\infty v}$ an. Wir erhalten für das Molekül XYZ bzw. dessen isotopes Molekül X'YZ die beiden Matrizen G und $G^{(')}$ zu (22.1.2).

$$G = G(XYZ(C_{\infty v})): g_{11} = \mu_X + \mu_Y;\ g_{12} = -\mu_Y;\ g_{22} = \mu_Y + \mu_Z, \qquad [11.1.1.3:1]$$

$$G(') = G(X'YZ(C_{\infty v})): g'_{11} = \mu_{X'} + \mu_Y;\ g'_{12} = -\mu_Y;\ g'_{22} = \mu_Y + \mu_Z \qquad [11.1.1.3:2]$$

mit μ als reziproke Atommasse. Damit wird nach Gl. [11.1.1.1:8] und [11.1.1:2–5]

$$K_5 = g_{22}g'_{12} - g'_{22}\,g_{12} = 0. \qquad [11.1.1.3:3]$$

In diesem Fall scheitert die Berechnung der Kraftkonstanten für isotope Moleküle XYZ und X'YZ. Als praktisches Beispiel kann man die beiden Moleküle HCN und DCN anführen.

Diese Singularität läßt sich jedoch einfach durch eine Umordnung der beiden Matrizen [11.1.1.3:1] und [11.1.1.3:2] beheben. Es sind lediglich die beiden Diagonalglieder zu vertauschen, was auch die Vertauschung der beiden zugeordneten Frequenzen erforderlich macht. Damit erhalten wir

$$K_5 = -\mu_Y(\mu_X - \mu_{X'}) \neq 0. \qquad [11.1.1.3:4]$$

Diese Umordnung empfiehlt sich auch zur Verbesserung der Rechengenauigkeit bei fast singulären Fällen mit sehr kleinen Werten für K_5.

11.1.2. Zur Auswahl einer Kraftkonstantenmatrix

Wir setzen den physikalisch wichtigsten Fall [11.1.1.2:2] mit den Bedingungen [11.1.1.1:13] und [11.1.1.2:1] voraus. Dann müssen zur Auswahl einer der beiden mathematisch möglichen Lösungen der Kraftkonstantenmatrizen nach [11.1.1.1:1] und [11.1.1.1:2] zusätzliche physikalisch-chemische Überlegungen angestellt werden (11:1).

Die Berechnung der Wechselwirkungsglieder bei eindeutiger Lösung des Eigenwertproblems zeigt, daß sie allgemein betragsmäßig kleiner als 3 mdyn/Å sind. Als Beispiele seien die Moleküle CO_2, CS_2 und CSe_2 angeführt ((0:32), S. 44). Dies weist auf die *allgemeine Bevorzugung der betragsmäßig kleineren Kopplungskraftkonstanten gegenüber den größeren hin.* In der Tat können mit dieser Regel der betragsmäßig kleinsten Wechselwirkungskraftkonstanten die meisten Kraftkonstantenmatrizen chemisch gedeutet werden. Als Beispiele erwähnen wir die Moleküle NNO, berechnet mit zusätzlichen Isotopendaten, OCS, berechnet mit zusätzlichen Zentrifugaldehnungskonstanten (7:11) und $GeCl_4$, berechnet unter Einbeziehung der Schwingungsamplituden ((0:11), S. 175–178). Daß die alleinige Anwendung dieser 1. *Auswahlvorschrift* aber zu Fehlschlüssen führen könnte, zeigt deutlich das Beispiel des Moleküls SO_3[11:4]).

Eine weitere – und für den Fall n = 2 schärfere – *2. Auswahlvorschrift* erhalten wir, wenn wir eine möglichst kleine Abweichung der Quadratsumme der Kraftkonstanten von denen der zugeordneten *Entkopplungslösung* fordern. Dann führt auch das Beispiel des Moleküls SO_3 zu einer interpretierbaren Lösung.

Es sei bemerkt, daß die unterschiedliche Bedeutung dieser beiden Auswahlregeln besonders

---

[11:4]) In (11:4) finden sich die Ausgangsdaten zur Berechnung der Kraftkonstanten unter Verwendung der Corioliskonstanten. Die Rechnung mit dem Formelsatz [11.1.1:2] bis [11.1.1.1:13] ergibt: 1. Lösung: $f_{11} = F_{11} = f_{SO} - f_{SO/SO} = 10{,}62$; $f_{12} = F_{12} = f'_{SO/OSO} - f_{SO/OSO} = -0{,}36$; $f_{22} = F_{22} = f_{OSO} - f_{OSO/OSO} = 0{,}62$ (mdyn/Å). 2. Lösung: $f_{11} = 1{,}85$; $f_{12} = 0{,}36$; $f_{22} = 3{,}54$ (mdyn/Å).

für Ordnungen $n \geqq 4$ der inversen Eigenwertprobleme zur Berechnung der Kraftkonstanten zutage tritt. Für diese höheren Ordnungen spielt die durch die Verkopplung beider Vorschriften ausgewählte Lösung einer Kraftkonstantenmatrix u. a. für Moleküle mit hinreichend charakteristischen Schwingungsfrequenzen eine entscheidende Rolle.

Eine *3. Auswahlvorschrift* nach dem ***mathematischen Grenzfall starker Kopplung der*** *F*(λ)-*Methode* (7:62) ergäbe für das Molekül SO_3 wegen des positiven g_{12}-Gliedes eine negative Kopplungskraftkonstante f_{12} (7:64). Dies steht in Übereinstimmung mit der Auswahlvorschrift der zugeordneten Ausgangslösung. – Es sei hier bemerkt, daß bei der Berechnung der Kraftkonstanten von mehreren hundert Molekülen und Ionen nach dem Verfahren der nächsten Lösung bis auf eine einzige Ausnahme eine vollständige Übereinstimmung zwischen den beiden Auswahlvorschriften der Zuordnung und nach $F(\lambda)$ gefunden worden ist (11:5). Bei der Ausnahme wurde auf Grund weiterer Erfahrungen, u. a. durch den Gang der Kraftkonstanten in der homologen Reihe, die Auswahl nach $F(\lambda)$ bevorzugt.

Nur in seltenen Fällen ist eine *eindeutige Lösung* gegeben, wenn durch weitere Zusatzdaten die Kraftkonstantenrechnung auf ein lineares Gleichungssystem führt. Als Beispiele seien die Berechnungen von Molekülen des Typs XYZ der Symmetrie $C_{\infty v}$ mit 2 zusätzlichen Isotopenfrequenzsätzen bzw. der Moleküle des Typs XY_2 der Symmetrie C_{2v} mit 4 Zentrifugaldehnungskonstanten angeführt. Als *Zahlenbeispiele* für die Isotopen nennen wir NNO ((0:29), S. 87), für den Zentrifugaldehnungseffekt SO_2 (11:6). Ist in einer homologen Reihe die eindeutige Auswahl einer Kraftkonstantenmatrix einer Verbindung nach einer dieser Methoden möglich, so können daraus für die übrigen Verbindungen oft entsprechende Auswahlen getroffen werden (*4. Auswahlregel*). Weiterhin ergibt sich für die Methoden der Zusatzdaten noch folgende Variante, die wir hier auf die Isotopenfrequenzmethode und auf die Ordnung $n = 2$ beschränken: Ist nur ein Isotopenfrequenzsatz gegeben, so können oft die *Bereiche* eines 2. Isotopenfrequenzsatzes angegeben werden, die zur eindeutigen Auswahl einer Kraftkonstantenmatrix hinreichend sind (*5. Auswahlregel*).

Bei geeigneten Isotopensubstitutionen (z. B. bei Außenatomen) können verschiedentlich mit einem einzigen Isotopenfrequenzsatz *Auswahlregeln* durch Subtraktion 2er linearer Gleichungen aufgestellt werden (*6. Auswahlregel*). Als Beispiel sei XYZ($C_{\infty v}$) mit der Gl. [10.3.1:1] für A = X und A = Z angeführt.

Zahlenbeispiel

Nach der Isotopenmethode berechnen wir die Kraftkonstantenmatrizen für das *Molekül NNO* und wenden zur Auswahl einer Lösung die 6 Auswahlvorschriften an ((0:29), S. 87), ((7:13), S. 39), (11:7):

NNO: $\nu_1 = 2277\ \text{cm}^{-1}$; $\nu_2 = 1300\ \text{cm}^{-1}$; bzw. $\lambda_1 = 3{,}054$;
$\lambda_2 = 0{,}9951$;

$g_{11} = 2 \cdot \mu_N = 0{,}14286$; $g_{12} = -\mu_N = -0{,}071429$; $g_{22} =$
$= \mu_N + \mu_O = 0{,}13393$.

Allgemeine *G*-Matrix siehe Gl. [11.1.1.3:1]

$^{15}N^{15}NO$: $\nu_1' = 2206$; $\nu_2' = 1281\ (\text{cm}^{-1})$; bzw. $\lambda_1' = 2{,}867$;
$\lambda_2' = 0{,}9661$;

$g_{11}' = 0{,}13333$; $g_{12}' = -0{,}066667$; $g_{22}' = 0{,}12917$.

1. Lösung: $f_{11} = f_{NN} = 16{,}96$; $f_{12} = f_{NN/NO} = 0{,}61$; $f_{22} = f_{NO} = 12{,}79$.

2. Lösung: $f_{11} = 28{,}54$; $f_{12} = 12{,}19$; $f_{22} = 12{,}80$ (mdyn/Å).

Nach der 1., 2. und 5. Auswahlregel entspricht die 1. Lösung den physikalisch-chemischen Vorstellungen. Die spezielle Auswahlregel [10.3.1:1] führt mit den Daten von ^{14}NNO und

^{15}NNO ((0:29), S. 80) ebenso auf die 1. Lösung, wodurch eine exakt gültige Auswahl getroffen werden kann. Dazu gilt die Auswahlregel 4 für diese Lösung in mathematischer Strenge. Die 3. Auswahlregel als Vorzeichenregel bevorzugt jedoch keine der beiden Lösungen. Die 2. Lösung hat keine physikalische Bedeutung, wie auch offensichtlich das Verhältnis $v = f_{12} : f_{22} = 0{,}94$ zeigt ((0:32), S. 44, Extremfall HF_2^- mit $v = 0{,}74$).

11.1.3. Eine Lösung bei Vorgabe von 2 zusätzlichen Isotopenfrequenzsätzen – Zur eindeutigen Bestimmung von F für n = 2

Bei einer Reihe von Molekülen, deren Eigenwertprobleme der Ordnung $n = 2$ sind, liegen 2 Sätze von Isotopenfrequenzen vor. Dieser Umstand gestattet die eindeutige Berechnung der Kraftkonstantenmatrix F aus dem vorliegenden linearen Gleichungssystem. Dabei kennzeichnen wir die durch die Isotopenfrequenzen gegebenen Gleichungen durch ein oder zwei Striche.

$$g_{11}f_{11} + g_{22}f_{22} + 2g_{12}f_{12} = \lambda_1 + \lambda_2 = K_2, \qquad [11.1.3:1]$$

$$g'_{11}f_{11} + g'_{22}f_{22} + 2g'_{12}f_{12} = \lambda'_1 + \lambda'_2 = K_3, \qquad [11.1.3:2]$$

$$g''_{11}f_{11} + g''_{22}f_{22} + 2g''_{12}f_{12} = \lambda''_1 + \lambda''_2 = K_4. \qquad [11.1.3:3]$$

Die Auflösung führt auf die Lösung

$$F = \begin{bmatrix} f_{11} & f_{12} \\ f_{12} & f_{22} \end{bmatrix} = \frac{1}{D} \begin{bmatrix} D_{11} & D_{12} \\ D_{12} & D_{22} \end{bmatrix} \qquad [11.1.3:4]$$

mit den Abkürzungen

$$D_{11} = \begin{vmatrix} K_2 & g_{22} & 2g_{12} \\ K_3 & g'_{22} & 2g'_{12} \\ K_4 & g''_{22} & 2g''_{12} \end{vmatrix}, \quad D_{22} = \begin{vmatrix} g_{11} & K_2 & 2g_{12} \\ g'_{11} & K_3 & 2g'_{12} \\ g''_{11} & K_4 & 2g''_{12} \end{vmatrix}, \qquad [11.1.3:5]$$

$$D_{12} = \begin{vmatrix} g_{11} & g_{22} & K_2 \\ g'_{11} & g'_{22} & K_3 \\ g''_{11} & g''_{22} & K_4 \end{vmatrix}, \quad D = \begin{vmatrix} g_{11} & g_{22} & 2g_{12} \\ g'_{11} & g'_{22} & 2g'_{12} \\ g''_{11} & g''_{22} & 2g''_{12} \end{vmatrix}. \qquad [11.1.3:6]$$

Es existiert genau eine Lösung von F, wenn

$$D \neq 0 \qquad [11.1.3:7]$$

ist ((0:89), Formelsammlung S. 4).

Beispiel: Die Kraftkonstanten des *Moleküls NNO*

Für das Molekül NNO sind noch 2 weitere Isotopensätze bekannt. Aus (0:29), S. 87 entnehmen wir die in Tab. 11:1 eingetragenen Werte.

Der Formelsatz für die G-Matrix findet sich im Anhang Formelsammlung XYZ($C_{\infty v}$). Wir erhalten damit die Gleichungen

$$^{14}N^{14}NO: 0{,}1429f_{11} + 0{,}1339f_{22} - 0{,}1429f_{12} = 3{,}888, \qquad [11.1.3:8]$$

$$^{14}N^{15}NO: 0{,}1381f_{11} + 0{,}1292f_{22} - 0{,}1333f_{12} = 3{,}762, \qquad [11.1.3:9]$$

$$^{15}N^{15}NO: 0{,}1333f_{11} + 0{,}1292f_{22} - 0{,}1333f_{12} = 3{,}683. \qquad [11.1.3:10]$$

Tab. 11:1. Schwingungsfrequenzen von NNO und 2-er isotoper Moleküle

NNO	ν_1 (cm^{-1})	ν_2 (cm^{-1})
$^{14}N^{14}NO$	1286	2224
$^{14}N^{15}NO$	1281	2178
$^{15}N^{15}NO$	1266	2156

Aus den Gleichungen [11.1.3:9] und [11.1.3:10] folgt sofort durch Subtraktion

$$f_{11} = 16{,}45. \qquad [11.1.3:11]$$

Aus den Gleichungen [11.1.3:8] und [11.1.3:9] ergibt sich dann noch

$$f_{22} = 13{,}0 \text{ und } f_{12} = 1{,}42, \qquad [11.1.3:12]$$

so daß hier nicht einmal die Lösung von 3 linearen Gleichungen aufzusuchen war. Zusammenfassend lautet das Ergebnis:

$$F = \begin{bmatrix} f_{NN} & f_{NN/NO} \\ f_{NN/NO} & f_{NO} \end{bmatrix} = \begin{bmatrix} 16{,}45 & 1{,}42 \\ 1{,}42 & 13{,}0 \end{bmatrix}. \qquad [11.1.3:13]$$

Das Ergebnis ist wegen der geringen Stellenanzahl der Ausgangsdaten und des mit der Rechnung durch Differenzenbildung verbundenen Stellenschwundes nicht allzu genau.

11.2. Rechenverfahren für n = 3

Für die Ordnung n = 3 lassen sich noch die Iterationsverfahren überschaubar darstellen.

11.2.1. Für 2 isotope Moleküle

Zur vollständigen Bestimmung der 6 Kraftkonstanten der Matrix der Ordnung n = 3

$$F = \begin{bmatrix} f_{11} & f_{12} & f_{13} \\ f_{12} & f_{22} & f_{23} \\ f_{13} & f_{23} & f_{33} \end{bmatrix} \qquad [11.2.1:1]$$

müssen mindestens 2 zusätzliche Frequenzsätze zweier isotoper Moleküle experimentell gegeben sein, da wegen der Produktregel (9.2.1.) nur eine kubische Gleichung zur Kraftkonstantenberechnung verwendbar ist. Damit erhalten wir aus der Säkulargleichung ein algebraisches Gleichungssystem von 3 linearen, 3 quadratischen Gleichungen und einer kubischen Gleichung. Es sei weiterhin vorausgesetzt, daß die algebraische Unabhängigkeit von 6 Gleichungen gegeben sei, d. h. es sollen u. a. keine Summenregeln (9.2.3. u. 9.2.4.) zusätzliche Abhängigkeiten schaffen. Wir geben deshalb den Formelsatz in indizierter Form an:

$$g_{11}^{(j)}f_{11} + g_{22}^{(j)}f_{22} + g_{33}^{(j)}f_{33} + 2g_{12}^{(j)}f_{12} + 2g_{13}^{(j)}f_{13} + 2g_{23}^{(j)}f_{23} - \\ - (\lambda_1^{(j)} + \lambda_2^{(j)} + \lambda_3^{(j)}) = 0, \qquad [11.2.1:2]$$

$$\det G_{33}^{(j)} (f_{11}f_{22} - f_{12}^2) + \det G_{22}^{(j)} (f_{11}f_{33} - f_{13}^2) + \\ \det G_{11}^{(j)} (f_{22}f_{33} - f_{23}^2) + 2 \det G_{23}^{(j)} f_{11}f_{23} + 2 \det G_{13}^{(j)} f_{22}f_{13} + \\ + 2 \det G_{12}^{(j)} f_{33}f_{12} - (\lambda_1^{(j)}\lambda_2^{(j)} + \lambda_1^{(j)}\lambda_3^{(j)} + \lambda_2^{(j)}\lambda_3^{(j)}) = 0, \qquad [11.2.1:3]$$

wobei die Ausdrücke

$$\det G_{33} = g_{11}g_{22} - g_{12}^2, \qquad [11.2.1:4]$$

$$\det G_{23} = g_{11}g_{23} - g_{12}g_{13} \qquad [11.2.1:5]$$

usw. durch das Streichen der, durch die Indizes i und k in G_{ik} angegebenen Zeilen und Spalten in der vollen Matrix G zu bilden sind.

$$f_{11}f_{22}f_{33} - f_{13}^2f_{22} - f_{23}^2f_{11} - f_{12}^2f_{33} + 2f_{12}f_{13}f_{23} = \\ = \lambda_1^{(j)}\lambda_2^{(j)}\lambda_3^{(j)} \det^{-1} G^{(j)}. \qquad [11.2.1:6]$$

Der Index j bedeutet:

$$j = \begin{cases} 0 \text{ (Molekül)} \\ 1 \text{ (1. isotopes Molekül)} \\ 2 \text{ (2. isotopes Molekül).} \end{cases} \qquad [11.2.1:7]$$

In der Gl. [11.2.1:6] kann man sich für ein beliebiges j entscheiden und wird allgemein j = 0, also das Ausgangsmolekül, wählen. Dann verbleiben 3 Möglichkeiten der Indizierung, die kurz in der Tab. 11:2 zusammengestellt werden.

Tab. 11:2. Indizierungsmöglichkeiten für n = 3 bei 2 zusätzlichen Isotopenfrequenzsätzen

Gleichung	Index j		
	1. Fall	2. Fall	3. Fall
[11.2.1:2]	0, 1, 2	0, 1	0, 1, 2
[11.2.1:3]	0, 1	0, 1, 2	0, 1, 2
[11.2.1:6]	0	0	

11.2.1.1. Iterative Berechnung von F nach Newton

Es verbleiben weder eine analytische Auflösung des algebraischen Gleichungssystems [11.2.1:2], [11.2.1:3] und [11.2.1:6] nach einer der 3 möglichen Indizierungen nach Tabelle 11:2 noch die Zurückführung auf eine einzige algebraische Gleichung für eine einzige Unbekannte (siehe 6.3.). Damit müssen wir auf eine *iterative Methode* zurückgreifen, und wir verwenden wegen der Kenntnis der Existenz einer Lösung und der Konvergenzbedingungen (6:19), (6:20) das *Newton-Verfahren für algebraische Gleichungssysteme.*

Es sei vorausgesetzt, daß eine hinreichend genaue Näherungslösung $F^{(N)}$ von der physikalischen Lösung F_{phys} bekannt sei. (Der Begriff „hinreichend genaue Näherungslösung" ist durch die sog. „*Bußmann-Bedingungen*" definiert (6:20)). Damit ist eine *Verbesserungsmatrix* $\Delta F^{(N)}$ durch

$$F_{\text{phys}} = F^{(N)} + \Delta F^{(N)} \qquad [11.2.1.1{:}1]$$

festgelegt. Die 6 *Elemente der Verbesserungsmatrix* $\Delta f_{11}^{(N)}$ bis $\Delta f_{33}^{(N)}$ berechnen sich durch Auflösung folgender linearisierter Gleichungen, wobei zur Vereinfachung überall der Index $^{(N)}$ weggelassen ist:

$$\begin{aligned}
&g_{11}^{(j)}\,\Delta f_{11} + g_{22}^{(j)}\,\Delta f_{22} + g_{33}^{(j)}\,\Delta f_{33} + 2g_{12}^{(j)}\,\Delta f_{12} + 2g_{13}^{(j)}\,\Delta f_{13} + \\
&+ 2g_{23}^{(j)}\,\Delta f_{23} + g_{11}^{(j)} f_{11} + g_{22}^{(j)} f_{22} + g_{33}^{(j)} f_{33} + 2g_{12}^{(j)} f_{12} + \\
&+ 2g_{13}^{(j)} f_{13} + 2g_{23}^{(j)} f_{23} - (\lambda_1^{(j)} + \lambda_2^{(j)} + \lambda_3^{(j)}) = 0,
\end{aligned} \qquad [11.2.1.1{:}2]$$

$$\begin{aligned}
&(\det G_{33}^{(j)} \cdot f_{22} + \det G_{22}^{(j)} \cdot f_{33} + 2\det G_{23}^{(j)} \cdot f_{23})\,\Delta f_{11} + \\
&(\det G_{33}^{(j)} \cdot f_{11} + \det G_{11}^{(j)} \cdot f_{33} + 2\det G_{13}^{(j)} \cdot f_{13})\,\Delta f_{22} + \\
&(\det G_{22}^{(j)} \cdot f_{11} + \det G_{11}^{(j)} \cdot f_{22} + 2\det G_{12}^{(j)} \cdot f_{12})\,\Delta f_{33} + \\
&(2\,(\det G_{12}^{(j)} \cdot f_{33} - \det G_{33}^{(j)} \cdot f_{12}))\,\Delta f_{12} + \\
&(2\,(\det G_{13}^{(j)} \cdot f_{22} - \det G_{22}^{(j)} \cdot f_{13}))\,\Delta f_{13} + \\
&(2\,(\det G_{23}^{(j)} \cdot f_{11} - \det G_{11}^{(j)} \cdot f_{23}))\,\Delta f_{23} + \\
&+ \det G_{33}^{(j)} \cdot f_{11} f_{22} + \det G_{22}^{(j)} \cdot f_{11} f_{33} + \det G_{11}^{(j)} \cdot f_{22} f_{33} + \\
&+ 2\det G_{23}^{(j)} \cdot f_{11} f_{23} + 2\det G_{13}^{(j)} f_{22} f_{13} + 2\det G_{12}^{(j)} \cdot f_{33} f_{12} - \\
&- \det G_{33}^{(j)} \cdot f_{12}^2 - \det G_{22}^{(j)} \cdot f_{13}^2 - \det G_{11}^{(j)} \cdot f_{23}^2 - \\
&- (\lambda_1^{(j)}\lambda_2^{(j)} + \lambda_1^{(j)}\,\lambda_3^{(j)} + \lambda_2^{(j)}\lambda_3^{(j)}) = 0.
\end{aligned} \qquad [11.2.1.1{:}3]$$

$$\begin{aligned}
&(f_{22} f_{33} - f_{23}^2)\,\Delta f_{11} + (f_{11} f_{33} - f_{13}^2)\,\Delta f_{22} + \\
&(f_{11} f_{22} - f_{12}^2)\,\Delta f_{33} + (2f_{13} f_{23} - 2f_{12} f_{33})\,\Delta f_{12} + \\
&(2f_{12} f_{23} - 2\,f_{13} f_{22})\,\Delta f_{13} + (2f_{12} f_{13} - 2f_{23} f_{11})\,\Delta f_{23} = \\
&= \lambda_1^{(0)}\lambda_2^{(0)}\lambda_3^{(0)}\det{}^{-1} G^{(0)} - (f_{11} f_{22} f_{33} - f_{13}^2 f_{22} - f_{23}^2 f_{11} - \\
&- f_{12}^2 f_{33} + 2f_{12} f_{13} f_{23}).
\end{aligned} \qquad [11.2.1.1{:}4]$$

mit

$$j = \begin{cases} 0 & \text{für das Molekül,} \\ 1 & \text{für das 1. isotope Molekül,} \\ 2 & \text{für das 2. isotope Molekül.} \end{cases} \qquad [11.2.1.1{:}5]$$

11.2.1.2. Zur Aufstellung einer Ausgangslösung

Zur Aufstellung einer *Ausgangslösung* für das Iterationsverfahren nach *Newton* der Gln. [11.2.1.1:2], [11.2.1.1:3] und [11.2.1.1:4] kann von der *Entkopplungslösung* F_{ent} ausgegangen werden. Dies würde aber im allgemeinen wegen der relativ großen Abweichungen von Kraftkonstanten ein *Schritt-für-Schritt-Verfahren* notwendig machen. Demgegenüber wäre die *diagonale Lösung* F_{diag} schon wesentlich besser, und es kann bei hinreichend kleinen Kopplungskraftkonstanten das Verfahren in einem Schritt und wenigen Nachiterationen zu einer Lösung führen.

Darüber hinaus geben wir hier ein einfaches Verfahren an, bei dem zunächst die 4 Kraftkonstanten f_{11}, f_{22}, f_{33} und f_{12} bei Vernachlässigung der beiden Kraftkonstanten f_{13} und f_{23} näherungsweise nach einer einfachen Iterationsvorschrift bestimmt werden.

1. Schritt: Man wähle für die Kopplungskraftkonstanten einen Festwert, z. B.

$$f_{12} = 0, 1, 2, 3, \ldots, c. \qquad [11.2.1.2:1]$$

2. Schritt: Mit diesem Festwert von f_{12} gehe man in die 3 linearen Gleichungen [11.2.1:2] ein und löse das lineare Gleichungssystem. Wir erhalten dann

$$F(f_{12} = c) = \begin{bmatrix} f_{11} & f_{12} & 0 \\ f_{12} & f_{22} & 0 \\ 0 & 0 & f_{33} \end{bmatrix}. \qquad [11.2.1.2:2]$$

3. Schritt: Mit diesen Werten gehen wir in die reduzierte Gleichung [11.2.1:6] der Form

$$f_{11}\, f_{22}\, f_{33} - f_{12}^2\, f_{33} - \det \underline{\Lambda} \cdot \det^{-1} G \gtreqless 0 \qquad [11.2.1.2:3]$$

ein. Auf diese Weise läßt sich mit 2 oder 3 Werten von f_{12} ein Rohwert von [11.2.1.2:2] durch einfache Interpolation in [11.2.1.2:3] ermitteln.

11.2.2. Für 2 außenatomsubstituierte Moleküle $XYZ\,(C_s)$

Der bekannteste Typ mit der Ordnung $n = 3$ ist XYZ der Symmetrie C_s, und er soll in diesem Unterabschnitt als Anwendungsbeispiel zugrundegelegt werden. Die Energiematrizen finden sich in 21.1.2. Als weiterer günstiger Umstand ist zu werten, daß durch Isotopensubstitution je eines Außenatoms X' bzw. Z'' besonders einfache Lineargleichungen nach der Isotopenreduktionsmethode entstehen, die zu einer Reihe von starken Vereinfachungen führen.

11.2.2.1. Einfaches Iterationsverfahren für die 4 Kraftkonstanten f_{11}, f_{22}, f_{33} und f_{12} mit $f_{13} = f_{23} = 0$

Die analoge Aufstellung einer Ausgangslösung nach 11.2.1.2. oder die *iterative Berechnung der 4 Kraftkonstanten* f_{11}, f_{22}, f_{33} und f_{12} für $XYZ(C_s)$ mit den isotopen Molelen $X'YZ(C_s)$ und $XYZ''(C_s)$ kann nach den Gln. [10.3.2:1] und [10.3.2:2] ohne Auflösung eines linearen Gleichungssystems bewerkstelligt werden, und wir geben nur noch den *Formelsatz* an:

1. Schritt:

$$f_{33} = 1, 2, 3, \ldots, c. \qquad [11.2.2.1:1]$$

2. Schritt:

$$f_{11} = \frac{\mathrm{Sp}\,(\underline{\Lambda} - \underline{\Lambda}')}{\mu_X - \mu_{X'}} - \frac{f_{33}}{r_{XY}^2}, \qquad [11.2.2.1:2]$$

$$f_{22} = \frac{\mathrm{Sp}\,(\underline{\Lambda} - \underline{\Lambda}'')}{\mu_Z - \mu_{Z''}} - \frac{f_{33}}{r_{YZ}^2}, \qquad [11.2.2.1:3]$$

$$f_{12} = \frac{\mathrm{Sp}\,\underline{\Lambda} - (g_{11}f_{11} + g_{22}f_{22} + g_{33}f_{33})}{2g_{12}}. \qquad [11.2.2.1:4]$$

3. Schritt:

$$f_{11}f_{22}f_{33} - f_{12}^2\,f_{33} - \det\underline{\Lambda}\cdot\det{}^{-1}G \gtreqless 0. \qquad [11.2.2.1:5]$$

11.2.2.2. $f_{11}f_{22}f_{33}$ *als Funktion von* f_{33}

Eine weitere wichtige Anwendungsmöglichkeit der Isotopenreduktionsmethode besteht in unserem vorliegenden Fall in der *Konstruktion des Haupttermes* $f_{11}f_{22}f_{33}$ der Gl. [11.2.1:6]. Aus der positiven Definitheit von F (siehe [5.2:10] bis [5.2:13]) folgt mit den in Abbildung 11:1.a. eingetragenen Ergebnissen sofort die Konstruktion in Abbildung 11:1.b. Ist

$$(f_{11}f_{22}f_{33})_{max} > \det\underline{\Lambda}\cdot\det{}^{-1}G \qquad [11.2.2.2:1]$$

in dem durch die positive Definitheit von F gegebenem Lösungsbereich, so existieren 3 reelle Lösungen einer Diagonallösung

$$F_{diag} = \begin{bmatrix} f_{11} & & \\ & f_{22} & \\ & & f_{33} \end{bmatrix}, \qquad [11.2.2.2:2]$$

von denen nur die beiden ersten Lösungen der Zeichnung für die Kraftkonstantenberechnung in Betracht kommen.

Wird weiterhin *eine der Kopplungskraftkonstanten gleich Null* gesetzt, z. B.

$$f_{13} = 0, \qquad [11.2.2.2:3]$$

so müssen sämtliche Lösungen in dem verengten Intervall von

$$f_{33}\,(1.\ \text{Diagonallösung}) < f_{33} < f_{33}\,(2.\ \text{Diagonallösung}) \quad \times \qquad [11.2.2.2:4]$$

liegen, da der Ausdruck

$$-(f_{13}^2f_{22} + f_{23}^2f_{11} + f_{12}^2f_{33}) < 0 \qquad [11.2.2.2:5]$$

in Gl. [11.2.1:6] wegen [5.2:10] ist.

Gilt weiterhin

$$-(f_{13}^2 f_{22} + f_{23}^2 f_{11} + f_{12}^2 f_{33}) + 2f_{12}f_{13}f_{23} < 0, \qquad [11.2.2.2:6]$$

so gilt ebenfalls der Lösungsbereich von Gl. [11.2.2.2:4]. Für

$$-(f_{13}^2 f_{22} + f_{23}^2 f_{11} + f_{12}^2 f_{33}) + 2f_{12}f_{13}f_{23} > 0, \qquad [11.2.2.2:7]$$

liegen die Lösungen zwischen den beiden Bereichen

$$0 < f_{33} < f_{33}\,(1.\ \text{Diagonallösung}) \qquad [11.2.2.2:8]$$

und

$$f_{33}\,(2.\ \text{Diagonallösung}) < f_{33} < f_{33,\max(22)}. \qquad [11.2.2.2:9]$$

Die Zahl aller Lösungen ist 12, so daß in jedem der 3 möglichen Lösungsbereiche mehrere reelle Lösungen liegen können.

11.2.2.3. Aufbaukonstruktionen von Kraftkonstanten

Diese Ergebnisse gestatten die *Angabe einfacher Aufbaukonstruktionen der Kraftkonstanten von $XYZ(C_s)$* als einem Fall der Ordnung n = 3. Es sind wegen der beiden Diagonallösungen im gesamten Lösungsbereich für Kraftkonstanten grundsätzlich 2 Konstruktionen möglich.
1. Konstruktion: Im 1. Schritt wählen wir

$$f_{33} = f_{33,\max(22)},\ f_{22} = 0,\ f_{11} = f_{11,\min}. \qquad [11.2.2.3:1]$$

Bereits hier zeigt sich, daß diese Konstruktion vom bindungsenergetischen Standpunkt aus ungünstig ist, da eine Valenzkraftkonstante als primäre Größe vernachlässigt ist. Dazu sind die Valenzkraftkonstanten auch zahlenmäßig im allgemeinen bis zu einer Größenordnung größer als die Deformationskraftkonstanten. Daher brauchen wir diese Konstruktion hier nicht weiter zu verfolgen, und wir erhalten das einfache Ergebnis, daß der durch die 2. Diagonallösung in Abbildung 11:1 vorgegebene Lösungsbereich ausscheidet. Damit verbleibt nur noch der Lösungsbereich um die 1. Diagonallösung.
2. Konstruktion: Im 1. Schritt gehen wir von

$$f_{11} = f_{11,\max},\ f_{22} = f_{22,\max},\ f_{33} = 0 \qquad [11.2.2.3:2]$$

aus. Diese Ausgangslösung ist gegenüber der Lösung [11.2.2.3:1] energetisch wesentlich günstiger, da die beiden primären Kraftkonstanten bis zu ihrer oberen Grenze zur Geltung kommen.
Im 2. Schritt wird nun die Deformationskraftkonstante f_{33} durch die reduzierte Gleichung

$$f_{11}f_{22}f_{33} = \det \underline{\Lambda} \cdot \det^{-1} G \qquad [11.2.2.3:3]$$

von [11.2.1:6] bei entsprechender Vernachlässigung der Kopplungskraftkonstanten eingeführt. Mit dieser 1. Diagonallösung erhalten wir eine extreme Kraftkonstantenmatrix. Im 3. Schritt führen wir 2 Kopplungskraftkonstanten ein. Dann folgt aus Gl. [11.2.2.2:5], daß sich f_{33} vergrößert, f_{11} und f_{22} weiterhin verkleinern.

Zahlenbeispiel: $ONBr(C_s)$

Für das Molekül $ONBr(C_s)$ lassen sich mit den in (9:1) mitgeteilten Ausgangsdaten (siehe auch Unterabschnitt 10.3.2.) unter Einbeziehung der Entkopplungslösung und $(f_{11}f_{22}f_{33})_{\max}$ als Grenze folgende Bereiche der Kraftkonstanten abschätzen:

f_{NO} = 15,05 ± 0,35 mdyn/Å (15,25),

f_{NBr} = 0,92 ± 0,40 mdyn/Å (1,13),

f_{ONBr} = 1,43 ± 0,47 mdyn/Å (1,13).

(Die in Klammern stehenden Werte sind die Vergleichswerte.)
Diese ohne Lösung des Gesamtgleichungssystems gewonnenen Bereichswerte reichen bereits für Bindungsgradberechnungen nach *Siebert* (siehe Kapitel 20) aus.

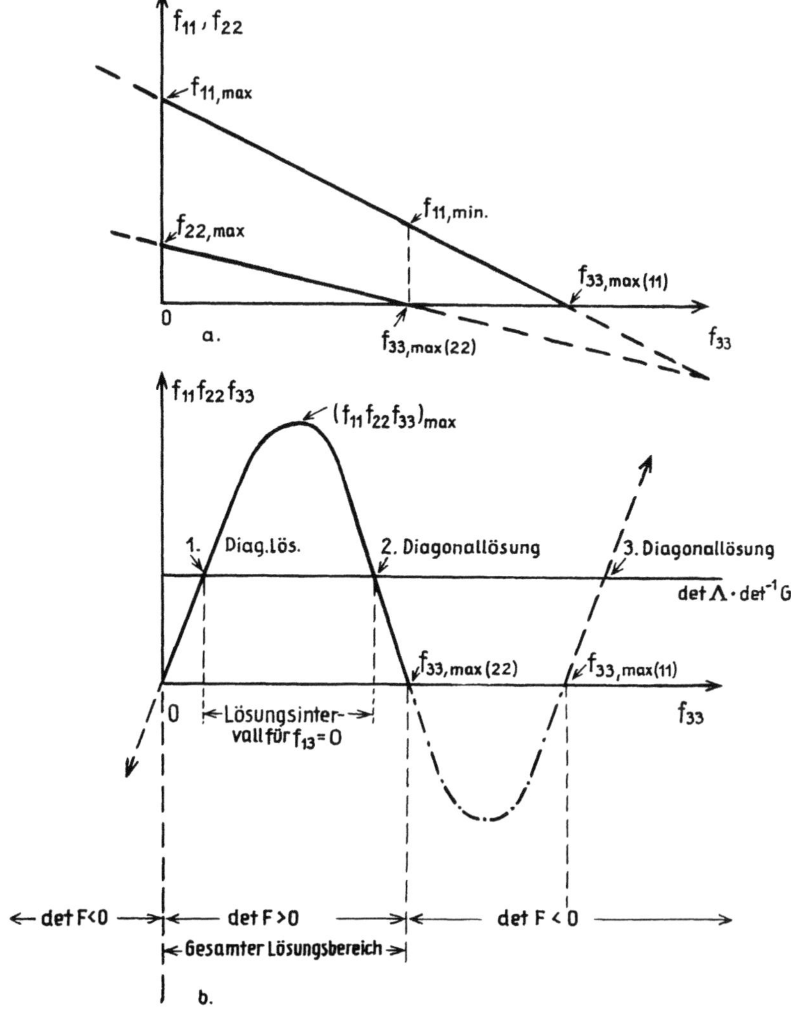

Abb. 11:1. a. Zeichnerische Darstellung der Gleichungen für die Valenzkraftkonstanten f_{11} und f_{22} und die Deformationskraftkonstante f_{33} für XYZ(C_s) mit X′YZ(C_s) und XYZ′(C_s).
b. Das Produkt $f_{11}f_{22}f_{33}$ als Funktion von f_{33} unter Berücksichtigung von a, der positiven Definitheit und det F.

11.2.3. Für mehr als 2 isotope Moleküle

Sind mehr als 2 isotope Moleküle bekannt, so führen die zusätzlichen Gleichungen bei vorausgesetzter algebraischer Unabhängigkeit zu großen Rechenvereinfachungen. In entsprechender Weise können dafür Iterationsverfahren angegeben werden.

11.3. Zahl der Lösungen der Kraftkonstantenmatrix F

Bei der Berechnung von Lösungen der Kraftkonstantenmatrix F für beliebige Ordnungen n ist die *Bestimmung der Zahl der Lösungen von grundlegender Wichtigkeit*. Es soll hier allgemein *vorausgesetzt* werden, daß durch die zusätzliche Kenntnis von Schwingungsfrequenzsätzen isotoper Moleküle *insgesamt* $n(n+1)/2$ *algebraisch voneinander unabhängige Gleichungen gegeben* sind.

11.3.1. Allgemeine Darstellung

Vorausgesetzt wird die *Gültigkeit der Produktregel*, so daß nur eine Gleichung vom höchsten Grad verwendet werden kann. Weiterhin mögen *verschiedene Summenregeln* gelten, so daß die *Zahl der Gleichungen vom 1. Grad gleich* ρ_1, *vom 2. Grad gleich* ρ_2, usw. gelten möge. Nach obiger Voraussetzung ist dann

$$\rho_1 + \rho_2 + \rho_3 + \ldots + \rho_{n-1} + 1 = \frac{n(n+1)}{2}. \qquad [11.3.1:1]$$

Wird bei symmetrischen Molekülen durch die Isotopensubstitution die Symmetriegruppe des Moleküls nicht verändert, so kann durchgehend mit Symmetriekraftkonstanten gerechnet werden. Gehören dagegen die isotopensubstituierten Moleküle anderen Symmetriegruppen an, so müssen die Symmetriekraftkonstanten nach Kraftkonstanten in inneren Koordinaten umgeschrieben werden, so daß nun die Zahl der Unbekannten durch die Zahl der Kraftkonstanten in inneren Koordinaten bestimmt ist, die zugleich die Ordnung n festlegen.

Die *Zahl der Lösungen* z(F, Isotopen) ist nach einem Satz der Algebra ((0:74), Bd. I, S. 32, 288), ((0:71), Bd. II, S. 39, 42, 85) allgemein[11:5]) durch das *Pro-*

[11:5]) Im allgemeinen ist die Zahl der Lösungen eines algebraischen Gleichungssystems gleich dem Grad der Eliminante, also, gleich dem Produkt der positiven Grade sämtlicher Polynome, wenn keine gemeinsamen Teiler der Polynome oder keine gemeinsamen Wurzeln des Gleichungssystems existieren. Dabei werden auch unendlich große Wurzeln mitgezählt ((0:71), Bd. II, S. 49, 81). Da aber aus physikalischen Gründen keine unendlich großen Kraftkonstanten möglich sind, scheidet der Unterfall unendlich großer Wurzeln aus. Für den Fall einer gemeinsamen Wurzel oder mehrerer gemeinsamer Wurzeln des Gleichungssystems existieren unendlich viele Wurzeln. Der Nachweis ist durch das Verschwinden der Resultante des Gleichungssystems gegeben. Ob dieser Fall überhaupt bei dem vorliegenden Gleichungssystems auftreten kann, bedarf einer weiteren Untersuchung. Hier setzen wir im folgenden den Ausschluß dieses Falles voraus. Alle weitere Einzelheiten und zusätzliche Fallunterscheidungen sind dem Buch von *Netto* ((0:71), Bd. II, S. 25–154) zu entnehmen.

dukt der positiven Grade sämtlicher Polynome gegeben. Daraus folgt sofort das einfache *Ergebnis*:

$$z(F, \text{Isotopen}) = n \cdot (n-1)^{\rho_{n-1}} \cdot (n-2)^{\rho_{n-2}} \cdot \ldots \cdot \cdot 3^{\rho_3} \cdot 2^{\rho_2}. \qquad [11.3.1{:}2]$$

Da häufig die bei hinreichend charakteristischen Frequenzen $n! - 1$ Möglichkeiten ausgeschieden werden können, wird die *Zahl der zugeordneten Lösungen* $z(F, \text{Isotopen, zugeordnet})$ mit

$$z(F, \text{Isotopen, zugeordnet}) = z(F, \text{Isotopen}) : n! = = (n-1)^{\rho_{n-1}-1} \cdot (n-2)^{\rho_{n-2}-1} \cdot \ldots \cdot 3^{\rho_3 - 1} \cdot \cdot 2^{\rho_2 - 1} \qquad [11.3.1{:}3]$$

angegeben.

Es liegt auf der Hand, daß selbst die Zahl der zugeordneten Lösungen nach [11.3.1:3] für n größer als 4 rasch anwachsen wird. Eine Ausnahme bildet lediglich der lineare Fall, falls er überhaupt noch auftritt.

11.3.2. Für ein spezielles inverses Eigenwertproblem

Einen *Überblick über Größenordnungen der Lösungsmannigfaltigkeit* kann man sich durch folgenden *Grenzfall* verschaffen, für den für die niedrigen Ordnungen $n = 2, 3$ und 4 verschiedene praktische Anwendungsmöglichkeiten gefunden worden sind:

1. Das Molekül und alle dazu isotopensubstituierten Moleküle sollen zur gleichen Symmetriegruppe gehören.
2. Es gelte die Produktregel (9.2.1.).
3. Es mögen sonst keine weiteren Abhängigkeiten durch Summenregeln usw. auftreten.
4. Es sollen möglichst wenig Isotopenfrequenzsätze verwendet werden.
5. Die Zahl der Lösungen von F soll möglichst klein sein.

Diese Bedingungen führen dann mit den bereits erwähnten auf die Unterscheidung von geraden und ungeraden Ordnungen bei den Lösungsmannigfaltigkeiten.

Bei *gerader Ordnung* n benötigt man $n/2$ zusätzliche Isotopenfrequenzsätze, die je $n - 1$ Gleichungen vom 1. bis zum $(n - 1)$. Grad aufstellen lassen. Daraus folgt analog zu 11.3.1:

$$z(F, \text{Isotopen, n gerade}) = n!\,(n-1)!^{\frac{n}{2}}. \qquad [11.3.2{:}1]$$

Bei *ungerader Ordnung* sind zur Einhaltung aller Bedingungen mehrere Umformungen nötig, und wir geben lediglich das Ergebnis an (11:1):

$$z\,(F, \text{Isotopen, n ungerade}) = (n-1)!^3 \cdot (n-2)!^{\frac{n-3}{2}} \qquad [11.3.2{:}2]$$

für

$$j = \frac{n+1}{2} \qquad [11.3.2{:}3]$$

Isotopenfrequenzsätze.

In der *Tab.* 11:3 sind die Zahlenwerte bis zur Ordnung n = 10 eingetragen. Sie *veranschaulicht* deutlich, daß *ab der Ordnung n = 4 die Auswahl von physikalisch brauchbaren Lösungen aus der mathematischen Mannigfaltigkeit ein weiteres praktisches Problem der Kraftkonstantenrechnung ist.*

Tab. 11.3. Zahl z(F, Isot.) der Lösungen der Kraftkonstantenmatrix F einer minimal großen Anzahl j von Isotopenfrequenzsätzen als Funktion der Ordnung n des hier abgegrenzten inversen Eigenwertproblems und Zahl der zugeordneten Lösungen von F nebst einigen weiteren Angaben.

n Ord-nung	u Zahl d. Unbe-kann-ten = Z. d. Glei-chun-gen	j mini-male Isoto-pen-sätze	z(F, isot.) Zahl der Lösungen von F bei Verwendung hinreichend vieler Isotopendaten		$\frac{z(F, \text{isot.})}{n}$ Zahl der zugeordneten Lösungen von F (meist aufgerundet)	$z(F_{diag}) = n$ Zahl der Lösungen für diagonale $F = F_{diag}$
2	3	1	2!	= 2	1	2! = 2
3	6	2	$2!^3$	= 8	1	3! = 6
4	10	2	$3!^2 \cdot 4!$	= 864	36	4! = 24
5	15	3	$3! \cdot 4!^3$	= 82944	691	5! = 120
6	21	3	$5!^3 \cdot 6!$	$= 1{,}24 \cdot 10^9$	$1{,}73 \cdot 10^6$	6! = 720
7	28	4	$5!^2 \cdot 6!^3$	$= 5{,}37 \cdot 10^{12}$	$1{,}07 \cdot 10^9$	7! = 5040
8	36	4	$7!^4 \cdot 8!$	$= 2{,}60 \cdot 10^{19}$	$6{,}45 \cdot 10^{14}$	8! = 40320
9	45	5	$7!^3 \cdot 8!^3$	$= 8{,}39 \cdot 10^{24}$	$2{,}31 \cdot 10^{19}$	9! = 362880
10	55	5	$9!^5 \cdot 10!$	$= 2{,}28 \cdot 10^{34}$	$6{,}29 \cdot 10^{27}$	10! = 3628800

11.4. Zur Auswahl der physikalischen Lösung von F

Bereits für den Fall der Ordnung n = 2 mußten zur Auswahl der physikalischen Lösung F_{phys} von den 2 mathematisch möglichen Lösungen $F^{(+)}$ und $F^{(-)}$ von F (11.1.1.1.) eine Reihe von Auswahlregeln aufgestellt werden, um durch Hinzunahme weiterer Erfahrungen eine eindeutige Auswahl treffen zu können. Diese Regeln können in entsprechend erweiterter Form auch auf die allgemeinen Fälle der höheren Ordnungen übertragen werden.

11.4.1. Exakte Auswahlregeln

Zunächst sollen die allgemein und exakt geltenden Auswahlregeln gebracht werden:

1. Eine exakte Auswahlregel ist durch die *Realität der Kraftkonstanten* gegeben. (In [11.3.1:2] bis [11.3.2:3] sind auch die komplexen Lösungen mitgezählt worden, da nach den bisher bekannten mathematischen Theorien zwischen den reellen und komplexen Lösungen nicht unterschieden werden kann.) In der Praxis bedeutet dies, daß die *Iterationsverfahren nur für die Auffindung reeller Lösungen aufgebaut* werden müssen.
2. Eine 2. exakte Auswahlregel ist durch die reduzierten Gleichungen der *Iso-*

topenreduktionsmethode gegeben, *die den Kreis der physikalisch möglichen diskreten Lösungen stark einengen.*

11.4.2. Näherungsauswahlregeln

In Abschnitt 11.1.2. finden sich noch weitere Näherungsauswahlregeln, die auf verschiedenen physikalischen Interpretationen beruhen.

U. a. befassen sich auch *Jordanov* und *Nikolova* mit der Auswahl der physikalischen Lösung aus der mathematischen Lösungsmannigfaltigkeit (11:13).

11.5. Iterationsverfahren für höhere Ordnungen

Die Berechnung der $n(n+1)/2$ Kraftkonstanten aus den Schwingungsfrequenzen des Moleküls und von hinreichend vielen isotopen Molekülen der gleichen Symmetriegruppen[11:6]), (0:17) führt ab der Ordnung $n = 3 \cdot N - 6 = 4$ auf eine große Mannigfaltigkeit mathematisch möglicher Lösungen (11:1). Sowohl die Auswahl als auch die Berechnung einer physikalisch brauchbaren bzw. der physikalischen Lösung F_{phys} soll hier untersucht werden.

11.5.1. Die Kopplungsstufenverfahren

Für das gegebene Molekül kann aus der unendlichen Lösungsmannigfaltigkeit von F aus (0:36)

$$\det(G_j F - \lambda_j E) = 0 \qquad [11.5.1:1]$$

und

$$j = 0 \qquad [11.5.1:2]$$

eine zur Entkopplungslösung

$$F_{ent,0} = G^{-1}_{diag,0} \cdot \underline{\Lambda}_0 \qquad [11.5.1:3]$$

nächste Lösung $F_{min,kon,ent,1}$ mit dem „Kopplungsstufenverfahren" (7:12) berechnet werden. Für hinreichend schwach gekoppelte Moleküle stellt diese Lösung eine erste Näherungslösung der gesuchten physikalischen Kraftkonstantenmatrix F_{phys} dar, die u. a. bei Zuordnungen der Frequenzen zu den Schwingungsformen häufig verwendet worden ist, wenn sonst keine zusätzlichen Daten zur Verfügung stehen (7:9), (7:18), (0:32).

Stehen jedoch von j isotopen Molekülen Schwingungsfrequenzen zur Verfügung, so kann z. B. für (11:1)

[11:6]) Werden durch die Isotopensubstitutionen die Symmetriegruppen der isotopen Moleküle verändert, so müssen die Gleichungen mit den Symmetriekraftkonstanten als Unbekannte nach den Kraftkonstanten in inneren Koordinaten aufgelöst werden, da die Kraftkonstanten in inneren Koordinaten isotoper Moleküle verschiedener Symmetriegruppen einander gleich sind und die Ordnungen der entsprechenden inversen Eigenwertprobleme allgemein verschieden sind ((0:17), S. 230–231).

$$j = n/2 \text{ für gerade } n \qquad [11.5.1:4]$$

und

$$j = (n + 1)/2 \text{ für ungerade } n \qquad [11.5.1:5]$$

mit j inversen Matrizen G_j der kinetischen Energie und j Eigenwertmatrizen $\underline{\Lambda}_j$ mit je n Eigenwerten λ_j der isotopen Moleküle in einem analogen „*Erweiterten Kopplungsstufenverfahren*“ unter Einbeziehung sämtlicher j Zusatzdaten die zur Entkopplungslösung F_{ent} nächste Lösung $F_{min,dis,ent}$ berechnet werden. Dieses Iterationsverfahren[11:7]) benützt ebenfalls das Newtonsche Näherungsverfahren zur Lösung algebraischer Gleichungen. ***Bußmann*** gibt Bedingungen an, bei deren Einhaltung das Verfahren konvergiert (6:19), (6:20).

Die Arbeitsweise dieses Verfahrens beruht auf dem Festhalten der gegebenen Eigenwertmatrizen $\underline{\Lambda}_j$ und auf dem Aufbau der inversen Matrizen G_j der kinetischen Energie aus den entsprechenden entkoppelten Matrizen $G_{j,diag}$ in m Schritten, deren Auswahl durch die Konvergenz des Newton-Verfahren gegeben ist.

Der Vorteil des „Erweiterten Kopplungsstufenverfahrens“ liegt darin, daß es stets bei *Einhaltung der Bußmannschen Konvergenzbedingungen die Berechnung der nächsten Lösung zu* F_{ent} *zuläßt.* Der *Nachteil* besteht in der *Unbeweglichkeit* bei der Verwendung anderer Ausgangslösungen, die nicht benützt werden können. Diese Unbeweglichkeit ist durch die beiden aufeinander abgestimmten Verfahrenselemente der Entkopplungslösung als Ausgangslösung und der entsprechenden Kopplungsstufen bedingt. Damit erfordert deren Berechnung ein neues Schritt-für-Schritt-Verfahren, das möglichst die Verwendbarkeit aller Ausgangslösungen zulassen soll.

11.5.2. Frequenzgangverfahren

Als zweite Möglichkeit bietet sich das Festhalten der Matrizen G_j mit j = 0, 1, . . ., und der Aufbau der Eigenwertmatrizen $\underline{\Lambda}_j$ für eine zunächst als gegeben vorausgesetzte Näherungslösung $F_{näh}$ an. Von dieser Näherungslösung als Ausgangslösung

$$F_{ausg,z} = F_{näh,z} \qquad [11.5.2:1]$$

ausgehend, können aus

$$\det(G_j \cdot F_{näh,z} - \lambda_j E) = 0 \qquad [11.5.2:2]$$

durch Lösung des „einfachen“ Eigenwertproblems ((0:62), S. 150–194, 273–335) j zu $F_{näh,z}$ gehörige $\underline{\Lambda}_{j,näh,z}$ berechnet werden. Mit diesen j Matrizen $\underline{\Lambda}_{j,näh,z}$ bauen wir – in vollständiger Analogie zum Kopplungsstufenverfahren –

[11:7]) Vergleiche die beiden Kopplungsstufenverfahren in 7.1.5. und in 6.4.5.!

eine *Iterationsvorschrift* in m Schritten[11:8]) wie folgt auf:

$$\underline{\Lambda}_{\nu,j,z} = \underline{\Lambda}_{j,\text{näh},z} + \frac{\nu}{m} (\underline{\Lambda}_{j,\exp,z} - \underline{\Lambda}_{j,\text{näh},z}) \qquad [11.5.2:3]$$

mit

$$\nu = 1, 2, \ldots, m. \qquad [11.5.2:4]$$

Nach m Schritten sind die j *experimentellen Eigenwertmatrizen* $\underline{\Lambda}_{j,\exp,z}$ nach

$$\underline{\Lambda}_{\nu,j,z} = \underline{\Lambda}_{m,j,z} = \underline{\Lambda}_{j,\exp,z} \qquad [11.5.2:5]$$

vollständig aufgebaut. (z deutet eine der n! Zuordnungen an.) Die Zahl der Schritte m ist auch hier durch die *Konvergenzbedingungen nach Bußmann* (6:19) fixiert.

Der Formelsatz für das Newton-Verfahren findet sich in ((7:12), Gl. 8 bis 13), der lediglich entsprechend erweitert und indiziert werden muß[11:9]).

Der *Vorteil* dieses sog. „*Frequenzgangverfahrens*" liegt *in der Flexibilität der Verwendbarkeit jeder reellen Ausgangslösung* und der damit verbundenen Möglichkeit der Berechnung jeder reellen Lösung von *F*. Die *Schwierigkeit* liegt im *Auffinden geeigneter mathematischer Ausgangslösungen.* Als *noch schwieriger* erweist sich das Problem, *zu physikalisch brauchbaren Ausgangslösungen zu kommen.* Als Endziel ist die Auffindung der physikalisch eindeutigen Lösung F_{phys} aus der großen Lösungsmannigfaltigkeit von *F* anzusehen.

11.5.2.1. Zur Aufstellung einer Ausgangslösung

Sind keine zusätzlichen Daten bekannt, so sind neben der Entkopplungslösung [11.5.1:3] nur noch wenige Ausgangslösungen bekannt geworden, die zu physikalisch verwendbaren Lösungen von *F* führen. Eine dieser Lösungen zur Abschätzung der Grenzen der Kopplungskraftkonstanten ist

$$F(\lambda) = G_0^{-1} \cdot \underline{\Lambda}_0 . \qquad [11.5.2.1:1]$$

Da aber bereits beide hier dargestellten Verfahren Zusatzdaten aus Schwingungsfrequenzen isotoper Moleküle heranziehen, liegt es auf der Hand, geeignete Zusatzdaten zur Aufstellung brauchbarer Ausgangslösungen einzubeziehen. Dazu leistet die Isotopenreduktionsmethode nach 10.1. als eine Differenzenmethode häufig gute Dienste.

11:8) Zur Verringerung der Schrittanzahl können auch nichtlineare Aufbauvorschriften verwendet werden, wie dies häufig in der Behandlung von Differentialgleichungen mit numerischen Verfahren geschieht. Siehe z. B. (0:76), S. 75!

11:9) In 11:10) findet sich ein vereinfachter Formelsatz, der bereits die ausgearbeitete Indizierung für den Fall nach (11:1) enthält.

Als *Beispiel* behandeln wir den *Typ der Symmetrie* XY_2Z (C_s), bei dem das inverse Eigenwertproblem der Ordnung $n = 6$ nach gruppentheoretischer Behandlung in 2 Probleme der Ordnung $n = 4$ und $n = 2$ zerfällt. Unter Anwendung der Ergebnisse für die Matrix G nach (11:8) und in Erweiterung der F-Matrix in eigener Rechnung ergibt sich aus dem Problem der Ordnung $n = 2$ wegen

$$F_{56} = \sqrt{dD}\,(f_{d\alpha} - f_{d'\alpha}), \tag{11.5.2.1:2}$$

$$f_{XY} = f_d = F_{55} + f_{dd}, \tag{11.5.2.1:3}$$

$$f_{YXZ} = f_\alpha = F_{66} + f_{\alpha\alpha} \text{ mit } F_{66} = F'_{66} : (dD). \tag{11.5.2.1:4}$$

Dabei lassen sich die Symmetriekraftkonstanten F_{55} und F_{66} wegen der exakt geltenden Gleichung [10.1.2:8] und der Isotopenformelsätze in 11.1.1. für XY_2Z'vollständig in Formeln aus den entsprechenden Matrizen G und $\underline{\Lambda}$ nach (11:8), (11:9) berechnen.
Unter *Anwendung der Isotopenreduktionsmethode* bei spezieller Verwendung der Schwingungsfrequenzen isotoper Moleküle erhält man aus XY_2Z' als isotopes Molekül und $n = 4$

$$f_{XZ} = f_D = K_1 + K_2F_{66} + K_3f_{\alpha\alpha}. \tag{11.5.2.1:5}$$

Für $XY''_2Z(C_s)$ und $n = 4$ folgt

$$f_{YXY} = f_\beta = K_4 + K_5F_{55} + K_6F_{66} + K_7f_{dd} + K_8f_{\alpha\alpha} + K_9f_{\alpha\beta}. \tag{11.5.2.1:6}$$

Dabei ist:

$$\left.\begin{aligned}
K_1 &= Sp(\underline{\Lambda} - \underline{\Lambda}') : (G_{11} - G'_{11}),\\
K_2 &= -d^2(G_{44} - G'_{44}) : (G_{11} - G'_{11}),\\
K_3 &= 2K_2,\\
K_4 &= Sp(\underline{\Lambda} - \underline{\Lambda}'') : K_{10},\\
K_5 &= -(G_{33} - G''_{33}) : K_{10},\\
K_6 &= -d^2(G_{44} - G''_{44}) : K_{10},\\
K_7 &= 2K_5,\\
K_8 &= 2K_6,\\
K_9 &= -2\sqrt{2}d\,(G_{24} - G''_{24}) : K_{10} \text{ mit } K_{10} = d^2\,(G_{22} - G''_{22}).
\end{aligned}\right\} \tag{11.5.2.1:7}$$

(Die häufig umfangreichen Elemente der Matrizen G sind den Arbeiten (11:8), (11:9) zu entnehmen.) Damit sind aber die 3 Diagonalelemente f_D, $f_d + f_{dd}$ und $f_\alpha + f_{\alpha\alpha}$ bis auf je eine Kopplungskraftkonstante, das 4. Diagonalelement f_β bis auf 3 Kopplungsterme in F bei exakter Entkopplung sämtlicher anderer Terme bestimmt. *Somit haben wir eine auch im physikalischen Sinne brauchbare Ausgangslösung $F_{\text{näh}}$ zur Berechnung einer physikalisch annehmbaren Lösung aus F gewonnen.*

Aus den Gleichungen [11.5.2.1:3] bis [11.5.2.1:6] können noch folgende Berechnungen gewonnen werden:

$$f_D = \underbrace{K_1 + (K_2 - K_3)\,F_{66}}_{\text{constant}} + K_3\,f_\alpha, \tag{11.5.2.1:8}$$

$$f_\beta = \underbrace{K_4 + (K_5 - K_7)\,F_{55} + (K_6 - K_8)\,F_{66}}_{\text{constant}} + K_7\,f_d + K_8\,f_\alpha + K_9\,f_{\alpha\beta}. \qquad [11.5.2.1{:}9]$$

Damit berechnen sich für f_D und f_α nach [11.5.2.1:8] *exakte obere Grenzen* und daraus ergibt sich mit [11.5.2.1:4] eine weitere Eingrenzung von $f_{\alpha\alpha}$.

Aus [11.5.2.1:9] ergeben sich unter Vernachlässigung von $f_{\alpha\beta}$ näherungsweise obere Grenzen für f_β, f_d und f_α. Dazu kann die bereits nach [11.5.2.1:8] exakt ermittelte obere Grenze von f_α zu weiteren Grenzwertbetrachtungen in [11.5.2.1:9] herangezogen werden.

Mit den Gleichungen [11.5.2.1:3] bis [11.5.2.1:6] als Ausgangslösung wird dann mit dem Frequenzgangverfahren die zur ihr nächste Lösung $F_{\text{min.näh.z}}$ aus der diskreten Lösungsmannigfaltigkeit berechnet. Diese Ausgangslösung $F_{\text{näh}}$ stellt bereits eine scharfe Auswahlregel zur Auffindung und Aussonderung einer physikalisch brauchbaren Lösung dar.

11.5.2.2. Auswahlregeln

In (11:1) haben wir zur Auswahl weniger Lösungen oder einer einzigen Lösung aus der großen diskreten Lösungsmannigfaltigkeit von F 7 Auswahlregeln angegeben. Diese reichen für höhere Ordnungen n der inversen Eigenwertprobleme jedoch oft nicht aus, um die physikalisch brauchbaren Lösungen anzugeben. Von diesen setzen wir hier die exakt gültige Auswahlregel reeller Kraftkonstantenlösungen von F allgemein voraus. Dann existieren für den angeführten Fall mit $n = 4$ höchstens 864 nichtzugeordnete reelle Lösungen von F. Sind darüber hinaus sämtliche Zuordnungen der Schwingungsfrequenzen zu den einzelnen Schwingungsformen bekannt, so wird durch diese 2. und nur bedingt exakte Auswahlregel die Zahl der reellen Kraftkonstantenmatrixlösungen auf 36 begrenzt. Selbst für diesen einfachsten Fall einer durch die Zuordnung nicht mehr allein zu bestimmenden physikalischen Lösung – wie dies für $n = 2$ und $n = 3$ noch möglich ist – kann auch mit den übrigen 5 Auswahlregeln keine physikalisch eindeutige Lösung ausgewählt werden.

In dem vorliegenden Fall des Typs der Symmetrie $XY_2Z(C_s)$ stellen die *Linearbeziehungen der Gruppentheorie* und der *Isotopenreduktions*methode Hyperflächen im 10-dimensionalen Raum dar, deren diskreten Lösungen den Kreis der physikalisch möglichen Lösungen stark einengen. Unter Umständen genügt bereits eine einzige dieser Hyperflächen zur Auswahl der gesuchten physikalischen Lösung F_{phys}.

Damit wäre für einen, zur Aufstellung von $n(n + 1)/2$ algebraisch unabhängigen Gleichungen hinreichenden Satz von Isotopenfrequenzen die Auswahl physikalisch brauchbarer Lösungen oder gar der eindeutigen und damit physikalischen Lösung F_{phys} der Kraftkonstantenmatrix F durch geeignete Isotopensubstitutionen und durch die hier möglichen gruppentheoretischen Reduktionen durchgeführt, ohne daß weitere zusätzliche Daten nötig wären[11:10]).

In verschiedenen Fällen können auch bei Nichtkenntnis der Zuordnungen der Frequenzen zu den Kraftkonstanten diese Zuordnungen durch die Linearbeziehungen der Isotopenreduktionsmethode aufgedeckt werden, die bekanntlich bei höheratomigen Molekülen nicht immer eindeutig geklärt sind.

11.5.2.3. Veranschaulichung und Anwendungsbeispiel

In Abbildung 11:2 sollen diese Vorstellungen zusammenfassend veranschaulicht werden, wobei nähere Einzelheiten dem beigegebenen Text zu entnehmen sind.

[11:10]) U. a. ist die Bestimmung einer mathematisch eindeutigen Lösung, die zugleich die physikalisch gesuchte Lösung F_{phys} darstellt, bei Kenntnis von $n(n + 1)/2$ geeigneten Isotopenfrequenzsätzen möglich. Als ein Beispiel sei das Molekül NNO genannt. Siehe z. B. (0:29), S. 87!

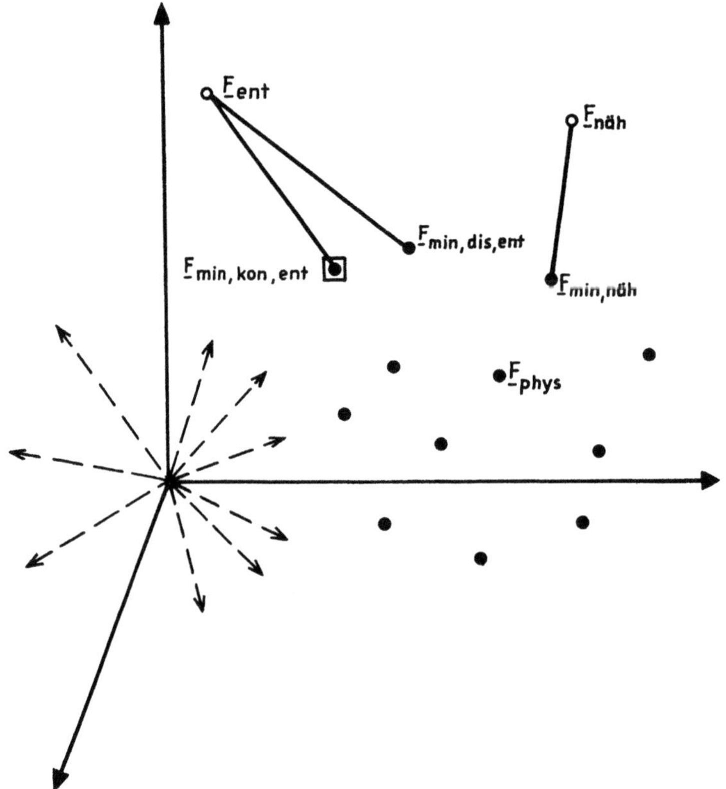

Für den Typ der Symmetrie XY_2Z (C_s) sind für das Molekül ClO_2F die Isotopenfrequenzen für 5 zusätzliche isotope Moleküle von ***Smith, Begun*** und ***Fletcher*** gemessen worden (11:10). Damit können auch für dieses Eigenwertproblem der Ordnung n = 4 Berechnungen ausgeführt werden[11.11]).

11.5.3. Drei Verfahren von Johansen

Johansen (11:11), (11:12) stellt 3 Verfahren zur Verwertung der Daten isotoper Moleküle auf.

11.5.3.1. Erstes Johansen-Verfahren

Das Verfahren beruht auf der Kenntnis einer physikalisch brauchbaren *Ausgangslösung*, die aus bereits berechneten Kraftkonstanten möglichst ähnlicher

---

11:11) Dazu sei noch folgendes bemerkt: In entsprechend dem „Erweiterten Kopplungsstufenverfahren" und dem „Frequenzgangverfahren" abgewandelten Verfahren können auch die zusätzlichen Daten aus Coriolis-Kopplungen, Schwingungsamplituden, Zentrifugaldehnungseffekten usw. zur vollständigen Berechnung aller Kraftkonstanten verwertet werden.

Abb. 11.2. Symbolische Darstellung des n(n + 1)/2-dimensionalen Hyperraumes der Kraftkonstantenmatrix F. Die Koordinaten werden durch ein Achsensystem dargestellt. Einige mathematisch mögliche Lösungen sind als Punkte eingetragen. F_{ent} sei die Entkopplungslösung, $F_{min.kon.ent}$ die zur Entkopplungslösung F_{ent} nächstgelegene Lösung aus der kontinuierlichen Lösungsmannigfaltigkeit der Säkulargleichung des Moleküls ohne Heranziehung von Zusatzdaten, und $F_{min.dis.ent}$ sei die zu F_{ent} nächste diskrete Lösung unter Verwendung von hinreichend vielen Zusatzdaten aus Schwingungsfrequenzen isotoper Moleküle. Die Berechnung von $F_{min.dis.ent}$ erfolgt über das „Erweiterte Kopplungsstufenverfahren für Isotopenfrequenzen", die Berechnung von $F_{min.kon.ent}$ mit dem „Kopplungsstufenverfahren" bez. mit dem „Verfahren der nächsten Lösung". $F_{näh}$ sei eine aus weiteren physikalischen Überlegungen und Daten gewonnene Näherungslösung einer oder der physikalisch brauchbaren Lösung von F, zu der aus der diskreten Lösungsmannigfaltigkeit $F_{min.näh}$ am nächsten liegt. Ihre Berechnung erfolgt mit dem „Frequenzgangverfahren". Eine physikalisch brauchbare Ausgangslösung $F_{näh}$ kann mit der Isotopenreduktionsmethode aufgestellt werden. Ist $F_{min.näh}$ die einzige diskrete Lösung von F auf den gegebenen Hyperflächen durch die reduzierten Lineargleichungen isotoper Moleküle, so ist damit eindeutig die gesuchte physikalische Lösung F_{phys} ausgewählt. Hinreichend charakteristische Schwingungen sind eine Voraussetzung für den Grenzfall

$$F_{phys} = F_{min,näh} = F_{min,dis,ent}, \qquad [11.5.2.1:10]$$

d. h. das „Erweiterte Kopplungsstufenverfahren" und das Frequenzgangverfahren führen beide auf die gesuchte physikalische Lösung F_{phys}.

Moleküle zusammengesetzt wird. Als Formelsatz wird der *Hauptachsentransformation* verwendet. Der Autor geht von den *Datensätzen* des Moleküls und *eines isotopen Moleküls* in seiner Darstellung aus. Selbstverständlich kann das Verfahren einfach auf weitere Isotopendatensätze erweitert werden.

In einem *1. Schritt* werden mit der Näherungskraftkonstantenmatrix F_0 die Matrizen $\underline{\Lambda}_0^{(j)}$ und $L_0^{(j)}$ nach den bekannten Methoden z. B. nach 3.1.1.5 oder 7.1.3. berechnet. Dabei ist: j = 0 das Molekül, j = 1 das 1. Isotop, usw.

In einem *2. Schritt* werden verbesserte Matrizen $F_1^{(j)}$ durch Verwendung der experimentellen Eigenwertmatrizen $\underline{\Lambda}^{(j)}$ aus

$$F_1^{(j)} = ((L_0^{(j)})')^{-1}\ \underline{\Lambda}^{(j)}\ (L_0^{(j)})^{-1} \qquad [11.5.3.1:1]$$

ermittelt. Daraus ergibt sich eine mögliche Verbesserungsmatrix F_1 durch einfache Mittelung nach

$$F_1 = \frac{F_1^{(0)} + F_1^{(1)} + \ldots + F_1^{(j)}}{j+1}, \qquad [11.5.3.1:2]$$

mit der wieder in den 1. Schritt eingegangen wird.

Bei *Konvergenzschwierigkeiten* können gewichtete Mittlungen vorgenommen werden. Gegebenenfalls müssen einige Glieder der F_0-Matrix entsprechend der Wiedergabe der experimentellen Frequenzen neu gewählt werden.

Bemerkung: Sind nur die Daten des Moleküls vorhanden (j = 0), so handelt es sich bei diesem Spezialfall des 1. Johansen-Verfahrens um ein *Extremalverfahren* nach Kap. 7.,etwa als eine mögliche Realisierung des Vorschlages nach Taylor in 7.1.1.

11.5.3.2. Zweites Johansen-Verfahren

Dieses Verfahren (11:12) geht von den Voraussetzungen des 1. Verfahrens nach 11.5.3.1. aus und beruht auf der Entwicklung nach einem endlichen Polynom $\mathrm{p}(B)$, etwa als Lagrangesches Interpolationspolynom, nach der Matrix

$$B = \underline{\Lambda}_0 = L_0' F_0 L_0 \qquad [11.5.3.2{:}1]$$

mit

$$\mathrm{p}(B) = L_0' F L_0 = \mathrm{c}_0 E + \mathrm{c}_1 L_0' F_0 L_0 + \ldots + \mathrm{c}_{n-1} (L_0' F_0 L_0)^{n-1}, \qquad [11.5.3.2{:}2]$$

woraus

$$F = \mathrm{c}_0 G^{-1} + \mathrm{c}_1 F_0 + \ldots + \mathrm{c}_{n-1} (F_0 G)^{n-2} F_0 \qquad [11.5.3.2{:}3]$$

folgt[11:12]).

Die n Koeffizienten c_0 bis c_{n-1} berechnen sich wie folgt: Ist $\mathrm{b_i}$ die i-te charakteristische Wurzel der Matrix B, so gilt

$$\mathrm{p}(\mathrm{b_i}) = \lambda_\mathrm{i} \text{ mit } \mathrm{i} = 1, 2, \ldots, \mathrm{n}. \qquad [11.5.3.2{:}4]$$

Analog gilt nach [11.5.3.2:1 u. 2]

$$\mathrm{p(B)} = \mathrm{p}(\Lambda_0) = \mathrm{c}_0 E + \mathrm{c}_1 \underline{\Lambda}_0 + \ldots + \mathrm{c}_{n-1} (\underline{\Lambda}_0)^{n-1}, \qquad [11.5.3.2{:}5]$$

woraus sich durch Auflösung des Gleichungssystems

$$\lambda_\nu = \mathrm{c}_0 + \mathrm{c}_1 \lambda_{\nu 0} + \ldots + \mathrm{c}_{n-1} \lambda_{\nu 0}^{n-1} \qquad [11.5.3.2{:}6]$$

mit

$$\nu = 1, 2, 3, \ldots, \mathrm{n}$$

die n Koeffizienten bestimmen.

[11:12]) Zur Vereinfachung ist hier der auf die Isotopen hinweisende Index $^{(j)}$ weggelassen worden.

Durch die Ersetzung der Größen $\underline{\Lambda}, \underline{\Lambda}_0$ und G durch die entsprechenden Größen isotoper Moleküle in den Gleichungen [11.5.3.2:6 u. 3] können weitere $F^{(j)}$-Matrizen gewonnen werden, die dann entsprechend dem Vorgang nach [11.5.3.1:2] für eine verbesserte Näherungslösung verwertet werden.

11.5.3.3. Drittes Johansen-Verfahren

Der Autor benützt hier die *Laurent*-Entwicklung der Resolvente $R_z = (T - zE)^{-1}$ einer Matrix T. Es gelte für $|z| > \| T \|$ die bezogen auf die Norm konvergente *Laurent*-Entwicklung und der Ansatz $R_z = \Lambda_0$. Dann ergibt sich mit [11.5.3.2:1]

$$L_0' F_0 L_0 = \underline{\Lambda}_0 = R_z = (T - zE)^{-1} = - 1/zE - 1/z^2 T - - 1/z^3 T^2 - \ldots = -\frac{1}{z} E - \frac{1}{z^2} (\underline{\Lambda}_0^{-1} + zE) - -\frac{1}{z^3} (\underline{\Lambda}_0^{-1} + zE)^2 - \ldots \qquad [11.5.3.3:1]$$

bzw.

$$F_0 = -\frac{1}{z} G^{-1} - \frac{1}{z^2} L_0'^{-1} (\underline{\Lambda}_0^{-1} + zE) L_0^{-1} - \frac{1}{z^3} L_0'^{-1} (\underline{\Lambda}_0^{-1} + + zE)^2 L_0^{-1} - \ldots . \qquad [11.5.3.3:2]$$

Die durchgeführte Ausgleichsrechnung führt dann auf folgende Darstellung der Kraftkonstantenmatrix:

$$F = G^{-1}(x_1 + \frac{1}{z}) + L_0'^{-1}(\underline{\Lambda}_0^{-1} + zE) L_0^{-1}(x_2 + \frac{1}{z^2}) + \ldots + + L_0'^{-1} (\underline{\Lambda}_0^{-1} + zE)^{n-1} L_0^{-1} (x_n + \frac{1}{z^n}) + F_0. \qquad [11.5.3.3:3]$$

Die n Koeffizienten x_1 bis x_n folgen aus dem Gleichungssystem

$$\lambda_\nu = x_1 + x_2(\frac{1}{\lambda_{0\nu}} + z) + \ldots + x (\frac{1}{\lambda_{0\nu}} + z)^{n-1} + + \lambda_{0\nu} + \frac{1}{z} + \frac{1}{z^2} (\frac{1}{\lambda_{0\nu}} + z) + \ldots + \frac{1}{z^n}(\frac{1}{\lambda_{0\nu}} + z)^{n-1} \qquad [11.5.3.3:4]$$

für

$$\nu = 1, 2, 3, \ldots, n.$$

Der weitere Verfahrensablauf schließt sich 11.5.3.1. an.

3. Abschnitt

Zur Kraftkonstantenberechnung aus weiteren experimentellen Daten nach der Quantenmechanik

Neben der klassischen Berechnung der Kraftkonstanten nach schwingungsspektroskopischen Daten ergeben sich aus quantenmechanischen Behandlungen des Problemkreises eine Reihe von zusätzlichen Möglichkeiten der vollständigen Berechnung der Kraftkonstantenmatrix *F*. Die bekannteste Methode ist die des *Zentrifugaldehnungseffektes*, die aber leider wegen der Kleinheit des Effektes meist wenig genaue Ergebnisse liefert. Sehr genaue Ergebnisse können jedoch durch die *Coriolis-Kopplung* gewonnen werden,für die auch zahlreiche Einzeluntersuchungen vorliegen. Theoretisch weit entwickelt ist die Theorie der *Schwingungsamplituden,* die aber meist weniger genaue Kraftkonstanten liefert. (Sie ist in der Monographie von *Cyvin* (0:11) zusammenfassend nebst Einbeziehung der Coriolis-Kopplung dargestellt.) Weiterhin können aus dem *Trägheitsdefekt* zusätzliche Gleichungen zur Kraftkonstantenberechnung aufgestellt werden, deren Herleitungen und Ergebnisse hier nur zusammengefaßt werden können. Schließlich sollen noch die Gedankengänge der Theorie der *Raman-Intensitäten* zur Berechnung von Kraftkonstanten skizziert werden. Diese physikalischen Verfahren werden in den Kapiteln 12 bis 16 dargestellt, und es werden dann in Kapitel 17 die gemeinsamen mathematischen Verfahren zusammengestellt.

12. Zentrifugaldehnungseffekt

Bei den bisherigen Betrachtungen haben wir stets die Wechselwirkung der Schwingungsenergie zur Rotationsenergie vernachlässigt. Wird jedoch unser Schwingungsmodell unter Einbeziehung der gleichzeitigen Anregung von Rotation und Schwingung erweitert, so müssen wir die Wirkungen der Zentrifugalkraft und der Coriolis-Kraft berücksichtigen. Die experimentellen Daten werden dem sog. Rotationsschwingungsspektrum entnommen.

Eine zusammenfassende Darstellung geben *Allen* und *Cross* in ihrem Buch Molecular Vib-Rotors (0:1).

12.1. Zweiatomiges Molekül XY

Für das zweiatomige Molekül XY läßt sich der Zentrifugaldehnungseffekt noch besonders einfach behandeln ((0:8), S. 13–16, 63–67), ((0:3), S. 57–60). Bei Ersatz der Modelle der Rotation der Hantel XY durch die Rotation des Massenpunktes mit der *reduzierten Masse*

$$\mu = \frac{m_X m_Y}{m_X + m_Y} \qquad [12.1:1]$$

um eine feste Achse im Abstand r_c ergibt sich zwischen der *Zentrifugalkraft* $\mu r_c \omega^2$ und der *rücktreibenden* Kraft $f(r_c - r_e)$ die *Gleichgewichtsbeziehung*

$$f(r_c - r_e) = \mu r_c \omega^2. \qquad [12.1:2]$$

Dabei soll r_e den *Gleichgewichtsabstand*, r_c den *durch die Rotation vergrößerten Gleichgewichtsabstand*, und ω die *Winkelgeschwindigkeit* bedeuten. Aus [12.1:2] folgt sofort für r_c

$$r_c = \frac{f\, r_e}{f - \mu\omega^2} \,. \qquad [12.1:3]$$

Die *Gesamtenergie* E *des rotierenden und schwingenden Moleküls* ergibt sich zu

$$E = 1/2\, I\, \omega^2 + 1/2\, f(r_c - r_e)^2 = 1/2\, I\, \omega^2 + 1/2\, \frac{(I\, \omega^2)^2}{f\, r_c^2}, \qquad [12.1:4]$$

wobei das *Trägheitsmoment* I durch

$$I = \mu\, r_c^2 \qquad [12.1:5]$$

gegeben und Gl. [12.1:3] miteinbezogen worden ist. Wird der *Drehimpuls* P mit

$$P = \mu\, \omega\, r_c^2 \qquad [12.1:6]$$

eingeführt, so kann [12.1:4] auch durch

$$E = \frac{P^2}{2\, \mu\, r_e^2} + \frac{P^4}{2\, \mu^2\, f\, r_e^6} \qquad [12.1:7]$$

für die *Näherung* ((12:1), S. 2–3), (12:2)

$$r_c \approx r_e \qquad [12.1:8]$$

ausgedrückt werden. Die *Quantisierung* kann über die Vorschrift

$$\omega I \to \frac{h}{2\,\pi} \sqrt{J\,(J+1)} \qquad [12.1:9]$$

durchgeführt werden, wobei die *Rotationsquantenzahl* J alle ganzzahligen Werte

$$J = 0, 1, 2, \ldots \qquad [12.1:10]$$

annehmen kann und h das *Plancksche Wirkungsquantum* ist. Damit ergibt sich aus [12.1:4] die *quantentheoretische Beziehung*

$$E_J = \frac{h^2}{8\,\pi^2 I}\, (J(J+1) + \frac{h^4}{32\,\pi^4\, I^2\, r_c^2\, f}\, J^2(J+1)^2. \qquad [12.1:11]$$

Ersetzen wir nun r_c durch [12.1:3], vernachlässigen alle Terme höher als $J^2(J+1)^2$, so erhalten wir noch ein zusätzliches Glied mit

$$-\frac{h^4}{16\,\pi^4\, \mu^2\, r_e^6\, f}\, J^2(J+1)^2, \qquad [12.1:12]$$

und wir bekommen schließlich die bereits in Abschnitt 1.6. benutzte Formel für die *Rotationsenergieniveaus*

$$E_J = B\, J(J+1) - D\, J^2(J+1)^2 \qquad [12.1:13]$$

mit der *Rotationskonstanten*

$$B = \frac{h^2}{8\,\pi^2\,\mu\,r_e^2}$$ [12.1:14]

und der *Zentrifugaldehnungskonstanten (Zentrifugal-Glied)*

$$D = \frac{h^4}{32\,\pi^4\,\mu^2\,r_e^6\,f}\,.$$ [12.1:15]

Damit ist mit Gl. [12.1:15] der gesuchte Zusammenhang zwischen der Zentrifugaldehnungskonstanten D und der Kraftkonstanten f für ein zweiatomiges Molekül gefunden. D wird *dem Rotationsschwingungsspektrum entnommen* und ergibt sich aus der *Abweichung der Rotationslinien von der Äquidistanz*.
Im Anschluß an die observablen Meßgrößen erhalten wir unter Berücksichtigung der *quantentheoretisch begründeten Auswahlregel*

$$J \rightarrow J \pm 1,$$ [12.1:16]

die Rotationsfrequenz ν für den Übergang von der Rotationsquantenzahl J auf J + 1 mit

$$\nu_{J\rightarrow J+1} = E_J - E_{J+1} = 2B\,(J+1) - 4D\,(J+1)^3.$$ [12.1:17]

12.2. Zur allgemeinen Theorie

Zur Berechnung der Zentrifugalstörungskonstanten bzw. Zentrifugaldehnungskonstanten eines *vielatomigen Moleküls* für *nichtentartete Schwingungen* gehen *Wilson* und *Howard* (12:3) *vom nichtstarren, asymmetrischen Rotor* aus. Als *nullte Näherung* für die Wellenfunktion und deren Eigenwerte werden die der 3N – 6 *harmonischen Oszillatoren* der reinen Schwingung und die des starren Rotators bei völliger Vernachlässigung der Wechselwirkung zwischen der Schwingungs- und der Rotationsenergie verwendet. Wegen der Beschränkung auf nichtentartete Schwingungen treten im *Hamilton*-Operator keine linearen Terme auf, die die *Coriolis*-Kopplung zwischen der Rotation und der Schwingung darstellen. (Im nächsten Kapitel 13 werden wir die Coriolis-Kopplung gesondert behandeln.) Wie die quantentheoretische Störungsrechnung explizit zeigt, verschwinden auch hierfür die Terme 3. Ordnung des Gesamtdrehimpulsoperators im Hamilton-Operator (12:3), (12:4), ((0:1), S. 35–37), so daß nur noch die Terme 2. und 4. Ordnung unter Vernachlässigung der Terme höherer Ordnung verbleiben. Damit erhalten wir das *quantentheoretische Ergebnis*[12:1])

$$H = E_v + 1/2 \sum_{\alpha,\beta} \sigma_{\alpha\beta}\, P_\alpha P_\beta + 1/4 \sum_{\alpha,\beta,\gamma,\delta} \tau_{\alpha\beta\gamma\delta}\, P_\alpha P_\beta P_\gamma P_\delta$$ [12.2:1]

12:1) Eine vollständige, explizite Wiedergabe der theoretischen Untersuchungen würde zu viel Raum beanspruchen. Wir geben deshalb die wesentlichen Ergebnisse unter Verweis auf die Originalarbeiten an.

mit

$$\tau_{\alpha\beta\gamma\delta} = \sum_{v'} (v \mid \mu_{\alpha\beta} \mid v')\,(v' \mid \mu_{\alpha\beta} \mid v)/(h\nu_{vv'}). \qquad [12.2:2]$$

Dabei bedeuten: H *Hamilton-Operator*; E_v *reine Schwingungsenergie im Schwingungszustand* v; P_α ist der *Operator der Komponenten des Winkelmoments* längs der α-Achse (α, β, γ, δ summiert über kartesischen Koordinaten x, y und z); $\sigma_{\alpha\beta}$ ist eine *Konstante* für einen vorgegebenen Schwingungszustand und hängt von den α-Komponenten der Inversen des effektiven Hauptträgheitstensors ab. Die *Zentrifugaldehnungskoeffizienten* $\tau_{\alpha\beta\gamma\delta}$ sind von den Rotationsquantenzahlen unabhängig, jedoch von der gewählten *Schwingungsquantenzahl* v abhängig. In Gl. [12.2:2] erstreckt sich die Summation über alle Schwingungszustände außer dem Zustand v. Die Größen μ sind die *Komponenten des inversen momentanen Trägheitstensors.* $h\nu_{vv'}$ ist die Energiedifferenz zwischen den beiden Schwingungszuständen v und v'.
$(v \mid \mu_{\alpha\beta} \mid v')$ ist das *Matrixelement von* $\mu_{\alpha\beta}$. Gl. [12.2:1] kann als Verallgemeinerung der Energiebeziehung für ein 2-atomiges Molekül nach Gl. [12.1:7] interpretiert werden.

Entwickelt man $\mu_{\alpha\beta}$ in eine Reihe um die Nullpunktslage, nach inneren Koordinaten, geht von inneren Koordinaten *R* auf Normalkoordinaten über, beachtet die Auswahlregeln für den harmonischen Oszillator, so können die Matrixelemente explizit berechnet werden und die, den Zusammenhang zwischen den inneren und Normalkoordinaten herstellenden Koeffizienten b_{ik} und b_{jk} durch das Glied der *inversen Kraftkonstante* $(f^{-1})_{ij}$ nach

$$(f^{-1})_{ij} = \sum_k b_{ik}\, b_{jk}/(4\,\pi^2 (\nu_k^0)^2) \qquad [12.2:3]$$

dargestellt werden. Damit nimmt $\tau_{\alpha\beta\gamma\delta}$ die Form

$$\tau_{\alpha\beta\gamma\delta} = -\,1/2 \sum_{ij} \mu_{\alpha\beta}{}^{(i)}\ \mu_{\gamma\delta}{}^{(i)}\ (f^{-1})_{ij} \qquad [12.2:4]$$

an mit

$$\mu_{\alpha\beta} = (\delta\mu_{\alpha\beta}/\delta R_i)\delta_R = 0.$$

Schließlich erfolgt der Übergang vom reziproken Trägheitstensor $\underline{\mu}$ zum *Trägheitstensor I* über

$$\underline{\mu} = I^{-1}, \qquad [12.2:5]$$

durch eine Reihenentwicklung nach inneren Koordinaten gemäß der Beziehung

$$\mu_{\alpha\beta}{}^{(i)} = -\,[I_{\alpha\beta}{}^{(i)}]\,0/(I_{\alpha\alpha}^{(0)}\ I_{\beta\beta}^{(0)}) \qquad [12.2:6]$$

mit

$$I_{\alpha\beta}^{(i)} = \frac{\delta I_{\alpha\beta}}{\delta R_i}. \qquad [12.2:6a]$$

Dabei sind die Koordinatenachsen so gewählt, daß die beiden Tensoren $I^{(0)}$ und $\mu^{(0)}$ der Nullpunktslage Diagonalmatrizen sind. Damit erhält man mit [12.2:6] aus [12.2:4] die häufig benutzte Form

$$\tau_{\alpha\beta\gamma\delta} = -1/2 \sum_{i,j} \frac{1}{I_{\alpha\alpha}^{(0)} I_{\beta\beta}^{(0)} I_{\gamma\gamma}^{(0)} I_{\delta\delta}^{(0)}} \left(\frac{\delta I_{\alpha\beta}}{\delta R_i}\right) \left(\frac{\delta I_{\gamma\delta}}{\delta R_j}\right) (f^{-1})_{ij}\,. \qquad [12.2:7]$$

Für die praktischen Berechnungen wird die *Größe*

$$t_{\alpha\beta\gamma\delta} = -2\,(I_{\alpha\alpha}^{(0)} I_{\beta\beta}^{(0)} I_{\gamma\gamma}^{(0)} I_{\delta\delta}^{(0)})\, \tau_{\alpha\beta\gamma\delta} \qquad [12.2:8]$$

eingeführt. Ihre Berechnung wird im nächsten Abschnitt in einer Matrixschreibweise formelsammlungsmäßig dargestellt.

$$r = (\alpha, \beta, \gamma) \qquad [12.2:9]$$

sei ein 3-dimensionaler kartesischer *Lagevektor*, wobei α, β, γ die N-dimensionalen Untervektoren darstellen, die die Lagen der N Atome des Moleküls längs jeder der 3 rechtwinkligen Koordinatenachsen beschreiben. α, β, γ laufen in zyklischer Ordnung. Ist m_i die Masse des i-ten Atomes, so schreiben sich die *Komponenten des Trägheitstensors*

$$I_{\alpha\beta} = -\sum m_i\, \alpha_i\, \beta_i \qquad [12.2:10]$$

und

$$I_{\alpha\alpha} = \sum m_i\, (\beta_i^2 + \gamma_i^2). \qquad [12.2:11]$$

12.3. Zur praktischen Berechnung der Zentrifugaldehnungskonstanten

Kilvelsons und *Wilsons* weitere Darstellung der expliziten Berechnung der Zentrifugaldehnungskonstanten ist für die meisten Fälle nach ihren eigenen Worten „übermäßig schwierig" (12:4). So folgen wir hier einer Darstellung von *Cyvin* u. *Hagen*, die u. a. keine explizite Berechnung der Trägheitsmomente erfordert (12:5).

12.3.1. Formelsatz zur Berechnung der Matrix t

Wir geben nur den Formelsatz zur Berechnung der Matrix t an, aus der sich nach Gl. [12.2:8] die Zentrifugaldehnungskonstanten berechnen. Die Herleitungen sind in *Cyvins* und *Hagens* Arbeit nachzulesen (12:6), (12:7), (vergleiche auch (12:8)):

$$t = T'_S \underline{\Theta} T_S, \qquad [12.3.1:1]$$

$$t = \begin{bmatrix} t_{xxxx} & t_{xxyy} & t_{xxzz} & t_{xxyz} & t_{xxzx} & t_{xxxy} \\ & t_{yyyy} & t_{yyzz} & t_{yyyz} & t_{yyzx} & t_{yyxy} \\ & & t_{zzzz} & t_{zzyz} & t_{zzzx} & t_{zzxy} \\ & & & t_{yzyz} & t_{yzzx} & t_{yzxy} \\ & & & & t_{zxzx} & t_{zxxy} \\ & & & & & t_{xyxy} \end{bmatrix}, \qquad [12.3.1:2]$$

$$\underline{\Theta} = G^{-1} F^{-1} G^{-1}, \qquad [12.3.1:3]$$

$$T_S = (T_{xx,S}, T_{yy,S}, T_{zz,S}, T_{yz,S}, T_{zx,S}, T_{xy,S}), \qquad [12.3.1:4]$$

T'_S ist die Transponierte von T_S,

$$T_{\alpha\alpha,S} = 2 B \, i^{\alpha\alpha} R^{(0)}, \qquad [12.3.1:5]$$

$$T_{\alpha\beta,S} = -B \, i^{\alpha\beta} R^{(0)}, \qquad [12.3.1:7]$$

$$t_{\alpha\beta\gamma\delta} = T'_{\alpha\beta,S} \; \underline{\Theta} \, T_{\gamma\delta,S}, \qquad [12.3.1:8]$$

$$B \text{ aus } S = B X, \qquad [12.3.1:9]$$

$$R^{(0)} = (X_1^{(0)}, Y_1^{(0)}, Z_1^{(0)}, \ldots, X_N^{(0)}, Y_N^{(0)}, Z_N^{(0)}), \qquad [12.3.1:10]$$

$$i^{\alpha\alpha} = \mathrm{diag}\,((i^{\alpha\alpha})_1, (i^{\alpha\alpha})_2, \ldots, (i^{\alpha\alpha})_N), \qquad [12.3.1:11]$$

$$i^{\alpha\beta} = \mathrm{diag}\,((i^{\alpha\beta})_1, (i^{\alpha\beta})_2, \ldots, (i^{\alpha\beta})_N), \qquad [12.3.1:12]$$

$$(i^{xx})_a = \begin{bmatrix} 0&0&0 \\ 0&1&0 \\ 0&0&1 \end{bmatrix}, \quad (i^{yy})_a = \begin{bmatrix} 1&0&0 \\ 0&0&0 \\ 0&0&1 \end{bmatrix}, \quad (i^{zz})_a = \begin{bmatrix} 1&0&0 \\ 0&1&0 \\ 0&0&0 \end{bmatrix}, \qquad [12.3.1:13]$$

$$(i^{yz})_a = \begin{bmatrix} 0&0&0 \\ 0&0&1 \\ 0&1&0 \end{bmatrix}, \quad (i^{zx})_a = \begin{bmatrix} 0&0&1 \\ 0&0&0 \\ 1&0&0 \end{bmatrix}, \quad (i^{xy})_a = \begin{bmatrix} 0&1&0 \\ 1&0&0 \\ 0&0&0 \end{bmatrix}. \qquad [12.3.1:14]$$

Die *Elemente von* T_S ergeben sich daraus explizit zu

$$T^{(i)}_{xx,S} = 2 \sum_a (Y_a^{(0)} B_{ia}^{(y)} + Z_a^{(0)} B_{ia}^{(z)}), \qquad [12.3.1:15]$$

$$T^{(i)}_{yy,S} = 2 \sum_a (Z_a^{(0)} B_{ia}^{(z)} + X_a^{(0)} B_{ia}^{(x)}), \qquad [12.3.1:16]$$

$$T^{(i)}_{zz,S} = 2 \sum_a (X_a^{(0)} B_{ia}^{(x)} + Y_a^{(0)} B_{ia}^{(y)}), \qquad [12.3.1:17]$$

$$T^{(i)}_{yz,S} = -\sum_a (Y^{(0)}_a B^{(z)}_{ia} + Z^{(0)}_a B^{(y)}_{ia}), \qquad [12.3.1:18]$$

$$T^{(i)}_{zx,S} = -\sum_a (Z^{(0)}_a B^{(x)}_{ia} + X^{(0)}_a B^{(z)}_{ia}), \qquad [12.3.1:19]$$

$$T^{(i)}_{xy,S} = -\sum_a (X^{(0)}_a B^{(y)}_{ia} + Y^{(0)}_a B^{(x)}_{ia}) \qquad [12.3.1:20]$$

mit den *Elementen der B*-Matrix aus

$$S_i = \sum_a (B^{(x)}_{ia} x_a + B^{(y)}_{ia} y_a + B^{(z)}_{ia} z_a). \qquad [12.3.1:21]$$

Der Zusammenhang mit der Matrix J_S nach *Kilvelson* und *Wilson* (12:4) ergibt sich aus

$$J_{\alpha\alpha,S} = G^{-1}\, T_{\alpha\alpha,S} \text{ und } J_{\alpha\beta,S} = G^{-1}\, T_{\alpha\beta,S} \qquad [12.3.1:22+23]$$

mit

$$t = J'_S\, F^{-1}\, J_S\,. \qquad [12.3.1:24]$$

12.3.2. Beispiel $XY_2(C_{2v})$

Cyvin, Cyvin u. *Hagen* (12:6) bringen für Moleküle vom Typ und der Symmetrie $XY_2(C_{2v})$ die wichtigsten Zwischenergebnisse nach der Darstellung in 12.3.1. und erhalten als *Ergebnis*:

$$t_{xxxx} = 8\, r^2\, \Theta_{11}, \qquad [12.3.2:1]$$

$$t_{yyyy} = 8\, r^2\, \Theta_{11} \cos^4\alpha/2 - 8\sqrt{2}\, r^2\, \Theta_{12} \sin\alpha \cdot \cos^2\alpha/2 + {} + 4\, r^2\, \Theta_{22} \sin^2\alpha, \qquad [12.3.2:2]$$

$$t_{zzzz} = 8\, r^2\, \Theta_{11} \sin^4\alpha/2 + 8\sqrt{2}\, r^2\, \Theta_{12} \sin\alpha \sin^2\alpha/2 + {} + 4\, r^2\, \Theta_{22} \sin^2\alpha, \qquad [12.3.2:3]$$

$$t_{xxyy} = 8\, r^2\, \Theta_{11} \cos^2\alpha/2 - 4\sqrt{2}\, r^2\, \Theta_{12} \sin\alpha, \qquad [12.3.2:4]$$

$$t_{xxzz} = 8\, r^2\, \Theta_{11} \sin^2\alpha/2 + 4\sqrt{2}\, r^2\, \Theta_{12} \sin\alpha, \qquad [12.3.2:5]$$

$$t_{yyzz} = 2\, r^2\, \Theta_{11} \sin^2\alpha + 4\sqrt{2}\, r^2\, \Theta_{12} \sin\alpha \cos\alpha - 4\, r^2\, \Theta_{22} \sin^2\alpha, \qquad [12.3.2:6]$$

$$t_{yzyz} = 2\, r^2\, \Theta_{33} \sin^2\alpha. \qquad [12.3.2:7]$$

Daraus leiten sich folgende 3 Relationen her:

$$t_{xxxx} = t_{yyyy} + t_{zzzz} + 2\, t_{yyzz}, \qquad [12.3.2:8]$$

$$t_{xxyy} = t_{yyyy} + t_{yyzz}, \qquad [12.3.2:9]$$

$$t_{xxzz} = t_{zzzz} + t_{yyzz}. \qquad [12.3.2:10]$$

Durch Kombination läßt sich auch bilden:

$$t_{xxxx} = t_{xxyy} + t_{xxzz}. \qquad [12.3.2:11]$$

12.3.3. Zahlenbeispiel H_2O

Als Zahlenbeispiel sei aus der Arbeit (12:6) H_2O herausgegriffen, da hierfür auch noch zusätzliche Ausgangsdaten angeführt sind. Es ist:

$r = 0{,}9572$ Å, $\alpha = 104°32'$.

F: $F_{11} = 8{,}35$, $F_{12} = 0{,}33$, $F_{22} = 0{,}76$, $F_{33} = 8{,}35$ (mdyn/Å).

$\underline{\Theta}$: $\Theta_{11} = 0{,}112$, $\Theta_{12} = 0{,}005$, $\Theta_{22} = 0{,}292$,
$\Theta_{33} = 0{,}105$ $(\text{Amu}^2\ \text{Å}\,\text{mdyn}^{-1})^{12:2}$).

T_S: $T^{(1)}_{xx,S}(A_1) = 2{,}707$, $T^{(1)}_{yy,S}(A_1) = 1{,}014$, $T^{(1)}_{zz,S}(A_1) = 1{,}693$,
$T^{(2)}_{yy,S} = -T^{(2)}_{zz,S}(A_1) = -1{,}853$, $T_{yz,S}(B_2) = 1{,}310$ (Å).

t: $t_{yyyy} = 1{,}101$, $t_{zzzz} = 1{,}353$, $t_{yyzz} = -0{,}817$, $t_{yzyz} = 0{,}180$
$(\text{Amu}^2\ \text{Å}^3\ \text{mdyn}^{-1})$.

$\underline{\tilde{T}}$: $\tilde{\tau}_{xxxx} = 0{,}50$, $\tilde{\tau}_{yyyy} = 54{,}50$, $\tilde{\tau}_{zzzz} = 5{,}35$, $\tilde{\tau}_{xxyy} = 1{,}69$,
$\tilde{\tau}_{xxzz} = 0{,}90$, $\tilde{\tau}_{yyzz} = -11{,}44$, $\tilde{\tau}_{yzyz} = 2{,}52$ $(10^{-4}\ \text{cm}^{-1})$.

Dabei ist

$$\tilde{\tau}_{\alpha\beta\gamma\delta} = -\frac{h^3}{256\,\pi^4\,c}\,\tau_{\alpha\beta\gamma\delta}. \qquad [12.3.3:1]$$

Die Verbindung zur Beobachtung wird über die Elemente T_{xxxx} usw. hergestellt.

Tab. 12:1. Vergleich der berechneten mit den beobachteten Werten T_{xxxx} usw.

T-Elemente (cm^{-1})	berechnet	beobachtet
T_{xxxx}	– 0,00094	– 0,00107 ± 0,00027
T_{yyyy}	– 0,0872	– 0,1084 ± 0,0012
T_{zzzz}	– 0,0086	– 0,0083 ± 0,0012
T_{xxyy}	– 0,0027	– 0,0049
T_{xxzz}	– 0,0014	– 0,00108
T_{yyzz}	0,0183	0,0199
T_{yzyz}	– 0,0040	

12.4. Die Energie eines nichtstarren Rotors im Zusammenhang mit den Zentrifugaldehnungs- und -störungskonstanten

Experimentell werden die Frequenzen eines nichtstarren Rotators oder Rotors dem Rotationsschwingungspektrum entnommen. Die theoretische Darstellung nach *Kivelson* und *Wilson* (12:9) führt zu folgender Näherungsdarstellung: Die *Schwingungsrotationsfrequenzen* ergeben sich aus

$$h\,\nu_{ij} = E^{(i)} - E^{(j)} \qquad [12.4:1]$$

für die beiden Energieniveaus $E^{(i)}$ und $E^{(j)}$. Als *Energie* (ohne angeschriebene Indizes) *eines nichtstarren Rotators* ergibt sich quantentheoretisch unter Verwendung der Kommutationsregeln für das Winkelmoment *in 1. Näherung*

$$E = E_0 + A_1 E_0^2 + A_2 E_0\, J(J+1) + A_3\, J^2 (J+1)^2 + A_4\, J(J+1) < P_z{}^2 > + A_5 < P_z{}^4 > + A_6\, E_0 < P_z{}^2 > \qquad [12.4:2]$$

mit den *Konstanten*

$$\left.\begin{aligned}
A_1 &= 16R_6/(B - C),\\
A_2 &= -(16R_6(B+C)/(B - C)^2 + 4\,\delta_J/(B - C)),\\
A_3 &= -D_J + 2R_6 + 16R_6\,BC/(B - C)^2\\
&\quad + 2\,\delta_J(B+C)/(B - C),\\
A_4 &= -(D_{JK} - 2\delta_J - 16R_6(A^2 - BC)/B - C)^2 +\\
&\quad + 4R_6\sigma^2 + 4R_5(C+B)/(B - C),\\
A_5 &= -(D_K + 4R_5 + 2R_6 - 4R_6\sigma^2),\\
A_6 &= (8R_5 - 16R_6\sigma)/(B - C).
\end{aligned}\right\} \qquad [12.4:3]$$

Dabei ist

$$\left.\begin{aligned}
A &= A' + (3\tau_{xyxy} - 2\tau_{zxzx} - 2\tau_{yzyz})\hbar/4,\\
B &= B' + (3\tau_{yzyz} - 2\tau_{xyxy} - 2\tau_{zxzx})\,\hbar/4,\\
C &= C' + (3\tau_{zxzx} - 2\tau_{xyxy} - 2\tau_{yzyz})\,\hbar/4
\end{aligned}\right\} \qquad [12.4:4]$$

mit

$$A' = \hbar^2/(2I_a),\ B' = \hbar^2/(2I_b),\ C' = \hbar^2/(2I_c). \qquad [12.4:5]$$

Hierfür gilt

$$A' > B' > C'. \qquad [12.4:6]$$

mit I_a, I_b und I_c als den *effektiven Hauptträgheitsmomenten*.
Weiterhin ist

$$\sigma = (2A - B - C)/(B - C), \qquad [12.4:7]$$

$$D_J = -(1/32)\,(3\tau_{xxxx} + 3\tau_{vvvv} + 2\tau_{xxvv} + 4\tau_{xyxy})\,\hbar^4, \qquad [12.4:8]$$

$$D_K = D_J - (1/4)\,(\tau_{zzzz} - \tau_{zzxx} - \tau_{vvzz} - 2\tau_{xzxz} - 2\tau_{yzyz})\,\hbar^4, \qquad [12.4:9]$$

$$D_{JK} = -D_J - D_K - 1/4\, \tau_{zzzz} \hbar^4, \qquad [12.4:10]$$

$$R_5 = -(1/32)\,(\tau_{xxxx} - \tau_{yyyy} - 2(\tau_{xxzz} + 2\tau_{xzxz}) + + 2(\tau_{yyzz} + 2\tau_{yzyz}))\,\hbar^4,$$

$$R_6 = (1/64)\,(\tau_{xxxx} + \tau_{yyyy} - 2(\tau_{xxyy} + 2\,\tau_{xyxy}))\,\hbar^4, \qquad [12.4:11]$$

$$\delta_J = -(1/16)\,(\tau_{xxxx} - \tau_{yyyy})\,\hbar^4.$$

Für die beiden weiteren *Größen* $< P_z^2 >$ und $< P_z^4 >$ sind *für hinreichend wenig asymmetrische Rotatoren* folgende Reihenentwicklungen anwendbar:

$$< P_z^2 > = K^2 + \left(\frac{f(J,K-1)}{16(1-K)} + \frac{f(J,K+1)}{16(1+K)}\right)\delta^2 + + 0(\delta^3) + \ldots, \qquad [12.4:12]$$

$$< P_z^4 > = K^4 + 2\left(\frac{(K^2 - 2K + 2)\, f(J,K-1)}{16(1-K)} + + \frac{(K^2 + 2K + 2)\, f(J,K+1)}{16(1+K)}\right)\delta^2 + 0(\delta^3) + \ldots \qquad [12.4:13]$$

mit

$$\delta = (B - C)/(A - C) = (\kappa + 1)/2 \qquad [12.4:14]$$

und

$$f(J,n) = f(J,-n) = 1/4\,(J(J+1) - n(n+1)).\,(J(J+1) - n(n-1)) \qquad [12.4:15]$$

für $n = K + 1$ bzw. $K - 1$.
K ist die *Quantenzahl des Operators* P_z.

Für einen nur *sehr wenig asymmetrischen Rotator* gilt die *grobe Näherung*

$$< P_z^4 > \cong < P_z^2 >^2 \cong K^4. \qquad [12.4:16]$$

Für einen *symmetrischen Rotator* wird

$$R_5 = R_6 = \delta_J = 0;\ B = C. \qquad [12.4:17]$$

Da weiterhin Gl.[12.4:16]exakt gilt, erhält man hierfür

$$E = E_0 - D_J\, J^2(J+1)^2 - D_{JK}\, J(J+1)\, K^2 - D_K\, K^4. \qquad [12.4:18]$$

Fürdie *linearen und sphärischen Rotatoren* vereinfacht sich wegen

$$K = 0$$

die Energie auf

$$E = E_0 - D_J\, J^2(J+1)^2. \qquad [12.4:19]$$

(Eine Zusammenstellung findet sich in (0:1), S. 42–46.)

E_0 ist die *Energie des starren Rotators*. Für die Quantenzahlen gelte

$$J = 0, 1, 2, \ldots, K = 0, \pm 1, \pm 2, \ldots, \pm J. \qquad [12.4:20]$$

Dann kann E_0 für die *linearen, sphärischen* und *symmetrischen Rotatoren* noch einfach nach den Beziehungen berechnet werden ((0:36), S. 362):

$$E_0 (\textit{linearer Rotator}) = B\,J(J+1) \text{ mit } A = B \text{ und } C = 0. \qquad [12.4:21]$$

(Vergleiche auch [12.1:13]!)

$$E_0 (\textit{sphärischer Rotator}) = B\,J\,(J+1) \text{ mit } A = B = C \neq 0. \qquad [12.4:22]$$

$$E_0 (\textit{symmetrischer Rotator}) = B\,J(J+1) + (A - B)\,K^2 \text{ mit } A \neq B = C. \qquad [12.4:23]$$

Die Energie E_0 für den *asymmetrischen Rotator* kann nicht mehr in geschlossener Form in voller Allgemeinheit angeführt werden. Sie lautet in einer für die praktische Handhabung abgestimmte Formulierung:

$$E_0 \text{ (asymmetrischer Rotator)} = \frac{A + C}{2} J(J+1) + \frac{A - C}{2} E_\tau^J(\kappa) \qquad [12.4:24]$$

mit

$$A \geqq B \geqq C, \qquad [12.4:25]$$

dem Index

$$\tau = 0, \pm 1, \pm 2, \ldots, \pm J \qquad [12.4:26]$$

und dem asymmetrischen Parameter

$$\kappa = \frac{2B - A - C}{A - C}\,. \qquad [12.4:27]$$

Von der Funktion $E_\tau^J(\kappa)$ liegen für spezielle Zahlenwerte von J formelmäßige Lösungen vor ((0:1), S. 30), bis $J = 40$ finden sich Tabellen ((0:1), S. 235–260). Außerdem finden sich ausgearbeitete Näherungsmethoden in (0:1), S. 263–268.

12.5. Anwendungsbeispiel XYZ ($C_{\infty v}$) – Zahlenbeispiel OCS

Legt man für ein Molekül des Typs und der Symmetrie XYZ ($C_{\infty v}$) die z-Achse in das Molekül, so folgt sofort für die beiden anderen Achsen x und y aus Symmetriegründen die Relation

$$\tau_{xxxx} = \tau_{yyyy}. \qquad [12.5:1]$$

Weiterhin ergibt sich aus der Definitionsgleichung [12.2:7]

$$\tau_{xxxx} = \tau_{xxyy} + 2\tau_{xyxy}. \qquad [12.5:2]$$

Damit erhalten wir aus Gl. [12.4:8] die sehr einfache Beziehung

$$D = D_J = -\frac{h^4 \tau}{64\,\pi^4}\,. \qquad [12.5:3]$$

Aus Gl. [12.2:7] folgt schließlich

$$\tau = \tau_{xxxx} = \tau_{\alpha\beta\gamma\delta} = -1/4\,(I_{xx}^{(0)})^{-4}\,\Big((\frac{\delta I_{xx}}{\delta R_1})^2\,(f^{-1})_{11} + 2(\frac{\delta I_{xx}}{\delta R_1}).$$

$$(\frac{\delta I_{xx}}{\delta R_2})\,(f^{-1})_{12} + (\frac{\delta I_{xx}}{\delta R_2})\,(f^{-1})_{22}). \qquad [12.5:4]$$

Unter Benützung der Beziehungen

$$\begin{bmatrix} (f^{-1})_{11} & (f^{-1})_{12} \\ (f^{-1})_{12} & (f^{-1})_{22} \end{bmatrix} = \det{}^{-1} F \begin{bmatrix} f_{22} & -f_{12} \\ -f_{12} & f_{11} \end{bmatrix} \qquad [12.5:5]$$

und

$$\det F = \det \underline{\Lambda} \det{}^{-1} G, \qquad [12.5:6]$$

und unter Weglassung der Indices $_{xx}$ ergibt sich daraus (7:11)

$$D = \frac{-h^4 \det G}{128\,\pi^4\,(I^{(0)})^4 \lambda_1 \lambda_2}\left[(\frac{\delta I}{\delta R_2})^2\,f_{11} + 2\,(\frac{\delta I}{\delta R_1})\,(\frac{\delta I}{\delta R_1})\,f_{12} + \right.$$

$$\left. + (\frac{\delta I}{\delta R_1})^2\,f_{11}\right]. \qquad [12.5:7]$$

Das Hauptträgheitsmoment ergibt sich aus der Definitionsgleichung zu [12:1a)]

$$I = M^{-1}(2m_X m_Z\, r_{XY} r_{YZ} + m_X(m_Y + m_Z)\, r_{XY}^2 +$$

$$+ m_Z(m_X + m_Y)\, r_{YZ}^2) \qquad [12.5:8]$$

[12:1a)] Bei Punktauffassung der Atommassen ist das Trägheitsmoment bezüglich einer festen Achse, die durch den Massenschwerpunkt läuft und senkrecht zur Molekülachse des linearen Moleküls XYZ steht, durch ((0:100), S. 42)

$$I = \sum_{i=1}^{3} m_i r_i^2 = m_X r_1^2 + m_Y r_2^2 + m_Z r_3^2 \qquad [12.5:8a]$$

festgelegt. Die 3 Schwerpunktsabstände r_1, r_2 und r_3 zu den 3 Massen bestimmen sich aus den Gleichungen:

$$r_1 + r_2 = r_{XY};\ r_3 = r_{YZ} + r_2;\ m_X r_1 = m_Y r_2 + m_Z r_3. \qquad [12.5:8b]$$

Daraus geht durch Elimination Gl. [12.5:8] hervor.

mit

$$M = m_X + m_Y + m_Z. \qquad [12.5:9]$$

Damit wird mit $R_2 = r_{XY}$ und $R_1 = r_{YZ}$ gemäß den Abkürzungen nach Abschnitt 11.1.1.

$$c_{11} = \left[\frac{\delta I}{\delta r_{XY}}\right]^2 = (2m_X M^{-1}((m_Y + m_Z)\, r_{XY} + m_Z r_{YZ}))^2, \qquad [12.5:10]$$

$$c_{22} = \left[\frac{\delta I}{\delta r_{YZ}}\right]^2 = (2m_Z M^{-1}((m_X + m_Y)\, r_{YZ} + m_X r_{XY}))^2, \qquad [12.5:11]$$

$$c_{12} = -\sqrt{c_{11}\, c_{22}}. \qquad [12.5:12]$$

Setzt man bei der zahlenmäßigen Anwendung die Trägheitsmomente I in amu · Å² [12:2]), die Frequenzen in cm^{-1}, die Kraftkonstanten f_{11} usw. in mdyn/Å, die Ableitungen $\delta I/\delta R$ in amu · Å und die Zentrifugaldehnungskonstanten D in MHz, so führt dies nach (12:10) auf

$$D = \frac{84{,}6098 \det G}{I^4 \lambda_1 \lambda_2} (c_{11}\, f_{11} + 2c_{12}\, f_{12} + c_{22}\, f_{22}). \qquad [12.5:13]$$

Dies ergibt als *Zusatzgleichung* zur Berechnung eines vollständigen Satzes der 3 Kraftkonstanten f_{11}, f_{12} und f_{22}

$$c_{11}\, f_{11} + 2c_{12}\, f_{12} + c_{22}\, f_{22} = K_3 \qquad [12.5:14]$$

mit

$$K_3 = 0{,}0118190\, I^4\, D\, \lambda_1\, \lambda_2 \det{}^{-1} G. \qquad [12.5:15]$$

Die weitere mathematische Behandlung läuft nach dem in Abschnitt 11.1.1. besprochenen Verfahren.
Zahlenbeispiel OCS: *Jones*, *Orville-Thomas* und *Opik* (7:11) verwenden für das lineare, 3-atomige Molekül OCS folgende Ausgangsdaten:

$$\nu_1 = 2064\ cm^{-1}, \nu_2 = 859\ cm^{-1}, r_{XY} = r_{OC} = 1{,}16\ Å, r_{CS} = \\ = r_{YZ} = 1{,}56\,Å, D = 0{,}8844 \cdot 10^{-3}\ MHz.$$

Von den beiden mathematisch möglichen Lösungen wählen sie folgende Kraftkonstantenmatrix mit den Elementen

$$f_{11} = f_{CO} = 15{,}35 \pm 0{,}10, f_{22} = f_{CS} = 7{,}32 \pm 0{,}04, f_{12} = f_{CO/CS} = \\ = 0{,}96 \pm 0{,}01\ mdyn/Å$$

aus.

12:2) amu, Abkürzung für „atomic mass unit", eine Einheit für die Kernmasse (siehe Gl. [2.3:1]).

13. Coriolis-Kopplung

Neben dem Zentrifugaldehnungseffekt treten die *Coriolis-Kräfte* bei einem gleichzeitig schwingenden und rotierenden mechanischen System auf. Zur vereinfachten mathematischen Bewältigung wird die sog. *Coriolis-Kopplung* bei Vernachlässigung der Zentrifugaldehnung behandelt. Dieser Fall entspricht häufig den wirklichen Verhältnissen ((0:8), S. 65).

13.1. Quantentheoretische Behandlung und allgemeine Ergebnisse

Für die gekoppelten Rotations-Schwingungsbewegungen eines Moleküls wird der *Hamilton-Operator* aufgestellt, die Coriolis-Wechselwirkung veranschaulicht und für die symmetrischen und sphärischen Rotatoren werden die Rotationsterme angegeben.

13.1.1. Der Hamilton-Operator

Die Bewegung des *rotierenden und schwingenden Moleküles ohne Wechselwirkung* wird durch den *Hamilton*-Operator

$$H = 1/2 \sum_{\gamma} \frac{M_{\gamma}^2}{I_{\gamma}^0} + 1/2 \sum_{k} P_k^2 + V \qquad [13.1.1:1]$$

beschrieben. Dabei bedeuten:

M_γ *Komponente des Gesamtdrehimpulsoperators der Kerne* in Richtung der γ-Achse mit $\gamma = x, y$ und z. Das x, y, z-Achsensystem des sich bewegenden Moleküls ist als mit den Hauptträgheitsachsen des Moleküls in der Gleichgewichtskonfiguration verknüpft gewählt.

I_γ^0 sind die *Hauptträgheitsmomente* bezüglich γ,

P_k der zur Normalkoordinate Q_k konjugierte *Impuls*,

V die *potentielle Energie*.

In der Gleichung [13.1.1:1] stellt der 1. Term den *Hamilton-Operator des starren Kreisels* dar, der 2 und 3. Term den *Hamilton-Operator der reinen Schwingungsbewegung* des Moleküls.

Eine näherungsweise Darstellung der Bewegungsvorgänge unter *Einbeziehung der Wechselwirkung* zwischen den Rotations- und Schwingungsbewegungen kann man *formal* dadurch erhalten, *daß man vom Gesamtdrehimpuls den Schwingungsdrehimpuls* m_γ *entsprechend der Richtung der* γ*-Achse abzieht.* Damit erhält man den *Hamilton-Operator*

$$H_{VR} = 1/2 \sum_{\gamma} \frac{(M_\gamma - m_\gamma)^2}{I_\gamma^0} + 1/2 \sum_{k} P_k^2 + V. \qquad [13.1.1:2]$$

In der Tat ergibt sich diese Näherungsbeziehung aus einer allgemeinen Darstellung des Hamilton-Operators, der in Ausführlichkeit in ((0:36), S. 273–284) hergeleitet wird. Da für unsere Belange aber bereits diese *Näherungsdarstellung* genügt, wird auf die Wiedergabe der allgemeinen Darstellung verzichtet.

Eine Näherungsbeziehung des Hamilton-Operators für *nichtlineare* schwingende und rotierende *Moleküle* gibt *Watson* (13:1) an.

Für *lineare* Moleküle stellt *Strey* einen vereinfachten Vibrations-Rotations-Hamilton-Operator auf (13:2a), (13:2).

13.1.2. Coriolis-Wechselwirkung und l-Aufspaltung

Während die Zentrifugalkraft bei rotierenden Molekülen auftritt, setzt die Coriolis-Kraft ein schwingendes und rotierendes Molekül voraus ((0:8), S. 65). *Sie bewirkt als wechselwirkende Kraft zwischen der Rotations- und der Schwingungsbewegungen des Moleküls eine Verzerrung der Normal- und der Rotationsschwingungen* ((0:33), S. 491). *Die Coriolis-Kraft steht senkrecht zur Drehachse und zur Richtung der Schwingungsbewegung.*

An dem *linearen* XY_2*-Molekül* können die Aussagen nach *Jahn* (13:3) und *Herzberg* ((0:17), S. 375) einfach *veranschaulicht* werden. Wie aus der *Abbildung* 13:1 sofort hervorgeht, tritt die antisymmetrische Valenzschwingung ν_3 durch die Coriolis-Kräfte in Wechselbeziehung mit der Deformationsschwingung ν_2. Nach der allgemeinen Schwingungslehre ist diese Kopplung um so stärker, je näher beide Frequenzen ν_2 und ν_3 beieinanderliegen. Damit bewirken die Coriolis-Kräfte eine Deformation des Moleküls analog den Deformationskräften. Die Coriolis-Kräfte bewirken dagegen keine Kopplung der symmetrischen Valenzschwingung ν_1 mit der antisymmetrischen Valenzschwingung ν_3 oder der Deformationsschwingung ν_2, sondern nur eine Kopplung mit der Rotationsschwingung. Die Atomkerne führen jeweils elliptische Bewegungen um die Ruhelage aus. Der von der Amplitude der Schwingung abhängige Drehimpuls ist dem Gesamtdrehimpuls entgegengesetzt (siehe auch Gl.

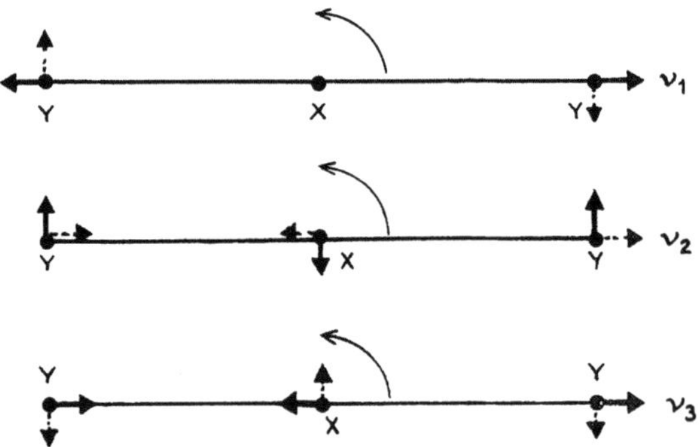

Abb. 13:1. *Veranschaulichung der Coriolis-Wechselwirkung* in dem linearen Molekül XY_2 ($D_{\infty h}$). Dabei sollen die runden Pfeile die Rotation, die ausgezogenen starken Pfeile die Geschwindigkeiten der Atomkerne, die gestrichelten Pfeile die Coriolis-Beschleunigungen darstellen. (Siehe (13:3), ((0:17), S. 373)!)

[13.1.1:2]). Damit hängt die Coriolis-Kopplung von der Geometrie, den Massen und den Kraftkonstanten der Moleküle ab (siehe 13.2. Gln. [13.2:20] bis [13.2:22]).

Wie aus der Quantentheorie allgemein bekannt ist ((0:108), S. 242), kann eine *Störung* die *Aufspaltung der Niveaus entarteter Schwingungen* bewirken. Dies tritt analog auch durch die *Coriolis-Wechselwirkung* zwischen Rotations- und Schwingungsbewegungen z. B. bei linearen Molekülen bei der Deformationsschwingung auf und wird als *l-Aufspaltung* bezeichnet.

Die quantentheoretische Behandlung der Energieniveau-Aufspaltung nach (13:4) führt für die *l*-Aufspaltung der Rotationsterme eines rotierenden linearen Moleküls XYZ in einen l^+- und in einen l^--*Zustand*. Es ist

$$|l| = 1 \qquad [13.1.2:1]$$

der *Frequenzunterschied* beider Niveaus durch

$$\Delta\nu = 2\,q\,(v_i + 1)\,J\,(J + 1) \qquad [13.1.2:2]$$

mit

$$q = \frac{B_e^2}{\omega_i}\,(1 + 4\sum_k \zeta_{ik}\,(\frac{\omega_i^2}{\omega_k^2 - \omega_i^2})) \qquad [13.1.2:3]$$

gegeben. Dabei bedeuten:

v_i *Quantenzahl der entarteten Schwingung,*

ω_i und ω_k die *Molekülschwingungen* der in Wechselbeziehung stehenden Niveaus,

J *Rotationsquantenzahl,*

ζ_{ik} die *Coriolis-Kopplungskonstanten,*

$l\hbar$ *Winkelmoment,*

B_e *Konstante.*

13.1.3. Der symmetrische Rotator – Der sphärische Rotator

Für den *symmetrischen Rotator* folgt aus Gleichung [13.1.1:2] *unter Vernachlässigung der Terme der reinen Schwingungsbewegung* der *Hamilton-Operator*

$$H = H_0^0 + H_c \qquad [13.1.3:1]$$

mit

$$H_0 = \frac{P_x^2 + P_y^2}{2\,I_b} + \frac{P_z}{2\,I_a} \qquad [13.1.3:2]$$

als *Hamilton-Operator des rein rotierenden Moleküls* und mit

$$H_c = \frac{-(P_x p_x + P_y p_y)}{I_b} - \frac{P_z p_z}{I_a} \qquad [13.1.3:2a]$$

als *Störglied der Coriolis-Kopplung* zwischen Rotations- und Schwingungsbewegungen. Die *Gesamtenergie* E setzt sich dann nach

$$E = E_0 + E_c \qquad [13.1.3:3]$$

aus der *Energie des rein rotierenden Moleküls* E_0 und aus dem durch die *Coriolis-Kopplung bedingten Störanteil* E_c zusammen. Unter der *Annahme*, daß E_c *betragsmäßig sehr viel kleiner als* E_0 ist, kann E_c aus der *Schrödinger-Gleichung* unter Verwendung der bekannten *Störungsrechnung* berechnet werden. Es ergibt sich

$$E_c = \mp \frac{\zeta_r h^2}{I_a} K = \mp 2 \zeta_r A K \qquad [13.1.3:4]$$

mit

$$A = \frac{h^2}{2 I_a}.$$

Die explizite Herleitung findet sich in ((0:1), S. 53–55).
Dabei bedeutet: ζ_r die *Coriolis-Konstante,*
K *Quantenzahl*, die mit der Komponente des Gesamtdrehimpulses in Richtung der Figurenachse in Zusammenhang steht.
Damit ergibt sich aus dem Rotationsterm des symmetrischen Kreisels nach [13.1.3:3] der *Rotationsterm für einen entarteten Schwingungszustand* nach

$$F(J, K) = B J(J + 1) + (A - B) K^2 \mp 2\zeta_r A K. \qquad [13.1.3:5]$$

Das obere Vorzeichen gilt für die *Auswahlregel* $\Delta K = + 1$, das untere Vorzeichen für $\Delta K = - 1$.

Für den *sphärischen Rotator* führt die entsprechende quantentheoretische Rechnung auf die 3 Energieniveaus

$$\left.\begin{aligned} F^+(J) &= B J(J+1) + 2B \zeta_r(J+1) && \text{mit } \Delta J = -1, \\ F^0(J) &= B J(J+1) && \text{mit } \Delta J = 0, \\ F^-(J) &= B (J+1) - 2B \zeta_r J && \text{mit } \Delta J = 1 \end{aligned}\right\} \quad [13.1.3:6\text{–}8]$$

für Übergänge vom Grundzustand zu einem angeregten Zustand der Rasse F_2 eines $XY_4(T_d)$-Molekülsystems (vergl. auch Gln. [12.4:22–23]).

13.2. Zur klassisch-physikalischen Matrixdarstellung der Coriolis-Konstanten

Die Beziehungen der *Coriolis*-Konstanten zu den Schwingungsfrequenzen, den Kraftkonstanten, den geometrischen und mechanischen Größen eines Moleküls können mit klassisch-physikalischen Methoden in *Matrixschreibweise* wie folgt dargestellt werden:

Nach (13:5), (13:6) seien die Sätze der *Normalkoordinaten* Q_i und der *massenbegabten kartesischen Verrückungskoordinaten* $q_a{}^x$, $q_a{}^y$, $q_a{}^z$ für jedes Atom a eines Moleküles durch die 3N Elemente der Spaltenmatrizen Q und q nach

$$Q' = (Q_1\ Q_2\ Q_3\ \ldots\ Q_n R_x R_y R_z T_x T_y T_z) \qquad [13.2:1]$$

und

$$q' = (q_1{}^x q_1{}^y q_1{}^z\ \ldots\ q_N{}^x q_N{}^y q_N{}^z) \qquad [13.2:2]$$

dargestellt. Dabei sei N die Zahl der Atome im Molekül, ′ bedeutet die Transponierte einer Matrix. Die kartesischen Verrückungskoordinaten sind an die 6 Eckhard-Bedingungen geknüpft, die das Verschwinden der 6 Koordinaten R_x, R_y, R_z, T_x, T_y, T_z fordern. Diese 6 Koordinaten beschreiben die unendlich kleine starre Bewegung der Rotation und der Translation. Entsprechend gilt für die n inneren Koordinaten S_1 bis S_n die Matrixdarstellung

$$S' = (S_1 S_2 S_3\ \ldots\ S_n\ R_x R_y R_z T_x T_y T_z). \qquad [13.2:3]$$

Dann bestehen zwischen den *Koordinaten Q, q, S* und den *Transformationsmatrizen l, L, D* folgende Relationen:

$$Q = l\,q = L^{-1}\,D\,q \qquad [13.2:4]$$

mit

$$l = L^{-1}\,D, \qquad [13.2:4a]$$

$$l\,l' = E. \qquad [13.2:5]$$

$$S = L\,Q = D\,q, \qquad [13.2:6]$$

mit

$$G = L\,L' = D\,D'\,. \qquad [13.2:6a]$$

E ist die Einheitsmatrix.
Für Q_i lautet die *Komponentenschreibweise*

$$Q_i = \sum_a l_{ia}\,q_a \qquad [13.2:7]$$

mit

$$l_{ia} = (m_a/I_\alpha)^{1/2}\,(e_\alpha x r_a) \text{ für } Q_i = R_\alpha \qquad [13.2:8]$$

und

$$l_{ia} = (m_a/M)^{1/2}\,e_\alpha \text{ für } Q_i = T_\alpha. \qquad [13.2:9]$$

Dabei ist

$$\alpha = x,\ y \text{ oder } z, \qquad [13.2:9a]$$

e_α der *korrespondierende Einheitsvektor,* m_a die *Masse des a-ten Atomes* des Moleküls, $r_a = (x_a, y_a, z_a)$ der *Vektor der Gleichgewichtslage,* bezogen auf das Hauptachsensystem. I_x, I_y und I_z sind die *Hauptträgheitsmomente* und M ist die *Gesamtmasse* des Moleküls.
Entsprechend gilt

$$S_i = \sum_a d_{ia} q_a = \sum_a m_a^{1/2} s_{ia} q_a = \sum_a s_{ia} \underline{\rho}_a \qquad [13.2:10]$$

mit ρ_a als dem *kartesischen Verrückungsvektor* des Atoms a und mit s_{ia} als dem *Wilsonschen s-Vektor.*

Für die weitere mathematische Behandlung des Problems erweist sich die *Aufspaltung* der Matrizen in einen Schwingungsanteil (v) und in einen Anteil der starren Bewegung (r) von besonderem Vorteil, da wegen der *Eckart-Bedingung* der Anteil (r) eliminiert werden kann. Es ist

$$Q = \begin{bmatrix} Q_v \\ Q_r \end{bmatrix} = \begin{bmatrix} l_v \\ l_r \end{bmatrix} q, \qquad [13.2:11]$$

$$S = \begin{bmatrix} S_v \\ S_r \end{bmatrix} = \begin{bmatrix} L_v & 0 \\ 0 & L_r \end{bmatrix} \begin{bmatrix} Q_v \\ Q_r \end{bmatrix} = \begin{bmatrix} D_v \\ D_r \end{bmatrix} q. \qquad [13.2:12]$$

Die *kinetische Energie für die Wechselwirkung zwischen der Schwingung und der Rotation* eines schwingenden und rotorierenden Moleküls wird klassisch durch

$$2\,T_{rot/vib} = 2\,T_{cor} = \Omega_x\,\omega_x + \Omega_y\,\omega_y + \Omega_z\,\omega_z \qquad [13.2:13]$$

beschrieben. Dabei sind ω_x, ω_y und ω_z die *Komponenten der Winkelgeschwindigkeit des rotierenden Achsensystems.* Die *Größen* Ω_α sind durch

$$\Omega_\alpha = \sum_a (q_a \times \dot{q}_a)\, e_\alpha = q'\, M^\alpha\, \dot{q} \qquad [13.2:14]$$

mit

$$M^\alpha = \mathrm{diag}\,(M^\alpha{}_1, M^\alpha{}_2, \ldots, M^\alpha{}_N), \qquad [13.2:15]$$

$$(M^x)_a = \begin{bmatrix} 0 & 0 & 0 \\ 0 & 0 & 1 \\ 0 & -1 & 0 \end{bmatrix}, (M^y)_a = \begin{bmatrix} 0 & 0 & -1 \\ 0 & 0 & 0 \\ 1 & 0 & 0 \end{bmatrix},$$

$$(M^z) = \begin{bmatrix} 0 & 1 & 0 \\ -1 & 0 & 0 \\ 0 & 0 & 0 \end{bmatrix} \qquad [13.2:16]$$

definiert.

Aus [13.2:4], [13.2:5] folgt für den Schwingungsanteil

$$q = l_v' \, Q_v \qquad [13.2:17]$$

mit

$$\dot{q} = l_v' \, \dot{Q}_v \text{ und } q' = Q_v' \, l_v . \qquad [13.2:18]$$

Damit kann [13.2:14] auch wie folgt geschrieben werden:

$$\Omega_\alpha = q' \, M^\alpha \dot{q} = Q_v' \, l_v \, M^\alpha \, l_v' \, \dot{Q}_v = Q_v' \, \underline{\zeta} \, \dot{Q}_v . \qquad [13.2:19]$$

Die durch

$$\underline{\zeta} = l_v M^\alpha l_v' \qquad [13.2:20]$$

definierte sog. *ζ-Matrix* oder *Matrix der Coriolis-Konstanten charakterisiert die Wechselwirkungen zwischen den Schwingungen und den Rotationen* und ist Gegenstand zahlreicher Untersuchungen geworden. In der Praxis verwendet man häufig die Darstellung

$$\underline{\zeta} = L_v^{-1} \, D_v M^\alpha D_v' \, (L_v^{-1})' = L_v^{-1} \, C_v L_v'^{-1} \qquad [13.2:21]$$

unter Anwendung von (13.2:4a). Die Elemente der Matrix

$$C_v = D_v \, M^\alpha \, D_v' \qquad [13.2:22]$$

berechnen sich aus

$$C_{ij} = \sum_a (d_{ia} \, d_{ja}) \, e_\alpha = \sum_a m_a^{-1} \, (s_{ia} \, s_{ja}) \, e_\alpha . \qquad [13.2:23]$$

Durch die Formelsätze der Hauptachsentransformation

$$L_v^{-1} = L_v' \, G_v^{-1} = \underline{\Lambda}^{-1} \, L_v' \, F \qquad [13.2:23a]$$

wird [13.2:21] in die bekannte Formulierung der *verallgemeinerten Eigenwertaufgabe* (13:6)

$$G_v^{-1} C_v^\alpha \, L_v'^{-1} = L_v'^{-1} \, \underline{\zeta}_v \qquad [13.2:24]$$

bzw.

$$F \, C_v^\alpha \, L_v'^{-1} = L_v'^{-1} \, \underline{\Lambda} \, \underline{\zeta}_v \qquad [13.2:25]$$

übergeführt. *Nichttriviale Lösungen* besitzt dieses Eigenwertproblem nur für die *charakteristische Gleichung*

$$\det (G_v^{-1} \, C_v^\alpha - \sigma E) \equiv \det (\underline{\zeta}_v - \sigma E) = 0 \qquad [13.2:26]$$

bzw.

$$\det(F\,C_v^{\alpha} - \gamma E) \equiv \det(\underline{\Delta}\,\underline{\zeta}_v - \gamma E) = 0. \qquad [13.2:27]$$

Aus der Säkulargleichung [13.2:27] können damit unter Hinzunahme von *Coriolis*-Konstanten *zusätzliche Gleichungen zur Bestimmung weiterer Kraftkonstanten* von F gewonnen werden. Eine von ihnen ist durch die bekannte *Spurbeziehung* (13:7), ((0:62), S. 162)

$$\mathrm{Sp}\,(F\,C_v^{\alpha}) = \mathrm{Sp}\,(\underline{\Delta}\,\underline{\zeta}_v) \qquad [13.2:28]$$

besonders leicht aufstellbar.

13.3. Molekülbeispiel XY_2 (C_{2v})

Die Normalschwingungen von Molekülen des Typs und der Symmetrie $XY_2(C_{2v})$ sind den Schwingungstypen bzw. Rassen

$$2\,A_1 + B_1 \qquad [13.3:1]$$

zugeordnet (siehe [4.5:7]). *Da sich das Schwingungswinkelmoment nach* [13.2:19] *aus Produkten von Normalkoordinaten und damit korrespondierenden Impulsen zusammensetzt und sich die Impulse wie die Koordinaten transformieren, liefern nach* (13:3) *die Produkte der beiden möglichen Schwingungsrassen sofort Auswahlregeln.* Aus der Charaktertafel ((0:36), S. 331) ergibt sich elementar

$$A_1 \times A_1 = A_1,\; B_1 \times B_1 = A_1, \qquad [13.3:2]$$

$$A_1 \times B_1 = B_1. \qquad [13.3:3]$$

Da nach der Charaktertafel nur die Rasse B_1 den Schwingungs- und Rotationsbewegungen gleichzeitig zuzuordnen ist, nicht aber A_1, sind wegen der Rotationsbewegung R_y für B_1 nur die y-Komponenten der ζ-Matrix von Null verschieden. Es gilt also

$$B_1 \rightarrow R_y \rightarrow \underline{\zeta}^y = \begin{bmatrix} \zeta_{11} & \zeta_{12} & \zeta_{13} \\ \zeta_{21} & \zeta_{22} & \zeta_{23} \\ \zeta_{31} & \zeta_{32} & \zeta_{33} \end{bmatrix} \begin{matrix} \leftarrow S_1(A_1) \\ \leftarrow S_2(A_1) \\ \leftarrow S_3(B_1) \end{matrix} . \qquad [13.3:4]$$

$$\uparrow \quad \nwarrow \quad \nwarrow$$
$$S_1(A_1)\; S_2(A_1)\; S_3(B_1)$$

Die angefügten Symmetriekoordinaten [4.7.1:13] ergeben nach den Auswahlregeln gemäß [13.3:2] und [13.3:3] 5 Nullelemente für [13.3:4]. Dies führt wegen der Relation [13.2:20] auf

$$\underline{\zeta}^y = \begin{bmatrix} 0 & 0 & \zeta_{13} \\ 0 & 0 & \zeta_{23} \\ -\zeta_{13} & -\zeta_{23} & 0 \end{bmatrix} . \qquad [13.3:5]$$

Aus [13.2:26] folgt nach Anwendung der *Sarrus*schen Regel ((0:84), S. 126) die bekannte

Summenregel

$$(\zeta_{13})^2 + (\zeta_{23})^2 = \sigma^2 = 1. \qquad [13.3:6]$$

Zur Berechnung der Matrix C_v^{α} werden die *Wilsonschen s-Vektoren* benötigt, die sich zu ((0:11), S. 111), (13:6)

$$\begin{aligned}
s_{11} &= (-\sin\alpha, 0, -\cos\alpha)/\sqrt{2},\\
s_{12} &= (\sin\alpha, 0, -\cos\alpha)/\sqrt{2},\\
s_{13} &= (0, 0, 2\cos\alpha)/\sqrt{2},\\
s_{21} &= (-\cos\alpha, 0, \sin\alpha)/r,\\
s_{22} &= (\cos\alpha, 0, \sin\alpha)/r,\\
s_{23} &= (0, 0, -2\sin\alpha)/r,\\
s_{31} &= (-\sin\alpha, 0, -\cos\alpha)/\sqrt{2},\\
s_{32} &= (-\sin\alpha, 0, \cos\alpha)/\sqrt{2},\\
s_{33} &= (2\sin\alpha, 0, 0)/\sqrt{2}
\end{aligned} \qquad [13.3:7]$$

ergeben. Damit erhalten wir schließlich

$$C_v^{y} = \begin{bmatrix} 0 & 0 & 2\mu_X \sin\alpha\cos\alpha \\ 0 & 0 & -2(\mu_Y + 2\mu\sin^2\alpha)/r \\ -2\mu_X \sin\alpha\cos\alpha & 2(\mu_Y + 2\mu_X\sin^2\alpha)/r & 0 \end{bmatrix}. \qquad [13.3:8]$$

Entwickelt man nach [13.2:27], berücksichtigt [13.3:6] und verwendet die Beziehung[13:1])

$$\lambda_3 = (2\mu_X \sin^2\alpha/2 + \mu_Y)\, F_{33}, \qquad [13.3:9]$$

so ergibt sich die Gleichung ((0:13), S. 113)

$$\begin{aligned}(\lambda_1 - \lambda_2)\,\zeta_{23}^2 = {}& -\lambda_2 + F_{11}\,\mu_X{}^2 \sin^2\alpha(2\mu_X \sin^2\alpha/2 + \mu_Y)^{-1} - \\ & - 2^{3/2}F_{12}\,\mu_X \sin\alpha + 2F_{22}\,(2\mu_X \sin^2\alpha/2 + \mu_Y). \end{aligned} \qquad [13.3:10]$$

Bei bekannten Kraftkonstanten kann daraus die Coriolis-Konstante ζ_{23} berechnet werden. Umgekehrt kann sie bei bekannter ζ_{23}-Konstanten als *zusätzliche Gleichung* zur vollständigen Berechnung aller 3 Kraftkonstanten des inversen Eigenwertproblems für die Ordnung n = 2 benutzt werden.

Als Zahlenbeispiel für die erste Art der Anwendung sei NO_2 angeführt, die 2. Art der Anwendung wird an den Molekülen FCN und SO_3 erläutert (siehe 13.4.).

13.4. Zahlenbeispiele NO_2, FCN und SO_3.

Molekül NO_2

Gegeben seien die Ausgangsdaten der Frequenzen mit $\nu_1 = 1320$, $\nu_2 = 750$, $\nu_3 = 1618\ \text{cm}^{-1}$ und des Winkels α mit 134,3° ((0:32), S. 48,50). Dann berechnen sich aus dem vollständigen Satz von Kraftkonstanten mit (13:8)

[13:1]) Sie folgt aus $\lambda_3(B_2) = F_{33}\, G_{33}$ sofort aus den Gl. [4.8.2:3], [4.8.2:5], [4.8.2:6] und der Relation $2\sin^2(\alpha/2) = 1 - \cos\alpha$ ((0:89), Formelsammlung S. 8).

$$F_{11} = 12{,}88, F_{22} = 1{,}13 \text{ und } F_{12} = 0{,}51 \text{ mdyn/Å} \qquad [13.4:1]$$

nach Abschnitt 13.3. speziell nach Gleichung [13.3:10] folgende *Coriolis-Konstanten* ((0:11), S. 350)

$$\zeta_{13}^2 = 0{,}24 \text{ bzw. } \zeta_{13} = -0{,}49, \qquad [13.4:2]$$

$$\zeta_{23}^2 = 0{,}76 \text{ bzw. } \zeta_{23} = 0{,}87, \qquad [13.4:3]$$

wobei sich die Vorzeichenauswahl aus [13.2:21] ergibt.

Molekül FCN

Nach (12:10) geht man von folgenden Ausgangsdaten aus: $\nu_1 = 1069{,}4$, $\nu_2 = 2323$, $\nu_3 = 451{,}32 \text{ cm}^{-1}$, $q_0 = 19{,}68421$ MHz, $B_e = B_0 = 10554{,}20$ MHz, $r_{FC} = 1{,}262$, $r_{CN} = 1{,}259$ Å. Setzt man in [13.1.2:2] die Quantenzahlen $v_i = 0$ und $J = 1$, so ergibt sich unter Verwendung von [13.3:6]

$$\zeta_{13}^2 = 0{,}05429. \qquad [13.4:4]$$

Unter Einbeziehung einer [13.3:10] entsprechenden Zusatzgleichung zu denen der Säkulargleichung errechnet sich der *vollständige Satz der Kraftkonstanten* zu (12:10)

$$F_{11} = 8{,}54 \pm 0{,}14,\ F_{12} = 0{,}39 \pm 0{,}16,\ F_{22} = 17{,}81 \pm 0{,}30 \text{ mdyn/Å}. \qquad [13.4:5]$$

Molekül SO_3

Von den Frequenzen $\nu_1 = 1391$ und $\nu_2 = 529 \text{ cm}^{-1}$ ausgehend erhält *Ruoff* (13:7) aus der Formel für den Kugelkreisel (13:9), (13:10) mit $\nu_{P-R} = 14{,}8 \pm 0{,}9 \text{ cm}^{-1}$ als P-R-Abstand die *Coriolis*-Konstanten

$$\zeta_3 = 0{,}46 \pm 0{,}03, \qquad [13.4:6]$$

$$\zeta_4 = -0{,}46 \pm 0{,}03. \qquad [13.4:7]$$

Unter Verwendung der Zusatzgleichung

$$c_{11}f_{11} + 2c_{12}f_{12} + c_{22}f_{22} = \lambda_1 \zeta_3 + \lambda_2 \zeta_4 = K_3 \qquad [13.4:8]$$

mit

$$c_{11} = 1{,}5\,\mu_X,\ c_{12} = 3(1{,}5\,\mu_X + \mu_Y),\ c_{22} = 4{,}5\,\mu_X \qquad [13.4:9]$$

erhalten wir aus dem Verfahren zur Lösung für das vollständige inverse Eigenwertproblem für $n = 2$ nach 10.1. die *beiden Lösungssätze*:

1. Lösung: $f_{11} = F_{11} = f_{SO} - f_{SO/SO} = 10{,}62,$ [13.4:10]

$f_{12} = F_{12} = f'_{SO/OSO} - f_{SO/OSO} = -0{,}36,$ [13.4:11]

$f_{22} = F_{22} = f_{OSO} - f_{OSO/OSO} = 0{,}62$ mdyn/Å [13.4:12]

2. Lösung: $f_{11} = 1{,}85$, $f_{12} = 0{,}36$, $f_{22} = 3{,}54$ mdyn/Å. [13.4:13]

Die 2. Lösung führt auf die Valenzkraftkonstante $f_{SO} = 6{,}84$ und auf die Wechselwirkungskraftkonstante $f_{SO/SO} = 4{,}46$ mdyn/Å. Diese Lösung wird ausgeschieden, da der Zahlenwert der Wechselwirkungskraftkonstanten $f_{SO/SO}$ als auch ihr Verhältnis zur Valenzkraftkonstanten f_{SO} mit 0,7 nach den bisherigen Vergleichswerten zu groß sind. Damit führt die verbleibende *1. Lösung* auf die Kraftkonstanten

$$f_{SO} = 10{,}69 \text{ und } f_{SO/SO} = 0{,}07 \text{ mdyn/Å}. \quad [13.4:14]$$

14. Schwingungsamplituden

Die Theorie der Schwingungsamplituden ergibt aus Elektronenbeugungsversuchen zusätzliche Bestimmungsgleichungen für die Berechnung von Kraftkonstanten. Die Genauigkeit reicht jedoch häufig nur für Bereichseingrenzungen der Kopplungskraftkonstanten aus [14:0]).

14.1. Zur experimentellen Bestimmung

Die *mittlere Schwingungsamplitude* ist durch ((0:12), S. 1–6)

$$u = \left(\overline{(R - R_e)^2}\right)^{1/2} = \left(\overline{r^2}\right)^{1/2} \quad [14.1:1]$$

definiert. Dabei ist R der *augenblickliche zwischenatomare Abstand* zwischen einem Paar von Atomen. R_e ist der entsprechende *Gleichgewichtsabstand.* u^2 wird die *mittlere quadratische Schwingungsamplitude* genannt.

Aus *Elektronenbeugungsversuchen* folgt aus der *Halbwertsbreite* B der Intensität der molekularen Streuung die mittlere Schwingungsamplitude u zu

$$u = (8 \ln 2)^{-1/2} \quad B. \quad [14.1:2]$$

Als Beispiel sei die *experimentell ermittelte mittlere Schwingungsamplitude* des Sauerstoffmoleküls O_2 mit $u = 0{,}038$ Å für 300° K angeführt.

14.2. Quantentheoretische Berechnung der mittleren Schwingungsamplitude eines 2-atomigen Moleküls

Die Berechnung der mittleren quadratischen Schwingungsamplitude u^2 kann auf die quantentheoretisch-statistische Berechnung der Normalkoordinate Q zurückgeführt werden((0:12), S. 25–27). Wegen

$$r = \mu^{-1/2} Q \quad [14.2:1]$$

14:0) Die Theorie der Schwingungsamplituden wurde wesentlich von *Cyvin* und seinen Mitarb. ausgebaut und angewendet. In den nächsten Abschnitten 14.1. bis 14.7. bringen wir einen Auszug aus *Cyvins* beiden Monographien (0:11) und (0:12), soweit es die Berechnung von Kraftkonstanten betrifft. Eine ausführliche Bibliographie mit weit über 800 Zeitschriftenveröffentlichungen bis zum Jahre 1968 findet sich in ((0:11), S. 383 bis 415).

führt die entsprechende Mittelung auf

$$u^2 = \overline{r^2} = \mu^{-1}\,\overline{Q^2}. \qquad [14.2:2]$$

Für den *harmonischen Oszillator* folgen dann aus der Schrödinger-Gleichung die *Wellenfunktion* $\psi_v(Q)$ und die *Schwingungsenergie* E_v der *Schwingungsquantenzahl* v mit $v = 0, 1, 2, \ldots$ zu

$$\psi_v(Q) = N \exp(-1/2\,\gamma\, Q^2)\, H_v(\gamma^{1/2}\, Q) \qquad [14.2:3]$$

und

$$E_v = h\,\nu\,(v + 1/2) \text{ mit } \gamma = 4\,\pi^2 \nu h^{-1}. \qquad [14.2:4]$$

Dabei sind N ein Normierungsfaktor und H_v die Hermiteschen Polynome. Für das *gemittelte Quadrat der Normalkoordinate* gilt wegen der räumlichen Aufenthaltswahrscheinlichkeit

$$(\overline{Q^2})_v = \int Q^2\, |\,\psi_v\,|^2\, dQ = (4\,\pi^2 \nu^2)^{-1}\, E_v. \qquad [14.2:5]$$

Den statistisch-mechanischen Mittelwert von $\overline{Q^2}$ *für das thermische Gleichgewicht* erhält man unter Annahme der *Maxwell-Boltzmannschen Verteilung* durch Summation über alle Schwingungszustände aus

$$\overline{Q_v^2} = \sum_v (Q^2) \exp(-\beta E_v) / \sum_v \exp(-\beta E_v) =$$

$$\frac{h}{8\,\pi^2\,\nu} \coth\left(\frac{h\,\beta\,\nu}{2}\right). \qquad [14.2:6]$$

Dabei ist $\beta = 1/k\,T$ mit k als *Boltzmannscher Konstante* und T als *absoluter Temperatur* als Abkürzung gebraucht.
Damit erhält man für die *mittlere quadratische Schwingungsamplitude* das einfache Ergebnis

$$u^2 = \overline{r^2} = \frac{h}{8\,\pi^2\,\mu\,\nu} \coth\left(\frac{h\,\nu}{2\,kT}\right) = \frac{\delta(T)}{\mu}. \qquad [14.2:7]$$

Für $\delta(T)$ ergibt sich folgende zahlenmäßige Beziehung

$$\delta(T) = \delta_k(T) = \delta_k = \frac{16{,}85748}{\nu_k} \coth\left(\frac{0{,}719399\,\nu_k}{T}\right), \qquad [14.2:8]$$

wenn die Frequenz ν in cm^{-1}, die absolute Temperatur T in Grad *Kelvin* und die mittlere quadratische Schwingungsamplitude u^2 in $Å^2$ gemessen werden. Der Index k ist für spätere Verwendungen eingeführt worden.

Für die Temperatur T = 0 vereinfacht sich [14.2:8] zu

$$\delta_k(T = 0) = \frac{h}{8\,\pi^2\,\nu_k} = \frac{16{,}85748}{\nu_k}\,. \qquad [14.2:9]$$

Als *Molekülbeispiel* sei die zu u(T = 300°K) = 0,037 Å berechnete Schwingungsamplitude des Sauerstoffmoleküls O_2 genannt, wobei der berechnete Wert mit dem experimentell gefundenen nahezu auf 2 Ziffern übereinstimmt.

14.3. Erweiterung auf vielatomige Moleküle

Da durch die Normalschwingungen eines Systems die Bewegung eines mehratomigen Moleküls durch lauter lineare Oszillatoren dargestellt werden kann ((0:7), S. 47), kann wegen der Transformationsgleichung

$$r_i = \sum_k K_{ik}\,Q_k \qquad [14.3:1]$$

die mittlere quadratische Schwingungsamplitude für einen gegebenen zwischenatomaren Abstand r_i eines mehratomigen Moleküls durch

$$u^2 = \overline{r_i^2} = \sum_k K_{ik}^2\,(\delta_k(T)) \qquad [14.3:2]$$

dargestellt werden.

14.4. Matrizendarstellung der Schwingungsamplituden – Zusammenhänge mit der Kraftkonstantenmatrix F

Für mehratomige Moleküle läßt sich der *quadratische Mittelwert der Normalkoordinate* Q wie folgt verallgemeinert darstellen ((0:11), S. 54–100):

$$\underline{\delta}_k = \overline{Q_k\,Q_k'} = \langle Q_k\,Q_k' \rangle \text{ für } k = 1, 2, \ldots, n \qquad [14.4:1]$$

mit

$$\langle Q_k\,Q_l' \rangle = 0 \text{ für } k \neq l. \qquad [14.4:2]$$

Diese beiden Gleichungen können in Matrizenschreibweise zu

$$\underline{\delta} = \text{diag}\,(\delta_1, \delta_2, \ldots \delta_n) = \langle Q\,Q' \rangle \qquad [14.4:3]$$

in einer Gleichung zusammengefaßt werden.

Gehen wir von den Normalkoordinaten Q auf die beliebigen Koordinaten S gemäß der Transformation

$$S = L\,Q \qquad [14.4:4]$$

über, so erhalten wir aus Gl. (15) die Beziehung

$$L\,\underline{\delta}\,L' = \langle S\,S' \rangle = \underline{\Sigma}. \qquad [14.4:5]$$

Es ist üblich, für diesen Mittelwert die Abkürzung $\underline{\Sigma}$ einzuführen, die als *mittlere quadratische Amplitudenmatrix* bezeichnet wird. Zu ihrer Berechnung ist u. a. von *Cyvin* ein großer Formelapparat entwickelt worden, der zahlreiche parallele Züge zur Wilsonschen Energiematrizenmethode ($G \cdot F$-Methode) aufweist. Einige dieser Zusammenhänge wollen wir hier erwähnen, soweit sie wesentliche Züge der Berechnung der Kraftkonstanten enthalten.

Führen wir als Abkürzung

$$\underline{\epsilon} = \underline{\Lambda}\,\underline{\delta} \qquad [14.4:6]$$

ein. so folgen aus [14.4:5] und den Formelsätzen für die Hauptachsentransformation

$$F = L'^{-1}\,\underline{\Lambda}\,L^{-1}, \qquad [14.4:7]$$

$$G = L\,L' \qquad [14.4:8]$$

und aus der Schwingungsgleichung

$$G\,F\,L = L\,\underline{\Lambda} \qquad [14.4:9]$$

mit der bekannten Säkulargleichung als Lösungsbedingung die entsprechenden Relationen für die Amplitudenmatrix $\underline{\Sigma}$ zu:

$$\underline{\Sigma}\,F = L\,\underline{\epsilon}\,L', \qquad [14.4:10]$$

$$\underline{\Sigma}\,G^{-1} = L\,\underline{\delta}\,L^{-1} \qquad [14.4:11]$$

mit den *Bedingungsgleichungen*

$$|\,\underline{\Sigma}\,F - \underline{\epsilon}\,E\,| = |\,F\,\underline{\Sigma} - \underline{\epsilon}\,E\,| = 0 \qquad [14.4:12]$$

und

$$|\,\underline{\Sigma}\,G^{-1} - \underline{\delta}\,E\,| = |\,G^{-1}\,\underline{\Sigma} - \underline{\delta}\,E\,| = 0. \qquad [14.4:13]$$

In entsprechender Weise gelten die *Invarianzbeziehungen*

$$\mathrm{Sp}\,(\underline{\Sigma}\,F) = \mathrm{Sp}\,\underline{\epsilon}, \qquad [14.4:14]$$

$$\det\,(\underline{\Sigma}\,F) = \det\,\underline{\epsilon}, \qquad [14.4:15]$$

$$\mathrm{Sp}\,(\underline{\Sigma}\,G^{-1}) = \mathrm{Sp}\,\underline{\delta}, \qquad [14.4:16]$$

$$\det\,(\underline{\Sigma}\,G^{-1}) = \det\,\underline{\delta}. \qquad [14.4:17]$$

Für die beiden Amplitudenmatrizen δ und Σ lassen sich durch die bekannte *Reihenentwicklung* für coth folgende Entwicklungen angeben:

$$\underline{\delta} = \mathrm{k\,T}\,(\underline{\Lambda}^{-1} + \frac{1}{48}\,(\frac{\mathrm{h}}{\mathrm{kT}})^2\,E - \frac{1}{11520}\,(\frac{\mathrm{h}}{\mathrm{kT}})^4\,\underline{\Lambda} + \ldots) \qquad [14.4:18]$$

und

$$\underline{\Sigma} = \mathrm{kT}\,(F^{-1} + \frac{1}{48}\,(\frac{\mathrm{h}}{\mathrm{kT}})^2\,G - \frac{1}{11520}\,(\frac{\mathrm{h}}{\mathrm{kT}})^4\,G\,F\,G + \ldots). \qquad [14.4:19]$$

Aus der Entwicklung [14.4:19] folgt der *Grenzwert*

$$\lim_{T\to\infty} \underline{\Sigma} = \mathrm{k\,T}\,F^{-1} \qquad [14.4:20]$$

oder

$$F^{-1} = \lim_{T\to\infty} \frac{\underline{\Sigma}}{\mathrm{kT}}. \qquad [14.4:21]$$

Die Beziehungen [14.4:19] und besonders [14.4:20] oder [14.4:21] zeigen die enge Verflechtung der Theorie der Schwingungsamplituden mit den Konstanten der potentiellen Energie an.

Zwischen dem beliebigen Koordinatensystem S und einem weiteren Koordinatensystem R möge der Zusammenhang

$$S = U\,R \qquad [14.4:22]$$

bestehen. Dann folgt aus [14.4:5] die häufig verwendete Transformation

$$\underline{\Sigma} = \underline{\Sigma}^{\mathrm{S}} = U\,\underline{\Sigma}^{\mathrm{R}}\,U' \qquad [14.4:23]$$

mit

$$\underline{\Sigma}^{\mathrm{R}} = \langle R\,R' \rangle. \qquad [14.4:24]$$

14.5. Isotopenregeln

Aus der Gleichung [14.4:15] läßt sich sofort die Beziehung für isotope Moleküle

$$\frac{\det \underline{\Sigma}}{\det \underline{\Sigma}^{(i)}} = \frac{\det \underline{\epsilon}}{\det \underline{\epsilon}^{(i)}} = \frac{\det (G^{(i)})^{-1} \cdot \det \underline{\delta}}{\det G^{-1} \cdot \det \underline{\delta}^{(i)}} \qquad [14.5:1]$$

herleiten, wobei die Matrizen des isotopen Moleküls durch $^{(i)}$ gekennzeichnet sind.

14.6. Zur Berechnung der Amplitudenmatrix

Die Berechnung der gesamten Amplitudenmatrix $\underline{\Sigma}$ aus der Säkulargleichung [14.4:13] führt auf ähnliche Schwierigkeiten wie die Berechnung der Kraftkonstantenmatrix F aus der bekannten Säkulargleichung. Deshalb können die gleichen Methoden zur näherungsweisen Berechnung der symmetrischen Matrix $\underline{\Sigma}$ mit ihren $n(n + 1)/2$ Elementen angewandt werden. Meist werden die $n(n - 1)/2$ Nichtdiagonalelemente in $\underline{\Sigma}$ Null gesetzt.

Gemäß der zur Kraftkonstantenberechnung analogen Darstellung der Grundgleichungen zur Berechnung von $\underline{\Sigma}$ können bei symmetrischen Molekülen die Ergebnisse der gruppentheoretischen Methode entsprechend übertragen werden.

Für die Kraftkonstantenberechnung ist die Aufstellung von *zusätzlichen Gleichungen* zur weiteren oder gar vollständigen Berechnung der Kraftkonstanten von besonderem Interesse.

14.7. Einige explizite Berechnungen und Zahlenbeispiele

Zur Veranschaulichung seien die beiden Fälle $XY_2(C_{2v})$ und $XY_4(T_d)$ explizit dargestellt und mit je einem Zahlenbeispiel erläutert. Die Aufstellung einer zusätzlichen Gleichung zur Kraftkonstantenberechnung wird speziell am Typ $XY_4(T_d)$ erörtert.

14.7.1. Typ $XY_2(C_{2v})$ – Zahlenbeispiel NO_2

Die mittlere quadratische Amplitudenmatrix $\underline{\Sigma}$ lautet in Symmetriekoordinaten für Systeme des Typs und der Symmetrie $XY_2(C_{2v})$ in entsprechender Anwendung der gruppentheoretischen Ergebnisse nach [4.5:7]

$$\underline{\Sigma}\text{ (Symmetriekoordinaten)} = \underline{\Sigma}^S = \begin{bmatrix} \Sigma_{11}(A_1) & \Sigma_{12}(A_1) & 0 \\ \Sigma_{12}(A_1) & \Sigma_{22}(A_1) & 0 \\ 0 & 0 & \Sigma_{33}(B_2) \end{bmatrix} . \qquad [14.7.1:1]$$

Entsprechend lautet die Schreibweise für innere Koordinaten

$$\underline{\Sigma}\text{ (innere Koordinaten)} = \underline{\Sigma}^R = \begin{bmatrix} \sigma_r & \sigma_{rr} & \sigma_{r\alpha} \\ \sigma_{rr} & \sigma_r & \sigma_{r\alpha} \\ \sigma_{r\alpha} & \sigma_{r\alpha} & \sigma_\alpha \end{bmatrix} . \qquad [14.7.1:2]$$

Wegen [14.4:23] geben sich in Anwendung der U-Matrix nach [4.7.1:13] bzw. [4.8.2:1] die Zusammenhänge für die einzelnen Matrixelemente:

$$\Sigma_{11}(A_1) = \sigma_r + \sigma_{rr},\ \Sigma_{12}(A_1) = \sqrt{2}\,\sigma_{r\alpha},\ \Sigma_{22}(A_1) = \sigma_\alpha,$$
$$\Sigma_{33}(B_2) = \sigma_r - \sigma_{rr}. \qquad [14.7.1:3]$$

$$\sigma_r = 1/2\,(\Sigma_{11}(A_1) + \Sigma_{33}(B_2)),\ \sigma_{rr} = 1/2\,(\Sigma_{11}(A_1) - \Sigma_{33}(B_2)),$$
$$\sigma_r = 2^{-1/2}\,\Sigma_{12}(A_1),\ \sigma_\alpha = \Sigma_{22}(A_1). \qquad [14.7.1:4]$$

Die mittleren Schwingungsamplituden u werden bei den Elektronenbeugungsversuchen für die Koordinaten ((0:12), S. 34, 96)

$$r_{X-Y} = \Delta r_1 = \sqrt{2}\,(S_1(A_1) + S_3(B_2)) \qquad [14.7.1:5]$$

und

$$r_{Y\ldots Y} = \Delta r_1 + \Delta r_2 = \sqrt{2}\,S_1(A_1) \qquad [14.7.1:6]$$

mit

$$u_{X-Y} = (\overline{r^2_{X-Y}})^{1/2} \qquad [14.7.1:7]$$

und

$$u_{Y\ldots Y} = (\overline{r^2_{Y\ldots Y}})^{1/2} \qquad [14.7.1:8]$$

gemessen, die den Diagonalelementen der durch Anwendung der Koordinaten r_{X-Y} und $r_{Y\ldots Y}$ gegebenen Matrix

$$\underline{\Sigma}^{\bar{r}} = \begin{matrix} & r_{X-Y} & r_{Y\ldots Y} \\ r_{X-Y} & \Sigma^{\bar{r}}_{11} & \Sigma^{\bar{r}}_{12} \\ r_{Y\ldots Y} & \Sigma^{\bar{r}}_{12} & \Sigma^{\bar{r}}_{22} \end{matrix} \qquad [14.7.1:9]$$

entsprechen. Der Zusammenhang mit den Amplitudenmatrizen $\underline{\Sigma}^S$ und $\underline{\Sigma}^R$ ergibt sich u. a. durch

$$\underline{\Sigma}^S = U^{\bar{r}}\ \underline{\Sigma}^{\bar{r}}\ U^{\bar{r}\,\prime}, \qquad [14.7.1:10]$$

aus der wegen der Matrixform von [14.7.1:5–6]

$$\begin{bmatrix} S_1(A_1) \\ S_3(B_2) \end{bmatrix} = U^{\bar{r}} \begin{bmatrix} r_{X-Y} \\ r_{Y\ldots Y} \end{bmatrix} = \begin{bmatrix} 0 & (2)^{-1/2} \\ (2)^{1/2} & -(2)^{-1/2} \end{bmatrix} \begin{bmatrix} r_{X-Y} \\ r_{Y\ldots Y} \end{bmatrix}$$

nach elementarer Rechnung die Amplitudenmatrix $\underline{\Sigma}^{\bar{r}}$ zu [14.7.1:11]

$$\underline{\Sigma}^{\bar{r}} = \begin{bmatrix} \Sigma^{\bar{r}}_{11} & \Sigma^{\bar{r}}_{12} \\ \Sigma^{\bar{r}}_{12} & \Sigma^{\bar{r}}_{22} \end{bmatrix} = \begin{bmatrix} \sigma_r & \sigma_r + \sigma_{rr} \\ \sigma_r + \sigma_{rr} & 2(\sigma_r + \sigma_{rr}) \end{bmatrix} \qquad [14.7.1:12]$$

folgt. Mit [14.7.1:4] erhalten wir schließlich die Zusammenhänge

$$u^2_{X-Y} = r^2_{X-Y} = \Sigma^{\bar{r}}_{11} = \sigma_r = 1/2\,(\Sigma_{11}(A_1) + \Sigma_{33}(B_2)), \quad [14.7.1{:}13]$$

$$u^2_{Y\ldots Y} = r^2_{Y\ldots Y} = \Sigma^{\bar{r}}_{22} = 2(\sigma_r + \sigma_{rr}) = \Sigma_{11}(A_1). \quad [14.7.1{:}14]$$

Aus [14.4:12] bzw. auch aus [14.4:14] und [14.4:15] folgen unter Einbeziehung von [4.8.2:5] die 3 Gleichungen

$$\begin{aligned}
&(f_r + f_{rr})\,\Sigma_{11}(A_1) + 2\sqrt{2}\,r\,f_{\iota\alpha}\,\Sigma_{12}(A_1) + r^2 f_\alpha\,\Sigma_{22}(A_1) = \lambda_1\delta_1 + \\
&+ \lambda_2\delta_2, \\
&((f_r + f_{rr})\,r^2\,f_\alpha - \sqrt{2}\,r\,f_{r\alpha})\,(\Sigma_{11}(A_1)\,\Sigma_{22}(A_1) - \Sigma^2_{12}(A_1)) = \\
&= \lambda_1\delta_1\ \lambda_2\delta_2, \\
&(f_r - f_{rr})\,\Sigma_{33}(B_2) = \lambda_3\delta_3. \qquad [14.7.1{:}15-17]
\end{aligned}$$

Entsprechend ergibt sich aus [14.4:13] bzw. aus [14.4:16] und [14.4:17]

$$\begin{aligned}
&G^{(-1)}_{11}(A_1)\,\Sigma_{11}(A_1) + 2\,G^{(-1)}_{12}(A_1)\,\Sigma_{12}(A_1) + \\
&+ G^{(-1)}_{22}(A_1)\,\Sigma_{22}(A_1) = \delta_1 + \delta_2, \\
&(G^{(-1)}_{11}(A_1)\,G^{(-1)}_{22}(A_1) - (G^{(-1)}_{12}(A_1))^2)\,(\Sigma_{11}(A_1)\,\Sigma_{22}(A_1) - \\
&- \Sigma^2_{12}(A_1)) = \delta_1\ \delta_2, \\
&(\mu_Y + \mu_X\,(1 - \cos\alpha))^{-1}\,\Sigma_{33}(B_2) = \delta_3 \qquad [14.7.1{:}18-20]
\end{aligned}$$

mit

$$\begin{aligned}
G^{(-1)}_{11} &= A^{-1}\,2r^{-1}\,(\mu_X + \mu_Y\,(1 - \cos\alpha)), \\
G^{(-1)}_{12} &= A^{-1}\,\sqrt{2}\,r^{-1}\,\mu_X \sin\alpha, \\
G^{(-1)}_{22} &= A^{-1}\,(\mu_X + \mu_Y\,(1 + \cos\alpha)), \\
A &= 2r^{-1}\,(\mu^2_Y + 2\mu_X\,\mu_Y + \mu^2_X\,\sin^2\alpha)\,2r^{-2}\,\mu^2_X\,\sin^2\alpha.
\end{aligned}$$

Zahlenbeispiel NO_2:

Die experimentellen Werte der mittleren Schwingungsamplituden sind nach *Hedberg* und *Blank* ((0:11), S. 208)

$$u_{N-O} = 0{,}0398\ \text{Å},\ u_{O\ldots O} = 0{,}0486\ \text{Å}.$$

Die theoretisch aus den Schwingungsfrequenzen berechneten Werte sind nach *Cyvin* ((0:11), S. 206)

$$u_{N-O,theor} = 0{,}0382\ \text{Å},\ u_{O\ldots O,theor} = 0{,}0468\ \text{Å}.$$

für eine Temperatur von 298° K.

14.7.2. Zur Kraftkonstantenberechnung aus Schwingungsamplituden, dargestellt am $XY_4(T_d)$ und OsO_4

Für Moleküle des Typs und der Symmetrie $XY_4(T_d)$ gilt der Formelsatz für die Energiematrizen ((0:29), S. 318):

Für die F_2-Rasse: $G_{11} = \mu_Y + 4/3\ \mu_X,\ G_{12} = -\ 8/3\ r^{-1}\ \mu_X,$

$$G_{22} = r^{-2}\left(\frac{16}{3}\ \mu_X + 2\ \mu_Y\right). \qquad [14.7.2:1]$$

$$F_{11} = f_r - f_{rr},\ F_{12} = \sqrt{2}\ r(f_{r\alpha} - f'_{r\alpha}),\ F_{22} = r^2(f_\alpha - f'_{\alpha\alpha}). \qquad [14.7.2:2]$$

Für die E-Rasse: $G_{33} = 3r^{-2}\ \mu_Y\ ;\ F_{33} = r^2(f_\alpha - 2f_{\alpha\alpha} + f'_{\alpha\alpha}).$ [14.7.2:3]

Für die A_1-Rasse: $G_{44} = \mu_Y\ ;\ F_{44} = f_r + 3f_{rr}.$ [14.7.2:4]

Bei alleiniger Verwendung von Schwingungsfrequenzen eines Moleküls fehlt zur Bestimmung der Symmetriekraftkonstanten für die Rasse F_2 eine Bestimmungsgleichung.

Aus der Theorie der Schwingungsamplituden kann die zusätzliche Bestimmungsgleichung (14:1)[14:1])

$$u^2_{X-Y} = r^2_{X-Y} = \sigma_r = 1/4\ (\Sigma_{44}(A_1) + 3\ \Sigma_{11}(F_2)) =$$
$$= 1/4\ (G_{44}(A_1) \cdot \delta_4(A_1) + 3(L^2_{11}\ \delta_1(F_2) +$$
$$+ L^2_{12}\ \delta_2(F_2)) \qquad [14.7.2:5]$$

aufgestellt werden. Bei Verwendung der 3 weiteren Gleichungen [7.6.2:5–7] können sämtliche 4 Elemente L_{11}, L_{12}, L_{21} und L_{22} der Matrix L berechnet werden, wenn zur Matrix G der Rasse F_2 die mittlere Schwingungsamplitude

---

[14:1]) *Herleitung:* Aus [14.4:5] folgt für Σ^S

$$\Sigma_{11}(F_2) = L^2_{11}\delta_1 + L^2_{12}\delta_2, \qquad [14.7.2:6]$$

$$\Sigma_{44}(A_1) = L^2_{44}\ \delta_4 = G_{44}\delta_4. \qquad [14.7.2:7]$$

Aus [14.4:23] folgt in Verwendung der Matrix U nach ((0:14), S. 160) oder in einfacher Übertragung der Ergebnisse für $f_r = 1/4(3\ F_{11} + F_{44})$ und $f_{rr} = 1/2(F_{44} - F_{11})$

$$\sigma_r = 1/4\ (\Sigma_{44}(A_1) + \Sigma_{11}(F_2)), \qquad [14.7.2:8]$$

$$\sigma_{rr} = 1/2\ (\Sigma_{44}(A_1) - 3\ \Sigma_{11}(F_2)). \qquad [14.7.2:9]$$

Aus [14.7.1:10] ergibt sich unter Bildung der Matrix $\bar{U^r}$

$$u^2_{X-Y} = r^2_{X-Y} = \sigma_r. \qquad [14.7.2:10]$$

Aus den Gleichungen [14.7.2:6–8 u. 10] ergibt sich durch Zusammensetzen [14.7.2:5].

u_{X-Y} und zur Berechnung der δ_k-Werte nach [14.2:8] die Schwingungsfrequenzen und die Temperatur T bekannt sind.

Die Berechnung der Kraftkonstantenmatrix F für die Rasse F_2 erfolgt nach der Hauptachsentransformation in der Form [7.2.3:3] nach dem expliziten Formelsatz [7.6.2:8–10].

Zahlenbeispiel OsO_4 *der Symmetrie* T_d*:*

Von den Daten der Schwingungsfrequenzen (14:2)

$$\nu_1(F_2) = 959{,}5,\ \nu_2(F_2) = 329,\ \nu_3(E) = 353,\ \nu_4(A_1) = 965\ \mathrm{cm}^{-1}$$

und der gemessenen Schwingungsamplitude (14:3)

$$u_{Os-O} = 0{,}036 \pm 0{,}002\ \text{Å}$$

ausgehend, berechnen *Müller, Krebs* und *Cyvin*(14:1) folgende 3 Symmetriekraftkonstanten in mdyn/Å für die Temperatur von 298° K:

$$F_{33} = 7{,}21 \pm 0{,}51\ (7{,}80 \pm 0{,}05),$$

$$F_{12} = 0{,}58 \pm 0{,}52\ (0{,}05 \pm 0{,}10),$$

$$F_{22} = 0{,}55 \pm 0{,}12\ (0{,}43 \pm 0{,}005).$$

Zum Vergleich werden Werte einer vollständigen Berechnung der Kraftkonstantenmatrix unter Einbeziehung von Coriolis-Kopplungskonstanten in Klammern angeführt.

Auch an anderen Beispielen zeigt es sich, daß die Genauigkeit der Kraftkonstanten, vor allem der Kopplungskraftkonstanten, bei Verwendung von Schwingungsamplituden nicht sehr hoch ist. Diese Rechnungen liefern jedoch stark eingeengte Bereiche und werden u. a. zur Auswahl der physikalischen Lösung aus einer mathematisch möglichen Lösungsmannigfaltigkeit herangezogen (14:4).

15. Trägheitsdefekt

Der Trägheitsdefekt liefert zusätzliche experimentelle Informationen, die über die Coriolis-Kopplung und den Zentrifugaldehnungseffekt in Zusammenhang mit den Kraftkonstanten stehen.

15.1. Experimenteller Befund

Für die *Trägheitsmomente* auf die Achsen x, y und z eines ebenen Moleküls, dessen Atomkerne sich in der Ruhelage befinden, wird theoretisch die Richtigkeit von

$$I_x + I_y - I_z = 0 \qquad [15.1:1]$$

klassisch vorausgesetzt. *Mecke* (15:1) fand experimentell am Wasser-Molekül für den schwingenden Zustand die Differenz

$$\Delta = I_z - I_x - I_y, \qquad [15.1:2]$$

die als *Trägheitsdefekt* (inertia defect) bezeichnet wird.

Als *Zahlenbeispiel* sei der Wert für H_2O angeführt (15:2):

$$\Delta^0_{beob} = 0{,}0486 \text{ amu } Å^2 \;^{12:2}). \qquad [15.1:3]$$

Der Index ^{0} soll dabei auf den Grundschwingungszustand des H_2O-Moleküls hinweisen.

15.2. Theoretische Behandlung und Ergebnisse

Nach einer theoretischen Behandlung des Trägheitsdefektes von *Oka* und *Morino* (15:3) setzt er sich aus den 3 Komponenten

$$\Delta = \Delta_{vib} + \Delta_{zent} + \Delta_{elek} \qquad [15.2:1]$$

zusammen. Dabei sind Δ_{vib} der *vom Schwingungszustand abhängige Anteil des Trägheitsdefektes*, Δ_{zent} die durch den *Zentrifugaldehnungseffekt bedingte Korrektur* und Δ_{elek} die durch die *Wechselwirkung mit den Elektronen* gegebene Korrektur. Die beiden Anteile Δ_{vib} und Δ_{zent} ergeben sich durch Aufstellung des Hamilton-Operators für den *halbstarren Rotator* in Beschränkung auf den *asymmetrischen Rotor*. Der *Term* Δ_{elek} folgt aus dem vollständigen Hamilton-Operator für ein Molekül *in einem Magnetfeld.* Da die Herleitungen mit den Fallunterscheidungen, Vereinfachungen und Vernachlässigungen eine Reihe von Seiten beanspruchen würde, seien lediglich die Ergebnisse mitgeteilt[15:1]). Es ist:

$$\Delta_{vib} = \sum_s \frac{h}{\pi^2 c} (v_s + 1/2) \sum_{s'} \frac{\nu_{s'}^2}{\nu_s (\nu_s^2 - \nu_{s'}^2)} \cdot$$

$$\cdot ((\zeta_{ss'}^{(x)})^2 + (\zeta_{ss'}^{(z)})^2 - (\zeta_{ss'}^{(y)})^2) + \sum_t \frac{3\,h}{2\,\pi^2 c\,\nu_t} (v_t + 1/2). \qquad [15.2:2]$$

$$\Delta_{zent} = -\hbar^4 \tau_{zxzx} \left(\frac{3\,I_{yy}}{4\,C} + \frac{I_{xx}}{2\,B} + \frac{I_{zz}}{2\,A}\right). \qquad [15.2:3]$$

$$\Delta_{elek} = -\frac{m}{M} (I_{yy}\, g_{yy} - I_{zz}\, g_{zz} - I_{xx}\, g_{xx}). \qquad [15.2:4]$$

[15:1]) Sie sind ausführlich in der grundlegenden Arbeit von *Oka* und *Morino* (15:3) dargestellt.

Dabei bedeutet: v_s *Schwingungsquantenzahl,* ν_s *Schwingungsfrequenz* in cm^{-1}, $\zeta_{ss'}^{(x)}$ usw. *Coriolis-Kopplungskonstante,* $\hbar^4 \tau_{zxzx}$ *Zentrifugaldehnungskonstante* in MHz, A, B und C *Rotationskonstante* in MHz, I_{yy} usw. *Trägheitsmomente* in amu Å^2, $h/(\pi^2 c) = 134{,}901$, $m/M = 1/1836$, g_{yy} usw. *Komponenten des g-Tensors der magnetischen Energie,* s kennzeichnet *Schwingungen in und außerhalb der Ebene* der planaren Moleküle, t *Schwingungen außerhalb der Ebene.*

15.3. $XY_2(C_{2v})$-Molekültyp als Beispiel

Die explizite Anwendung der theoretischen Ergebnisse wird am System $XY_2(C_{2v})$ aufgezeigt und für das Wassermolekül zahlenmäßig durchgeführt.

15.3.1. Formelsatz

Da für den $XY_2(C_{2v})$-Molekültyp keine Schwingungen außerhalb der Molekülebene vorkommen, ist (15:3)

$$\zeta_{ss'}^{(x)} = \zeta_{ss'}^{(z)}) = 0. \qquad [15.3.1:1]$$

Für die verbleibenden *Coriolis-Kopplungskonstanten* gilt die Beziehung

$$(\zeta_{13}^{(y)})^2 + (\zeta_{23}^{(y)})^2 = 1. \qquad [15.3.1:2]$$

Für die *Zentrifugaldehnungskonstante* ist die einfache Beziehung

$$h^4 \tau_{zxzx} = - \frac{16\, A\, B\, C}{(c\, \nu_3)^2} \qquad [15.3.1:3]$$

hergeleitet worden (15:4), so daß sich Δ_{zent} zu

$$\Delta_{zent} = 16 \frac{A\, B\, C}{(c\nu_3)^2} \left(\frac{3}{4} \frac{I_{yy}}{C} + \frac{I_{xx}}{2B} + \frac{I_{zz}}{2A}\right) \qquad [15.3.1:4]$$

vereinfacht. Wegen [15.3.1:1] und $t = 0$ vereinfacht sich Gl. [15.2:2] zu

$$\begin{aligned} \Delta_{vib} = \frac{h}{\pi^2 c} & ((v_1 + 1/2) \frac{-\nu_3^2}{\nu_1(\nu_1^2 - \nu_3^2)} (\zeta_{13}^{(y)})^2 + \\ & + (v_2 + 1/2) \frac{-\nu_3^2}{\nu_2(\nu_2^2 - \nu_3^2)} (1 - (\zeta_{13}^{(y)})^2) + \\ & + (v_3 + 1/2) (\frac{-\nu_1^2}{\nu_3(\nu_3^2 - \nu_1^2)} (\zeta_{13}^{(y)})^2 + \\ & + \frac{-\nu_2^2}{\nu_3(\nu_3^2 - \nu_2^2)} (1 - (\zeta_{13}^{(y)})^2))). \end{aligned} \qquad [15.3.1:5]$$

Für den Grundschwingungszustand folgt daraus schließlich

$$\Delta_{vib}^{(0)} = \frac{h}{2\pi^2 c}\left(\left(\frac{\nu_1^2 + \nu_1 \nu_3 + \nu_3^2}{\nu_1 \nu_3 (\nu_1 + \nu_3)} - \frac{\nu_2^2 + \nu_2 \nu_3 + \nu_3^2}{\nu_2 \nu_3 (\nu_2 + \nu_3)}\right)(\zeta_{13}^{(y)})^2 + \frac{\nu_2^2 + \nu_2 \nu_3 + \nu_3^2}{\nu_2 \nu_3 (\nu_2 + \nu_3)}\right). \qquad [15.3.1:6]$$

15.3.2. Zusammenhang mit den Kraftkonstanten

Die Berechnung der *Coriolis-Kopplungskonstanten* $\zeta_{13}^{(y)}$ in [15.3.1:6] kann aus den *Kraftkonstanten* gemäß

$$(\zeta_{13}^{(y)})^2 = (\lambda_1 - \lambda_2)^{-1} (F_{11}(A_1) \mu_X^2 \sin^2\alpha (2\mu_X \sin^2\alpha/2 + \mu_Y)^{-1} - 2^{3/2} F_{12}(A_1) \mu_X \sin\alpha + 2 F_{22}(A_1) \cdot (2\mu_X \sin^2\alpha/2 + \mu_Y - \lambda_2). \qquad [15.3.2:1]$$

nach ((0:11), S. 113) bewerkstelligt werden. Damit kann der Trägheitsdefekt $\Delta_{vib}^{(0)}$ aus den Schwingungsfrequenzen und Kraftkonstanten berechnet werden. Umgekehrt kann bei Kenntnis des *experimentellen Trägheitsdefektes* $\Delta_{exp}^{(0)}$ aus

$$\Delta_{vib}^{(0)} = \Delta_{exp}^{(0)} - \Delta_{zent} - \Delta_{elek} \qquad [15.3.2:2]$$

und Gl. [15.3.1:6] die Coriolis-Kopplungskonstante $\zeta_{13}^{(y)}$ berechnet werden, so daß sich aus Gl. [15.3.2:1] eine zusätzliche Bestimmungsgleichung zur Berechnung des vollständigen Kraftkonstantensatzes ergibt.

15.3.3. H_2O-*Molekül als Zahlenbeispiel*

Für das H_2O-Molekül geben die Autoren folgende *Ausgangswerte* an (15:4):

$\nu_1 = 3832{,}17$, $\nu_2 = 1648{,}47$, $\nu_3 = 3942{,}53\ cm^{-1}$, $r = 0{,}957$ Å,

$\alpha = 104^\circ\ 32'$,

$f_r = 8{,}45$ mdyn/Å, $f_{r\alpha} = 0{,}22$ mdyn, $f_\alpha = 0{,}70$ mdyn Å, $f_{rr} = -0{,}10$ mdyn/Å, $(\zeta_{13}^{(y)})^2 = 0{,}000 \pm 0{,}003$, $g_{yy} = 0{,}666$, $g_{zz} = 0{,}585$,

$g_{xx} = 0{,}742$.

Daraus gewinnen sie die *Ergebnisse*: $\Delta_{vib}^{(0)} = 0{,}046$, $\Delta_{zent} = 0{,}0008$, $\Delta_{elek} = 0{,}0000$ und $\Delta_{ber}^{(0)} = 0{,}0468$ in amu Å^2. Damit stimmt der berechnete Trägheitseffekt $\Delta_{ber}^{(0)}$ mit dem experimentell bestimmten nach Gl. [15.1:3] auf nicht ganz 2 Ziffern überein.

In (15:4) finden sich noch die Berechnungen für folgende Moleküle und einer Reihe von isotopen Molekülen: H_2S, NO_2, O_3, SO_2, ClO_2, F_2O, Cl_2O, Cl_2S. Hierfür gilt mit mindestens einer Ziffer Genauigkeit die *Näherungsrelation*

$$\Delta_{ber}^{(0)} \approx \Delta_{vib}^{(0)}. \qquad [15.3.3:1]$$

Die Übereinstimmung mit den experimentellen Werten ist fast immer auf eine Stelle gesichert.

16. Raman-Intensitäten

Die durch die Intensität der Schwingungen gegebenen Informationen werden meist nur für Zuordnungen verwendet (vergl. 1.4.). Sie können jedoch u. a. über die Theorie der Raman-Intensität von *Long* zur Aufstellung zusätzlicher Gleichungen für die Kraftkonstantenrechnung verwertet werden.

16.1. Vorbemerkungen

Wäre die Eigenvektormatrix L vollständig bekannt, so könnte aus der Relation der Hauptachsentransformation

$$F = (L^+)^{-1} \underline{\Lambda} L^{-1} \quad [16.1:1]$$

die Kraftkonstantenmatrix F vollständig und eindeutig berechnet werden ($\underline{\Lambda}$ Eigenwertmatrix). Aus der weiteren Gleichung

$$G = L L^+ \quad [16.1:2]$$

können $n(n + 1)/2$ Gleichungen zur Bestimmung der n^2 Koeffizienten der Matrix L aufgestellt werden (vergleiche Verfahren von *Müller* in 7.6.2.). Für eine Reihe von einfacheren Molekülen können die fehlenden $n^2 - n(n + 1)/2$ Gleichungen aus der Theorie der Raman-Intensitäten nach Arbeiten von *Long* (16:1), (16:2) zur näherungsweisen Berechnung von F ergänzt werden.

16.2. Aus der Theorie der Raman-Intensitäten

Die Berechnung der *Intensitäten der Raman-Linien* für Übergänge von einem Anfangszustand s zu einem Endzustand t kann allgemein mit der *Kramers-Heisenbergschen quantenmechanischen Dispersionsformel* (16:3) durchgeführt werden. Da dieser Weg jedoch für mehratomige Moleküle praktisch bisher undurchführbar ist, wird in der gemischt quantentheoretisch-klassischen *„Polarisationstheorie“* von *Placzek* (0:30) ein brauchbares Näherungsverfahren zur mathematischen Bewältigung des Problemes angeführt. Dabei berechnen sich die *Intensitäten* aus Integralen des Typs

$$\int \psi_s \, \alpha_{XY} \, \psi_t \, d\tau. \quad [16.2:1]$$

Hierbei sind ψ_s und ψ_t *zeitunabhängige Anteile der Wellenfunktion* für den Anfangs- und Endzustand, α_{XY} ist *eine der 6 Komponenten des symmetrischen Polarisierbarkeitstensors* α *des Moleküls,* bezogen auf die raumfesten kartesischen Koordinaten bei Integration über den gesamten Koordinatenraum $d\tau$. Nach den Voraussetzungen der Polarisierbarkeitstheorie ((0:7), S. 47–66) ist die Polarisierbarkeit nur eine Funktion der *Normalkoordinaten* Q und kann für jede *Komponente des Polarisierbarkeitstensors* α in eine Taylorreihe

$$\alpha_{XY}^{(Q)} = (\alpha_{XY})_0 + \sum_{j=1}^{3N-6} \left(\frac{\delta\alpha_{XY}}{\delta Q_j}\right)_0 Q_j + \ldots \qquad [16.2:2]$$

um die stabile Gleichgewichtslage entwickelt werden, die durch den Index $_0$ angedeutet wird. Für die *einfache harmonische Näherung* sind nur die Übergänge mit $t = s \pm 1$ erlaubt, so daß die *Intensitäten* aus den Ableitungen der Form

$$\alpha'_{XY} = \left(\frac{\delta\alpha_{XY}}{\delta Q_{p\sigma}}\right)_0 \qquad [16.2:3]$$

folgen. Dabei ist $Q_{p\sigma}$ die *σ-te Normalschwingungsform der p-ten einzelnen Schwingungsfrequenz.* Zur rationellen Bewältigung des Problems müssen noch eine Reihe von vereinfachenden *Annahmen* gemacht werden: Die *Hauptachsen des Polarisierbarkeitsellipsoides* sollen mit den *Bindungsrichtungen im Molekül* zusammenfallen. Die *Bindungspolarisierbarkeiten* sollen *additiv* sein. Nach *Wolkenstein* (16:4) soll sich die *Dehnung der n-ten Bindung nur auf die Polarisierbarkeitskomponente dieser Bindung auswirken.*

Long (16:1) erhält folgende theoretische *Ergebnisse*:

$$(\bar{\alpha}'_{p\sigma})^{(A_1)} = 1/3 \sum_{i}^{i=j} ((\alpha'_{i1} + 2\,\alpha'_{i2})\,\mu_i\, l^{(A_1)}_{i\delta,p\sigma} \text{ für } k = A_1, \qquad [16.2:4]$$

$$(\alpha'_{p\sigma})^{(k)} = 0 \text{ für } k \neq A_1. \qquad [16.2:5]$$

Für die Ableitung der Invarianten der Polarisation bezüglich der Normalschwingungsform $p\sigma$ $\gamma'_{p\alpha}$ kann der Autor keine allgemeine Darstellung angeben, so daß die expliziten Ergebnisse aus den Definitionen und aus den Ergebnissen für die verschiedenen Größen α herzuleiten sind.

Dabei ist: $\alpha'_{p\sigma}$ *Ableitung der Invarianten der Polarisation* bezüglich der Normalschwingungsform $p\sigma$; α_{nm} die *m-te Komponente des Polarisationstensors der n-ten Bindung,* wobei $m = 1$ eine Komponente entlang der Bindungsrichtung und $m = 2, 3$ die Komponenten im rechten Winkel zur Bindungsrichtung kennzeichnen; k steht für die Schwingungstypen, z. B. Rasse A_1; μ_i bedeutet *reziproke Atommasse des i-ten Atomes*; ′ deutet die erste Ableitung an; $l^{(A_1)}_{i\delta,p\sigma}$ ist ein entsprechendes *Element der Eigenvektormatrix L.*

γ' ist die Anisotropie der abgeleiteten Bindungspolarisierbarkeit.

16.3. Anwendungsbeispiel $XY_4(T_d)$

Am System $XY_4(T_d)$ wird die explizite Durchrechnung vorgenommen, die zur Kraftkonstantenberechnung des Moleküls CCl_4 verwendet wird.

16.3.1. Formeln (16:1), (16:2) .

$$(\bar{\alpha}'_{p\sigma})^{(A_1)} = l_{11,p\sigma}\, \bar{\alpha}'_X\, ; (\bar{\alpha}'_{p\sigma})^k = 0 \text{ für } k = E, F_2. \qquad [16.3.1:1]$$

$$\gamma'_{p\sigma} = 0 \text{ für Rasse } A_1. \qquad [16.3.1:2]$$

$$\text{Rasse E: } \gamma'_{p\sigma} = \pm 2\sqrt{6}\, l^{-1}_{p\sigma,3\zeta} \frac{\mu_X}{d_X} \gamma_X = \gamma'_2 . \qquad [16.3.1:3]$$

$$\text{Rasse } F_2\text{: } \gamma'_{p\sigma} = \pm \frac{2}{\sqrt{3}} (l_{5\zeta,p\sigma}\gamma'_X + l_{41,p\sigma}\gamma_X\, d_X^{-1}), \qquad [16.3.1:4]$$

$$= \gamma'_3 \text{ für die 3. Normalschwingung,} \qquad [16.3.1:5]$$

$$= \gamma'_4 \text{ für die 4. Normalschwingung.} \qquad [16.3.1:6]$$

Daraus ergeben sich nach (16:5) die 3 Gleichungen:

$$\gamma'_2 = 2\sqrt{2\,\mu_X}\,(\gamma_X/d_X), \qquad [16.3.1:7]$$

$$\gamma'_3 = (2/\sqrt{3})\,(l_{33}\gamma'_X + l_{43}\,(\gamma_X/d_X)), \qquad [16.3.1:8]$$

$$\gamma'_4 = (2/\sqrt{3})\,(l_{34}\gamma'_X + l_{44}\,(\gamma_X/d_X)). \qquad [16.3.1:9]$$

Die Elimination von γ_X/d_X ergibt schließlich die aus den *Raman-Intensitäten* folgende *Zusatzgleichung zur vollständigen Bestimmung aller 4 Elemente der Eigenvektormatrix* L zu

$$\sqrt{3}\,l_{33}\gamma'_4 - \sqrt{3}\,l_{34}\gamma'_3 = \gamma'_2\sqrt{\mu_X + 4\,\mu_Y}. \qquad [16.3.1:10]$$

Aus der Gl. [16.1;2] folgen noch die 3 restlichen Gleichungen zu

$$l_{33}^2 + l_{34}^2 = G_{33}, \qquad [16.3.1:11]$$

$$l_{43}^2 + l_{44}^2 = G_{44}, \qquad [16.3.1:12]$$

$$l_{33}l_{43} + l_{34}l_{44} = G_{34}. \qquad [16.3.1:13]$$

Damit erhält man für die $L^{(F_2)}$-Matrix nach dem Produkt der Grade der 4 Gleichungen 8 Lösungen. Als *Bedingung* für eine reelle Lösung geben die Autoren

$$\frac{3\,\mu_Y + 4\,\mu_X}{\mu_X + 4\,\mu_X} > \frac{(\gamma'_2)^2}{(\gamma'_3)^2 + (\gamma'_4)^2} \qquad [16.3.1:14]$$

an.

16.3.2. Zahlenbeispiel: $CCl_4(T_d)$

Chantry und *Woodward*((16:5), vergl. auch (16:6)) geben hierfür folgende *Ergebnisse* an:

$$((\gamma'_2)^2) : ((\gamma'_3)^2 + (\gamma'_4)^2) = 0{,}202. \qquad [16.3.2:1]$$

Die berechnete L-Matrix ist für die Rasse F_2:

	Q_3	Q_4
S_4	– 0,6388	0,3040
S_3	0,3701	0,04735

[16.3.2:2]

Für die *Schwingungsamplituden* in Å für 0 °C ergibt sich

C-Cl: 0,052 (0,057 ± 0,005), [16.3.2:3]

Cl. . .Cl: 0,064 (0,065 ± 0,003). [16.3.2:4]

Die beobachteten Amplituden sind in Klammern zum Vergleich angeführt, und es zeigt sich eine Übereinstimmung innerhalb der Fehlergrenzen der Meßdaten. Aus der L-Matrix folgt schließlich aus Gleichung [16.1:1] nach Auflösung der Symmetriekraftkonstanten in *Kraftkonstanten* für innere Koordinaten

$$f_r = 3{,}02;\ f_{rr} = 0{,}09;\ f_\alpha - f'_{\alpha\alpha} = 0{,}18;\ f_{r\alpha} - f''_{r\alpha} = 0{,}21;$$
$$f_{\alpha\alpha} - f'_{\alpha\alpha} = 0{,}06. \qquad [16.3.2:5]$$

17. Rechenverfahren mit weiteren Molekülgrößen

Bei der Verwendung von Zusatzdaten aus Zentrifugaldehnungseffekten, Coriolis-Kopplungen, Schwingungsamplituden usw. zur Berechnung von Kraftkonstanten können folgende *Gruppen* unterschieden werden:

1) Es wird durchgehend mit einer Art von Zusatzdaten gerechnet (z. B. mit Schwingungsamplituden).
2) Neben den n Schwingungsfrequenzen werden noch hinreichend viele Zusatzdaten einer Art verwendet.
3) Zu den n Schwingungsfrequenzen werden hinreichend viele Zusatzdaten mehrerer Arten hinzugenommen.

In der Praxis kommt der Fall 2 am häufigsten vor. Dies gilt ganz besonders für die Ordnung n = 2. Einige Fälle des Falles 1 haben wir in 11.1. (vergl. auch (5:7)) kennengelernt. In Analogie zu den Schwingungsfrequenzen als Daten sind die Kapitel 9, 10 und 11 aufzufassen. Bei höheren Ordnungen n tritt naturgemäß der 3. Fall immer häufiger auf.

17.1. Der Fall der Ordnung n = 2

Es sei der Fall 2 der Ordnung n = 2 vorausgesetzt. Die allgemeine mathematische Formulierung findet sich bereits in 11.1. Die Werte für die Koeffizienten der linearen Gleichung [11.1.1:1] c_{11}, c_{12} und c_{22} ergeben sich aus den zur Verfügung stehenden Zusatzdaten. Der analytische Formelsatz, Fallunterscheidungen, Lösbarkeitsbedingungen usw. sind ebenfalls in 11.1. besprochen worden.

17.2. Verfahren für höhere Ordnungen von n

Für den 3. Fall mit höheren Ordnungen $n \geqq 3$ müssen allgemein Iterationsverfahren zur Lösung des entsprechenden algebraischen Gleichungssystems aufgestellt werden. Dafür sind mehrere Methoden angegeben worden.

17.2.1. Methode von Strey und Klauss

Bei dem Iterationsverfahren werden bei jedem Iterationsschritt Korrekturen ΔX an den experimentellen Schwingungswellenzahlen ν_i bzw. deren Eigenwerten λ_i, an den Coriolis-Konstanten ζ_{ij} und an den Zentrifugaldehnungskonstanten D_j des Moleküls bzw. der isotopen Moleküle zu den Kraftkonstanten f_k nach der Korrekturgleichung

$$\Delta X = \sum_k \frac{\delta X}{\delta f_k} \Delta f_k \qquad [17.2.1:1]$$

mit

$$X = \lambda_i, \zeta_{ij}, D_j \qquad [17.2.1:2]$$

berechnet (17:1), (17:2).

17.2.2. Methode von Hüttner

Das Iterationsverfahren (17:3) beruht auf den linearisierten Formelsätzen der Hauptachsentransformation nach 3.1.1.6.

$$\Delta F = (L')^{-1}\, \underline{\underline{\Delta\Lambda}}\, L^{-1} = G^{-1}\, L\, \underline{\underline{\Delta\Lambda}}\, L'\, G^{-1} \qquad [17.2.2:1]$$

und der Transformationsgleichung

$$\underline{\underline{\Delta\phi}} = (Z'\, Z)^{-1}\, Z'\, \Delta F \qquad [17.2.2:2]$$

mit Z als Transformationsmatrix und ϕ als Spaltenmatrix der Kraftkonstanten. Es zeigt stabile Konvergenz und weist bei Erhöhung der Zahl der unabhängigen Kraftkonstanten keine ungünstigen numerischen Nebenwirkungen auf.

Nebst der Einbeziehung der Schwingungsfrequenzen isotoper Moleküle kann auch das Verfahren durch sinngemäße Übertragung auf die Verwendung der Zusatzdaten aus Zentrifugaldehnungseffekten und mittleren Schwingungsamplituden erweitert werden.

17.2.3. Erweiterte Parameterdarstellung nach Pulay und Török

Die Parameterdarstellung nach *Pulay* und *Török* nach 7.1.6. läßt sich entsprechend auf die Einbeziehung zusätzlicher Daten erweitern.

Bei der Verwendung von Coriolis-Kopplungskonstanten wird die Beziehung

$$\underline{\zeta}^{\alpha} = U' \underline{\zeta} U \quad [17.2.3:1]$$

mit ζ nach Gl. [13.2:21] verwendet und als Ausgangslösung [7.1.6:14] benützt. Der Einbau in das Verfahren erfolgt durch entsprechende Differentiation von ζ^{α} nach α (17:4).

Ebenso lassen sich die mittleren Schwingungsamplituden nach 14. in das Verfahren einbeziehen (17:5).

17.2.4. Erweiterte Kopplungsstufenverfahren

In entsprechender Weise lassen sich die in 11.5. dargestellten Kopplungsstufen- und Frequenzgangverfahren als Startverfahren, als Teilverfahren oder als abgewandelte Iterationsverfahren in Einbeziehung der zusätzlichen Daten benützen ((11:2), Anmerk. 23).

17.2.5. Verallgemeinertes Verfahren von Mann, Shimanouchi, Meal und Fano

Auch dieses in 6.4.4. dargestellte Verfahren (6:12) kann unter Hinzunahme zusätzlicher Daten erweitert werden (6:16).

2. Teil:

Kraftkonstantenberechnung aus physikalischen Konstanten nach der Quantenmechanik

Im Teil 1, 2. Abschnitt gingen wir zur klassischen Berechnung der Kraftkonstanten der Moleküle nach der Theorie der kleinen Schwingungen von den experimentell bestimmten Schwingungsfrequenzen aus. In Teil 1, 3. Abschnitt wurden bereits die quantentheoretischen Methoden zugrundegelegt, die ebenfalls die experimentell ermittelten Daten aus Zentrifugaldehnungseffekt, Coriolis-Kopplung, Schwingungsamplituden, Trägheitsdefekt und Raman-Intensitäten im einzelnen benötigten.

Im Teil 2 werden nun die quantentheoretischen Methoden unter Verwendung der *Schrödinger-Gleichung* und des *Pauli-Prinzips* abrißartig zusammengestellt, die sich nur noch auf *einige wenige experimentelle Daten* oder *physikalische Konstanten* stützen. Es sei vermerkt, daß die Bestimmung dieser Konstanten von den hier vorgetragenen Problemen unabhängig ist.

18. Ouantentheoretische Absolutberechnungen von Bindungsabständen -winkeln, -energien und Kraftkonstanten

Die Berechnung beruht auf der Bestimmung der *Flächen der potentiellen Energie der Moleküle* durch die *Schrödinger-Gleichung* und auf dem *Päuli-Prinzip*. Zugleich ergeben sich aus den „*Energiehyperflächen als neuem Denkschema der Chemie*" (18.1) S. 24 die Gleichgewichtsabstände, die Valenzwinkel, Schwingungsfrequenzen, Gesamt-, Bildungs-, Bindungs- und Ionisierungsenergien.

Von den *Konstanten* werden folgende benötigt (0:114), ((0:100), S. 546)[18:1])

1. *Lichtgeschwindigkeit:* $c = 2{,}99792 \cdot 10^{10}$ cm · s^{-1}.
2. *Plancksches Wirkungsquantum:* $h = 6{,}625 \cdot 10^{-27}$ erg · s bzw. $\hbar = h/2\pi = 1{,}0544 \cdot 10^{-27}$ erg · s.
3. *Ruhemasse* des *Protons:* $m_p = 1{,}6724 \cdot 10^{-24}$ g.
4. *Ruhemasse* des *Neutrons:* $m_n = 1{,}6747 \cdot 10^{-24}$ g.
5. *Ruhemasse* des *Elektrons:* $m_0 = 9{,}10814 \cdot 10^{-28}$ g.
6. *Elektrische Elementarladung:* $e = 4{,}803 \cdot 10^{-10}\ g^{1/2} cm^{3/2} s^{-1}$.

Die *relativen Massen isotoper Atome* sind in erster Näherung gleich den Massenzahlen ((0:110), S. 35–40). Für höhere Genauigkeitsansprüche müssen zu-

---

[18:1]) Auf die Problematik der sog. „universellen Naturkonstanten" geht *B. Thüring* in seinem Buch über die Gravitation ein ((0:105a), S. 12, 45, 125, 178–184). So erweist sich z. B. die als „universelle Naturkonstante" bezeichnete „Gravitationskonstante" ((0:110), S. 363–365) lediglich als „konventioneller Massen-Skalen-Faktor" ((0:105a), S. 86, 120, 182).

sätzlich die experimentellen Werte *herangezogen* werden. Dies gilt besonders für die Atomgewichte, da das Verhältnis der isotopen Atome nur experimentell gegeben ist.

18.1. Die Grundgleichungen der quantentheoretischen ab-initio-Rechnungen mit der Schrödinger-Gleichung und dem Pauli-Prinzip

Die gesamten Vorgänge in der Atomhülle und die Molekülbildung und -bindung können durch die Schrödinger-Gleichung

$$\underline{\bar{H}}\,\underline{\psi} = i\,\frac{\delta\underline{\psi}}{\delta t} \qquad [18.1:1]$$

und durch das Pauli-Prinzip

$$T\,\underline{\psi} = -\,\underline{\psi} \qquad [18.1:2]$$

rein mathematisch bei alleiniger Kenntnis der angeführten physikalischen Konstanten hergeleitet und beschrieben werden. Dabei bedeutet:
$\bar{H}$ *Hamilton-Operator*, der eindeutig durch das zu untersuchende *System der n Elektronen und N Atomkerne* festgelegt ist.
$\underline{\psi}$ ist die durch Rechnung zu bestimmende *Wellenfunktion,*
$\bar{i}$ die *imaginäre Einheit,*
t die *Zeit,*
T Transpositionsoperator, durch den $\underline{\psi}$ das Vorzeichen wechselt, wenn 2 Elektronenkoordinaten r_i und r_j miteinander vertauscht werden.
Ganz allgemein gilt die *Normierungsbedingung*

$$\int \underline{\psi}^*\underline{\psi}\, d\,\underline{\tau} = 1, \qquad [18.1:3]$$

wenn $\underline{\tau}$ die Zusammenfassung sämtlicher Koordinaten darstellt und $\underline{\psi}^*$ die konjugiert-komplexe Funktion von $\underline{\psi}$ ist (18.2.), (18.1.), ((0:49), Bd. 2, S. 207, Bd. 3, S. 9).

Durch folgende Koordinaten wird die Bewegung eines n-Elektronen- und N-Atomkernsystems mit Z_λ ($\lambda = 1, 2, \ldots, N$) Kernladungen beschrieben:

$r = (r_1, \ldots, r_n)$ als *Elektronenkoordinaten,* [18.1:4]

$R = (R_1 \ldots, R_N)$ als *Kernkoordinaten,* [18.1:5]

$\underline{\sigma} = (\underline{\sigma}_1, \ldots, \underline{\sigma}_n)$ als *Spinkoordinaten* und [18.1:6]

$\underline{\Sigma} = (\underline{\Sigma}_1, \ldots, \underline{\Sigma}_N)$ als *Kernspinkoordinaten.* [18.1:7]

Dazu werden die *Kernladungszahlen* Z_λ in

$$Z = (Z_1, \ldots, Z_N) \qquad [18.1:8]$$

zusammengefaßt.

Stationäre Zustände des (n,N)-Systems erhält man mit dem bekannten Ansatz

$$\underline{\psi} = \underline{\bar{\psi}}\, e^{-i\,\bar{\epsilon}\, t} \qquad [18.1{:}9]$$

nach

$$H\, \underline{\bar{\psi}} = \bar{\epsilon}\, \underline{\bar{\psi}}. \qquad [18.1{:}10]$$

In dieser *zeitunabhängigen Schrödinger*-Gleichung bedeutet $\bar{\epsilon}$ der *stationäre Energiezustand des (n, N)-Systems.* Für die *praktische Behandlung der Elektronen-Kernbewegung* schlägt man jedoch einen anderen Weg ein:

Dieser Weg besteht in der *Trennung der Schwingungen des Kerngerüstes von den Elektronenbewegungen* ((0:27), S. 106). Da die Masse eines Elektrons um 3 Größenordnungen kleiner ist als die eines Protons, werden bei den Bewegungen der Atomkerne und der Elektronen die Elektronen sehr rasch im Kernfeld ihre entsprechende Elektronendichte einnehmen, so daß der Bewegungsablauf der Atomkerne des Atomgerüstes in sehr guter Näherung durch ein *Potentialfeld* beschrieben werden kann, das hierzu in relativ kurzer Zeit von den Elektronen aufgebaut wird. Diese *adiabatische Näherung* ist auch als *Born-Oppenheimer-Näherung* bekannt.

Im einzelnen wird zunächst der *Hamilton-Operator* H *der Bewegung des (n, N)-Systems* nach [18.1:1] in den *Operator* K_k *der kinetischen Energie der* N *Kerne,* der auf die Ausdrücke mit Kernkoordinaten R wirkt, und in den Operator H für das Elektronensystem, wenn die *Kerne als festgehalten gedacht* werden, nach

$$\bar{H} = K_k + H \qquad [18.1{:}11]$$

zerlegt. Dabei bedeutet

$$K_k = \sum_{\lambda=1}^{N} \frac{1}{2\, m_\lambda}\, \underline{\underline{\Delta}}_\lambda \qquad [18.1{:}12]$$

mit Δ_λ als *Operator der kinetischen Energie des* λ*-ten Atomkernverbandes.* Der *Operator* H setzt sich aus

$$H = -\,1/2 \sum_{i=1}^{n} \underline{\underline{\Delta}}_i + V + W \qquad [18.1{:}13]$$

zusammen. Hierbei beinhalten $\underline{\Delta}_i$ den *Operator der kinetischen Energie des i-ten Elektrons,* V die *Wechselwirkung der Elektronen untereinander und mit den Kernen* und W die *Coulomb-Wechselwirkung der* N *Kerne.* Ihre explizite Schreibweise findet sich in ((0:49), S. 9–12).

In entsprechender Weise spiegelt sich diese *Trennung der Schwingungsenergie des Atomgerüstes von der Elektronenanregungsenergie* nach der *Born-Oppenheimer*-Näherung in dem Produktansatz

$$\underline{\psi} = \underline{\psi}\,(r, \underline{\sigma}, R, Z) \cdot \underline{\chi}\,(R, Z, \underline{\Sigma}, t) \qquad [18.1:14]$$

wider, der mit [18.1:11] und [18.1:1] zu den beiden *Schrödinger*-Gleichungen

$$H\,\underline{\psi}\,(r, \underline{\sigma}, R, Z) = \epsilon\,\underline{\psi}\,(r, \underline{\sigma}, R, Z) \qquad [18.1:15]$$

und

$$(K_k + \epsilon\,(R, Z, \underline{\Sigma}, t))\,\underline{\chi}\,(R, Z, \underline{\Sigma}, t) = i\frac{\delta\underline{\chi}\,(R, Z, \underline{\Sigma}, t)}{\delta t} \qquad [18.1:16]$$

führt.

Hier ist [18.1:15] die *zeitunabhängige Schrödinger-Gleichung* der *n Elektronen im Felde der N Atomkerne.*

$$\epsilon = \epsilon\,(r, \underline{\sigma}, R, Z) = \epsilon_k\,(r, \underline{\sigma}, R, Z) = \epsilon_k \qquad [18.1:17]$$
$$\text{für } k = 0, 1, 2, \ldots$$

ist die *Energie des Gesamtsystems bei festgehaltenen Kernen,* die Indizierung unterscheidet die *einzelnen stationären Zustände des Elektronensystems* und ist auch als *Energiehyperfläche* bekannt. Damit befinden sich die Kerne in dem Potentialfeld ϵ_k.

$$\underline{\psi} = \underline{\psi}\,(r, \underline{\sigma}, R, Z) = \underline{\psi}_k\,(r, \underline{\sigma}, R, Z) \qquad [18.1:18]$$

ist die *dazugehörige Wellenfunktion* der Elektronen in entsprechender Indizierung.

Gl. [18.1:16] beschreibt die *Atomkernbewegungen* bei *nichtstationären Zuständen des Kerngerüstes.* Weiterhin ist

$$\underline{\psi}\,(R, Z, \underline{\Sigma}, t) = \underline{\psi}_k\,(R, Z, \underline{\Sigma}, t) \qquad [18.1:19]$$

die *Wellenfunktion der Kernbewegung* für die Energiehyperfläche $\epsilon_k(r, \underline{\sigma}, R, Z)$.

Zur Berechnung der *stationären Zustände des Kerngerüstes* geht man mit dem Ansatz

$$\underline{\chi} = \underline{\chi}_k\,(R, Z, \underline{\Sigma}, t) = \bar{\underline{\chi}}_k\,(R, Z, \underline{\Sigma}) \cdot e^{-i\bar{\epsilon}_k t} \qquad [18.1:20]$$

in die nichtstationäre *Schrödinger*-Gleichung [18.1:16] ein, woraus sich die *zeitunabhängige Schrödinger-Gl. für das Kerngerüst*

$$(K_k + \epsilon_k(R, Z, \underline{\Sigma}))\,\bar{\chi}_{kl}(R, Z, \underline{\Sigma}) = \bar{\epsilon}_{kl}(R, Z, \underline{\Sigma}) \cdot$$
$$\cdot\,\bar{\chi}_{kl}(R, Z, \underline{\Sigma}) \qquad [18.1:21]$$

ergibt.

Während die *diskreten* (und kontinuierlichen) *Zustände des Elektronensystems mit* k durchnumeriert sind, werden die verschiedenen *Zustände des Kerngerüstes* auf der Energiehyperfläche $\epsilon_k(r, \underline{\sigma}, R, Z)$ mit dem *Index* l gekennzeichnet. $\overline{\psi}_{kl}(R, Z, \underline{\Sigma})$ ist die Wellenfunktion zur Bestimmung der Atomkernverteilung für die Zustände k und l und für den Energieeigenwert $\overline{\epsilon}_{kl}((R, Z, \underline{\Sigma})$ des Kerngerüstes, wenn sich das Atomgerüst unter dem Potential $\epsilon_k(r, \underline{\sigma}, R, Z)$ befindet. *Durch die Gl.en* [18.1:16] und [18.1:21] *werden alle chemischen Vorgänge, denen Kernbewegungen zugrundeliegen, erfaßt.*

Aus [18.1:13] und [18.1:15] folgt schließlich die exakte Beziehung

$$\epsilon = \epsilon(r, \underline{\sigma}, R, Z) = E + W, \qquad [18.1:22]$$

wobei E die sog. *reine Elektronenenergie* bezeichnet.

18.2. Zur Berechnung der Energiehyperfläche mit Gaußfunktionen nach dem SCF-MO-LCGO-Verfahren

Eine *geschlossene Lösung* eines Moleküls ist *nur noch für einfachste Fälle möglich.* Im allgemeinen muß man auf *iterative Verfahren* zurückgreifen, *um die Energiehyperfläche eines Molekülsystems von* n *Elektronen aus der zeitunabhängigen Schrödinger-Gleichung* [18.1:21]*zu berechnen,* aus der dann zahlreiche Aussagen gewonnen werden können. Von den zahlreichen Verfahren beschränken wir uns hier einzig auf das sog. SCF-MO-LCGO-Verfahren (Abkürzung für das *Hartree-Fock-Self-consistent-field-molecular-orbital-linear combination of Gaußian orbitals-Verfahren*), dessen Gang ohne Beweis skizziert werden soll (18:3).

$\tilde{\psi}$ sei eine Näherung der Wellenfunktion $\underline{\psi}$. $\underline{\phi}$ sei eine *Einelektron-Spin-Molekülfunktion* (MO), aus der sich die *Wellenfunktion im K-ten Zustand* $\underline{\psi}_K$ *für geschlossene Elektronenschalen* (Gesamtspin = 0) nach

$$\tilde{\underline{\psi}}_K = | \phi_1 \, \bar{\phi}_1 \, \phi_2 \, \bar{\phi}_2 \dots \phi_{n/2} \, \bar{\phi}_{n/2} | \qquad [18.2:1]$$

berechnet. $\underline{\phi}$ kann weiter in eine spinunabhängige MO φ und in die *Spinfunktionen* α und β nach

$$\phi_j = \varphi_j \alpha \qquad [18.2:2]$$

$$\bar{\phi}_j = \varphi_j \beta \qquad [18.2:3]$$

aufgespalten werden. Die Spinfunktionen werden bei der Integration [18.2:6] berücksichtigt. Die *spinunabhängige Molekülfunktion* φ wird in einer Reihe

$$\varphi_j = \sum_{i=1}^{M} c_{ij} \, \chi_i \text{ mit } M \geqq n/2 \qquad [18.2:4]$$

mit den *zunächst unbekannten Konstanten* c_{ij} angesetzt.

Für die *Funktionen* $\underline{\chi}$ werden die reinen *Gaußfunktionen*

$$\chi_i = \left(\frac{2\eta_i}{\pi}\right)^{3/4} \exp\left(-\eta_i (r - r_i)^2\right) \qquad [18.2:5]$$

verwendet.
Die Größen c_{ij}, η_i und r_i sind so zu wählen, daß für den K-ten Zustand als Grundzustand der Näherungswert für die Energie $\bar{\epsilon}_K$ nach

$$\bar{\epsilon}_K = \frac{\int \underline{\psi}_K^* H \underline{\psi}_K \, d\underline{\tau}}{\int \underline{\psi}_K \underline{\psi}_K \, d\underline{\tau}} = \text{Minimum} \qquad [18.2:6]$$

zu einem Minimum wird (*Energievariationsverfahren*). Dann ergeben sich für festgehaltene Werte η_i und r_i die entsprechenden *Koeffizienten* c_{ij} *durch Differentiation* von $\bar{\epsilon}_K$ nach c_{ij} aus dem linearen Gleichungssystem

$$\sum_{i=1}^{M} c_{ij}(F_{ip} - \epsilon S_{ip}) = 0 \text{ mit } p = 1, 2, \ldots, M, \qquad [18.2:7]$$

das auf die Lösung des *Eigenwertproblems* gemäß der Säkulargleichung

$$\det (F_{ip} - \epsilon S_{ip}) = 0 \qquad [18.2:8]$$

führt.
Hierbei ist

$$S_{ip} = \int \chi_i \chi_p \, d\underline{\tau} \qquad [18.2:9]$$

von den Koeffizienten unabhängig, so daß es nur einmal bestimmt werden muß.
Die $n/2$ Eigenwerte ϵ sind die sog. *Einteilchenenergie.*
Die *Größe* F_{ip} ist durch

$$F_{ip} = \int \chi_i (1) H(1) \chi_p(1) \, dr + \sum_{r=1}^{M} \sum_{s=1}^{M} P_{rs} \left[\int \chi_i(1) \chi_p(1) r_{12}^{-1} \cdot \right.$$
$$\left. \cdot \chi_r(2) \chi_s(2) \, dr_1 \, dr_2 - 0{,}5 \int \chi_i(1) \chi_s(1) r_{12}^{-1} \chi_r(2) \chi_p(2) dr_1 \, dr_2 \right] \qquad [18.2:10]$$

festgelegt. Da F_{ip} noch von den Koeffizienten c_{ij} mit $i = 1, 2, \ldots, M$ abhängt, kann die Matrix nur iterativ berechnet werden. Dabei wird bei dem sog. *Self-consistent-field -Verfahren* von einem geeignet gewählten Satz von Koeffizienten in [18.2:4] ausgegangen, bis Konsistenz bezüglich der Gesamtenergie erreicht ist. Es wird *stets angenommen,* daß es sich auch um eine *echte Konvergenz* handelt!

18.3. Zur Berechnung von Gleichgewichtsabständen, Valenzwinkeln, Schwingungsfrequenzen, Kraftkonstanten und Bindungsenergien aus den Energiehyperflächen

Ist die Gesamtenergie eines Moleküls als Funktion des Abstandes zweier Atome oder eines Valenzwinkels punktweise berechnet, so ergeben sich die Gleichgewichtsabstände und Valenzwinkel aus den entsprechenden Minima für die absolut tiefsten Werte der Energie. Die Erfahrung zeigt, daß besonders die Abstände meist recht genau mit den experimentell gefundenen übereinstimmen. (Damit können die geometrischen Daten aus Absolutrechnungen zur Berechnung von Kraftkonstanten bei vorgegebenen experimentellen Daten als hinreichend genau verwendet werden, wenn für diese keine experimentellen Angaben vorliegen.)

Die *Berechnung der Kraftkonstanten* folgt analog [3.1.1.2:4] durch das Bilden der 2. Ableitung der Gesamtenergie nach den entsprechenden Koordinaten. Dieses 2-malige Differenzieren bedingt allgemein einen starken Genauigkeitsschwund, so daß die Zahlenwerte für die Molekülkraftkonstanten meist nur auf 1 bis 2 Ziffern genauer sind.

Die klassischen Schwingungsfrequenzen ν_1 bis ν_n ergeben sich aus der Säkulargleichung durch Lösung des einfachen Eigenwertproblems nach [5.1:2].

Im einzelnen soll die Bestimmung der Gleichgewichtsgeometrie und der Kraftkonstanten noch explizit dargestellt werden (18:4):

Ist bei einem Molekül mit n Freiheitsgraden für k verschiedene Konfigurationen die Gesamtenergie V_i berechnet worden, so lassen sich für die *Bedingung*

$$n \geqq k^2 + k + 1 \qquad [18.3:1]$$

k^2 Kraftkonstanten, k Gleichgewichtsabstände bzw. Gleichgewichtswinkel und die Gesamtenergie V_i in der Gleichgewichtslage berechnen.

Entsprechend 3.1.1.2. legt man den *harmonischen Potentialansatz*

$$\bar{V}(x) = \bar{V}_0 + r\,x + 1/2\,x'\,F\,x \qquad [18.3:2]$$

zugrunde. Dabei ist: x der *Vektor der geometrischen Variablen* bezüglich eines beliebigen Punktes, V_0 *die dem Bezugspunkt entsprechende Gesamtenergie,* r der *Vektor* von diesem Punkt zur Gleichgewichtslage und F die *Kraftkonstantenmatrix.*

Zur Berechnung der 3 Größen V_0, r und F beschränkt man sich auf die Ungleichung nach [18.3:1], da besonders F stark von der Lage der gewählten Konfiguration abhängt. Damit wird das lineare Gleichungssystem zur Bestimmung von $V(x)$ überdeterminiert, das nach der *Ausgleichsrechnung* gemäß der Bedingung

$$Q = \sum_{i=1}^{N} (\bar{V}_i - V_i)^2 = \text{Minimum} \qquad [18.3:3]$$

folgt. Aus den *notwendigen Bedingungen*

$$\frac{\delta Q}{\delta f_{kl}} = 2 \sum_{i=1}^{N} (\bar{V}_i - V_i)\, x_{ki}\, x_{li} = 0 \qquad [18.3:4]$$

$$\frac{\delta Q}{\delta r_m} = 2 \sum_{i=1}^{N} (\bar{V}_i - V_i)\, x_{mi} = 0 \qquad [18.3:5]$$

$$\frac{\delta Q}{\delta \bar{V}_0} = 2 \sum_{i=1}^{N} (\bar{V}_i - V_i) = 0 \qquad [18.3:6]$$

ergibt sich dann ein lineares Gleichungssystem zur Berechnung von f_{kl}, r_m und V_0.

18.4. Zahlenbeispiele

Die *praktische Berechnung* der einzelnen molekularen Größen nach dem SCF-MO-LCGO-Verfahren kann allgemein *nur noch mit Programmrechnern* bewältigt werden. Es muß deshalb hier auf die zahlreichen Einzel- und Zwischenrechnungen verzichtet werden, und wir geben nur noch Energiewerte als Funktion geometrischer Größen um die gesuchten Gleichgewichtslagen an.

Für die praktische Rechnung benötigt man häufig folgende *Umrechnungsbeziehungen* oder *-größen für die atomaren Einheiten* (at. E.) ((0:48), S. 9):

Längen: 1 at. E. ≙ $0{,}52917 \cdot 10^{-8}$ cm
Massen: 1 at. E. ≙ Elektronenmasse.
Ladung: 1 at. E. ≙ Elektronenladung.
Wirkung: 1 at. E. ≙ $\hbar$.
Geschwindigkeit: 1 at. E. ≙ $2{,}1877 \cdot 10^{8}$ cm/sek.
Energie: 1 at. E. ≙ 27,21 eV ≙ $4{,}3592 \cdot 10^{-11}$ erg ≙ 627,71 kcal/mol.
≙ $2{,}1947 \cdot 10^{5}$ hc cm^{-1} (in der Spektroskopie).
Frequenz: 1 at. E. ≙ $4{,}1341 \cdot 10^{16}$ sec^{-1}.
Kraftkonstanten: 1 at. E. ≙ $1{,}5566 \cdot 10^{6}$ dyn/cm (bei Verwendung von atomaren Einheiten für die Energie und die Längen).

18.4.1. Das 2-atomige Ion OH^-

Nach der SCF-MO-LCGO-Methode ergaben sich folgende Energiewerte als Funktion des Abstandes r zwischen O und H, ausgedrückt in atomaren Einheiten (18:4):

r (at. E.)	1,7	1,8	1,9
ϵ (at. E.)	−75,0815	−75,0848	−75,0833

Bei harmonischer Approximation der Potentialkurve an diesem Minimum durch

$$\epsilon = a\, r^2 + b\, r + c \qquad [18.4.1:1]$$

Tab. 18:1. Quantentheoretisch berechnete Molekülgrößen
(In Klammern stehen Vergleichswerte.)

System bzw. Molekül	Gesamtenergie at. E.	Bildungs- u. Bindungsenergie (eV)	Ionisierungsenergie (eV)	Gleichgewichtsabstand Å	Winkel	Frequenzen cm^{-1}	Kraftkonstanten mdyn/Å	Bemerkungen
OH^-	−75,3		2,3 (2,2–2,8)	0,96 (0,98)	–	3655 (3635)	7,5 (7,4)	
HCl	−453,0534		10,93 (12,74)	2,59 (2,408)	–	3163 (2989,7)		μ = 1,15 D (1,12)
F_2	−198,1137	1,62 1,5±0,2	17,40 (14,3–17,8)	1,408 1,409	–	1118 (923)		
H_2O	−75,767		11,77 (12,6)	0,960 (0,958)	108,2°	ν_1=3971 ν_2=1656 ν_3=4067	f_{HO}= 8,99±0,13 f_{HOH}= 0,767± 0,07	2,11 D (1,88 D)
HC≡C–H	−76,577	–	10,7 (11,4)	r_{CC}=1,215 (1,206) r_{CC}=1,085 (1,061)	–	ν_{CC}=2082 (1917) ν_{CH}=4187 sym. (3374) ν_{CH}=4126 antisym. (3282)	f_{CC}= 17,24 f_{CH}=9,34 (=5,92)	

führt die Auflösung des linearen Gleichungssystems auf

$$\epsilon = 0{,}240\, r^2 - 0{,}873\, r - 74{,}291. \qquad [18.4.1:2]$$

Die Bestimmung des Minimums durch Differentiation liefert für den *Gleichgewichtsabstand* r_{OH^-} den Wert

$$r_{OH^-} = 1{,}86 \text{ at. E.} = 0{,}984 \text{ Å} \qquad [18.4.1:3]$$

und für die *Gesamtenergie*

$$\epsilon = -\,75{,}085 \text{ at. E.} \qquad [18.4.1:4]$$

Für die *Kraftkonstante* und für die *klassische Schwingungsfrequenz* der harmonischen Schwingung ergibt sich

$$f_{OH^-} = 7{,}47 \text{ mdyn/Å} (7{,}39) \qquad [18.4.1:5]$$

und

$$\nu_{OH^-} = 3644 \text{ cm}^{-1} (3635), \qquad [18.4.1:6]$$

wobei zum Vergleich die Ergebnisse nach ((0:32), S. 40) in Klammern angeführt sind.

18.4.2. Zusammenstellung einiger Berechnungen

In der Tab. 18:1 stellen wir einige bisher veröffentlichte Ergebnisse ((18:5), S. 8–17) zusammen.

18.5. Kräftemethode von Pulay

Die von *Pulay* (18:6), (18:7) entwickelte Kräftemethode erreicht eine beachtliche Genauigkeitssteigerung der Berechnung sämtlicher $n(n+1)/2$ Kraftkonstanten und eignet sich besonders für die Berechnung der $n(n-1)/2$ Kopplungskraftkonstanten. Weiterhin wird in einem einfachen Iterationsverfahren die Gleichgewichtskonfiguration unter Verwendung einer abgeschätzten Kraftkonstantenmatrix ermittelt.

18.5.1. Kartesische Kräfte

Gemäß der Definition der Kraftkonstanten nach Gl. [3.1.1.2:4] wird die gesamte potentielle Energie V des Moleküls nach den Kernkoordinaten q_i und q_i in der Gleichgewichtslage zuerst analytisch und dann numerisch berechnet. Dadurch wird eine außerordentliche Genauigkeitssteigerung gegenüber der fast ausschließlich verwendeten Methode der zweimaligen numerischen Differentiation erreicht (vergleiche 18.2.–18.4.).

Die Gesamtenergie

$$V = V(q, P(q)) \qquad [18.5.1:1]$$

wird als Funktion von den Kernkoordinaten

$$q = (q_1, q_2, \ldots, q_n)^+ \qquad [18.5.1:2]$$

und von den Variationsparametern

$$P(q) = P = (p_1, p_2, \ldots, p_m)^+ \qquad [18.5.1:3]$$

aufgefaßt. Die erste Ableitung lautet

$$\frac{dV}{dq} = \frac{\delta V}{\delta q} + \frac{\delta V}{\delta P}\frac{\delta \underline{P}}{\delta q} = \frac{\delta V}{\delta q}, \qquad [18.5.1:4]$$

da

$$\frac{\delta V}{\delta P} = 0 \qquad [18.5.1:5]$$

für die volle Minimalisierung ist. Damit vereinfacht sich der Formalismus außerordentlich.
Allgemein ist nach Gl. [18.1:10] die Gesamtenergie

$$V = \epsilon = \langle \underline{\phi} \,!\, H \underline{\phi} \rangle. \qquad [18.5.1:6]$$

wobei $\underline{\phi} = \underline{\phi}(q, P(q))$ [18.5.1:7]

als normierter Ansatz für die Wellenfunktion von den Kernkoordinaten q und den Variationsparametern $P(q)$ abhängt. Für die praktische Durchführung der Rechnungen erweist sich die Beschränkung auf die Hartree-Fock-Self-consistent-field-Wellenfunktion im Roothaan-Formalismus als besonders vorteilhaft ((18:9), vergl. auch 18.2.). Dieser Ansatz eignet sich wegen seiner konzeptuellen Einheitlichkeit als Ausgangsbasis für höhere Näherungen. Weiterhin enthält er keine Elektronenkorrelation, so daß er diese Korrelationseffekte erst berechnet. Die Hartree-Fock-Rechnungen können für Wellenfunktionen geschlossener und offener Schalen durchgeführt werden.

Die *Hartree-Fock-Energie* wird in folgender Form dargestellt:

$$\epsilon = 2 \sum_j (\underline{\varphi}_j \,!\, H_1 \,!\, \underline{\varphi}_j) + \sum_{k,j} (2(\underline{\varphi}_j^2 \,!\, r_{12}^{-1} \,!\, \underline{\varphi}_k^2) - (\underline{\varphi}_j \underline{\varphi}_k \,!\, r_{12}^{-1} \,!\, \underline{\varphi}_j \underline{\varphi}_k))$$

$$= 2 \sum_{m,n} (m \,!\, H_1 \,!\, n)\, D_{mn} + \sum_{m,n,r,s} (m\, n \,!\, rs)\,(2D_{mn}D_{rs} - D_{mr}D_{ns}).$$

[18.5.1:8]

Dabei ist $\underline{H}_1$ der Einelektronenteil des *Hamilton*-Operators. $\underline{\varphi}_j$ und $\underline{\varphi}_k$ sind die besetzten Self-consistent-field-Molekülorbitale, die aus den Basisfunktionen χ durch Transformation mit der rechteckigen Matrix C^+ nach

$$\underline{\varphi} = C^+ \underline{\chi} \qquad [18.5.1:9]$$

bestimmt sind. Weiterhin werden die Abkürzungen

$$(m \,!\, H_1 \,!\, n) = (\underline{\chi}_m \,!\, H_1 \,!\, \underline{\chi}_n) \qquad [18.5.1:10]$$

und

$$(m\,n \,!\, \underline{r\,s}) = (\underline{\chi}_m\, \underline{\chi}_n \,!\, r_{12}^{-1} \,!\, \underline{\chi}_r\, \underline{\chi}_s) \qquad [18.5.1.11]$$

verwendet. D ist die Dichtematrix mit

$$D = C\,C^+. \qquad [18.5.1:12]$$

Die Ableitung der Gl. [18.5.1:8] nach den Kernlagen setzt die *Orthonormalität der Molekülorbitale* voraus. Diese Bedingung entspricht der *Idempotenz der Dichtematrix D* mit

$$D = D\,S\,D, \qquad [18.5.1:13]$$

wobei S die Überlappungsmatrix nach

$$S_{mn} = (m \,!\, n) \qquad [18.5.1:14]$$

ist. Die Ableitung von [18.5.1:13] nach einer der Kernkoordinaten ergibt

$$D'\,SD + DS'\,D + DSD' = D'. \qquad [18.5.1:15]$$

Durch Substitution läßt sich

$$D' = -DS'\,D \qquad [18.5.1:16]$$

als eine einfache Lösung von [18.5.1:15] nachweisen.

Die gesuchte *kartesische Kraft* f_i ergibt sich aus Gl. [18.5.1:8] durch Differentiation zu [18:2)].

18:2) In (18:7) findet sich der Formelsatz für die CNDO-Gesamtenergie.

$$\frac{\delta V}{\delta x_1} = -f_i = 2 \sum_{m,n} (m!\,H_1'\,!\,n)\,D_{mn} + 2 \sum_{m,n} ((m'!\,H_1\,!\,n) + (m!H_1!n'))\,D_{mn}$$

$$+ (m\,H_1\,!\,n)\,D'_{mn}) + \sum_{m,n,r,s} ((m'n!rs) + (m\,n'!r\,s) +$$

$$(m\,n!r's) + (mn\,!\,r\,s'))\,(2D_{mn}D_{rs} - D_{mr}D_{ns}) +$$

$$(m\,n!r\,s)\,(2D'_{mn}D_{rs} + 2D_{mn}D'_{rs} - D'_{mr}D_{ns} - D_{mr}D'_{ns}))$$

mit $i = 1, 2, \ldots, 3N$. [18.5.1:17]

18.5.2. Innere Kräfte

Da in der Molekülspektroskopie die Kräfte bzw. die Kraftkonstanten in inneren Koordinaten angeführt sind, muß die *Transformation* von kartesischen in innere Koordinaten angegeben werden.

In Zeilenmatrixform seien die kartesischen Koordinaten in

$$x = (x_1, x_2, \ldots, x_{3N})^+, \qquad [18.5.2:1]$$

die inneren Koordinaten in

$$q = (q_1, q_2, \ldots, q_n)^+, \qquad [18.5.2:2]$$

die kartesischen Kräfte in

$$f = (-\frac{\delta V}{\delta x_1}, -\frac{\delta V}{\delta x_2}, \ldots, -\frac{\delta V}{\delta x_{3N}})^+ \qquad [18.5.2:3]$$

und die inneren Kräfte in

$$\underline{\varphi} = (-\frac{\delta V}{\delta q_1}, -\frac{\delta V}{\delta q_2}, \ldots, -\frac{\delta V}{\delta q_n})^+ \qquad [18.5.2:4]$$

zusammengefaßt. Dabei sind N Anzahl der Atome im Molekül und n Anzahl der inneren Koordinaten nach den Gln. [1.2:1–2].
Dann ergibt sich die gesuchte *Transformation* zu

$$\underline{\varphi} = (B^+)^{-1} f. \qquad [18.5.2:5]$$

mit

$$(B^+)^{-1} = (B\,I\,B^+)^{-1} B\,I. \qquad [18.5.2:6]$$

Hierbei ist I eine beliebige, quadratische, nichtsinguläre Matrix der Ordnung 3N, wofür meist die Einheitsmatrix E gewählt wird. B ist die rechteckige Matrix nach Gl. [3.3.1:2] mit

$$dq = B\ dx\,. \qquad [18.5.2:7]$$

B^+ folgt aus der kontravarianten Transformation

$$f = B^+\ \varphi. \qquad [18.5.2:8]$$

Die Kraftkonstanten berechnen sich aus der Änderung der Kräfte mit den Kernkoordinaten nach den bekannten Formelsätzen der numerischen Differentiation (vergl. u. a. (0:75), (0:76), (0:81), (0:82)).

18.5.3. Zur Berechnung der Gleichgewichtskonfiguration mit einer abgeschätzten Kraftkonstantenmatrix

Der in 18.5.1.–2. entwickelte quantentheoretische Formalismus kann weiterhin zur iterativen Berechnung der Gleichgewichtskonfiguration gemäß

$$q^{(k+1)} = q^{(k)} + \Delta q^{(k)} = q^{(k)} + (F^{(0)})^{-1}\ \underline{\varphi}^{(k)} \text{ mit } k = 0, 1, 2, \ldots \qquad [18.5.3:1]$$

und[18:3)]

$$\Delta q^{(k)} = (F^{(0)})^{-1}\ \underline{\varphi}^{(k)} \qquad [18.5.3:2]$$

verwendet werden. Dabei sei die Zeilenmatrix $q^{(0)}$ eine Näherungsmatrix für die inneren Koordinaten, $F^{(0)}$ sei eine abgeschätzte Kraftkonstantenmatrix für innerere Koordinaten und $\varphi^{(0)}$ sei die Matrix der inneren Kräfte für die Kernlage $q^{(0)}$. Die Gleichgewichtskernlage ist durch das Verschwinden der Kräfte charakterisiert. Weiterhin kann man sich bei bekannter Symmetrie der Gleichgewichtskernlage auf die totalsymmetrische Symmetrieachse für A_1 beschränken. Dazu hängt die endgültige Gleichgewichtslage nicht von dem Näherungswert $F^{(0)}$ ab; $F^{(0)}$ beeinflußt lediglich die Geschwindigkeit der Konvergenz des Verfahrens.

Nach den bisher berechneten Fällen führt das Iterationsverfahren nach höchstens 3 Iterationsschritten zu Gleichgewichtsabständen mit einer Genauigkeit von 0,001 Å.

Insgesamt gesehen stellt diese Methode zur Bestimmung der Gleichgewichtskonfiguration eine wertvolle Bereicherung der praktischen Anwendbarkeit der Kraftkonstantenrechnung dar.

18.5.4. Zur praktischen Durchführung und Besonderheiten

Als *Basisansatz* werden vorteilhaft Linearkombinationen von reinen Gaußfunktionen gemäß den Gln. [18.2:4–5] nach einem Vorschlag von *Preuß* ver-

---

18:3) Gl. [18.5.3:2] ist eine verallgemeinerte Fassung von Gl. [20.2:1].

wendet[18:4]. Bei den in 18.5.5. berechneten Molekülen werden am schweren Atom X (B, C, N, O und F) 7 s- und 3 p-Funktionen, am Wasserstoff 3 s-Funktionen und zusätzlich noch eine Funktion in der Mitte der X-H-Bindung angeboten.

In Zusammenarbeit mit *W. Meyer* entwickelte *Pulay* ein *Rechenprogramm* (vergl. auch (18:8)).

Die besondere Bedeutung der Kräftemethode liegt in der *Berechenbarkeit* der für die übrigen Methoden am schwierigsten zugänglichen n(n-1)/2 *Wechselwirkungskraftkonstanten*, so daß hierdurch die größte neue Informationsmenge gewonnen werden kann. In diesem Zusammenhang ist auch vorteilhaft, daß gerade diese Kopplungskraftkonstanten überraschend genau berechnet werden können. Dies kann zur genaueren Bestimmung der n Diagonalkraftkonstanten, die bei nichtsymmetrischer Betrachtung nur aus Valenz- oder Deformationskraftkonstanten bestehen, aus n Schwingungsfrequenzen benutzt werden, wenn die n(n-1)/2 Kopplungskraftkonstanten aus der Kräftemethode übernommen werden (vergl. auch 7.7. Ein einfaches Abschätzungsverfahren).

18.5.5. Zahlenbeispiele

Zur Veranschaulichung der Brauchbarkeit und Genauigkeit der Kräftemethode werden Gleichgewichtskonfigurationen und Kraftkonstanten für die Reihe BH_4^-, CH_4, NH_3, H_2O und HF nach (18:6) angeführt.

Tab. 18 : 2. Nach der Pulayschen Kräftemethode berechneten Gleichgewichtskonfigurationen (in Klammern experimentelle Werte)

Molekül	Gleichgewichtsabstand r_{ber} in Å	Valenzwinkel α_{ber} in Grad
BH_4^-	1,249 (1,255)	Tetraeder
CH_4	1,089 (1,0932)	Tetraeder
NH_3	1,012 (1,0116)	107,3 (106,69)
OH_2	0,953 (0,957)	103,73 (104,52)
FH	0,919 (0,917)	

Tab. 18 : 3. Innere Kraftkonstanten nach der Kräftemethode in mdyn/Å (in Klammern experimentelle Werte) nach (18:6)

Molekül	f_{XY}		f_{YXY}		$f_{XY/YXY}$		$f_{XY/XY}$		Literatur
BH_4^-	2,93	(2,90)	0,36	(0,29)	0,15	(0,15)	0,07	(0,09)	
CH_4	5,66	(5,50)	0,52	(0,47)	0,22	(0,21)	0,04	(0,12)	
NH_3	7,71	(7,05)	0,72	(0,62)	0,27	(0,32)	−0,06	(0,01)	
OH_2	9,16	(8,45)	0,85	(0,76)	0,30	(0,25)	−0,17	(−0,10)	(18:7)
FH	10,01	(9,65)	–		–		–		

Weiterhin liegen für folgende Verbindungen Berechnungen vor:
C_2H_2, C_2H_4, C_2H_6 (18:10); H_2CO (18:11); H_2CNH (18:12); HCO (18:13); HCP (18:14); $SiOH_2$, $SiOF_2$ (18:15).

18:4) Wegen ihrer einfachen Gestalt lassen sich die in der Quantentheorie vorkommenden Integrale der Gaußfunktionen analytisch in bekannten Funktionen darstellen.

3. Teil:

Nichttheoretische, empirische Interpolationsrelationen zwischen Kraftkonstanten und verschiedenen Molekülgrößen

Neben den theoretischen Untersuchungen hat es nicht an Versuchen gefehlt, empirische Zusammenhänge zwischen Kraftkonstanten und verschiedenen Molekülgrößen aufzufinden. Und in der Tat lassen sich eine Reihe von Zusammenhängen aufdecken, die sich in Formeln ausdrücken lassen und die die zahlenmäßigen Ergebnisse für verschiedene Gruppen von Molekülen innerhalb weniger Prozente, bezogen auf die experimentell gegebenen Daten, wiedergeben. Während diese Regeln vom theoretischen Standpunkt aus ohne Bedeutung sind, lassen sie zahlreiche praktische Anwendungen zu[19:1]).

19. Empirische Zusammenhänge der Kraftkonstanten mit observablen Molekülgrößen

Zunächst sollen die *empirischen Zusammenhänge der Konstanten der potentiellen Energie der Moleküle mit beobachtbaren Molekülgrößen* (Observablen) zusammengestellt werden, soweit sie bisher bekannt geworden sind.

19.1. Bindungsabstand – Badger-Regel

Nach einem *Zusammenhang zwischen den Valenzkraftkonstanten und den Bindungsabständen* wurde schon früh von *Mecke* (19:1) und *Morse* (19:2) gesucht. Am besten dürften jedoch die Verhältnisse durch die *Badger-Regel* wiedergegeben werden, die allgemein lautet:

$$f = \frac{C_{ij}}{(r_e - d_{ij})^3} \text{ mdyn/Å}. \qquad [19.1:1]$$

Dabei sind die *empirischen Konstanten* d_{ij} und C_{ij} durch die Stellung der beiden gebundenen Atome im Molekül festgelegt. Die Indizes i und j beziehen sich auf Reihen im Periodischen System der chemischen Elemente (19:3), (19:4).

Es sei betont, daß die Badger-Regel nicht nur für den Grundschwingungszustand gilt, sondern auch für alle angeregten Schwingungszustände. (Siehe (19:3), (Fig. 1, Molekül J_2)!)

[19:1]) Eine kurze Zusammenstellung findet sich in ((0:7), S. 427–429).

Häufig wird die Badger-Regel zur Berechnung der Gleichgewichtsabstände von Molekülen aus Schwingungsfrequenzen über die Kraftkonstanten angewandt ((0:44), S. 219–200), (19:5).

Als *Beispiel* soll der *Gleichgewichtsabstand* des 2-atomigen Moleküls *NO* berechnet werden, bei dem beide Atome O und N zur 1. Reihe des periodischen Systems gehören. Es ist also $i = j = 1$. Aus den Ausgangsdaten $f(O_2) = 11{,}77$ mdyn/Å, $r_e(O_2) = 1{,}207$ Å, $f(N_2) = 22{,}42$, $r_e(N_2) = 1{,}100$, $f(NO) = 15{,}95$ folgt über das Zwischenergebnis $d_{11} = 0{,}6534$ und $C_{11} = 1{,}997$ als *Ergebnis* $r_e(NO) = 1{,}156$ Å.
Der *gemessene Wert* ist $r_e(NO) = 1{,}154$ Å ((0:32), S. 40).

Varshni (19:6) schlägt abgewandelte *Badger*-Regeln mit Hochzahlen $p = 2$, 2,5 oder 3 im Nennerausdruck vor.

19.2. Dissoziationsenergie

Weitere *Zusammenhänge der Kraftkonstanten* bestehen *mit der Dissoziationsenergie D eines Moleküls.* Dabei ist D durch den Energiebetrag definiert, der zur Spaltung des Moleküls an einer bestimmten Bindung in 2 Moleküle bzw. Atome aufzuwenden ist, die sich jeweils in ihren energetischen Grundzuständen befinden. Nach einer *Modellvorstellung von Wicke* (19:7), (19:8) setzt sich die „*wahre Bindungsenergie*" aus der *Dissoziationsenergie und* der *Umordnungsenergie* zusammen. Dies ist der Grund, daß allgemein meist nur *bei 2-atomigen Molekülen* die Dissoziationsenergie und die wahre Bindungsenergie E in guter Näherung einander gleich sind. Daher beschränken wir uns in diesem Abschnitt auf die Darstellung 2-atomiger Moleküle.

Ein Zusammenhang ergibt sich aus dem *Potentialansatz* von *Morse* (19:2) zur Berechnung der Schwingungsenergie eines anharmonischen Oszillators in Berücksichtigung der Anharmonizität

$$D = \frac{h}{8\pi}\,\frac{1}{x}\sqrt{\frac{f}{\bar{m}}} = h\,\frac{\nu}{4x} \qquad [19.2{:}1]$$

mit h = *Plancksches Wirkungsquantum*, x = *Anharmonizitätskonstante*, $\bar{m}$ = *reduzierte Masse*, f = *Kraftkonstante* für die nichtkorrigierte Schwingungsfrequenz ν. (Herleitung siehe ((0:103), Bd. 2, S. 1390–1392), ((0:110), S. 396)!) Neben den Massen und der Kraftkonstante ist die Dissoziationsenergie umgekehrt proportional zur Anharmonizitätskonstante x als ein näherungsweises Maß für die höheren Terme der Potentialkurve.

Außer Gl. [19.2:1] sind noch *zahlreiche weitere Zusammenhänge* gefunden worden, die formelmäßig und mit vielen Vergleichsrechnungen versehen in(19:9), (19:10) zusammengestellt worden sind. Sie beruhen jeweils auf einem speziellen Potentialkurvenansatz.

Weiterhin sind noch eine *Reihe von empirischen Beziehungen* gefunden worden, *die ohne Anharmonizitätskonstante* x *die Dissoziationsenergie näherungsweise darstellen.* Dieses Vorgehen ist *theoretisch unbefriedigend* ((0:33), S. 37), für die Anwendungen aber *von beschränkter Brauchbarkeit*. Besonders bekannt geworden sind die Arbeiten von *Lippincott* (19:11), (19:12), (19:13), die einen Zusammenhang zwischen der *Dissoziationsenergie* D_e, der Kraftkonstante f_e, dem Gleichgewichtsabstand der Atome R_e, den Verhältnissen von Ionisationspotentialen und einer empirischen Konstanten wie folgt angeben:

$$D_e = \frac{f_e\, R_e}{n} \qquad [19.2:2]$$

mit

$$n = n_0 \left[\frac{I}{I_0}\right]_A^{1/2} \left[\frac{I}{I_0}\right]_B^{1/2} \quad \mathrm{cm}^{-1}. \qquad [19.2:3]$$

Dabei ist n_0 die *empirische Konstante* mit den Werten: $n_0 = 6{,}03 \cdot 10^8\ \mathrm{cm}^{-1}$ für alle Verbindungen ohne Wasserstoff, $n_0 = 5{,}67 \cdot 10^{-8}\ \mathrm{cm}^{-1}$ für Wasserstoffverbindungen HA und $n_0 = 5{,}34 \cdot 10^8\ \mathrm{cm}^{-1}$ für H_2. $(I/I_0)_A$ und $(I/I_0)_B$ sind die *Ionisationspotentiale* der Atome A und B, jeweils bezogen auf die Ionisationspotentiale der entsprechenden Atome in der gleichen Zeile und ersten Spalte des Periodischen Systems. Die in (19:11) – (19:13) angeführten Berechnungen der Dissoziationskonstanten 2-atomiger Moleküle liegen meist in einem Fehlerbereich innerhalb von 10 %, bezogen auf den gemessenen Wert.

19.3. Elektronegativität – Gordy-Regel

Gordy (19:14) stellte die empirische Relation

$$f_{AB} = a \cdot N \cdot \left[\frac{\kappa_A\, \kappa_B}{d^2}\right]^{3/4} + b \qquad [19.3:1]$$

auf. Dabei sind κ_A und κ_B die *Elektronegativitäten* der gebundenen Atome A und B, d ist der *Bindungsabstand*, N ist der *Bindungsgrad* und a und b sind *empirisch festzulegende Konstanten.*

Werden die Kraftkonstanten in mdyn/Å und die Bindungsabstände in Å gemessen, so nehmen die empirischen Konstanten die Werte $a = 1{,}67$ und $b = 0{,}30$ für stabile Moleküle, dargestellt für ihre normalen Kovalenzen, an. Eine Ausnahme stellen die Moleküle dar, bei denen sich in beiden gebundenen Atomen nur ein Elektron in der Valenzschale befindet. Für 2-atomige Moleküle der Alkalimetalle wie Na_2, NaK usw. ist $a = 1{,}180$ und $b = -0{,}013$. Für Hydride von Elementen, die nur ein einziges Elektron in der Valenzschale haben, ist $a = 1{,}180$ und $b = 0{,}040$. Für 2-atomige Hydride von Elementen mit 2 oder 4 Elektronen in der Valenzschale ist $a = 1{,}42$ und $b = 0{,}08$.

Bei der zahlenmäßigen Untersuchung an 71 Beispielen findet *Gordy* eine durchschnittliche Abweichung der berechneten Kraftkonstanten f_{AB} von den mit Schwingungsfrequenzen berechneten Kraftkonstanten von weniger als 2 %. Damit reicht diese Genauigkeit für viele Kraftkonstantenberechnungen aus, die ja wegen der meist vernachlässigten Anharmonizitäten manchmal bis zu 5 und mehr Prozent, bezogen auf den anharmonizitätskorrigierten Wert, abweichen. Umgekehrt können mit der *Gordy-Regel* noch unbekannte Elektronegativitäten näherungsweise berechnet werden.

Von besonderer Bedeutung ist in der *Gordy*-Regel das Eingehen des *Bindungsgrades* N. So kann dieser näherungsweise bei bekannten Elektronegativitäten, bekannter Kraftkonstante und bekanntem Bindungsabstand aus [19.3:1] ermittelt werden (19:15).

19.4. Kovalente Radien und Zahl der Valenzelektronen – Williams-Regel

Ersetzt man nach *Williams* (19:16) die *Elektronegativität* κ_A durch den *kovalenten Radius* r_A und durch die *Anzahl der Valenzelektronen* z_A nach

$$\kappa_A = 0{,}761\ (z_A/r_A)^{0{,}70}, \qquad [19.4:1]$$

so erhält man aus der *Gordy*-Regel [19.3:1]

$$f_{AB} = A\ (z_A\ z_B)^{0{,}525} \cdot d^{-2{,}525} + 0{,}30 \qquad [19.4:2]$$

mit

$$A = 1{,}058\ a\ N \qquad [19.4:2a]$$

und

$$(r_A\ r_B)^{0{,}525} = (r_A + r_B)/2 = d/2. \qquad [19.4:2b]$$

Damit wäre die *Kraftkonstante* f_{AB} durch die beiden empirischen Konstanten a und 0,30, durch die kovalente Radien und durch die Valenzelektronen als wesentliche Bestimmungsgrößen gegeben.

20. Zur näherungsweisen Bestimmung der Bindungsordnung als nichtobservabler Molekülgröße nach Siebert

Siebert (2:2), (20:1), (20:2), (20:3), ((0:32), S. 34) gibt einfache *Beziehungen zwischen Kraftkonstanten* und atomaren Größen an, denen die *nichtobservable* oder *definitive Molekülgröße des Bindungsgrades* zugrundeliegt.

20.1. Empirische Formel zur Berechnung von Kraftkonstanten idealer Einfachbindungen aus Kernladungszahlen und Hauptquantenzahlen – Siebertsche Produktregel

Zur Aufstellung einer *Näherungsformel für die Kraftkonstanten idealer Einfachbindungen* geht *Siebert* ((2:2), S. 6–7) von den Methylenverbindungen und

Hydriden ((0:32), S. 34) aus, bei denen für die einzelnen Elemente *ideale einfache kovalente Bindungen* gegeben sind, und für die im wesentlichen *sp³-Überlappungen* vorliegen ((0:7), S. 424–425). Als Beispiel für den *empirischen Befund bei Methylverbindungen* seien die Kraftkonstanten angegeben, die in Abb. 20:1 nach *Siebert* ((2:2), S. 6) als Punkte eingetragen sind. Anhand dieser empirischen Ergebnisse fand *Siebert*, daß sich die *Valenzkraftkonstante einer beliebigen einfachen C-X-Bindung* durch

$$f_{CX,1} = 5{,}40 \cdot Z_X / n_X^3 \text{ mdyn/Å} \qquad [20.1:1]$$

in guter Näherung wiedergeben läßt. Dabei sind Z_X die *Kernladungszahl* und n_X die *Hauptquantenzahl der Valenzelektronen des Atoms X.* Danach würden die Valenzkraftkonstanten von Hydriden und Methylenverbindungen mit der Gruppennummer im Periodensystem linear zunehmen. Zur besseren Unterscheidung sind diese Geraden in Abb. 20:1 durch ausgezogene Geraden markiert, und es zeigt sich eine erfreuliche Übereinstimmung mit den übrigen empirischen Ergebnissen.

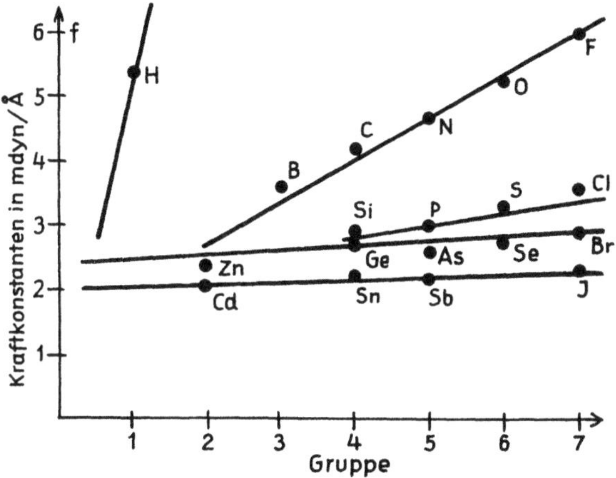

Abb. 20:1. Kraftkonstanten einiger Methylverbindungen nach *Siebert* ((2:2), S. 6).

Siebert verallgemeinert nun diese Ergebnisse *für beliebige einfache X-Y-Bindungen.* Er folgert, daß in der empirischen Konstanten 5,40 noch der Faktor

$$Z_C / n_C^3 = 3/4 \qquad [20.1:2]$$

des Kohlenstoffatoms enthalten ist. Ersetzt man daher in Gl. [20.1:2] C durch Y, so führt dies auf die bekannte *Siebertsche Produktregel*

$$f_{XY,1} = 7{,}20 \frac{Z_X\ Z_Y}{n_X^3\ n_Y^3} \text{ mdyn/Å} \qquad [20.1:3]$$

in analoger Bedeutung von Z_Y und n_Y zu Gl. [20.1:1]. Damit ist man mit der empirischen Gl. [20.1:3] in der Lage, *ohne weitere zusätzliche experimentelle Größen die Valenzkraftkonstante einer beliebigen einfachen Bindung vorauszusagen.*

Für eine *Hydridbindung X – H* vereinfacht sich die Produktregel [20.1:3] wegen $Z_H = 1$ und $n_H = 1$ zu

$$f_{XH,1} = 7{,}20 \frac{Z_X}{n_X^3}. \qquad [20.1:4]$$

20.1.1. Erweiterung nach Goubeau

Es sei erwähnt, daß für *Bindungsarten u. a. mit p-Bindungen* die Produktregel in der *Erweiterung von Goubeau* (20:4) nach

$$f_{XY,1} = 7{,}20 \frac{Z_X\ Z_Y}{n_X^3\ n_Y^3} \frac{6}{c+6} \text{ mdyn/Å} \qquad [20.1.1:1]$$

mit c als der *Zahl der freien Elektronenpaare an beiden Atomen* verschiedentlich zu besseren Wiedergaben der experimentellen Ergebnisse führt. Dies soll an einigen von *Goubeau* untersuchten Verbindungen kurz erläutert werden (Tab. 22:0):

Tab. 20:0. Gegenüberstellung von Kraftkonstanten nach der *Siebert*schen Produktregel [20.1.:3], nach der *Goubeau*schen Korrekturformel [20.1.:1] und nach experimentellen Werten. In Klammern stehen die Abweichungen bezüglich der experimentellen Werte in Prozenten.

Verbindung		Kraftkonstanten (mdyn/Å)		
	c	*Goubeau*	*Siebert*	Experim. Wert
$C-\underline{\overline{F}}|_4$	0	6,1 (3)	6,1 (3)	6,3
$|N-\underline{\overline{F}}|_3$	4	4,3 (8)	7,1 (−35)	4,6
$|\overline{O}-\underline{\overline{F}}|_2$	5	4,4 (−7)	8,1 (−49)	4,1
$|\underline{\overline{F}}-\underline{\overline{F}}|$	6	4,6 (−3)	9,1 (−52)	4,4
$H_2\underline{N}-\underline{N}H_2$	2	4,1 (−11)	5,5 (−33)	3,7
$H\underline{\overline{O}}-\underline{\overline{O}}H$	4	4,3 (−8)	7,2 (−44)	4,0
$H\underline{\overline{O}}-\underline{\overline{O}}|^{\ominus}$	5	3,9 (−6)	7,2 (−49)	3,7

20.2. Bindungsgradberechnungen nach Siebert

Schon sehr früh fand man, daß sich *die Verhältnisse der Kraftkonstanten von Ein-, Zwei-* und *Dreifachbindungen* in grober Näherung wie 1 : 2 : 3 wiedergeben lassen. Nach Untersuchungen von *Siebert* (20:1) gelten diese ganzzahligen Verhältnisse weit genauer für die rücktreibende Kraft bei gleicher prozentualer Dehnung der Bindungen. Hierbei wird willkürlich die Dehnung durch Verdopplung des Kernabstandes der Atome X und Y gewählt. Ist K_{XY} die dabei auftretende *rücktreibende Kraft,* r_{XY} der *Kernabstand,* r die *Auslenkung,* so gilt für eine *harmonische Schwingung*

$$-\frac{dV}{dr} = K_{XY} = f_{XY}(r - r_{XY}), \qquad [20.2:1]$$

woraus für

$$r = 2\, r_{XY} \qquad [20.2:2]$$

$$K_{XY} = r_{XY}\, f_{XY} \qquad [20.2:3]$$

folgt.

Es lehrt die Erfahrung, daß K_{XY} in guter Näherung additiv aus *charakteristischen Inkrementen der Bindungsatome* zusammengesetzt werden kann, wenn K_X dem Atom X und K_Y dem Atom Y zugeordnet wird. Die Gleichung

$$K_{XY} = K_X + K_Y \qquad [20.2:4]$$

wird „*Summenregel*" genannt. Damit erhält man empirisch ein quantitatives Maß für den *Bindungsgrad* oder die *Bindungsordnung* N *einer Bindung.* Ist $K_{XY\,N}$ die *rücktreibende Kraft für eine* N-*fach-Bindung,* $K_{XY,1}$ die für die dazugehörige *ideale Einfachbindung,* $r_{XY,N}$ sei der *Gleichgewichtsabstand der* N-*fach-Bindung,* $r_{XY,1}$ der *der Einfachbindung,* so berechnet sich die *Bindungsordnung* N nach

$$N = \frac{K_{XY,N}}{K_{XY,1}} = \frac{f_{XY,N}\, r_{XY,N}}{f_{XY,1}\, r_{XY,1}}. \qquad [20.2:5]$$

Die *Kraftkonstante* $f_{XY,N}$ *der zu untersuchenden Bindungen* berechnet man aus dem Schwingungsspektrum, die *Kraftkonstante* $f_{XY,1}$ der entsprechenden *idealen Einfachbindung* nach der Siebertschen Produktregel (Gl. [20.1:3]), und der *Gleichgewichtsabstand* $r_{XY,1}$ der Einfachbindung ist in guter Näherung durch die *Summe der kovalenten Radien* nach *Pauling* ((0:44), S. 212) *für die Einfachbindungen* nach[20:1])

$$r_{XY,1} = r_{X,1} + r_{Y,1} \qquad [20.2:4a]$$

gegeben.

Weiterhin fand *Siebert*, daß sich der *Bindungsgrad* N als Funktion des Verhältnisses $f_{XY,N} : f_{XY,1}$ *für zahlreiche Mehrfachbindungen* ((2:2), S. 10–11; 57) durch folgende Gerade in guter *Näherung* für die angegebenen Bereiche wiedergeben läßt:

$$N = 0{,}69 \frac{f_{XY,N}}{f_{XY,1}} + 0{,}37 \text{ für } N \geqq 1{,}5 \qquad [20.2:6]$$

und

$$N = \frac{f_{XY,N}}{f_{XY,1}} \text{ für } 0 < N < 1{,}5. \qquad [20.2:7]$$

Gl. [20.2:7] entspräche dem oben erwähnten Verhältnis für Mehrfachbindungen in eingeschränkter Weise. Diese beiden Geraden können noch interpolativ durch

$$N = 0{,}57 \frac{f_{XY,N}}{f_{XY,1}} + 0{,}43 \sqrt{\frac{f_{XY,N}}{f_{XY,1}}} \qquad [20.2:8]$$

zusammengefaßt werden ((0:32), S. 36).

Mit den empirischen Gleichungen [20.2:5], [20.2:6], [20.2:7] und [20.2:8] kann aus dem Schwingungsspektrum über die berechnete Kraftkonstante $f_{XY,N}$ der gesuchten Bindung zwischen den Atomen X und Y ohne Hinzunahme

---

20:1) Der *kovalente Radius* $r_{X,1}$ *des Atomes X* läßt sich nach *Siebert* (20:1) nach der Formel

$$r_{X,1} = 0{,}6 \frac{n_X^3}{Z_X} \text{ Å} \qquad [20.2:10]$$

in Å *näherungsweise* berechnen. Dabei geht *Siebert* bei der Aufstellung von den beiden Summenregeln [20.2:4], [20.2:4a] und von der Produktregel [20.1:3] wie folgt aus:

$$K_{X,1} + K_{Y,1} = r_{X,1} f_{XX,1} + r_{Y,1} f_{YY,1} = K_{XY,1} = r_{XY,1} f_{XY,1} =$$
$$= (r_{X,1} + r_{Y,1}) f_{XY,1}. \qquad [20.2:11]$$

Damit ergibt sich

$$\left(r_{X,1} \frac{Z_X}{n_X^3} - r_{Y,1} \frac{Z_Y}{n_Y^3}\right) \left(\frac{Z_X}{n_X^3} - \frac{Z_Y}{n_Y^3}\right) = 0. \qquad [20.2:12]$$

Da die rechte Klammer allgemein von Null verschieden ist, muß die linke Klammer gleich Null sein. Daraus folgert *Siebert* die Konstanz des Ausdruckes

$$r_{X,1} \frac{Z_X}{n_X^3} = \text{const.} \qquad [20.2:13]$$

Zahlreiche empirische Ergebnisse werden durch die Wahl der Konstanten mit 0,6 Å am besten beschrieben.
Beispiel: Si: $r_{Si,1}$ = 1,16 Å nach [20.2:10]. Der beobachtete Wert ist 1,17 Å (20:1). Auch 25 weitere von *Siebert* berechnete Werte liegen meist innerhalb einer 5 %-Genauigkeit, bezogen auf den gemessenen Wert.

weiterer experimenteller Größen der Bindungsgrad der fraglichen Bindung bestimmt werden.

Das *Verhältnis von* $r_{XY,N}$ *zu* $r_{XY,1}$ (20:1) kann aus den Gln. [20.2:5], [20.2:6] durch Elimination von $f_{XY,N} : f_{XY,1}$ gewonnen werden:

$$\frac{r_{XY,N}}{r_{XY,1}} = \frac{0{,}69\ N}{N - 0{,}37} \quad \text{für } N \geqq 1{,}5. \qquad [20.2:9]$$

Für eine Doppelbindung ergibt sich aus [20.2:9] der Wert 0,85, für eine Dreifachbindung 0,79. Diese Ergebnisse stehen in guter Übereinstimmung mit den Werten von *Pauling* ((0:44), S. 213) mit 0,87 bzw. 0,78.

20.3. Anwendungen und Ergebnisse

Die *Siebertschen empirischen Regeln* gestatten die *Klärung zahlreicher Strukturprobleme von Molekülen.* Es soll hier nur ein kleiner Ausschnitt wiedergegeben werden.

20.3.1. Bindungsgrad der SO-Bindung von SO_2

Als Zahlenbeispiel soll der *Bindungsgrad der SO-Bindung des Moleküls* SO_2 nach Gl. [20.2:5] berechnet werden:

Ausgangsdaten: $r_1 = r_S + r_O = 1{,}04 + 0{,}66 = 1{,}70$ Å ((0:44), S. 213).

$r_N = 1{,}433$ Å ((0:32), S. 50).

$f_N = 10{,}02$ mdyn/Å (15:4). Vergl. auch ((0:32), S. 50).

$$f_1 = 7{,}20 \cdot \frac{8 \cdot 16}{2^3 \cdot 3^3} = 4{,}267 \text{ [Gl. 20.1:3]}.$$

Ergebnis: Bindungsgrad $N = 1{,}98 \approx 2{,}0$. Es handelt sich also um eine Doppelbindung, wie dies nach der einfachen Vorstellung auch erwartet wird.

Als *Vergleich* sei eine Molekülorbital-Rechnung nach (20:5) angeführt, die auf einen Bindungsgrad von $N(SO \text{ in } SO_2) = 1{,}93$ führt.

Da an zahlreichen weiteren Molekülen ähnlich vergleichbare Ergebnisse beider Methoden gefunden wurden, kann dies als ein Hinweis für die praktische Brauchbarkeit der Siebertschen Vorstellungen und Deutungen der Bindungsgrade gelten ((0:32), S. 36).

20.3.2. Zusammenstellung einiger Bindungsgrade

Aus (20:1) seien die *Bindungsgrade verschiedener mehrfacher Bindungen einiger Molekel* ohne Angabe der Ausgangsdaten zusammengestellt.

Die Bindungsgrade der *echten Doppelbindungen* liegen stets in der Nähe von $N = 2$ innerhalb der *Fehlergrenzen* von 1,9 bis 2,1, die für die angeführten Beispiele gut erfüllt sind.

Die *Dreifachbindungen* liegen entsprechend um $N = 3$ mit den *Fehlergrenzen* von 2,9 bis 3,1. Ausnahmen bilden hier die beiden Moleküle CO und N_2. Da beim CO nach anderen Untersuchungen eine 3-fach-Bindung vorliegt, ist das Abweichen konstitutionell gegeben. Die Abweichung für N_2 ist bisher nicht geklärt.

Tab. 20:1. Bindungsgrade verschiedener Mehrfachbindungen in den angeführten Molekülen nach *Siebert* (20:1)

Bindung	Molekel	Bindungsgrad N
	1. Doppelbindungen	
C=C	C_2H_4	2,03
C=O	H_2CO	2,02
C=S	CS_2	2,01
N=N	N_3^-	1,98
N⁼O	NO	2,06
S=O	SO_2	1,95
S=O	SO_3	2,04
P=O	$POBr_3$	2,00
	2. Dreifachbindungen	
C≡C	C_2H_2	3,01
C≡N	HCN	2,98
C≡O	CO	2,74
N≡N	N_2	3,18
N≡O	NO^+	2,98
	3. Sonstige mehrfache Bindungen	
C–C	C_6H_6	1,69
C–O	CO_2	2,34
N–N	N_2O	2,75
N–O	N_2O	1,62
O–O	O_2	1,45

Bei den anderen mehrfachen Bindungen treten *nichtganzzahlige Bindungsgrade* N auf, die außerhalb einer meßtechnisch vertretbaren Fehlerschranke liegen. Daß hier aber die Siebertschen Vorstellungen zu brauchbaren Ergebnissen führen, zeigt besonders deutlich das Benzol C_6H_6 für die CC-Bindung. Gemäß der Mesomerie der Kekulé-Strukturen ergibt sich in einfacher Darstellung bereits eine 1 1/2-fach-Bindung. Da aber die Mesomerie noch einen Energiegewinn nach sich zieht, muß der wirkliche Bindungsgrad über 1 1/2 liegen. Weiterhin steht die Berechnung des Bindungsgrades nach *Penney* in guter Übereinstimmung mit dem der Kraftkonstantenrechnung.

20.4. Einige allgemeine Ergebnisse

Mit den *Siebert*schen Vorstellungen und empirischen Formeln zur näherungsweisen Berechnung des Bindungsgrades können nun zahlreiche chemische Strukturprobleme gelöst werden. Das Hauptanwendungsgebiet ist aus spektroskopischen und rechentechnischen Gründen die anorganische Chemie, da sich hier meist die Frequenzen den Bindungen zuordnen und die Kraftkonstanten mit erträglichem Aufwand oft noch berechnen lassen.

Auf Grund zahlreicher Berechnungen stellte man fest ((0:7), S. 425), daß bei den anorganischen Verbindungen weit mehr Doppelbindungen auftraten, als man früher angenommen hatte.

Für die *Hydride* liegt der Bindungsgrad N in den weiten Grenzen von 0,2 bis 1,2. Dabei hängt N ausschließlich von der Polarität der (X-H)-Bindung ab. Positivierung des H ergibt eine Bindungsverstärkung, Negativierung führt zur Bindungsschwächung. Dazu laufen die chemischen und physikalischen Eigenschaften der Hydride parallel zum Bindungsgrad. Dabei kann der *Zustand eines Hydrides nach dem Bindungsgrad* in folgende *Existenzbereiche* nach *Siebert* eingeteilt werden: $N > 1$, flüchtig, assoziierend; 0,75 – 1, flüchtig, nicht assoziierend; 0,5 – 0,75 polymer, nicht salzartig; 0 – 0,5, salzartig (20:2).

Anhang

21. Formelzusammenstellung

Für den praktischen Gebrauch werden die Formelsätze zur Kraftkonstantenberechnung einiger einfacher Moleküle zusammengestellt und für kompliziertere Moleküle Literaturhinweise gegeben. Leider konnte aus räumlichen Gründen die Sammlung nicht auf die Formelsätze des Zentrifugaldehnungseffektes, der *Coriolis*-Kopplung, der Schwingungsamplituden, des Trägheitsdefektes und der *Raman*-Intensitäten ausgedehnt werden, obwohl zweifelsohne ein praktisches Bedürfnis hierfür vorhanden wäre. Dies soll einer späteren Arbeit vorbehalten sein.

Eine kleine Zusammenstellung der exakt berechenbaren Kraftkonstanten nach inneren Koordinaten und nach Symmetriekoordinaten findet sich bei (0:11), S. 108.

21.1. Zusammenstellung der Formelsätze für die Kraftkonstantenberechnung einfacher Moleküle

Im folgenden werden die für die Berechnung von Kraftkonstanten notwendigen Formelsätze aus der Schwingungslehre, aus der Gruppentheorie, Geometrie und Matrizenrechnung stichwortartig zusammengestellt. Die Formelsätze sind u.a. folgenden Werken entnommen: ((0:5), S. 110–123), ((0:6), S. 275–287), ((0:11), S. 109–115), ((0:13), S. 178–180, 188), ((0:14), S. 138–150, 176–178), ((0:17), S. 140–175), ((0:21), S. 64–66), ((0:28), S. 43–44), ((0:29), S. 18, 35, 53–59, 297–315), ((0:32), S. 5–52), ((0:36), S. 18, 54–63), ((0:3), S. 159–229).

21.1.1. 2-atomige Moleküle: $XX(D_{\infty h})$ und $XY(C_{\infty v})$

1. *Molekülsystem* XX ($D_{\infty h}$)

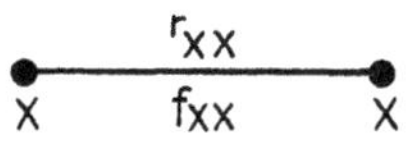

r_{XX}

X ——— X

f_{XX}

Zahl und Symmetrietyp der Schwingungen: $n_\Gamma = 1$; $\Gamma = \Sigma_g^+$. [21.1.1:1]

Schwingungsbild:

←X ——— X→

Symmetrieelemente, -typen und Charaktere:

$D_{\infty h}$	I	$2C_\infty$	σ_h	$\infty\sigma_v$	∞C_2	i
Symmetrietyp Σ_g^+	1	1	1	1	1	1

Auswahlregeln: $\nu(\Sigma_g^+)$ ist Raman-aktiv, aber ultrarotinaktiv.

Schwingungsgleichung: $f_{XX} \cdot 2\, m_X^{-1} = \lambda\,(\Sigma_g^+)$. [21.1.1:2]

Kraftkonstante: $f_{XX} = \lambda(\Sigma_g^+) \cdot \frac{m_X}{2}$. [21.1.1:3]

2. *Molekülsystem* XY ($C_{\infty v}$)

Zahl und Symmetrietyp der Schwingungen:

$$n_\Gamma = 1;\ \Gamma = \Sigma^+.$$ [21.1.1:4]

Schwingungsbild: ⟵X————Y⟶

Symmetrieelemente: I, C_∞, $\infty\sigma_{xz}$.

Charaktertafel:

$C_{\infty v}$		I	$2C_\infty$	$\infty\sigma_{xz}$
Symmetrietyp	Σ^+	1	1	1

Auswahlregeln: Ultrarot- und *Raman*-aktiv.
Kraftkonstante:

$$f_{XY} = \lambda(\Sigma^+) \cdot \frac{m_X \cdot m_Y}{m_X + m_Y} = \frac{\lambda(\Sigma^+)}{\mu_X + \mu_Y}.$$ [21.1.1:5]

21.1.2. 3-atomige Moleküle: $XYZ(C_s)$, $XYZ(C_{\infty v})$, $XY_2(C_{2v})$, $XY_2(D_{\infty h})$, X_3 (D_{3h}), XY_2 (C_{2v}, Ring)

1. *Molekülsystem* XYZ (C_s)

Zahl der Schwingungsfreiheitsgrade: n = 3. [21.1.2:1]

Symmetrietypen oder Rassen: $\Gamma = 3 \cdot A'$. [21.2.2:2]

Zahl der Kraftkonstanten: $n_f = 6$. [21.1.2:3]

Innere Koordinaten: Δr_1, Δr_2, $\Delta\alpha$.

Strukturbild:

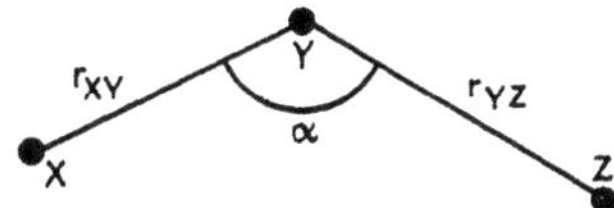

Symmetrieelemente:

$$I, \sigma_{yz}.$$

Charaktertafel und Auswahlregeln:

C_s		I	σ	Auswahlregeln	Ra	UR
Symmetrietyp	A′	1	1		p	$M_\perp$

Schwingungsbilder:

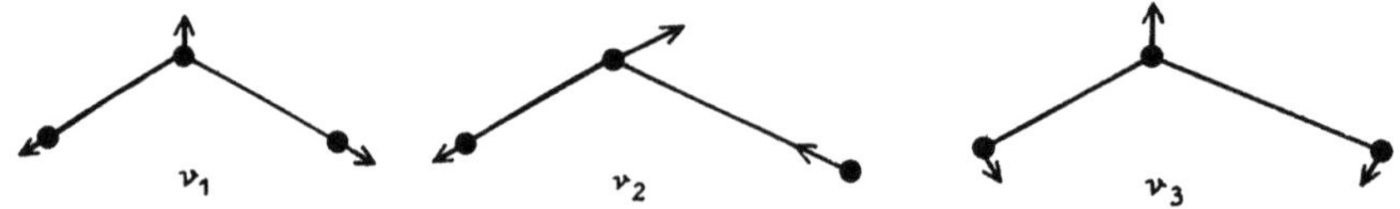

Matrix G:

$$G = \begin{bmatrix} \mu_X + \mu_Y & \mu_Y \cdot \cos\alpha & -\mu_Y \cdot r_{YZ}^{-1} \cdot \sin\alpha \\ & \mu_Y + \mu_Z & -\mu_Y \cdot r_{XY}^{-1} \cdot \sin\alpha \\ & & \frac{\mu_X}{r_{XY}^2} + \frac{\mu_Z}{r_{YZ}^2} + \mu_Y\left(r_{XY}^{-2} + r_{YZ}^{-2} - \frac{2 \cdot \cos\alpha}{r_{XY} \cdot r_{YZ}}\right) \end{bmatrix}. \quad [21.1.2:4]$$

Matrix F:

$$F = \begin{bmatrix} f_{XY} & f_{XY/YZ} & r_{XY} \cdot f_{XY/\alpha} \\ & f_{YZ} & r_{YZ} \cdot f_{YZ/\alpha} \\ & & r_{XY} \cdot r_{YZ} \cdot f_\alpha \end{bmatrix}. \quad [21.1.2:5]$$

2. *Molekülsystem* XYZ ($C_{\infty v}$)

Zahl der Schwingungsfreiheitsgrade: 4. (Eine Schwingung entartet!)
Symmetrietypen oder Rassen:

$$\Gamma = 2 \cdot \Sigma^+ + \Pi. \quad [21.1.2:6]$$

Zahl der Kraftkonstanten: 4.

Strukturbild:

r_{XY} f_α r_{YZ}
X Y Z
f_{XY} α f_{YZ}
$f_{XY/YZ}$

Schwingungsbilder:

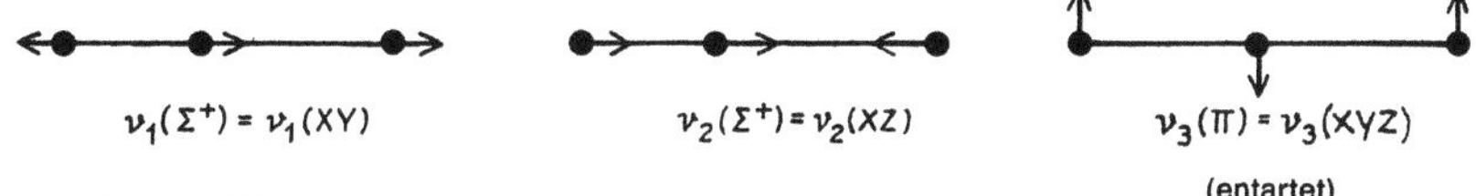

Innere Koordinaten:

Δr_1, Δr_2, $\Delta\alpha$.

Symmetrieelemente:

I, C_∞, $\infty\sigma_v$.

Charaktertafel und Auswahlregeln:

$C_{\infty v}$		I	$2C_\infty$	$\infty\sigma_v$	Auswahlregeln Ra	UR
Symmetrietypen	Σ^+	1	1	1	p	M_z
	Π	2	−2	0	dp	$M_\perp$

Matrix G:

$$G = \begin{bmatrix} \mu_X + \mu_Y & -\mu_Y & 0 \\ -\mu_Y & \mu_Y + \mu_Z & 0 \\ 0 & 0 & \frac{\mu_X}{r_{XY}^2} + \frac{\mu_Z}{r_{XZ}^2} + \mu_Y(r_{XY}^{-2} + r_{YZ}^{-2} + 2 \cdot r_{XY}^{-1} \cdot r_{YZ}^{-1}) \end{bmatrix}. \quad [21.1.2:7]$$

Matrix F:

$$F = \begin{bmatrix} f_{XY} & f_{XY/YZ} & 0 \\ f_{XY/YZ} & f_{YZ} & 0 \\ 0 & 0 & r_{XY} \cdot r_{YZ} \cdot f_\alpha \end{bmatrix}. \quad [21.1.2:8]$$

Spektralmatrix:

$$N(\nu) = \begin{bmatrix} \nu_1(\Sigma^+) & & \\ & \nu_2(\Sigma^+) & \\ & & \nu_3(\Pi) \end{bmatrix}. \quad [21.1.2:9]$$

3. *Molekülsystem* XY_2 (C_{2v})

Zahl der Schwingungsfreiheitsgrade: n = 3. [21.1.2:10]

Zahl der unabhängigen Schwingungen und Symmetrietypen:

$$n_\Gamma = 3. \qquad [21.1.2:11]$$

$$\Gamma = 2 \cdot A_1 + B_2. \qquad [21.1.2:12]$$

Zahl der Kraftkonstanten: $n_f = 4$. [21.1.2:13]

Innere Koordinaten: Δr_1, Δr_2, $\Delta\alpha$.

Strukturbild:

Symmetrieelemente:

$$I, C_2, \sigma_{yz}, \sigma_{xz}.$$

Vollständige Charaktertafel und Auswahlregeln:

C_{2v}		I	C_2	σ_{xz}	σ_{yz}	Ra	UR
Symmetrietypen	A_1	1	1	1	1	p	M_z
	A_2	1	1	−1	−1		
	B_1	1	−1	1	−1		
	B_2	1	−1	−1	1	dp	M_x

Symmetriekoordinaten:

$$S = \begin{bmatrix} S_1(A_1) \\ S_2(A_1) \\ S_3(B_2) \end{bmatrix} = \begin{bmatrix} 2^{-1/2} & 2^{-1/2} & 0 \\ 0 & 0 & 1 \\ 2^{-1/2} & -2^{-1/2} & 0 \end{bmatrix} \begin{bmatrix} \Delta r_1 \\ \Delta r_2 \\ \Delta\alpha \end{bmatrix}. \qquad [21.1.2:14]$$

Schwingungsbilder:

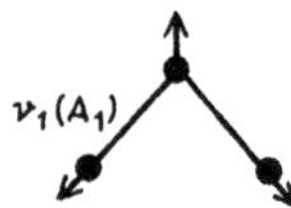

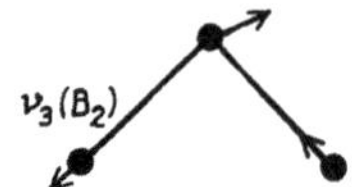

Spektralmatrix $\underline{N}$:

$$\underline{N}(\nu) = \begin{bmatrix} \nu_1(A_1) & & \\ & \nu_2(A_1) & \\ & & \nu_3(B_2) \end{bmatrix}. \qquad [21.1.2:15]$$

Matrix G:

$$G = \begin{bmatrix} \mu_X(1+\cos\alpha)+\mu_Y & -\sqrt{2}\,r^{-1}\mu_X\sin\alpha & 0 \\ -\sqrt{2}\,r^{-1}\mu_X\sin\alpha & 2r^{-2}(\mu_Y+\mu_X(1-\cos\alpha)) & 0 \\ 0 & 0 & \mu_Y+\mu_X(1-\cos\alpha) \end{bmatrix}.$$

[21.1.2:16]

Kraftkonstantenmatrix F:

$$F = \begin{bmatrix} f_{XY}+f_{XY/XY} & \sqrt{2}\,r\,f_{XY/\alpha} & 0 \\ \sqrt{2}\,r\,f_{XY/\alpha} & r^2 f_\alpha & 0 \\ 0 & 0 & f_{XY}-f_{XY/XY} \end{bmatrix}. \quad [21.1.2{:}17]$$

4. *Molekülsystem* XY_2 ($D_{\infty h}$)

Zahl der Schwingungsfreiheitsgrade: $n = 4$. [21.1.2:18]

Symmetrietypen oder Rassen: $\Gamma = \Sigma_g^+ + \Sigma_u^+ + \Pi_u$. [21.1.2:19]

Zahl der Kraftkonstanten: $n_f = 3$. [21.1.2:20]

(Damit handelt es sich um einen vollständig bestimmbaren Kraftkonstantensatz!)
Innere Koordinaten: Δr_1, Δr_2, $\Delta\alpha$.

Strukturbild:

Symmetrieelemente: I, C_∞, ∞C_2, σ_h, $\infty\sigma_v$, i. (Vergl. XYZ ($C_{\infty v}$)!)

Charaktertafel und Auswahlregeln:

$D_{\infty h}$		I	$2C_\infty$	σ_h	∞C_2	$\infty\sigma_v$	i	Ra	UR	XY_2
Symmetrie-	Σ_g^+	1	1	1	1	1	1	p	–	1
typen	Σ_u^+	1	1	−1	−1	1	−1	–	M_z	1
	Π_u	2	-2	2	0	0	−2	–	$M_\perp$	1

Symmetriekoordinaten: Siehe XY_2 (C_{2v})! Es sind lediglich $S_1(A_1)$, $S_2(A_1)$ und $S_3(B_2)$ durch $S_1(\Sigma_g^+)$, $S_2(\Pi_u)$ und $S_3(\Sigma_u^+)$ zu ersetzen.
Schwingungsbilder:

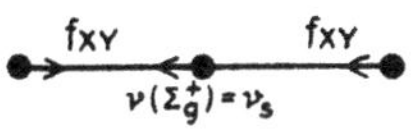

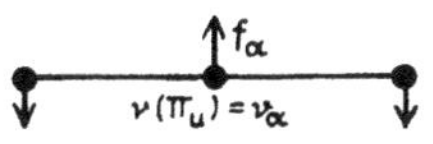

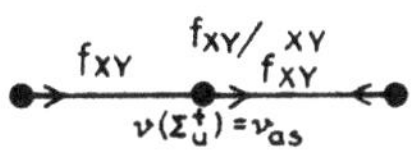

Dabei ist: $\nu_s^2 \sim f_{XY} + f_{XY/XY}$, $\nu_\alpha^2 \sim f_\alpha$ und $\nu_{as}^2 \sim f_{XY} - f_{XY/XY}$. [21.1.2:21]

Spektralmatrix:

$$\underline{N}(\nu) = \begin{bmatrix} \nu_1 & & \\ & \nu_2 & \\ & & \nu_3 \end{bmatrix} = \begin{bmatrix} \nu(\Sigma_g^+) & & \\ & \nu(\Pi_u) & \\ & & \nu(\Sigma_u^+) \end{bmatrix} = \begin{bmatrix} \nu_s & & \\ & \nu_\alpha & \\ & & \nu_{as} \end{bmatrix}. \qquad [21.1.2:22]$$

Matrix G:

$$G = \begin{bmatrix} \mu_Y & 0 & 0 \\ & 2 \cdot r^{-2}(\mu_Y + 2 \cdot \mu_X) & 0 \\ 0 & 0 & \mu_Y + 2\,\mu_X \end{bmatrix}. \qquad [21.1.2:23]$$

Kraftkonstantenmatrix F:

$$F = \begin{bmatrix} f_{XY} + f_{XY/XY} & 0 & 0 \\ 0 & r^2 \cdot f_\alpha & 0 \\ 0 & 0 & f_{XY} - f_{XY/XY} \end{bmatrix}. \qquad [21.1.2:24]$$

(Die beiden Matrizen G und F ergeben sich aus XY_2 (C_{2v}) mit $\alpha = 180°$ außer $F_{12} \cdot F_{12} = 0$ folgt gruppentheoretisch aus Gl. [21.1.2:19].)

5. *Molekülsystem* X_3 (D_{3h})

Für diesen sehr seltenen Fall seien lediglich die Literatur und die Schwingungsgleichungen angeführt:
Schwingungsbilder: (0:17), S. 90.
Koordinaten: (0:11), S. 105.
Energiematrizen: (0:21), S. 66; (0:27), S. 144–148 (einfaches Valenzkraftfeld)
(0:11), S. 108 (allgemeines Valenzkraftfeld).

Die Schwingungsgleichungen lauten für innere Koordinaten:

$$(f_{XX} + 2\,f_{XX/XX})\,3\,\mu_X = \lambda_1(A_1'), \qquad [21.1.2.25]$$

$$(f_{XX} - f_{XX/XX})\,\frac{3}{2}\,\mu_X = \lambda_{2,3}(E'). \qquad [21.1.2.26]$$

6. *Molekülsystem* XY_2 (C_{2v}-Ring)

$$\underline{\Lambda} = \begin{bmatrix} \lambda_1(A_1) & & \\ & \lambda_2(A_1) & \\ & & \lambda_3(B_2) \end{bmatrix} \quad ; \qquad [21.1.2.:27]$$

$$F_S = \begin{bmatrix} f_{XY} + f_{XY/XY} & \sqrt{2}\, f_{XY/YY} & 0 \\ \sqrt{2}\, f_{XY/YY} & f_{YY} & 0 \\ 0 & 0 & f_{XY} - f_{XY/XY} \end{bmatrix} ; [21.1.2:28]$$

$$G_S = \begin{bmatrix} \mu_Y + \mu_X(1 + \cos\alpha) & \sqrt{2}\,\mu_Y \sin\frac{\alpha}{2} & 0 \\ \sqrt{2}\,\mu_Y \sin\frac{\alpha}{2} & 2\,\mu_Y & 0 \\ 0 & 0 & \mu_Y + \mu_X(1 - \cos\alpha) \end{bmatrix}. \quad [21.1.2:29]$$

Dabei sei der Winkel $\alpha = \measuredangle$ YXY.

21.2. Literaturnachweis zur Kraftkonstantenberechnung komplizierterer Moleküle

Da die ausführliche Wiedergabe des Formelapparates für die Kraftkonstantenberechnung 4- und höheratomiger Moleküle viel zu umfangreich wäre, begnügen wir uns hier mit einer Tabelle der Literaturnachweise. Aus platzsparenden Gründen sind die Bücher mit Buchstaben abgekürzt, hinter denen anschließend die Seitenzahlen stehen. Im einzelnen bedeuten:

BV = *Bhagavantam, Venkatarayudu* (0:5),
CDW = *Colthup, Daly, Wiberley* (0:9),
C = *Cyvin* (0:11),
FZ = *Ferraro, Ziomek* (0:14),
H = *Herzberg* (0:17),
J = *Jones* (0:18),
K = *Kohlrausch* (0:21),
L = *Ljubarski* (0:94),
N = *Nakamoto* (0:29),
S = *Siebert* (0:32),
WDC = *Wilson, Decius, Cross* (0:36).

+ vermerkt eine Literaturstelle mit vollständiger Herleitung der Formelsätze. In dieser angeführten Buchliteratur finden sich selbst zahlreiche Originalarbeiten.

In dem Buch von *Herzberg* ((0:17), S. 185 u. S. 191) finden sich weitere Tabellen mit Literaturhinweisen für das einfache Valenzkraftfeld und für das allgemeine Valenzkraftfeld.

Tab. 21.1. Literaturnachweise der Schwingungsbilder, Koordinatensätze und Formelsätze für die Energiematrizen G und F von 4- und höheratomigen Molekülsystemen, geordnet nach Typen und Symmetrien

Tvp	Literatur		
(Symmetrie)	Schwingungs-bilder	Koordi-naten	Formelsätze für die Energie-matrizen G und F
4-atomige Systeme			
$X_4(T_d)$	FZ216	C105 BV120/22	BV122
$X_4(D_{4h})$	K17, H92		K70
$XY_3(D_{3h})$	FZ21, N96 K69, H179		FZ177, N317, J189–191 K70, S54, C118/19, H178
$XY_3(C_{3v})$	FZ216, N91 K69	FZ150/56 N53–55	FZ177, N316, K70, S58 C120, H176, 187/88
$XY_2Z(C_{2v})$	K69, S55		K68, H180
$X_2Y_2(D_{\infty h})$	S60, H181		C115/16, H181–189
$XYYX(D_{\infty h})$	K66		K67
$XYYX(C_{2v})$	K69		K67–68
$XYYX(C_{2h})$	K69		K68
$X_2Y_2(C_2)$	(S61), N99		
$ZXY_2(C_s)$	N95		
$XYZW(C_{\infty v})$			K67
$XYZW(C_s)$	N102		
5-atomige Systeme			
$X_5(D_{5h})$	K74, H92/93		K72
$XY_4(T_d)$	H100, S64	FZ156–162	K72, H182, N318, S69, FZ176, (4:4)'
$XY_3Z(C_{3v})$	S71, L101–103		K72–73 CDW432–462$^+$, (4:4)$^+$
$XY_4(D_{4h})$	N116, S74, FZ217	C125	N318–319, S75, FZ176, C124–126
$XY_4(C_{4v})$	H113, FZ217		
$XY_4(D_{2h})$			K71
$X(YZ)_2(D_{\infty h})$	K74		J120–121, K71
$Y_2XZ_2(C_{2v})$	S72		
6-atomige Systeme			
$X_6(O_h)$		C105–106	FZ 162–171$^+$
$X_6(D_{6h})$	K74, H93	C127	K73, C128
$X_3Y_3(D_{3h})$	H91, S86		
$XY_5(D_{3h})$	N119, S76 FZ218		

Typ	Literatur		
(Symmetrie)	Schwingungs-bilder	Koordi-naten	Formelsätze für die Energie-matrizen *G* und *F*
6-atomige Systeme			
$XY_5(C_{4v})$	(S77)		
$X_2Y_4(D_{2h})$	K74, H151, S79	H189–189	K73, H183–184
$X_2Y_4(D_{2d})$	(S80)		
7-atomige Systeme			
$XY_6(O_h)$	H122, N121, S81, FZ218	FZ162–171, C130	N319–320, S83, C131 FZ176, J95
8-atomige Systeme			
$X_8(O_h)$			C136–138
$X_2Y_6(D_{3d})$	N126, H115		
$X_2Y_6(D_{3h})$	H115, N124		
$Y_3X_2Z_3(C_{3v})$			
9-atomige Systeme			
$XY_8(O_h)$		C139–140	C140–142
$X(YZ)_4(D_{4h})$			J165–171$^+$
12-atomige Systeme			
$X_6Y_6(D_{6h})$	H118		WDC240–272$^+$

Ergänzend werden die in *Zeitschriftenaufsätzen* gefundenen Formelsätze für verschiedene Koordinaten und für die Energiematrizen *G* und *F* von N-atomigen Systemen zusammengestellt.

Abkürzungen: (R) hinter der Literaturstelle bedeutet, daß darin nur die Koordinaten behandelt sind.

(GF) hinter der Literaturstelle weist auf die alleinige Angabe der beiden Energiematrizen *G* und *F* hin.

In (21:54) findet sich die Literatur für die Symmetriekoordinaten von nahezu 50 Systemen mit 3, 4, 5 und 6 Atomen und verschiedenen Symmetrien.

4-atomige Systeme

$X_4(T_d)$: 21:7(R); 21:30. $XY_3(D_{3h})$: 21:18; 21:32. $XY_2Z(C_{2v})$: 21:41; 21:51 (S. 115); 21:62; $YX_2Z(C_{\infty v})$: 21:42(GF). $XYZW(C_s)$: 21:40(R); 21:50(S. 42); 21:43. $ZXY_2(C_s)$: 11:8; 11:9.

5-atomige Systeme

$XY_2Z_2(C_{2v})$: 21:10; 21:60. 21:29. $XY_2Z_2(D_{2h})$: 21:69.
$XY_3Z(C_{2v})$: 21:13. $W_2XYZ(C_{2v})$: 21:25. $X(YZ)_2(C_{2v})$: 21:57(R).
$XYZU_2(C_{1h})$: 21:34. $U_2XYZ(C_s)$: 21:25; 21:64.
$XY_3Z(C_s)$: 21:13.

6-atomige Systeme
$X_6(D_{3d})$: 21:46. $X_3Y_3(D_{3h})$: 21:46; 21:15; 21:21; 21:19(GF).
$XY_3Z_2(D_{3h})$: 21:5(R). $X_2Y_2Z_2(D_{2h})$: 21:46.
$X_2Y_4(C_{2h})$: 21:8(R); 21:44(R). $(XYZ)_2(C_{2h})$: 21:65.
$XYZ_4(C_{4v})$: 21:54(R); 21:61;21:1. $X_3Y_3(C_{3v})$: 21:8(R).
$UX_3YZ(C_{3v})$: 21:59; 21:54(R). $X_2Y_4(C_{2v})$: 21:8(R).
$X_2Y_2Z_2(C_{2v})$: 21:8(R). $WXY_2Z_2(C_{2v})$: 21:8(R); 21:68. $XY_2ZUV(C_{2v})$: 21:8(R).
$X_2Y_3(C_s)$: 21:48. $XY_3ZU(C_s)$: 21:47. $XY_2ZUV(C_s)$: 21:8(R).

7-atomige Systeme
$XY_6(O_h)$: 21:31.
$XY_6(D_{4h})$: 21:52(S. 134). $X(YZ)_3(D_{3h})$: 21:22; 21:26.
$XY_5Z(C_{4v})$: 21:51(S. 138). $XY_3ZUV(C_{3v})$: 21:54(R).
$X_2Y_4Z(C_{2v})$: 21:11. $Y_3X_2YZ(C_s)$: 11:11. $Y_2X(ZU)_2$: 21:14(GF).

8-atomige Systeme
$XY_7(D_{5h})$: 21:17. $X_8(D_{4d})$: 21:37. $X_2Y_6(D_{3d})$: 21:27(R).
$Y_3XZU_3(C_{3v})$: 21:38(S. 71); 21:67(R).

9-atomige Systeme
$X_2Y_7(D_{3d}, D_{3h}, D_3)$: 21:23. $X(YZ)_2(UV)_2(C_{2v})$: 21:33(R).
$XY_2(U_2V)_2(C_{2v})$: 21:45(R). $XY_2(ZU)_2V_2$: 21:14(GF).

10-atomige Systeme
$X_3Y_4X_3(D_{3h})$: 21:2 $X(Y_2Z)_3(C_{3v})$: 21:53.
$XY_2Z(U_2V)_2(C_{2v})$: 21:45(R).

11-atomige Systeme
$XY(ZU_2)_3(C_{3v})$: 21:38(S. 98). $Y_2X(ZU_3)_2(C_{2v})$: 21:6(R).
$XY_2Z_2(U_2V)_2(C_{2v})$: 21:45. $XY_2ZW(U_2V)_2(C_{2v})$: 21:45(R).
$Y_2Z_5XU_3(C_s)$: 21:66(R).

12-atomige Systeme
$X_6Y_6(D_{6h})$: 21:3.
$V_2XYW_2ZW_2UV_2(C_{2h})$: 21:55(R). $X_3Y_9(C_{3v}, C_{2v}, C_s)$: 21:35.
$(YZ_2)_3XU_2(C_{2v}, C_s)$: 21:20.

13-atomige Systeme
$X(YZ)_6(O_h)$: 21:39(GF); 21:4. $X(YZ)_5UV(C_{4v})$: 21:49. $XY_8Z_4(C_{2v})$: 21:11.

14-atomige Systeme
$X_4Y_{10}(T_d)$: 21:9(R).

16-atomige Systeme
$((XU)_2(YV)_2)_2(D_{2h})$: 21:16.

17-atomige Systeme
$(Y_2Z_5)_2XU_2(C_{2v})$: 21:66(R).

19-atomige Systeme
$YX(YZU_2)_3ZZU_3(C_{3v})$: 21:63(R).

23-atomige Systeme
$(Y_2Z_5)_3XU(C_{3v})$: 21:66(R).

24-atomige Systeme
$(X_6Y_6)_2(D_{2h})$: 21:58(R).

21.3. Formelsätze zur Kraftkonstantenberechnung einiger häufiger Molekülsysteme

Anmerkung zu den Kopplungskraftkonstanten:
ohne Strich bedeutet: Kopplung zwischen 2 benachbarten Valenzen oder Valenzwinkeln.
Ein Strich ′ bedeutet:
Kopplung zwischen 2 sich gegenüberliegenden Valenzen (z. B. $X_4(T_d)$) oder nicht benachbarten Valenzen (z. B. $X_2Y_2(D_{\infty h})$);
Kopplung zwischen 2 sich gegenüberliegenden Valenzwinkeln (z. B. $XY_4(D_{4h})$) oder zwischen nichtbenachbarten Valenzwinkeln (z. B. $X_2Y_2(D_{\infty h})$);
Kopplung zwischen 2 sich gegenüberliegenden Valenzen und Valenzwinkeln (z. B. $XY_3(D_{3h})$) oder nichtbenachbarten Valenzen und Valenzwinkeln (z. B. $XY_3(C_{3v})$)
Für das Molekülsystem $XY_6(O_h)$ finden sich noch weitere Unterscheidungen.
X bedeutet stets Zentralatom.

21.3.1. Probleme bis zur Ordnung n = 2

1. *Molekülsystem* $X_4(T_d)$

Rasse A_1: $F(A_1) = F_{11} = (f_{XX} + 4f_{XX/XX} + f'_{XX/XX}) = \frac{1}{4}\, m_X\, \lambda_1$.

Rasse E: $F(E) = F_{22} = (f_{XX} - 2f_{XX/XX} + f'_{XX/XX}) = m_X\, \lambda_2$.

Rasse F_2: $F(F_2) = F_{33} = (f_{XX} - f'_{XX/XX}) = \frac{1}{2}\, m_X\, \lambda_3$. [21.3.1:1–3]

$$f_{XX/XX} = \frac{1}{6}(F_{11} - F_{22});$$

$$f_{XX} = \frac{1}{6}(F_{11} + 2F_{22} + 3F_{33});$$

$$f'_{XX/XX} = f_{XX} - F_{33} = \frac{1}{6}(F_{11} + 2F_{22} - 3F_{33}).$$ [21.3.1:4–6]

2. *Molekülsystem* $X_2Y_2(D_{\infty h})$

Rasse Σ_g^+: $G_{11} = 2\mu_X$; $G_{22} = \mu_X + \mu_Y$; $G_{12} = -\sqrt{2}\,\mu_X$;

$F_{11} = f_{XX}$; $F_{22} = f_{XY} + f'_{XY/XY}$; $F_{12} = \sqrt{2}\, f_{XX/XY}$. [21.3.1:7–12]

Rasse Σ_u^+: $G_{33} = \mu_X + \mu_Y$; $F_{33} = f_{XY} - f'_{XY/XY}$. [21.3.1:13–14]

Rasse Π_g: $G_{44} = r_{XX}^{-2}\, r_{XY}^{-2}\, (r_{XX}^2\, \mu_Y + \mu_X\, (r_{XX} + 2r_{XY})^2)$

$F_{44} = f_{YXX} - f'_{YXX/YXX}$. [21.3.1:15–16]

Rasse Π_u: $G_{55} = (\mu_X + \mu_Y)\, r_{XY}^{-2}$; $F_{55} = f_{YXX} + f'_{YXX/YXX}$. [21.3.1:17–18]

3. *Molekülsystem* $XY_3\,(D_{3h})$

Rasse A_1': $G_{11} = \mu_Y$; $F_{11} = f_{XY} + 2f_{XY/XY}$. [21.3.1:19–20]

Rasse A_2'': $G_{22} = r_{XY}^{-2}\,(\mu_Y + 3\mu_X)$; $F_{22} = r_{XY}^2\, f_\gamma$. [21.3.1:21–22]

Rasse E': $G_{33} = \mu_Y + \frac{3}{2}\,\mu_X$; $G_{44} = 3\, r_{XY}^{-2}\,(\mu_Y + \frac{3}{2}\,\mu_X)$;

$G_{34} = 1{,}5\sqrt{3}\; r_{XY}^{-1}\;\mu_X$;

$F_{33} = f_{XY} - f_{XY/XY}$; $F_{44} = r_{XY}^2\,(f_{YXY} - f_{YXY/YXY})$;

$F_{34} = r_{XY}^{-1}\,(f'_{XY/YXY} - f_{XY/YXY})$. [21.3.1:23–28]

4. *Molekülsystem* $XY_3\,(C_{3v})$

Rasse A_1: $G_{11} = \mu_Y + (1 + 2\cos\alpha)\,\mu_X$;

$G_{22} = 2\, r_{XY}^{-2}\,(1 + 2\cos\alpha)\,(1 + \cos\alpha)^{-1}\,(\mu_Y + 2\mu_X\,(1 - \cos\alpha))$;

$G_{12} = -2\, r_{XY}^{-1}\,\sin^{-1}\alpha\,(1 + 2\cos\alpha)\,(1 - \cos\alpha)\,\mu_X$;

$F_{11} = f_{XY} + 2f_{XY/XY}$; $F_{22} = r_{XY}^2\,(f_{YXY} + 2f_{YXY/YXY})$;

$F_{12} = r_{XY}\,(2f_{XY/YXY} + f'_{XY/YXY})$. [21.3.1:29–34]

Rasse E: $G_{33} = \mu_Y + (1 - \cos\alpha)\,\mu_X$;

$G_{44} = r_{XY}^{-2}\,(1 + \cos\alpha)^{-1}\,((2 + \cos\alpha)\,\mu_Y + (1 - \cos\alpha)^2\,\mu_X)$;

$G_{34} = r_{XY}^{-1}\,\sin^{-1}\alpha\,(1 - \cos\alpha)^2\,\mu_X$;

$F_{33} = f_{XY} - f_{XY/XY}$; $F_{44} = r_{XY}^2\,(f_{YXY} - f_{YXY/YXY})$;

$F_{34} = r_{XY}\,(-f_{XY/YXY} + f'_{XY/YXY})$. [21.3.1:35–40]

5. *Molekülsystem* $XY_4\,(D_{4h})$

Rasse A_{1g}: $G_{11} = \mu_Y$; $F_{11} = f_{XY} + 2f_{XY/XY} + f'_{XY/XY}$. [21.3.1:41–42]

Rasse A_{2u}: $G_{22} = r_{XY}^{-2}\,(4\mu_X + \mu_Y)$; $F_{22} = r_{XY}^2\, f_\gamma$. [21.3.1:43–44]

Rasse B_{1g}: $G_{33} = 4\, r_{XY}^{-2}\,\mu_Y$;

$F_{33} = r_{XY}^2\,(f_{YXY} - 2f_{YXY/YXY} + f'_{YXY/YXY})$. [21.3.1:45–46]

Rasse B_{2g}: $G_{44} = \mu_Y$; $F_{44} = f_{XY} - 2f_{XY/XY} + f'_{XY/XY}$. [21.3.1:47–48]

Rasse E_u: $G_{66} = 2\mu_X + \mu_Y$; $G_{77} = 2r_{XY}^{-2}\,(\mu_Y + 2\mu_X)$; $G_{67} = -2\sqrt{2}\; r_{XY}^{-1}\cdot\mu_X$;

$F_{66} = f_{XY} - f'_{XY/XY}$; $F_{77} = r_{XY}^2\,(f_{YXY} - f'_{YXY/YXY})$;

$F_{67} = \sqrt{2}\; r_{XY}\,(f_{XY/YXY} - f'_{XY/YXY})$. [21.3.1:49–54]

6. *Molekülsystem* $XY_4(T_d)$

Rasse A_1: $G_{11} = \mu_Y$; $F_{11} = f_{XY} + 3f_{XY/XY}$. [21.3.1:55–56]

Rasse E: $G_{22} = 3r_{XY}^{-2}\,\mu_Y$; $F_{22} = r_{XY}^2\,(f_{YXY} - 2f_{YXY/YXY} + f'_{YXY/YXY})$. [21.3.1:57–58]

Rasse F_2: $G_{33} = \mu_Y + \frac{4}{3}\mu_X$; $G_{44} = 2r_{XY}^{-2}\,(\mu_Y + \frac{8}{3}\mu_X)$;

$G_{34} = -\frac{8}{3}r_{XY}^{-1}\,\mu_X$;

$F_{33} = f_{XY} - f_{XY/XY}$; $F_{44} = r_{XY}^2\,(f_{YXY} - f'_{YXY/YXY})$;

$F_{34} = \sqrt{2}\;r_{XY}(f_{XY/YXY} - f'_{XY/YXY})$. [21.3.1:59–64]

7. *Molekülsystem* $XY_6(O_h)$

Rasse A_{1g}: $G_{11} = \mu_Y$; $F_{11} = f_{XY} + 4f_{XY/XY} + f'_{XY/XY}$. [21.3.1:65–66]

Rasse E_g: $G_{22} = \mu_Y$; $F_{22} = f_{XY} - 2f_{XY/XY} + f'_{XY/XY}$. [21.3.1:67–68]

Rasse F_{1u}: $G_{33} = \mu_Y + 2\,\mu_X$; $G_{44} = 2\,r_{XY}^{-2}\,(\mu_Y + 4\,\mu_X)$;

$G_{34} = +4\,r_{XY}^{-1}\,\mu_X$;

$F_{33} = f_{XY} - f'_{XY/XY}$; $F_{44} = r_{XY}^2\,(f_{YXY} + 2f_{YXY/YXY} - 2f''_{YXY/YXY} - f'''_{YXY/YXY})$;

$F_{34} = -2r(f_{XY/YXY} - f''_{XY/YXY})$. [21.3.1:69–74]

Rasse F_{2g}: $G_{55} = 4\,r_{XY}^{-2}\,\mu_Y$;

$F_{55} = r_{XY}^2\,(f_{YXY} - 2f'_{YXY/YXY} + f'''_{YXY/YXY})$. [21.3.1:75–76]

Rasse F_{2u}: $G_{66} = 2\,r_{XY}^{-2}\,\mu_Y$;

$F_{66} = r_{XY}^2\,(f_{YXY} - 2f_{YXY/YXY} + 2f''_{YXY/YXY} - f'''_{YXY/YXY})$. [21.3.1:77–78]

Dabei bedeuten die weiteren Kopplungskraftkonstanten:

$f'_{XY/YXY}$ Kopplung zwischen Valenz und Winkel senkrecht zur Ebene des Winkels (treten in der Kraftkonstantenmatrix für innere Koordinaten auf, entfallen aber in der Symmetriekraftkonstantenmatrix (Herleitung siehe (0:14), S. 162–171);

$f''_{XY/YXY}$ Kopplung zwischen Valenz und nichtbenachbarter Valenzwinkel für die gleiche Ebene;

$f_{YXY/YXY}$ Kopplung eines Valenzwinkels mit einem Valenzwinkel in einer senkrechten Ebene, aber mit einer gemeinsamen Valenzbindung;

$f'''_{YXY/YXY}$ Kopplung eines Valenzwinkels mit einem nichtbenachbarten Valenzwinkel in der gleichen Ebene;

$f''_{YXY/YXY}$ Kopplung zwischen Valenzwinkel und einem Valenzwinkel in einer dazu senkrechten Ebene ohne gemeinsame Valenzbindung.

$f'_{YXY/YXY}$ Kopplung eines Valenzwinkels mit einem benachbarten Valenzwinkel in der gleichen Ebene.

21.3.2. Probleme bis zur Ordnung n = 3

1. *Molekülsystem* $Y_2XZ(C_{2v})$

Rasse A_1: $G_{11} = \mu_X\ (1 + \cos\alpha) + \mu_Y$;

$G_{22} = \mu_X + \mu_Z$;

$G_{33} = 3\ r_{XY}^{-2}\ (\mu_X (1 - \cos\alpha) + \mu_Y)$;

$G_{12} = \sqrt{2}\ \mu_X \cos\beta$;

$G_{13} = -\sqrt{3}\ r_{XY}^{-1}\ \mu_X \sin\alpha$;

$G_{23} = \sqrt{6}\ r_{XY}^{-1}\ \mu_X \sin\beta$. [21.3.2:1–6]

Rasse B_2: $G_{44} = \mu_X (1 - \cos\alpha) + \mu_Y$;

$G_{55} = 2\ \mu_X (r_{XZ}^{-1} - r_{XY}^{-1} \cos\beta)^2 + r_{XY}^{-2}\ \mu_Y + 2\ r_{XZ}^{-2}\ \mu_Z$;

$G_{45} = -2\ \mu_X \sin\beta\ (r_{XZ}^{-1} - r_{XY}^{-1} \cos\beta)$. [21.3.2:7–9]

Rasse B_1: $G_{66} = (r_{XZ}^{-1} + r_{XY}^{-1} \cos^{-1} \frac{\alpha}{2})^2\ \mu_X +$

$0{,}5\ r_{XY}^{-2} \cos^{-2} \frac{\alpha}{2}\ \mu_Y + r_{XZ}^{-2}\ \mu_Z$ [21.3.2:10–11]

(mit $F_{66} = f_{YYXZ} = f_\gamma$ für aus-der-Ebene-Schwingung).

Anmerkung: $\alpha = \sphericalangle$ YXY; $\beta = \sphericalangle$ YXZ.
Die Kraftkonstantenmatrix mit den entsprechend indizierten Elementen findet sich bei Tabelle 22:16.
Literatur: ((21:51), S. 117), (21:70).

2. *Molekülsystem* $ZXY_3(C_{3v})$

Rasse A_1: $G_{11} = \mu_Y + 3 \cos^2 \beta \cdot \mu_X$;

$G_{12} = 3\ \mu_X\ (K^2 + 1)^{-1/2} \sin\beta \cos\beta$;

$G_{13} = \mu_X \sqrt{3} \cos\beta$;

$G_{22} = (K^2 + 1)\ (\mu_Y + 3\ \mu_X \sin^2 \beta)$;

$G_{23} = \mu_X\ (3\ (K^2 + 1))^{-1/2} \sin\ \beta$;

$G_{33} = \mu_X + \mu_Z$. [21.3.2:12–17]

Rasse E: $G_{44} = \mu_Y + \mu_X (1 - \cos\alpha)$;

$G_{45} = \mu_X\ (1 - \cos\alpha)^2 \sin^{-1} \alpha$;

$G_{46} = \mu_X\ 1{,}5 \sin\beta\ (\cos\beta - r_{XY}\ r_{XZ}^{-1})$;

$G_{55} = \mu_Y\ (3 - 0{,}5\ K^2) + \mu_X\ (1 - \cos\alpha)^3 \sin^{-2} \alpha$;

$G_{56} = 0{,}5\ K\ (\mu_Y - \mu_X\ (\cos\beta - r_{XY}\ r_{XZ}^{-1})\ (1 - \cos\alpha) \cos^{-1} \beta)$;

$G_{66} = \mu_Y + 1{,}5\ \mu_X\ (\cos\beta - r_{XY}\ r_{XZ}^{-1})^2 + 1{,}5\ \mu_Z\ r_{XY}^2\ r_{XZ}^{-2}$. [21.3.2:18–23]

Abkürzungen: $K = -3 \sin\beta \cos\beta \sin^{-1}\alpha$; [21.3.2:24]
$\beta = \measuredangle YXZ$; $\alpha = \measuredangle YXY$.
Kraftkonstantenmatrix F siehe bei Tab. 22:17.
Literatur: (6:16).

22. Tabellen

22.1. Massen und reziproke Massen von Atomen und Isotopen

Die Atomgewichte sind den Werken entnommen: ((0:110), S. 35–40), ((0:89), S. 148–149), ((0:118), Bd. I, S. 80–112).

Tab. 22 : 1. Reziproke Atomgewichte

Ordnungszahl	Elementnamen	Atomgewicht	reziprokes Atomgewicht
1	H Wasserstoff	1,00797	0,992093
2	He Helium	4,0026	0,24984
3	Li Lithium	6,939	0,1441
4	Be Beryllium	9,0122	0,11097
5	B Bor	10,811	$0{,}092498_4$
6	C Kohlenstoff	12,01115	$0{,}08325597_4$
7	N Stickstoff	14,0067	0,0713944
8	0 Sauerstoff	15,9994	$0{,}0625023_4$
9	F Fluor	18,9984	0,0526360
10	Ne Neon	20,183	0,049547
11	Na Natrium	22,9898	$0{,}0434975_5$
12	Mg Magnesium	24,312	0,041132
13	Al Aluminium	26,9815	0,0370624
14	Si Silizium	28,086	0,035605
15	P Phosphor	30,9738	$0{,}0322853_5$
16	S Schwefel	32,064	$0{,}031187_6$
17	Cl Chlor	35,453	$0{,}028206_4$
18	Ar Argon	39,948	$0{,}025032_5$
19	K Kalium	39,102	0,025574
20	Ca Calcium	40,08	0,02495
21	Sc Scandium	44,956	0,022244
22	Ti Titan	47,90	$0{,}02087_7$
23	V Vanadium	50,942	0,019630
24	Cr Chrom	51,996	0,019232
25	Mn Mangan	54,9381	0,0182023
26	Fe Eisen	55,847	0,017906
27	Co Kobalt	58,9332	$0{,}0169683_6$

Ordnungs- zahl	Elementnamen	Atomgewicht	reziprokes Atomgewicht
28	Ni Nickel	58,71	$0{,}01703_6$
29	Cu Kupfer	63,54	$0{,}01573_8$
30	Zn Zink	65,37	$0{,}01529_8$
31	Ga Gallium	69,72	$0{,}01434_3$
32	Ge Germanium	72,59	$0{,}01377_6$
33	As Arsen	74,9216	0,0133473
34	Se Selen	78,96	$0{,}01266_5$
35	Br Brom	79,909	$0{,}012514_2$
36	Kr Krypton	83,80	$0{,}01193_3$
37	Rb Rubidium	85,47	0,01170
38	Sr Strontium	87,62	$0{,}01141_3$
39	Y Yttrium	88,905	0,011248
40	Zr Zirkonium	91,22	$0{,}01096_3$
41	Nb Niob	92,906	$0{,}010763_6$
42	Mo Molybdän	95,94	$0{,}01042_3$
43	Tc Technetium	98,906	$0{,}010110_6$
44	Ru Ruthenium	101,07	$0{,}0098941_3$
45	Rh Rhodium	102,905	0,00971770
46	Pd Palladium	106,4	$0{,}009398_5$
47	Ag Silber	107,870	$0{,}00927041_8$
48	Cd Cadmium	112,40	0,0088968
49	In Indium	114,82	0,0087093
50	Sn Zinn	118,69	0,0084253
51	Sb Antimon	121,75	$0{,}0082135_5$
52	Te Tellur	127,60	0,0078370
53	J Jod	126,9044	$0{,}007879947_4$
54	Xe Xenon	131,30	$0{,}0076161_5$
55	Cs Caesium	132,905	0,00752417
56	Ba Barium	137,34	0,0072812
57	La Lanthan	138,91	$0{,}0071989_6$
58	Ce Cer	140,12	$0{,}0071367_4$
59	Pr Praseodym	140,907	0,00709688
60	Nd Neodym	144,24	0,0069329
61	Pm Promethium	(148,918)	$(0{,}00671510_5)$
62	Sm Samarium	150,35	$0{,}0066511_5$
63	Eu Europium	151,96	$0{,}0065806_8$
64	Gd Gadolinium	157,25	0,0063593
65	Tb Terbium	158,924	$0{,}00629231_6$
66	Dy Dysprosium	162,50	$0{,}0061538_5$
67	Ho Holmium	164,930	$0{,}00606317_8$
68	Er Erbium	167,26	0,0059787
69	Tm Thulium	168,934	0,00591947
70	Yb Ytterbium	173,04	0,0057790
71	Lu Lutetium	174,97	$0{,}0057152_7$

Ordnungs-zahl	Elementnamen	Atomgewicht	reziprokes Atomgewicht
72	Hf Hafnium	178,49	$0{,}0056025_6$
73	Ta Tantal	180,948	0,00552645
74	W Wolfram	183,85	0,0054392
75	Re Rhenium	186,207	0,00537037
76	Os Osmium	190,2	$0{,}005257_6$
77	Ir Iridium	192,2	0,005203
78	Pt Platin	195,09	$0{,}0051258_4$
79	Au Gold	196,967	$0{,}00507699_3$
80	Hg Quecksilber	200,59	0,0049853
81	Tl Thallium	204,37	0,0048931
82	Pb Blei	207,19	0,0048265
83	Bi Wismut	208,980	$0{,}00478514_7$
84	Po Polonium	(210)	(0,00476)
85	At Astat	(210)	(0,00476)
86	Rn Radon	(222)	$(0{,}00450_5)$
87	Fr Francium	(223)	$(0{,}00448_4)$
88	Ra Radium	(226)	$(0{,}00442_5)$
89	Ac Aktinium	(227)	$(0{,}00440_5)$
90	Th Thorium	232,038	0,00430964
91	Pa Protaktinium	(231)	(0,00433)
92	U Uran	238,03	$0{,}0042011_5$

Tabelle 22 : 2. Reziproke Isotopenmassen bis ^{81}Br

Ordnungs-zahl (Zahl d. Protonen)	Isotopen namen	Massen-zahl	Isotopen-masse	reziproke Isotopen-masse
0	n Neutron	1	1,0086654	0,99140904
1	^{1}H Wasserstoff	1	1,00782522	0,992235539
1	D Deuterium	2	2,0141022	0,49649913
1	T Tritium	3	3,016997	0,3314554
2	He Helium	3	3,0160299	0,33156170
2	^{4}He	4	4,0026036	0,24983738
3	^{6}Li Lithium	6	6,015126	0,1662476
3	^{7}Li	7	7,016005	0,1425313
4	Be Beryllium	9	9,0121858	0,11096087
5	^{10}B Bor	10	10,0129389	0,0998707782
5	^{11}B	11	11,0093051	0,0908322543
6	^{12}C Kohlenstoff	12	12,0000000	0,0833333333
6	^{13}C	13	13,0033543	0,0769032341

Ordnungszahl (Zahl d. Protonen)	Isotopen namen	Massenzahl	Isotopenmasse	reziproke Isotopenmasse
7	^{14}N Stickstoff	14	14,0030744	0,0714128892
7	^{15}N	15	15,0001081	0,0666661862
8	^{16}0 Sauerstoff	16	15,9949149	0,0625198700
8	^{17}0	17	16,9991334	0,0588265282
8	^{18}0	18	17,9991598	0,0555591489
9	F Fluor	19	18,9984046	0,0526359987
10	^{20}Ne Neon	20	19,9924404	0,0500189061
10	^{21}Ne	21	20,993849	0,047632999
10	^{22}Ne	22	21,9913845	0,0454723530$_5$
11	Na Natrium	23	22,989773	0,043497602
12	^{24}Mg Magnesium	24	23,985045	0,041692646
12	^{25}Mg	25	24,985840	0,040022669
12	^{26}Mg	26	25,982591	0,038487309
13	Al Aluminium	27	26,981535	0,037062384
14	^{28}Si Silizium	28	27,976927	0,035743740
14	^{29}Si	29	28,976491	0,034510735
14	^{30}Si	30	29,973761	0,033362513
15	P Phosphor	31	30,973763	0,032285389
16	^{32}S Schwefel	32	31,972074	0,031277295
16	^{33}S	33	32,971460	0,030329261
16	^{34}S	34	33,967864	0,029439590
16	^{36}S	36	35,967091	0,027803194
17	^{35}Cl Chlor	35	34,968854	0,028596876
17	^{37}Cl	37	36,965896	0,027051962
18	^{36}Ar Argon	36	35,967548	0,027802840$_5$
18	^{38}Ar	38	37,962724	0,026341629
18	^{40}Ar	40	39,9623838	0,0250235322$_5$
19	^{39}K Kalium	39	38,963714	0,025664905
19	^{40}K	40	39,964008	0,025022515
19	^{41}K	41	40,961835	0,024412969
20	^{40}Ca Calcium	40	39,962589	0,025023404
20	^{42}Ca	42	41,958627	0,023833001
20	^{43}Ca	43	42,958780	0,023278128
20	^{44}Ca	44	43,955490	0,022750287
20	^{46}Ca	46	45,95369	0,02176104
20	^{48}Ca	48	47,95236	0,02085403
21	Sc Scandium	45	44,955919	0,022244012
22	^{46}Ti Titan	46	45,952633	0,021761539
22	^{47}Ti	47	46,951758	0,021298457
22	^{48}Ti	48	47,947948	0,020855950
22	^{49}Ti	49	48,947867	0,020429899

Ordnungs-zahl (Zahl d. Protonen)	Isotopen namen	Massen-zahl	Isotopen-masse	reziproke Isotopen-masse
22	^{50}Ti	50	49,944789	0,020022109
23	^{50}V Vanadium	50	49,947165	0,020021156
23	^{51}V	51	50,943978	0,019629405
24	^{50}Cr Chrom	50	49,946051	0,020021603
24	^{52}Cr	52	51,940514	0,019252794
24	^{53}Cr	53	52,940651	0,018889076
24	^{54}Cr	54	53,938879	0,018539503
25	Mn Mangan	55	54,938054	0,018202319
26	^{54}Fe Eisen	54	53,939621	0,018539248
26	^{56}Fe	56	55,934932	0,017877916
26	^{57}Fe	57	56,935394	0,017563767
26	^{58}Fe	58	57,933272	0,017261238
27	Co Kobalt	59	58,933189	0,016968367
28	^{58}Ni Nickel	58	57,935342	0,017260621
28	^{60}Ni	60	59,930783	0,016685916
28	^{61}Ni	61	60,931049	0,016411994
28	^{62}Ni	62	61,928345	0,016147695
28	^{64}Ni	64	63,927959	0,015642608
29	^{63}Cu Kupfer	63	62,929594	0,015890775
29	^{65}Cu	65	64,927786	0,015401726
30	^{64}Zn Zink	64	63,929145	0,015642318
30	^{66}Zn	66	65,926048	0,015168511
30	^{67}Zn	67	66,92715	0,01494162
30	^{68}Zn	68	67,924865	0,014722149
30	^{70}Zn	70	69,92535	0,01430097
31	^{69}Ga Gallium	69	68,92568	0,01450838
31	^{71}Ga	71	70,92484	0,01409943
32	^{70}Ge Germanium	70	69,92428	0,01430118
32	^{72}Ge	72	71,92174	0,01390400
32	^{73}Ge	73	72,92336	0,01371303
32	^{74}Ge	74	73,92115	0,01352793
32	^{76}Ge	76	75,92136	0,01317152
33	As Arsen	75	74,92158	0,01334729
34	^{74}Se Selen	74	73,92245	0,01352769
34	^{76}Se	76	75,91923	0,01317189
34	^{77}Se	77	76,91993	0,01300053
34	^{78}Se	78	77,91735	0,01283411
34	^{80}Se	80	79,91651	0,01251306
34	^{82}Se	82	81,91666	0,01220753
35	^{79}Br Brom	79	78,91835	0,01267132
35	^{81}Br	81	80,91634	0,01235844

22.2. Zur Umrechnung von Schwingungswellenzahlen in Eigenwerte

Für eine Reihe von Problemen (Überschlagsrechnungen, Einzeloszillatoren, Abschätzungsrechnungen usw.) erweist sich eine Tabelle zur Umrechnung der Schwingungswellenzahlen ν in Eigenwerte λ als eine große Rechenhilfe ((0:31) S. 579–585). Wir bringen deshalb hier eine Tabelle für ganzzahlige Wellenzahlen von Null aus rechentechnischen Gründen ausgehend bis zu 4500. Der Bereich der bisher bekannten experimentell gemessenen Wellenzahlen erstreckt sich von 33 (Hg_2Cl_2) bis 4396 (H_2 anharmonizitätskorrigiert) ((0:32), S. 60), ((0:29), S. 78).

Statt der Schwingungsfrequenz ν^* in sec^{-1} wählt man die Wellenzahl ν in cm^{-1}. Die Massen werden in Atomgewichtseinheiten, bezogen auf die Basis $^{12}C = 12$, angegeben. Die Umrechnung ergibt sich aus

$$\lambda = 5{,}891 \cdot 10^{-7} \cdot \nu^2 \ (sec^{-2}).$$

Die Einheit der Eigenwerte ist sec^{-2}.

Sollte zwischen den Wellenzahlen 33 und 99 eine höhere Stellenzahl erwünscht sein, so kann in einfacher Weise die Tabelle zwischen 330 und 1000 benützt werden. Z. B. ergibt sich für 87,4 als Wellenzahl sofort aus der Wellenzahl 874 der genauere Eigenwert 0,004500. Damit kann man sich hierfür die Interpolation ersparen, wenn man die entsprechende Größenordnung von dem Wert von 87 entnimmt.

In entsprechender Weise kann man mit den Wellenzahlen zwischen 100 und 450 verfahren, für die die Wellenzahlen zwischen 1000 und 4500 genauere Werte liefern. Für unsere Tabelle muß dann erst ab der Wellenzahl 451 an bis 4500 bei Wellenzahlen mit Kommawerten interpoliert werden, was aber leicht im Kopf gemacht werden kann.

Die Eigenwerte für die Schwingungswellenzahlen kleiner als 50 haben wir wegen der Kleinheit in 10-er-Potenzen angegeben. Der Strich bedeutet 10 hoch. Beispiel: Wellenzahl = 33 (cm^{-1}), Eigenwert = 6,415/–4 = $6{,}415 \cdot 10^{-4}$ = 0,0006415 (sec^{-2}).

Die Genauigkeit ist durch die entsprechenden ersten 4 Ziffern gegeben. Die rechts davon stehende 5. Ziffer dient lediglich zur Auf- oder Abrundung.

Tab. 22:3. Eigenwerte als Funktion der Schwingungswellenzahlen.

x	0 + x	50 + x	100 + x	150 + x	200 + x
0	0	0,0014727	0,0058909	0,013254	0,023564
1	5,8910/-07	0,0015322	0,0060094	0,013432	0,023800
2	2,3564/-06	0,0015929	0,0061289	0,013610	0,024037
3	5,3018/-06	0,0016547	0,0062497	0,013790	0,024276
4	9,4255/-06	0,0017178	0,0063717	0,013971	0,024515
5	1,4727/-05	0,0017820	0,0064948	0,014153	0,024756
6	2,1207/-05	0,0018474	0,0066191	0,014336	0,024999
7	2,8865/-05	0,0019139	0,0067446	0,014520	0,025242
8	3,7702/-05	0,0019817	0,0068712	0,014706	0,025486
9	4,7717/-05	0,0020506	0,0069990	0,014893	0,025732
10	5,8909/-05	0,0021207	0,0071281	0,015080	0,025979
11	7,1281/-05	0,0021920	0,0072583	0,015270	0,026227
12	8,4830/-05	0,0022645	0,0073896	0,015460	0,026476
13	9,9557/-05	0,0023381	0,0075222	0,015651	0,026726
14	1,1546/-04	0,0024129	0,0076559	0,015844	0,026978
15	1,3254/-04	0,0024889	0,0077908	0,016038	0,027231
16	1,5080/-04	0,0025661	0,0079269	0,016233	0,027485
17	1,7024/-04	0,0026444	0,0080641	0,016429	0,027740
18	1,9086/-04	0,0027239	0,0082026	0,016626	0,027996
19	2,1266/-04	0,0028047	0,0083422	0,016825	0,028253
20	2,3563/-04	0,0028865	0,0084830	0,017024	0,028512
21	2,5979/-04	0,0029696	0,0086250	0,017225	0,028772
22	2,8512/-04	0,0030538	0,0087681	0,017427	0,029033
23	3,1163/-04	0,0031393	0,0089124	0,017631	0,029295
24	3,3932/-04	0,0032259	0,0090580	0,017835	0,029558
25	3,6818/-04	0,0033136	0,0092046	0,018041	0,029823
26	3,9823/-04	0,0034026	0,0093525	0,018247	0,030088
27	4,2945/-04	0,0034927	0,0095015	0,018455	0,030355
28	4,6185/-04	0,0035840	0,0096518	0,018665	0,030623
29	4,9543/-04	0,0036765	0,0098032	0,018875	0,030892
30	5,3018/-04	0,0037702	0,0099557	0,019086	0,031163
31	5,6612/-04	0,0038650	0,010109	0,019299	0,031434
32	6,0323/-04	0,0039611	0,010264	0,019513	0,031707
33	6,4152/-04	0,0040583	0,010420	0,019728	0,031981
34	6,8099/-04	0,0041566	0,010577	0,019944	0,032256
35	7,2164/-04	0,0042562	0,010736	0,020161	0,032533
36	7,6347/-04	0,0043569	0,010895	0,020380	0,032810
37	8,0647/-04	0,0044588	0,011056	0,020600	0,033089
38	8,5066/-04	0,0045619	0,011218	0,020821	0,033368
39	8,9602/-04	0,0046662	0,011382	0,021043	0,033649
40	9,4255/-04	0,0047717	0,011546	0,021266	0,033932
41	9,9027/-04	0,0048783	0,011711	0,021490	0,034215
42	1,0391/-03	0,0049861	0,011878	0,021716	0,034500
43	1,0892/-03	0,0050951	0,012046	0,021943	0,034785
44	1,1404/-03	0,0052052	0,012215	0,022171	0,035072
45	1,1929/-03	0,0053166	0,012385	0,022400	0,035360
46	1,2465/-03	0,0054291	0,012557	0,022630	0,035649
47	1,3013/-03	0,0055428	0,012729	0,022862	0,035940
48	1,3572/-03	0,0056577	0,012903	0,023095	0,036232
49	1,4144/-03	0,0057737	0,013078	0,023328	0,036524

x	250 + x	300 + x	350 + x	400 + x	450 + x
0	0,036818	0,053019	0,072164	0,094256	0,11929
1	0,037113	0,053373	0,072577	0,094727	0,11982
2	0,037410	0,053728	0,072991	0,095200	0,12035
3	0,037707	0,054084	0,073407	0,095675	0,12088
4	0,038006	0,054442	0,073823	0,096150	0,12142
5	0,038306	0,054801	0,074241	0,096627	0,12195
6	0,038607	0,055160	0,074660	0,097104	0,12249
7	0,038909	0,055522	0,075080	0,097583	0,12303
8	0,039212	0,055884	0,075501	0,098063	0,12357
9	0,039517	0,056247	0,075923	0,098545	0,12411
10	0,039823	0,056612	0,076347	0,099027	0,12465
11	0,040130	0,056978	0,076772	0,099511	0,12519
12	0,040438	0,057345	0,077198	0,099996	0,12573
13	0,040747	0,057713	0,077625	0,100482	0,12628
14	0,041057	0,058082	0,078053	0,100969	0,12683
15	0,041369	0,058453	0,078482	0,101457	0,12737
16	0,041682	0,058825	0,078913	0,101947	0,12792
17	0,041996	0,059198	0,079345	0,102438	0,12847
18	0,042311	0,059572	0,079778	0,102929	0,12902
19	0,042627	0,059947	0,080212	0,103422	0,12957
20	0,042945	0,060323	0,080647	0,103917	0,13013
21	0,043264	0,060701	0,081084	0,104412	0,13068
22	0,043583	0,061080	0,081522	0,104909	0,13124
23	0,043905	0,061460	0,081960	0,105407	0,13179
24	0,044227	0,061841	0,082400	0,105906	0,13235
25	0,044550	0,062223	0,082842	0,106406	0,13291
26	0,044875	0,062607	0,083284	0,106907	0,13347
27	0,045201	0,062991	0,083728	0,107410	0,13403
28	0,045528	0,063377	0,084172	0,107913	0,13459
29	0,045856	0,063764	0,084618	0,108418	0,13516
30	0,046185	0,064152	0,085066	0,108924	0,13572
31	0,046515	0,064542	0,085514	0,109431	0,13629
32	0,046847	0,064932	0,085963	0,109940	0,13686
33	0,047180	0,065324	0,086414	0,110449	0,13743
34	0,047514	0,065717	0,086866	0,110960	0,13800
35	0,047849	0,066111	0,087319	0,111472	0,13857
36	0,048186	0,066507	0,087773	0,111985	0,13914
37	0,048523	0,066903	0,088228	0,112499	0,13971
38	0,048862	0,067301	0,088685	0,113015	0,14029
39	0,049202	0,067699	0,089143	0,113531	0,14086
40	0,049543	0,068099	0,089602	0,114049	0,14144
41	0,049885	0,068501	0,090062	0,114568	0,14202
42	0,050229	0,068903	0,090523	0,115088	0,14259
43	0,050573	0,069307	0,090985	0,115610	0,14318
44	0,050919	0,069711	0,091449	0,116132	0,14376
45	0,051266	0,070117	0,091914	0,116656	0,14434
46	0,051614	0,070524	0,092380	0,117181	0,14492
47	0,051963	0,070932	0,092847	0,117707	0,14551
48	0,052314	0,071342	0,093315	0,118234	0,14609
49	0,052666	0,071752	0,093785	0,118763	0,14668

x	500 + x	550 + x	600 + x	650 + x	700 + x
0	0,14727	0,17820	0,21207	0,24889	0,28865
1	0,14786	0,17885	0,21278	0,24966	0,28948
2	0,14845	0,17950	0,21349	0,25042	0,29031
3	0,14904	0,18015	0,21420	0,25119	0,29113
4	0,14964	0,18080	0,21491	0,25196	0,29196
5	0,15023	0,18145	0,21562	0,25273	0,29279
6	0,15083	0,18211	0,21633	0,25351	0,29362
7	0,15142	0,18276	0,21705	0,25428	0,29446
8	0,15202	0,18342	0,21776	0,25505	0,29529
9	0,15262	0,18408	0,21848	0,25583	0,29612
10	0,15322	0,18474	0,21920	0,25661	0,29696
11	0,15382	0,18540	0,21992	0,25739	0,29780
12	0,15442	0,18606	0,22064	0,25816	0,29864
13	0,15503	0,18672	0,22136	0,25895	0,29948
14	0,15563	0,18739	0,22208	0,25973	0,30032
15	0,15624	0,18805	0,22281	0,26051	0,30116
16	0,15685	0,18872	0,22353	0,26129	0,30200
17	0,15745	0,18938	0,22426	0,26208	0,30284
18	0,15806	0,19005	0,22499	0,26287	0,30369
19	0,15868	0,19072	0,22572	0,26365	0,30454
20	0,15929	0,19139	0,22645	0,26444	0,30538
21	0,15990	0,19207	0,22718	0,26523	0,30623
22	0,16052	0,19274	0,22791	0,26602	0,30708
23	0,16113	0,19341	0,22864	0,26682	0,30793
24	0,16175	0,19409	0,22938	0,26761	0,30879
25	0,16237	0,19477	0,23011	0,26840	0,30964
26	0,16298	0,19544	0,23085	0,26920	0,31050
27	0,16361	0,19612	0,23159	0,27000	0,31135
28	0,16423	0,19680	0,23233	0,27079	0,31221
29	0,16485	0,19749	0,23307	0,27159	0,31307
30	0,16547	0,19817	0,23381	0,27239	0,31393
31	0,16610	0,19885	0,23455	0,27320	0,31479
32	0,16672	0,19954	0,23530	0,27400	0,31565
33	0,16735	0,20022	0,23604	0,27480	0,31651
34	0,16798	0,20091	0,23679	0,27561	0,31738
35	0,16861	0,20160	0,23753	0,27642	0,31824
36	0,16924	0,20229	0,23828	0,27722	0,31911
37	0,16987	0,20298	0,23903	0,27803	0,31998
38	0,17051	0,20367	0,23978	0,27884	0,32084
39	0,17114	0,20437	0,24054	0,27965	0,32171
40	0,17178	0,20506	0,24129	0,28047	0,32259
41	0,17241	0,20576	0,24204	0,28128	0,32346
42	0,17305	0,20645	0,24280	0,28209	0,32433
43	0,17369	0,20715	0,24356	0,28291	0,32521
44	0,17433	0,20785	0,24432	0,28373	0,32608
45	0,17497	0,20855	0,24508	0,28455	0,32696
46	0,17562	0,20925	0,24584	0,28536	0,32784
47	0,17626	0,20996	0,24660	0,28619	0,32872
48	0,17690	0,21066	0,24736	0,28701	0,32960
49	0,17755	0,21136	0,24812	0,28783	0,33048

x	750 + x	800 + x	850 + x	900 + x	950 + x
0	0,33136	0,37702	0,42562	0,47717	0,53166
1	0,33225	0,37796	0,42662	0,47823	0,53278
2	0,33313	0,37891	0,42763	0,47929	0,53390
3	0,33402	0,37985	0,42863	0,48035	0,53502
4	0,33491	0,38080	0,42964	0,48142	0,53614
5	0,33580	0,38175	0,43064	0,48248	0,53727
6	0,33669	0,38270	0,43165	0,48355	0,53839
7	0,33758	0,38365	0,43266	0,48462	0,53952
8	0,33847	0,38460	0,43367	0,48569	0,54065
9	0,33936	0,38555	0,43468	0,48676	0,54178
10	0,34026	0,38650	0,43569	0,48783	0,54291
11	0,34116	0,38746	0,43671	0,48890	0,54404
12	0,34205	0,38841	0,43772	0,48998	0,54517
13	0,34295	0,38937	0,43874	0,49105	0,54631
14	0,34385	0,39033	0,43976	0,49213	0,54744
15	0,34475	0,39129	0,44077	0,49320	0,54858
16	0,34565	0,39225	0,44179	0,49428	0,54972
17	0,34656	0,39321	0,44281	0,49536	0,55086
18	0,34746	0,39418	0,44384	0,49644	0,55200
19	0,34837	0,39514	0,44486	0,49753	0,55314
20	0,34927	0,39611	0,44588	0,49861	0,55428
21	0,35018	0,39707	0,44691	0,49969	0,55542
22	0,35109	0,39804	0,44794	0,50078	0,55657
23	0,35200	0,39901	0,44897	0,50187	0,55771
24	0,35291	0,39998	0,44999	0,50295	0,55886
25	0,35382	0,40095	0,45102	0,50404	0,56001
26	0,35474	0,40192	0,45206	0,50513	0,56116
27	0,35565	0,40290	0,45309	0,50623	0,56231
28	0,35657	0,40387	0,45412	0,50732	0,56346
29	0,35749	0,40485	0,45516	0,50841	0,56461
30	0,35840	0,40583	0,45619	0,50951	0,56577
31	0,35932	0,40680	0,45723	0,51060	0,56692
32	0,36024	0,40778	0,45827	0,51170	0,56808
33	0,36117	0,40877	0,45931	0,51280	0,56924
34	0,36209	0,40975	0,46035	0,51390	0,57039
35	0,36301	0,41073	0,46139	0,51500	0,57155
36	0,36394	0,41171	0,46244	0,51610	0,57272
37	0,36487	0,41270	0,46348	0,51721	0,57388
38	0,36579	0,41369	0,46453	0,51831	0,57504
39	0,36672	0,41467	0,46557	0,51942	0,57621
40	0,36765	0,41566	0,46662	0,52052	0,57737
41	0,36858	0,41665	0,46767	0,52163	0,57854
42	0,36952	0,41765	0,46872	0,52274	0,57971
43	0,37045	0,41864	0,46977	0,52385	0,58088
44	0,37138	0,41963	0,47082	0,52496	0,58205
45	0,37232	0,42063	0,47188	0,52608	0,58322
46	0,37326	0,42162	0,47293	0,52719	0,58439
47	0,37420	0,42262	0,47399	0,52831	0,58557
48	0,37514	0,42362	0,47505	0,52942	0,58674
49	0,37608	0,42462	0,47611	0,53054	0,58792

x	1000 + x	1050 + x	1100 + x	1150 + x	1200 + x
0	0,58910	0,64948	0,71281	0,77908	0,84830
1	0,59027	0,65072	0,71410	0,78044	0,84971
2	0,59145	0,65195	0,71540	0,78179	0,85113
3	0,59263	0,65319	0,71670	0,78315	0,85255
4	0,59382	0,65444	0,71800	0,78451	0,85396
5	0,59500	0,65568	0,71930	0,78587	0,85538
6	0,59619	0,65692	0,72060	0,78723	0,85680
7	0,59737	0,65817	0,72191	0,78859	0,85822
8	0,59856	0,65941	0,72321	0,78996	0,85965
9	0,59975	0,66066	0,72452	0,79132	0,86107
10	0,60094	0,66191	0,72583	0,79269	0,86250
11	0,60213	0,66316	0,72713	0,79406	0,86392
12	0,60332	0,66441	0,72844	0,79542	0,86535
13	0,60451	0,66566	0,72975	0,79679	0,86678
14	0,60571	0,66691	0,73107	0,79816	0,86821
15	0,60690	0,66817	0,73238	0,79954	0,86964
16	0,60810	0,66942	0,73369	0,80091	0,87107
17	0,60929	0,67068	0,73501	0,80228	0,87250
18	0,61049	0,67194	0,73633	0,80366	0,87394
19	0,61169	0,67320	0,73764	0,80504	0,87537
20	0,61289	0,67446	0,73896	0,80641	0,87681
21	0,61410	0,67572	0,74028	0,80779	0,87825
22	0,61530	0,67698	0,74160	0,80917	0,87969
23	0,61651	0,67824	0,74293	0,81055	0,88113
24	0,61771	0,67951	0,74425	0,81194	0,88257
25	0,61892	0,68077	0,74557	0,81332	0,88401
26	0,62013	0,68204	0,74690	0,81471	0,88546
27	0,62134	0,68331	0,74823	0,81609	0,88690
28	0,62255	0,68458	0,74956	0,81748	0,88835
29	0,62376	0,68585	0,75089	0,81887	0,88980
30	0,62497	0,68712	0,75222	0,82026	0,89124
31	0,62619	0,68839	0,75355	0,82165	0,89269
32	0,62740	0,68967	0,75488	0,82304	0,89415
33	0,62862	0,69094	0,75622	0,82443	0,89560
34	0,62983	0,69222	0,75755	0,82583	0,89705
35	0,63105	0,69350	0,75889	0,82722	0,89851
36	0,63227	0,69478	0,76023	0,82862	0,89996
37	0,63349	0,69606	0,76157	0,83002	0,90142
38	0,63472	0,69734	0,76291	0,83142	0,90288
39	0,63594	0,69862	0,76425	0,83282	0,90433
40	0,63717	0,69990	0,76559	0,83422	0,90580
41	0,63839	0,70119	0,76693	0,83562	0,90726
42	0,63962	0,70248	0,76828	0,83703	0,90872
43	0,64085	0,70376	0,76962	0,83843	0,91018
44	0,64208	0,70505	0,77097	0,83984	0,91165
45	0,64331	0,70634	0,77232	0,84124	0,91311
46	0,64454	0,70763	0,77367	0,84265	0,91458
47	0,64577	0,70892	0,77502	0,84406	0,91605
48	0,64701	0,71022	0,77637	0,84547	0,91752
49	0,64824	0,71151	0,77773	0,84689	0,91899

x	1250 + x	1300 + x	1350 + x	1400 + x	1450 + x
0	0,92046	0,99557	1,0736	1,1546	1,2385
1	0,92194	0,99711	1,0752	1,1562	1,2402
2	0,92341	0,99864	1,0768	1,1579	1,2420
3	0,92489	1,00017	1,0784	1,1595	1,2437
4	0,92636	1,00171	1,0800	1,1612	1,2454
5	0,92784	1,00325	1,0816	1,1628	1,2471
6	0,92932	1,00479	1,0831	1,1645	1,2488
7	0,93080	1,00632	1,0847	1,1662	1,2505
8	0,93228	1,00786	1,0863	1,1678	1,2522
9	0,93377	1,00941	1,0879	1,1695	1,2540
10	0,93525	1,01095	1,0895	1,1711	1,2557
11	0,93674	1,01249	1,0912	1,1728	1,2574
12	0,93822	1,01404	1,0928	1,1745	1,2591
13	0,93971	1,01559	1,0944	1,1761	1,2608
14	0,94120	1,01713	1,0960	1,1778	1,2626
15	0,94269	1,01868	1,0976	1,1795	1,2643
16	0,94418	1,02023	1,0992	1,1811	1,2660
17	0,94567	1,02178	1,1008	1,1828	1,2677
18	0,94716	1,02333	1,1024	1,1845	1,2695
19	0,94866	1,02489	1,1040	1,1861	1,2712
20	0,95015	1,02644	1,1056	1,1878	1,2729
21	0,95165	1,02800	1,1072	1,1895	1,2747
22	0,95315	1,02956	1,1089	1,1912	1,2764
23	0,95465	1,03111	1,1105	1,1928	1,2781
24	0,95615	1,03267	1,1121	1,1945	1,2799
25	0,95765	1,03423	1,1137	1,1962	1,2816
26	0,95915	1,03580	1,1153	1,1979	1,2833
27	0,96066	1,03736	1,1170	1,1996	1,2851
28	0,96216	1,03892	1,1186	1,2012	1,2868
29	0,96367	1,04049	1,1202	1,2029	1,2886
30	0,96518	1,04205	1,1218	1,2046	1,2903
31	0,96669	1,04362	1,1235	1,2063	1,2921
32	0,96819	1,04519	1,1251	1,2080	1,2938
33	0,96971	1,04676	1,1267	1,2097	1,2956
34	0,97122	1,04833	1,1283	1,2113	1,2973
35	0,97273	1,04990	1,1300	1,2130	1,2990
36	0,97425	1,05148	1,1316	1,2147	1,3008
37	0,97576	1,05305	1,1332	1,2164	1,3025
38	0,97728	1,05463	1,1349	1,2181	1,3043
39	0,97880	1,05620	1,1365	1,2198	1,3061
40	0,98032	1,05778	1,1382	1,2215	1,3078
41	0,98184	1,05936	1,1398	1,2232	1,3096
42	0,98336	1,06094	1,1414	1,2249	1,3113
43	0,98488	1,06252	1,1431	1,2266	1,3131
44	0,98641	1,06411	1,1447	1,2283	1,3148
45	0,98793	1,06569	1,1464	1,2300	1,3166
46	0,98946	1,06728	1,1480	1,2317	1,3184
47	0,99098	1,06886	1,1496	1,2334	1,3201
48	0,99251	1,07045	1,1513	1,2351	1,3219
49	0,99404	1,07204	1,1529	1,2368	1,3237

x	1500 + x	1550 + x	1600 + x	1650 + x	1700 + x
0	1,3254	1,4153	1,5080	1,6038	1,7024
1	1,3272	1,4171	1,5099	1,6057	1,7045
2	1,3290	1,4189	1,5118	1,6077	1,7065
3	1,3307	1,4207	1,5137	1,6096	1,7085
4	1,3325	1,4226	1,5156	1,6116	1,7105
5	1,3343	1,4244	1,5175	1,6135	1,7125
6	1,3361	1,4262	1,5194	1,6155	1,7145
7	1,3378	1,4281	1,5213	1,6174	1,7165
8	1,3396	1,4299	1,5232	1,6194	1,7185
9	1,3414	1,4317	1,5251	1,6213	1,7205
10	1,3432	1,4336	1,5270	1,6233	1,7225
11	1,3449	1,4354	1,5289	1,6252	1,7246
12	1,3467	1,4373	1,5308	1,6272	1,7266
13	1,3485	1,4391	1,5327	1,6291	1,7286
14	1,3503	1,4409	1,5346	1,6311	1,7306
15	1,3521	1,4428	1,5365	1,6331	1,7326
16	1,3539	1,4446	1,5384	1,6350	1,7346
17	1,3556	1,4465	1,5403	1,6370	1,7367
18	1,3574	1,4483	1,5422	1,6390	1,7387
19	1,3592	1,4502	1,5441	1,6409	1,7407
20	1,3610	1,4520	1,5460	1,6429	1,7427
21	1,3628	1,4539	1,5479	1,6449	1,7448
22	1,3646	1,4557	1,5498	1,6468	1,7468
23	1,3664	1,4576	1,5517	1,6488	1,7488
24	1,3682	1,4594	1,5536	1,6508	1,7509
25	1,3700	1,4613	1,5555	1,6527	1,7529
26	1,3718	1,4631	1,5575	1,6547	1,7549
27	1,3736	1,4650	1,5594	1,6567	1,7570
28	1,3754	1,4669	1,5613	1,6587	1,7590
29	1,3772	1,4687	1,5632	1,6606	1,7610
30	1,3790	1,4706	1,5651	1,6626	1,7631
31	1,3808	1,4724	1,5671	1,6646	1,7651
32	1,3826	1,4743	1,5690	1,6666	1,7671
33	1,3844	1,4762	1,5709	1,6686	1,7692
34	1,3862	1,4780	1,5728	1,6706	1,7712
35	1,3880	1,4799	1,5747	1,6725	1,7733
36	1,3898	1,4818	1,5767	1,6745	1,7753
37	1,3916	1,4836	1,5786	1,6765	1,7774
38	1,3934	1,4855	1,5805	1,6785	1,7794
39	1,3952	1,4874	1,5825	1,6805	1,7815
40	1,3971	1,4893	1,5844	1,6825	1,7835
41	1,3989	1,4911	1,5863	1,6845	1,7856
42	1,4007	1,4930	1,5883	1,6865	1,7876
43	1,4025	1,4949	1,5902	1,6885	1,7897
44	1,4043	1,4968	1,5921	1,6905	1,7917
45	1,4061	1,4986	1,5941	1,6924	1,7938
46	1,4080	1,5005	1,5960	1,6944	1,7958
47	1,4098	1,5024	1,5979	1,6964	1,7979
48	1,4116	1,5043	1,5999	1,6984	1,7999
49	1,4134	1,5062	1,6018	1,7004	1,8020

x	1750 + x	1800 + x	1850 + x	1900 + x	1950 + x
0	1,8041	1,9086	2,0161	2,1266	2,2400
1	1,8061	1,9108	2,0183	2,1288	2,2423
2	1,8082	1,9129	2,0205	2,1311	2,2446
3	1,8103	1,9150	2,0227	2,1333	2,2469
4	1,8123	1,9171	2,0249	2,1356	2,2492
5	1,8144	1,9193	2,0271	2,1378	2,2515
6	1,8165	1,9214	2,0292	2,1401	2,2538
7	1,8185	1,9235	2,0314	2,1423	2,2561
8	1,8206	1,9256	2,0336	2,1445	2,2584
9	1,8227	1,9278	2,0358	2,1468	2,2607
10	1,8247	1,9299	2,0380	2,1490	2,2630
11	1,8268	1,9320	2,0402	2,1513	2,2653
12	1,8289	1,9342	2,0424	2,1535	2,2677
13	1,8310	1,9363	2,0446	2,1558	2,2700
14	1,8331	1,9384	2,0468	2,1581	2,2723
15	1,8351	1,9406	2,0490	2,1603	2,2746
16	1,8372	1,9427	2,0512	2,1626	2,2769
17	1,8393	1,9449	2,0534	2,1648	2,2792
18	1,8414	1,9470	2,0556	2,1671	2,2815
19	1,8435	1,9491	2,0578	2,1693	2,2839
20	1,8455	1,9513	2,0600	2,1716	2,2862
21	1,8476	1,9534	2,0622	2,1739	2,2885
22	1,8497	1,9556	2,0644	2,1761	2,2908
23	1,8518	1,9577	2,0666	2,1784	2,2932
24	1,8539	1,9599	2,0688	2,1807	2,2955
25	1,8560	1,9620	2,0710	2,1829	2,2978
26	1,8581	1,9642	2,0732	2,1852	2,3001
27	1,8602	1,9663	2,0754	2,1875	2,3025
28	1,8623	1,9685	2,0776	2,1897	2,3048
29	1,8644	1,9706	2,0799	2,1920	2,3071
30	1,8665	1,9728	2,0821	2,1943	2,3095
31	1,8686	1,9749	2,0843	2,1966	2,3118
32	1,8707	1,9771	2,0865	2,1988	2,3141
33	1,8728	1,9793	2,0887	2,2011	2,3165
34	1,8749	1,9814	2,0909	2,2034	2,3188
35	1,8770	1,9836	2,0932	2,2057	2,3211
36	1,8791	1,9857	2,0954	2,2080	2,3235
37	1,8812	1,9879	2,0976	2,2102	2,3258
38	1,8833	1,9901	2,0998	2,2125	2,3282
39	1,8854	1,9922	2,1020	2,2148	2,3305
40	1,8875	1,9944	2,1043	2,2171	2,3328
41	1,8896	1,9966	2,1065	2,2194	2,3352
42	1,8917	1,9987	2,1087	2,2217	2,3375
43	1,8938	2,0009	2,1110	2,2239	2,3399
44	1,8959	2,0031	2,1132	2,2262	2,3422
45	1,8980	2,0053	2,1154	2,2285	2,3446
46	1,9002	2,0074	2,1177	2,2308	2,3469
47	1,9023	2,0096	2,1199	2,2331	2,3493
48	1,9044	2,0118	2,1221	2,2354	2,3516
49	1,9065	2,0140	2,1244	2,2377	2,3540

x	2000 + x	2050 + x	2100 + x	2150 + x	2200 + x
0	2,3564	2,4756	2,5979	2,7231	2,8512
1	2,3587	2,4781	2,6004	2,7256	2,8538
2	2,3611	2,4805	2,6028	2,7281	2,8564
3	2,3634	2,4829	2,6053	2,7307	2,8590
4	2,3658	2,4853	2,6078	2,7332	2,8616
5	2,3681	2,4877	2,6103	2,7357	2,8642
6	2,3705	2,4902	2,6127	2,7383	2,8668
7	2,3729	2,4926	2,6152	2,7408	2,8694
8	2,3752	2,4950	2,6177	2,7434	2,8720
9	2,3776	2,4974	2,6202	2,7459	2,8746
10	2,3800	2,4999	2,6227	2,7485	2,8772
11	2,3823	2,5023	2,6252	2,7510	2,8798
12	2,3847	2,5047	2,6277	2,7535	2,8824
13	2,3871	2,5071	2,6301	2,7561	2,8850
14	2,3895	2,5096	2,6326	2,7586	2,8876
15	2,3918	2,5120	2,6351	2,7612	2,8902
16	2,3942	2,5144	2,6376	2,7637	2,8928
17	2,3966	2,5169	2,6401	2,7663	2,8954
18	2,3990	2,5193	2,6426	2,7689	2,8980
19	2,4013	2,5217	2,6451	2,7714	2,9007
20	2,4037	2,5242	2,6476	2,7740	2,9033
21	2,4061	2,5266	2,6501	2,7765	2,9059
22	2,4085	2,5291	2,6526	2,7791	2,9085
23	2,4109	2,5315	2,6551	2,7816	2,9111
24	2,4132	2,5339	2,6576	2,7842	2,9137
25	2,4156	2,5364	2,6601	2,7868	2,9164
26	2,4180	2,5388	2,6626	2,7893	2,9190
27	2,4204	2,5413	2,6651	2,7919	2,9216
28	2,4228	2,5437	2,6676	2,7945	2,9242
29	2,4252	2,5462	2,6701	2,7970	2,9269
30	2,4276	2,5486	2,6726	2,7996	2,9295
31	2,4300	2,5511	2,6751	2,8022	2,9321
32	2,4324	2,5535	2,6777	2,8047	2,9347
33	2,4348	2,5560	2,6802	2,8073	2,9374
34	2,4371	2,5584	2,6827	2,8099	2,9400
35	2,4395	2,5609	2,6852	2,8124	2,9426
36	2,4419	2,5634	2,6877	2,8150	2,9453
37	2,4443	2,5658	2,6902	2,8176	2,9479
38	2,4467	2,5683	2,6928	2,8202	2,9505
39	2,4491	2,5707	2,6953	2,8228	2,9532
40	2,4515	2,5732	2,6978	2,8253	2,9558
41	2,4540	2,5757	2,7003	2,8279	2,9585
42	2,4564	2,5781	2,7028	2,8305	2,9611
43	2,4588	2,5806	2,7054	2,8331	2,9637
44	2,4612	2,5831	2,7079	2,8357	2,9664
45	2,4636	2,5855	2,7104	2,8382	2,9690
46	2,4660	2,5880	2,7129	2,8408	2,9717
47	2,4684	2,5905	2,7155	2,8434	2,9743
48	2,4708	2,5929	2,7180	2,8460	2,9770
49	2,4732	2,5954	2,7205	2,8486	2,9796

x	2250 + x	2300 + x	2350 + x	2400 + x	2450 + x
0	2,9823	3,1163	3,2533	3,3932	3,5360
1	2,9849	3,1190	3,2560	3,3960	3,5389
2	2,9876	3,1217	3,2588	3,3988	3,5418
3	2,9902	3,1244	3,2616	3,4017	3,5447
4	2,9929	3,1271	3,2643	3,4045	3,5476
5	2,9955	3,1299	3,2671	3,4073	3,5505
6	2,9982	3,1326	3,2699	3,4102	3,5534
7	3,0009	3,1353	3,2727	3,4130	3,5563
8	3,0035	3,1380	3,2754	3,4158	3,5592
9	3,0062	3,1407	3,2782	3,4187	3,5620
10	3,0088	3,1434	3,2810	3,4215	3,5649
11	3,0115	3,1462	3,2838	3,4243	3,5678
12	3,0142	3,1489	3,2866	3,4272	3,5707
13	3,0168	3,1516	3,2893	3,4300	3,5736
14	3,0195	3,1543	3,2921	3,4329	3,5766
15	3,0222	3,1571	3,2949	3,4357	3,5795
16	3,0248	3,1598	3,2977	3,4386	3,5824
17	3,0275	3,1625	3,3005	3,4414	3,5853
18	3,0302	3,1653	3,3033	3,4443	3,5882
19	3,0328	3,1680	3,3061	3,4471	3,5911
20	3,0355	3,1707	3,3089	3,4500	3,5940
21	3,0382	3,1735	3,3117	3,4528	3,5969
22	3,0409	3,1762	3,3145	3,4557	3,5998
23	3,0436	3,1789	3,3172	3,4585	3,6027
24	3,0462	3,1817	3,3200	3,4614	3,6056
25	3,0489	3,1844	3,3228	3,4642	3,6086
26	3,0516	3,1871	3,3256	3,4671	3,6115
27	3,0543	3,1899	3,3284	3,4699	3,6144
28	3,0570	3,1926	3,3312	3,4728	3,6173
29	3,0596	3,1954	3,3340	3,4757	3,6202
30	3,0623	3,1981	3,3368	3,4785	3,6232
31	3,0650	3,2009	3,3397	3,4814	3,6261
32	3,0677	3,2036	3,3425	3,4843	3,6290
33	3,0704	3,2064	3,3453	3,4871	3,6319
34	3,0731	3,2091	3,3481	3,4900	3,6348
35	3,0758	3,2119	3,3509	3,4929	3,6378
36	3,0785	3,2146	3,3537	3,4957	3,6407
37	3,0812	3,2174	3,3565	3,4986	3,6436
38	3,0839	3,2201	3,3593	3,5015	3,6466
39	3,0866	3,2229	3,3621	3,5043	3,6495
40	3,0892	3,2256	3,3649	3,5072	3,6524
41	3,0919	3,2284	3,3678	3,5101	3,6554
42	3,0946	3,2311	3,3706	3,5130	3,6583
43	3,0973	3,2339	3,3734	3,5158	3,6612
44	3,1001	3,2367	3,3762	3,5187	3,6642
45	3,1028	3,2394	3,3790	3,5216	3,6671
46	3,1055	3,2422	3,3819	3,5245	3,6701
47	3,1082	3,2450	3,3847	3,5274	3,6730
48	3,1109	3,2477	3,3875	3,5303	3,6759
49	3,1136	3,2505	3,3903	3,5331	3,6789

x	2500 + x	2550 + x	2600 + x	2650 + x	2700 + x
0	3,6818	3,8306	3,9823	4,1369	4,2945
1	3,6848	3,8336	3,9853	4,1400	4,2977
2	3,6877	3,8366	3,9884	4,1432	4,3009
3	3,6907	3,8396	3,9915	4,1463	4,3040
4	3,6936	3,8426	3,9945	4,1494	4,3072
5	3,6966	3,8456	3,9976	4,1525	4,3104
6	3,6995	3,8486	4,0007	4,1557	4,3136
7	3,7025	3,8516	4,0037	4,1588	4,3168
8	3,7054	3,8546	4,0068	4,1619	4,3200
9	3,7084	3,8577	4,0099	4,1651	4,3232
10	3,7113	3,8607	4,0130	4,1682	4,3264
11	3,7143	3,8637	4,0160	4,1713	4,3296
12	3,7173	3,8667	4,0191	4,1745	4,3327
13	3,7202	3,8697	4,0222	4,1776	4,3359
14	3,7232	3,8727	4,0253	4,1807	4,3391
15	3,7261	3,8758	4,0283	4,1839	4,3423
16	3,7291	3,8788	4,0314	4,1870	4,3455
17	3,7321	3,8818	4,0345	4,1902	4,3487
18	3,7350	3,8848	4,0376	4,1933	4,3519
19	3,7380	3,8879	4,0407	4,1964	4,3551
20	3,7410	3,8909	4,0438	4,1996	4,3583
21	3,7439	3,8939	4,0469	4,2027	4,3616
22	3,7469	3,8970	4,0499	4,2059	4,3648
23	3,7499	3,9000	4,0530	4,2090	4,3680
24	3,7529	3,9030	4,0561	4,2122	4,3712
25	3,7558	3,9061	4,0592	4,2153	4,3744
26	3,7588	3,9091	4,0623	4,2185	4,3776
27	3,7618	3,9121	4,0654	4,2216	4,3808
28	3,7648	3,9152	4,0685	4,2248	4,3840
29	3,7677	3,9182	4,0716	4,2279	4,3872
30	3,7707	3,9212	4,0747	4,2311	4,3905
31	3,7737	3.9243	4,0778	4,2343	4,3937
32	3,7767	3,9273	4,0809	4,2374	4,3969
33	3,7797	3,9304	4,0840	4,2406	4,4001
34	3,7827	3,9334	4,0871	4,2437	4,4033
35	3,7856	3,9364	4,0902	4,2469	4,4066
36	3,7886	3,9395	4,0933	4,2501	4,4098
37	3,7916	3,9425	4,0964	4,2532	4,4130
38	3,7946	3,9456	4,0995	4,2564	4,4162
39	3,7976	3,9486	4,1026	4,2596	4,4194
40	3,8006	3,9517	4,1057	4,2627	4,4227
41	3,8036	3,9547	4,1089	4,2659	4,4259
42	3,8066	3,9578	4,1120	4,2691	4,4291
43	3,8096	3,9609	4,1151	4,2722	4,4324
44	3,8126	3,9639	4,1182	4,2754	4,4356
45	3,8156	3,9670	4,1213	4,2786	4,4388
46	3,8186	3,9700	4,1244	4,2818	4,4421
47	3,8216	3,9731	4,1275	4,2850	4,4453
48	3,8246	3,9761	4,1307	4,2881	4,4485
49	3,8276	3,9792	4,1338	4,2913	4,4518

x	2750 + x	2800 + x	2850 + x	2900 + x	2950 + x
0	4,4550	4,6185	4,7849	4,9543	5,1266
1	4,4583	4,6218	4,7883	4,9577	5,1301
2	4,4615	4,6251	4,7916	4,9611	5,1335
3	4,4647	4,6284	4,7950	4,9645	5,1370
4	4,4680	4,6317	4,7984	4,9680	5,1405
5	4,4712	4,6350	4,8017	4,9714	5,1440
6	4,4745	4,6383	4,8051	4,9748	5,1475
7	4,4777	4,6416	4,8084	4,9782	5,1510
8	4,4810	4,6449	4,8118	4,9817	5,1544
9	4,4842	4,6482	4,8152	4,9851	5,1579
10	4,4875	4,6515	4,8186	4,9885	5,1614
11	4,4907	4,6549	4,8219	4,9919	5,1649
12	4,4940	4,6582	4,8253	4,9954	5,1684
13	4,4972	4,6615	4,8287	4,9988	5,1719
14	4,5005	4,6648	4,8320	5,0022	5,1754
15	4,5038	4,6681	4,8354	5,0057	5,1789
16	4,5070	4,6714	4,8388	5,0091	5,1824
17	4,5103	4,6747	4,8422	5,0125	5,1858
18	4,5135	4,6781	4,8455	5,0160	5,1893
19	4,5168	4,6814	4,8489	5,0194	5,1928
20	4,5201	4,6847	4,8523	5,0229	5,1963
21	4,5233	4,6880	4,8557	5,0263	5,1998
22	4,5266	4,6914	4,8591	5,0297	5,2033
23	4,5299	4,6947	4,8625	5,0332	5,2068
24	4,5331	4,6980	4,8658	5,0366	5,2103
25	4,5364	4,7013	4,8692	5,0401	5,2139
26	4,5397	4,7047	4,8726	5,0435	5,2174
27	4,5429	4,7080	4,8760	5,0470	5,2209
28	4,5462	4,7113	4,8794	5,0504	5,2244
29	4,5495	4,7147	4,8828	5,0539	5,2279
30	4,5528	4,7180	4,8862	5,0573	5,2314
31	4,5560	4,7213	4,8896	5,0608	5,2349
32	4,5593	4,7247	4,8930	5,0642	5,2384
33	4,5626	4,7280	4,8964	5,0677	5,2419
34	4,5659	4,7313	4,8998	5,0711	5,2454
35	4,5691	4,7347	4,9032	5,0746	5,2490
36	4,5724	4,7380	4,9066	5,0780	5,2525
37	4,5757	4,7414	4,9100	5,0815	5,2560
38	4,5790	4,7447	4,9134	5,0850	5,2595
39	4,5823	4,7480	4,9168	5,0884	5,2630
40	4,5856	4,7514	4,9202	5,0919	5,2666
41	4,5889	4,7547	4,9236	5,0954	5,2701
42	4,5921	4,7581	4,9270	5,0988	5,2736
43	4,5954	4,7614	4,9304	5,1023	5,2771
44	4,5987	4,7648	4,9338	5,1058	5,2807
45	4,6020	4,7681	4,9372	5,1092	5,2842
46	4,6053	4,7715	4,9406	5,1127	5,2877
47	4,6086	4,7748	4,9440	5,1162	5,2913
48	4,6119	4,7782	4,9474	5,1196	5,2948
49	4,6152	4,7816	4,9509	5,1231	5,2983

x	2750 + x	2800 + x	2850 + x	2900 + x	2950 + x
0	4,4550	4,6185	4,7849	4,9543	5,1266
1	4,4583	4,6218	4,7883	4,9577	5,1301
2	4,4615	4,6251	4,7916	4,9611	5,1335
3	4,4647	4,6284	4,7950	4,9645	5,1370
4	4,4680	4,6317	4,7984	4,9680	5,1405
5	4,4712	4,6350	4,8017	4,9714	5,1440
6	4,4745	4,6383	4,8051	4,9748	5,1475
7	4,4777	4,6416	4,8084	4,9782	5,1510
8	4,4810	4,6449	4,8118	4,9817	5,1544
9	4,4842	4,6482	4,8152	4,9851	5,1579
10	4,4875	4,6515	4,8186	4,9885	5,1614
11	4,4907	4,6549	4,8219	4,9919	5,1649
12	4,4940	4,6582	4,8253	4,9954	5,1684
13	4,4972	4,6615	4,8287	4,9988	5,1719
14	4,5005	4,6648	4,8320	5,0022	5,1754
15	4,5038	4,6681	4,8354	5,0057	5,1789
16	4,5070	4,6714	4,8388	5,0091	5,1824
17	4,5103	4,6747	4,8422	5,0125	5,1858
18	4,5135	4,6781	4,8455	5,0160	5,1893
19	4,5168	4,6814	4,8489	5,0194	5,1928
20	4,5201	4,6847	4,8523	5,0229	5,1963
21	4,5233	4,6880	4,8557	5,0263	5,1998
22	4,5266	4,6914	4,8591	5,0297	5,2033
23	4,5299	4,6947	4,8625	5,0332	5,2068
24	4,5331	4,6980	4,8658	5,0366	5,2103
25	4,5364	4,7013	4,8692	5,0401	5,2139
26	4,5397	4,7047	4,8726	5,0435	5,2174
27	4,5429	4,7080	4,8760	5,0470	5,2209
28	4,5462	4,7113	4,8794	5,0504	5,2244
29	4,5495	4,7147	4,8828	5,0539	5,2279
30	4,5528	4,7180	4,8862	5,0573	5,2314
31	4,5560	4,7213	4,8896	5,0608	5,2349
32	4,5593	4,7247	4,8930	5,0642	5,2384
33	4,5626	4,7280	4,8964	5,0677	5,2419
34	4,5659	4,7313	4,8998	5,0711	5,2454
35	4,5691	4,7347	4,9032	5,0746	5,2490
36	4,5724	4,7380	4,9066	5,0780	5,2525
37	4,5757	4,7414	4,9100	5,0815	5,2560
38	4,5790	4,7447	4,9134	5,0850	5,2595
39	4,5823	4,7480	4,9168	5,0884	5,2630
40	4,5856	4,7514	4,9202	5,0919	5,2666
41	4,5889	4,7547	4,9236	5,0954	5,2701
42	4,5921	4,7581	4,9270	5,0988	5,2736
43	4,5954	4,7614	4,9304	5,1023	5,2771
44	4,5987	4,7648	4,9338	5,1058	5,2807
45	4,6020	4,7681	4,9372	5,1092	5,2842
46	4,6053	4,7715	4,9406	5,1127	5,2877
47	4,6086	4,7748	4,9440	5,1162	5,2913
48	4,6119	4,7782	4,9474	5,1196	5,2948
49	4,6152	4,7816	4,9509	5,1231	5,2983

x	3000 + x	3050 + x	3100 + x	3150 + x	3200 + x
0	5,3018	5,4801	5,6612	5,8453	6,0323
1	5,3054	5,4836	5,6649	5,8490	6,0361
2	5,3089	5,4872	5,6685	5,8527	6,0399
3	5,3125	5,4908	5,6722	5,8564	6,0437
4	5,3160	5,4944	5,6758	5,8601	6,0474
5	5,3195	5,4980	5,6795	5,8639	6,0512
6	5,3231	5,5016	5,6831	5,8676	6,0550
7	5,3266	5,5052	5,6868	5,8713	6,0588
8	5,3302	5,5088	5,6905	5,8750	6,0625
9	5,3337	5,5124	5,6941	5,8787	6,0663
10	5,3373	5,5160	5,6978	5,8825	6,0701
11	5,3408	5,5197	5,7014	5,8862	6,0739
12	5,3444	5,5233	5,7051	5,8899	6,0777
13	5,3479	5,5269	5,7088	5,8936	6,0814
14	5,3514	5,5305	5,7125	5,8974	6,0852
15	5,3550	5,5341	5,7161	5,9011	6,0890
16	5,3586	5,5377	5,7198	5,9048	6,0928
17	5,3621	5,5413	5,7235	5,9086	6,0966
18	5,3657	5,5449	5,7271	5,9123	6,1004
19	5,3692	5,5485	5,7308	5,9160	6,1042
20	5,3728	5,5522	5,7345	5,9198	6,1080
21	5,3763	5,5558	5,7382	5,9235	6,1118
22	5,3799	5,5594	5,7418	5,9272	6,1156
23	5,3835	5,5630	5,7455	5,9310	6,1194
24	5,3870	5,5666	5,7492	5,9347	6,1232
25	5,3906	5,5703	5,7529	5,9384	6,1270
26	5,3941	5,5739	5,7566	5,9422	6,1308
27	5,3977	5,5775	5,7602	5,9459	6,1346
28	5,4013	5,5811	5,7639	5,9497	6,1384
29	5,4048	5,5848	5,7676	5,9534	6,1422
30	5,4084	5,5884	5,7713	5,9572	6,1460
31	5,4120	5,5920	5,7750	5,9609	6,1498
32	5,4156	5,5956	5,7787	5,9647	6,1536
33	5,4191	5,5993	5,7824	5,9684	6,1574
34	5,4227	5,6029	5,7861	5,9722	6,1612
35	5,4263	5,6065	5,7898	5,9759	6,1650
36	5,4299	5,6102	5,7935	5,9797	6,1688
37	5,4334	5,6138	5,7971	5,9834	6,1726
38	5,4370	5,6175	5,8008	5,9872	6,1765
39	5,4406	5,6211	5,8045	5,9909	6,1803
40	5,4442	5,6247	5,8082	5,9947	6,1841
41	5,4478	5,6284	5,8119	5,9984	6,1879
42	5,4513	5,6320	5,8156	6,0022	6,1917
43	5,4549	5,6357	5,8193	6,0060	6,1955
44	5,4585	5,6393	5,8230	6,0097	6,1994
45	5,4621	5,6430	5,8268	6,0135	6,2032
46	5,4657	5,6466	5,8305	6,0173	6,2070
47	5,4693	5,6502	5,8342	6,0210	6,2108
48	5,4729	5,6539	5,8379	6,0248	6,2147
49	5,4765	5,6575	5,8416	6,0286	6,2185

x	3250 + x	3300 + x	3350 + x	3400 + x	3450 + x
0	6,2223	6,4152	6,6111	6,8099	7,0117
1	6,2261	6,4191	6,6151	6,8140	7,0158
2	6,2300	6,4230	6,6190	6,8180	7,0198
3	6,2338	6,4269	6,6230	6,8220	7,0239
4	6,2376	6,4308	6,6269	6,8260	7,0280
5	6,2415	6,4347	6,6309	6,8300	7,0321
6	6,2453	6,4386	6,6348	6,8340	7,0361
7	6,2492	6,4425	6,6388	6,8380	7,0402
8	6,2530	6,4464	6,6427	6,8420	7,0443
9	6,2568	6,4503	6,6467	6,8460	7,0483
10	6,2607	6,4542	6,6507	6,8501	7,0524
11	6,2645	6,4581	6,6546	6,8541	7,0565
12	6,2684	6.4620	6,6586	6,8581	7,0606
13	6,2722	6,4659	6,6625	6,8621	7,0647
14	6,2760	6,4698	6,6665	6,8661	7,0687
15	6,2799	6,4737	6,6705	6,8702	7,0728
16	6,2837	6,4776	6,6744	6,8742	7,0769
17	6,2876	6,4815	6,6784	6,8782	7,0810
18	6,2914	6,4854	6,6824	6,8822	7,0851
19	6,2953	6,4893	6,6863	6,8863	7,0892
20	6,2991	6,4932	6,6903	6,8903	7,0932
21	6,3030	6,4972	6,6943	6,8943	7,0973
22	6,3068	6,5011	6,6982	6,8984	7,1014
23	6,3107	6,5050	6,7022	6,9024	7,1055
24	6,3146	6,5089	6,7062	6,9064	7,1096
25	6,3184	6,5128	6,7102	6,9105	7,1137
26	6,3223	6,5167	6,7141	6,9145	7,1178
27	6,3261	6,5207	6,7181	6,9185	7,1219
28	6,3300	6,5246	6,7221	6,9226	7,1260
29	6,3339	6,5285	6,7261	6,9266	7,1301
30	6,3377	6,5324	6,7301	6,9307	7,1342
31	6,3416	6,5363	6,7340	6,9347	7,1383
32	6,3455	6,5403	6,7380	6,9387	7,1424
33	6,3493	6,5442	6,7420	6,9428	7,1465
34	6,3532	6,5481	6,7460	6,9468	7,1506
35	6,3571	6,5521	6,7500	6,9509	7,1547
36	6,3609	6,5560	6,7540	6,9549	7,1588
37	6,3648	6,5599	6,7580	6,9590	7,1629
38	6,3687	6,5638	6,7620	6,9630	7,1670
39	6,3726	6,6578	6,7660	6,9671	7,1711
40	6,3764	6,5717	6,7699	6,9711	7,1752
41	6,3803	6,5756	6,7739	6,9752	7,1794
42	6,3842	6,5796	6,7779	6,9792	7,1835
43	6,3881	6,5835	6,7819	6,9833	7,1876
44	6,3919	6,5875	6,7859	6,9873	7,1917
45	6,3958	6,5914	6,7899	6,9914	7,1958
46	6,3997	6,5953	6,7939	6,9955	7,1999
47	6,4036	6,5993	6,7979	6,9995	7,2041
48	6,4075	6,6032	6,8019	7,0036	7,2082
49	6,4114	6,6072	6,8059	7,0076	7,2123

x	3500 + x	3550 + x	3600 + x	3650 + x	3700 + x
0	7,2164	7,4241	7,6347	7,8482	8,0647
1	7,2205	7,4283	7,6389	7,8525	8,0691
2	7,2247	7,4325	7,6432	7,8568	8,0735
3	7,2288	7,4366	7,6474	7,8611	8,0778
4	7,2329	7,4408	7,6517	7,8654	8,0822
5	7,2371	7,4450	7,6559	7,8698	8,0865
6	7,2412	7,4492	7,6602	7,8741	8,0909
7	7,2453	7,4534	7,6644	7,8784	8,0953
8	7,2495	7,4576	7,6687	7,8827	8,0996
9	7,2536	7,4618	7,6729	7,8870	8,1040
10	7,2577	7,4660	7,6772	7,8913	8,1084
11	7,2619	7,4702	7,6814	7,8956	8,1128
12	7,2660	7,4744	7,6857	7,8999	8,1171
13	7,2701	7,4786	7,6899	7,9042	8,1215
14	7,2743	7,4828	7,6942	7,9086	8,1259
15	7,2784	7,4870	7,6984	7,9129	8,1303
16	7,2826	7,4912	7,7027	7,9172	8,1346
17	7,2867	7,4954	7,7070	7,9215	8,1390
18	7,2908	7,4996	7,7112	7,9258	8,1434
19	7,2950	7,5038	7,7155	7,9302	8,1478
20	7,2991	7,5080	7,7198	7,9345	8,1522
21	7,3033	7,5122	7,7240	7,9388	8,1565
22	7,3074	7,5164	7,7283	7,9431	8,1609
23	7,3116	7,5206	7,7326	7,9475	8,1653
24	7,3157	7,5248	7,7368	7,9518	8,1697
25	7,3199	7,5290	7,7411	7,9561	8,1741
26	7,3240	7,5332	7,7454	7,9604	8,1785
27	7,3282	7,5374	7,7496	7,9648	8,1829
28	7,3324	7,5417	7,7539	7,9691	8,1873
29	7,3365	7,5459	7,7582	7,9734	8,1916
30	7,3407	7,5501	7,7625	7,9778	8,1960
31	7,3448	7,5543	7,7667	7,9821	8,2004
32	7,3490	7,5585	7,7710	7,9865	8,2048
33	7,3531	7,5628	7,7753	7,9908	8,2092
34	7,3573	7,5670	7,7796	7,9951	8,2136
35	7,3615	7,5712	7,7839	7,9995	8,2180
36	7,3656	7,5754	7,7881	8,0038	8,2224
37	7,3698	7,5796	7,7924	8,0082	8,2268
38	7,3740	7,5839	7,7967	8,0125	8,2312
39	7,3781	7,5881	7,8010	8,0168	8,2356
40	7,3823	7,5923	7,8053	8,0212	8,2400
41	7,3865	7,5966	7,8096	8,0255	8,2445
42	7,3907	7,6008	7,8139	8,0299	8,2489
43	7,3948	7,6050	7,8182	8,0342	8,2533
44	7,3990	7,6093	7,8225	8,0386	8,2577
45	7,4032	7,6135	7,8267	8,0429	8,2621
46	7,4074	7,6177	7,8310	8,0473	8,2665
47	7,4115	7,6220	7,8353	8,0517	8,2709
48	7,4157	7,6262	7,8396	8,0560	8,2753
49	7,4199	7,6304	7,8439	8,0604	8,2798

x	3750 + x	3800 + x	3850 + x	3900 + x	3950 + x
0	8,2842	8,5066	8,7319	8,9602	9,1914
1	8,2886	8,5110	8,7364	8,9648	9,1960
2	8,2930	8,5155	8,7410	8,9694	9,2007
3	8,2974	8,5200	8,7455	8,9740	9,2053
4	8,3019	8,5245	8,7500	8,9786	9,2100
5	8,3063	8,5290	8,7546	8,9832	9,2147
6	8,3107	8,5334	8,7591	8,9878	9,2193
7	8,3151	8,5379	8,7637	8,9924	9,2240
8	8,3196	8,5424	8,7682	8,9970	9,2287
9	8,3240	8,5469	8,7728	9,0016	9,2333
10	8,3284	8,5514	8,7773	9.0062	9,2380
11	8,3328	8,5559	8,7819	9,0108	9,2426
12	8,3373	8,5604	8,7864	9,0154	9,2473
13	8,3417	8,5649	8,7910	9,0200	9,2520
14	8,3461	8,5693	8,7955	9,0246	9,2567
15	8,3506	8,5738	8,8001	9,0292	9,2613
16	8,3550	8,5783	8,8046	9,0338	9,2660
17	8,3594	8,5828	8,8092	9,0384	9,2707
18	8,3639	8,5873	8,8137	9,0431	9,2753
19	8,3683	8,5918	8,8183	9,0477	9,2800
20	8,3728	8,5963	8,8228	9,0523	9,2847
21	8,3772	8,6008	8,8274	9,0569	9,2894
22	8,3817	8,6053	8,8320	9,0615	9,2941
23	8,3861	8,6098	8,8365	9,0662	9,2987
24	8,3905	8,6143	8,8411	9,0708	9,3034
25	8,3950	8,6189	8,8457	9,0754	9,3081
26	8,3994	8,6234	8,8502	9,0800	9,3128
27	8,4039	8,6279	8,8548	9,0847	9,3175
28	8,4083	8,6324	8,8594	9,0893	9,3222
29	8,4128	8,6369	8,8639	9,0939	9,3268
30	8,4172	8,6414	8,8685	9,0985	9,3315
31	8,4217	8,6459	8,8731	9,1032	9,3362
32	8,4262	8,6504	8,8776	9,1078	9,3409
33	8,4306	8,6549	8,8822	9,1124	9,3456
34	8,4351	8,6595	8,8868	9,1171	9,3503
35	8,4395	8,6640	8,8914	9,1217	9,3550
36	8,4440	8,6685	8,8959	9,1263	9,3597
37	8,4485	8,6730	8,9005	9,1310	9,3644
38	8,4529	8,6775	8,9051	9,1356	9,3691
39	8,4574	8,6821	8,9097	9,1403	9,3738
40	8,4618	8,6866	8,9143	9,1449	9,3785
41	8,4663	8,6911	8,9189	9,1495	9,3832
42	8,4708	8,6956	8,9234	9,1542	9,3879
43	8,4752	8,7002	8,9280	9,1588	9,3926
44	8,4797	8,7047	8,9326	9,1635	9,3973
45	8,4842	8,7092	8,9372	9,1681	9,4020
46	8,4887	8,7137	8,9418	9,1728	9,4067
47	8,4931	8,7183	8,9464	9,1774	9,4114
48	8,4976	8,7228	8,9510	9,1821	9,4161
49	8,5021	8,7273	8,9556	9,1867	9,4208

x	4000 + x	4050 + x	4100 + x	4150 + x	4200 + x
0	9,4256	9,6627	9,9027	10,145	10,391
1	9,4303	9,6674	9,9076	10,150	10,396
2	9,4350	9,6722	9,9124	10,155	10,401
3	9,4397	9,6770	9,9172	10,160	10,406
4	9,4444	9,6818	9,9221	10,165	10,411
5	9,4491	9,6865	9,9269	10,170	10,416
6	9,4538	9,6913	9,9317	10,175	10,421
7	9,4586	9,6961	9,9366	10,180	10,426
8	9,4633	9,7009	9,9414	10,184	10,431
9	9,4680	9,7057	9,9462	10,189	10,436
10	9,4727	9,7104	9,9511	10,194	10,441
11	9,4775	9,7152	9,9559	10,199	10,446
12	9,4822	9,7200	9,9608	10,204	10,451
13	9,4869	9,7248	9,9656	10,209	10,456
14	9,4916	9,7296	9,9705	10,214	10,461
15	9,4964	9,7344	9,9753	10,219	10,466
16	9,5011	9,7392	9,9802	10,224	10,471
17	9,5058	9,7440	9,9850	10,229	10,476
18	9,5106	9,7487	9,9899	10,233	10,480
19	9,5153	9,7535	9,9947	10,238	10,485
20	9,5200	9,7583	9,9996	10,243	10,490
21	9,5248	9,7631	10,004	10,248	10,495
22	9,5295	9,7679	10,009	10,253	10,500
23	9,5343	9,7727	10,014	10,258	10,505
24	9,5390	9,7775	10,019	10,263	10,510
25	9,5437	9,7823	10,023	10,268	10,515
26	9,5485	9,7871	10,028	10,273	10,520
27	9,5532	9,7919	10,033	10,278	10,525
28	9,5580	9,7967	10,038	10,283	10,530
29	9,5627	9,8015	10,043	10,288	10,535
30	9,5675	9,8063	10,048	10,292	10,540
31	9,5722	9,8112	10,053	10,297	10,545
32	9,5770	9,8160	10,057	10,302	10,550
33	9,5817	9,8208	10,062	10,307	10,555
34	9,5865	9,8256	10,067	10,312	10,560
35	9,5912	9,8304	10,072	10,317	10,565
36	9,5960	9,8352	10,077	10,322	10,570
37	9,6007	9,8400	10,082	10,327	10,575
38	9,6055	9,8448	10,087	10,332	10,580
39	9,6102	9,8497	10,092	10,337	10,585
40	9,6150	9,8545	10,096	10,342	10,590
41	9,6198	9,8593	10,101	10,347	10,595
42	9,6245	9,8641	10,106	10,352	10,600
43	9,6293	9,8689	10,111	10,357	10,605
44	9,6341	9,8738	10,116	10,362	10,610
45	9,6388	9,8786	10,121	10,366	10,615
46	9,6436	9,8834	10,126	10,371	10,620
47	9,6484	9,8882	10,131	10,376	10,625
48	9,6531	9,8931	10,135	10,381	10,630
49	9,6579	9,8979	10,140	10,386	10,635

x	4250 + x	4300 + x	4350 + x	4400 + x	4450 + x
0	10,640	10,892	11,147	11,404	11,665
1	10,645	10,897	11,152	11,410	11,670
2	10,650	10,902	11,157	11,415	11,676
3	10,655	10,907	11,162	11,420	11,681
4	10,660	10,912	11,167	11,425	11,686
5	10,665	10,917	11,172	11,430	11,691
6	10,670	10,922	11,178	11,436	11,697
7	10,675	10,927	11,183	11,441	11,702
8	10,680	10,933	11,188	11,446	11,707
9	10,685	10,938	11,193	11,451	11,712
10	10,690	10,943	11,198	11,456	11,718
11	10,695	10,948	11,203	11,462	11,723
12	10,700	10,953	11,208	11,467	11,728
13	10,705	10,958	11,213	11,472	11,733
14	10,710	10,963	11,219	11,477	11,739
15	10,715	10,968	11,224	11,482	11,744
16	10,720	10,973	11,229	11,488	11,749
17	10,725	10,978	11,234	11,493	11,754
18	10,730	10,983	11,239	11,498	11,760
19	10,735	10,988	11,244	11,503	11,765
20	10,741	10,994	11,249	11,508	11,770
21	10,746	10,999	11,255	11,514	11,776
22	10,751	10,004	11,260	11,519	11,781
23	10,756	10,009	11,265	11,524	11,786
24	10,761	11,014	11,270	11,529	11,791
25	10,766	11,019	11,275	11,534	11,797
26	10,771	11,024	11,280	11,540	11,802
27	10,776	11,029	11,286	11,545	11,807
28	10,781	11,034	11,291	11,550	11,812
29	10,786	11,039	11,296	11,555	11,818
30	10,791	11,044	11,301	11,561	11,823
31	10,796	11,050	11,306	11,566	11,828
32	10,801	11,055	11,311	11,571	11,834
33	10,806	11,060	11,317	11,576	11,839
34	10,811	11,065	11,322	11,581	11,844
35	10,816	11,070	11,327	11,587	11,849
36	10,821	11,075	11,332	11,592	11,855
37	10,826	11,080	11,337	11,597	11,860
38	10,831	11,085	11,342	11,602	11,865
39	10,836	11,090	11,348	11,608	11,871
40	10,841	11,096	11,353	11,613	11,876
41	10,846	11,101	11,358	11,618	11,881
42	10,851	11,106	11,363	11,623	11,886
43	10,857	11,111	11,368	11,628	11,892
44	10,862	11,116	11,373	11,634	11,897
45	10,867	11,121	11,379	11,639	11,902
46	10,872	11,126	11,384	11,644	11,908
47	10,877	11,131	11,389	11,649	11,913
48	10,882	11,136	11,394	11,655	11,918
49	10,887	11,142	11,399	11,660	11,923

22.3. Kraftkonstanten einfacher Moleküle bei hinreichend vielen Ausgangsdaten

Es werden hier aus dem großen Zahlenmaterial die Kraftkonstanten von Molekülen ausgewählt, bei denen die Zahl der Kraftkonstanten gleich der Zahl der vollständig bestimmten algebraischen Gleichungen des jeweiligen inversen algebraischen Eigenwertproblems bei hinreichend vielen Ausgangsdaten ist.

Die Anordnung gründet sich auf die Ordnung bzw. höchste Ordnung des jeweiligen inversen Eigenwertproblems der verschiedenen Molekültypen in der angeführten Symmetriegruppe.

Die Einheit aller Kraftkonstanten in den Tabellen 22:4–6 ist stets mdyn/Å (vergl. dagegen 22.3.3.).

22.3.1. Ordnung $n = 1$: $XX(D_{\infty h})$, $XY(C_{\infty v})$, $XY_2(D_{\infty h})$, $X_4(T_d)$

Tabelle 22:4. Beobachtete und auf Anharmonizität korrigierte Schwingungswellenzahlen, sowie die daraus berechneten Kraftkonstanten 2-atomiger Moleküle und Ionen XX ($D_{\infty h}$) und XY ($C_{\infty v}$) (Frequenzen siehe ((0 : 16), S. 501–581).

Molekül XY	$\nu_{beobacht.}$ (cm^{-1})	$\nu_{korrig.}$ (cm^{-1})	f (XY) für $\nu_{beobacht.}$	f (XY) für $\nu_{korrig.}$	Bemerkungen
H_2	4161,13	4395,24	5,14	5,74	
HD	3632,06	3817,09	5,22	5,77	
D_2	2993,55	3118,46	5,32	5,78	
N_2	2331	2359,61	22,42	22,97	
O_2^-	1556,22	1580,36	11,41	11,77	
O_2	1145	–	6,18	–	
F_2	892,1	–	4,45	–	
Cl_2	557	564,9	3,24	3,32	
Br_2	316,8	323,2	2,36	2,46	
J_2	213,3	214,57	1,70	1,72	
Cd_2^{2+}	183	–	1,11	–	
Hg_2^{2+}	169	–	1,69	–	
HO^-	3640	3735,21	7,40	7,79	
DO^-	2681	2720,9	7,56	7,80	
HF	3661	4138,52	8,85	9,66	
DF	2907	–	9,07	–	
TF	2444	–	9,16	–	
$H^{35}Cl$	2886,01	2989,74	4,81	5,16	
$D^{35}Cl$	2091,05	2144,77	4,91	5,16	
$T^{35}Cl$	1739,10	1775,86	4,95	5,17	
$H^{37}Cl$	2883,89	–	4,81	–	
$D^{37}Cl$	2088,05	2141,82	4,91	5,16	
$T^{37}Cl$	1735,51	1772,11	4,95	5,16	
$H^{79}Br$	2558,76	2649,67	3,84	4,12	

Molekül XY	$\nu_{beobacht.}$ (cm^{-1})	$\nu_{korrig.}$ (cm^{-1})	f (XY) für $\nu_{beobacht.}$	f (XY) für $\nu_{korrig.}$	Bemerkungen
$D^{79}Br$	1840	–	3,92	–	
$T^{79}Br$	1519	–	3,95	–	
$H^{81}Br$	2558,76	2649,67	3,84	4,12	
HJ	2229,60	2309,53	2,92	3,14	
DJ	1600	–	2,99	–	
Li_2	246,3	–	0,12	–	Vergl. (0:18), S. 51
Na_2	157,8	–	0,17	–	
$^{12}C^{16}O$	2143,16	2170,21	18,56	19,02	19,02 in (0:18), S. 185
$^{13}C^{16}O$	2096,07	2121,41	18,56	19,02	(0:29), S. 78
$^{14}N^{16}O$	1876,11	1904,03	15,49	15,95	
$^{15}N^{16}O$	1843	–	15,49	–	
NO^+	2387	–	25,07	–	
ClO^-	713	–	3,30	–	
$^{12}C^{14}N$	–	2068,71	–	16,30	
$F^{35}Cl$	773,88	–	4,36	–	
$F^{37}Cl$	766,61	793,2	4,34	4,65	
FBr	665	671	4,00	4,07	
FJ	604	610	3,55	3,62	
$^{35}ClBr$	439,5	–	2,79	–	
^{35}ClJ	381,5	384,18	2,38	2,42	
BrJ	266,8	268,4	2,06	2,08	
NaCl	378	–	1,17	–	
KCl	278	–	0,85	–	

Tabelle 22:5. Kraftkonstanten XY_2 ($D_{\infty h}$)

Molekül	Kraftkonstanten			Literatur
XY_2	f_{XY}	$f_{XY/XY}$	f_{XYX}	Siebert (0:32)
CO_2	15,61	1,43	0,57	
CS_2	7,67	0,70	0,23	
CSe_2	5,94	0,36	0,16	
$NO_2{}^+$	17,17	1,19	0,47	(22:77)
$BO_2{}^-$	11,4	2,2	0,42	(22:77)
	10,3	1	0,42	

Molekül		Kraftkonstanten		Literatur
XY_2	f_{XY}	$f_{XY/XY}$	f_{XYX}	Siebert (0:32)
N_3^-	13,15	1,75	0,58	
CN_2^{2-}	11,84	0,72	0,44	
BN_2^{3-}	7,2	0,5	0,39	
KrF_2	2,46	−0,20	0,21	
XeF_2	2,83	0,14	0,20	
BeF_2	5,0	0	0,13	
$BeCl_2$	2,9	0	0,27	
$MgCl_2$	1,9	0	0,23	
$ZnCl_2$	2,7	0	0,43	
$ZnBr_2$	2,3	0	0,35	
$HgCl_2$	2,64	0,03	0,037	
$HgBr_2$	2,32	0,07	0,022	
HgJ_2	1,84	−0,02	0,018	
HF_2^-	2,32	1,71	0,22	
$BrCl_2^-$	1,32	0,3	–	
JCl_2^-	0,94	0,31	–	
Br_3^-	0,91	0,33	–	

Tabelle 22:6. Kraftkonstanten von X_4 (T_d)

Molekül		Kraftkonstanten		Literatur
X_4 (T_d)	f_{XX}	$f_{XX/XX}$	$f'_{XX/XX}$	Bemerkungen
P_4	2,07	− 0,12	0,10	(21:30)
	2,33	− 0,16	− 0,01	(21:30), anh.

22.3.2. *Literatur für die Ordnungen* n = 2 *und* 3

Tabelle 22 : 7. Zusammenstellung der Literatur für Moleküle mit vollständig berechneten Kraftkonstantensätzen. Abkürzungen: J = Jones (0 : 18); S = Siebert (0 : 32). zit. = zitiert.

Ordnung n = 2
3-atomige Moleküle
XYZ ($C_{\infty v}$)

HCN: J 69, 86; S47; 22 : 38; 22 : 52 (zit.); 22 : 54
FCN: S 47; 12 : 10; 22 : 54;
ClCN: S47; 12 : 10; 22 : 52 (zit.); 22 : 54; 7 : 11.
BrCN: S47; 12 : 10; 22 : 52 (zit.); 22 : 54; 7 : 11.
JCN: S47; 12 : 10; 22 : 54.
NCO^-: J67; S47.
NCS^-: J86; S47.

$NCSe^-$: S47.
OCS: S47; 22 : 53; 7 : 11.
OCSe: 22 : 53.
SCSe: 22 : 53.
SCTe: 22 : 53.
HCC^-: S47.
HCP: S47; 22 : 41.
HNC: S47.
NNO: J64, 67; S47; 22 : 6; 22 : 17.
CNO^-: S47.
ClNO: 22 : 19.

XY_2 (C_{2v})

H_2O J72, 85; S49–50; 22 : 13 (in verschiedenen gasförmigen und flüssigen Systemen); 22 : 49; 15 : 4.
F_2O S50; 22 : 29; 22 : 34.
OOO S50; 22 : 33; 15 : 4 (zit.).
Cl_2O S50.
NF_2 S50.
NO_2 S50; 22 : 2; 22 : 5; 22 : 7; 15 : 4 (zit.).
NO_2^- S50.
CCl_2 22 : 4.
ClO_2 S50; 22 : 35.
ClO_2^- S50.
H_2S 22 : 14; 15 : 4; 22 : 65.
SO_2 J76; S50; 22 : 2; 22 : 9; 5 : 7; 22 : 27; 22 : 47; 15 : 4 (zit.); 22 : 65.
SCl_2 S50.
H_2Se 22 : 14; 22 : 65.

4-atomige Moleküle
X_2Y_2 ($D_{\infty h}$)

C_2H_2 0 : 13, S 189;
C_2N_2 22 : 44.

XY_3 (D_{3h})

BF_3 J93; S54; 22 : 10; 22 : 18; 22 : 31; 21 : 32; 22 : 48.
BCl_3 S54; 22 : 18; 22 : 31; 21 : 32; 22 : 48.
BBr_3 S54; 22 : 18; 22 : 31; 21 : 32; 22 : 36; 22 : 48.
BJ_3 S54; 22 : 18; 22 : 31; 22 : 36; 22 : 48.
BO_3^{3-} S54; 22 : 18; 22 : 31; 21 : 32.
CO_3^{2-} S54; 22 : 31.
NO_3^- S54; 22 : 31.
SO_3 S54; 22 : 31.

Anmerkung: für die Näherungslösung Y sind noch folgende Moleküle vollständig berechnet:

BY_3 mit Y = CH_3 22 : 18.
BY_3 mit Y = OH 21 : 26.
CY_3 mit Y = NH_2 22 : 31.

XY_3 (C_{3v})

NH_3	J112; 22 : 3; 22 : 12; 22 : 37; 22 : 48.
NF_3	J112; 22 : 16; 22 : 20; 22 : 51; 22 : 58; 22 : 67.
PH_3	22 : 3; 22 : 12; 22 : 37; 22 : 48.
PF_3	J112; 22 : 16; 22 : 20; 22 : 22 (zit.); 22 : 25.
PCl_3	J38; 22 : 25; 22 : 40.
AsH_3	22 : 3; 22 : 12; 22 : 37.
AsF_3	J112; 22 : 16; 22 : 20; 22 : 22.
SbH_3	22 : 3; 22 : 12; 22 : 37.

5-atomige Moleküle

XY_4 (T_d)

BF_4^-	S69; 22 : 46.
CH_4	S69; 22 : 12; 22 : 23; 22 : 48; 22 : 68.
CF_4	S69; 22 : 15; 22 : 20; 22 : 46; 22 : 48.
CCl_4	S69; 22 : 28.
SiH_4	22 : 12; 22 : 48.
SiF_4	S69; 22 : 15; 22 : 20; 22 : 48.
$SiCl_4$	S69; 22 : 8; 22 : 63; 22 : 64.
GeH_4	22 : 12.
GeF_4	22 : 20.
$GeCl_4$	22 : 8; 22 : 28; 22 : 63.
$SnCl_4$	22 : 8; 22 : 63.
$TiCl_4$	22 : 30.
VCl_4	22 : 30.
RuO_4	22 : 56; 22 : 61.
OsO_4	22 : 60; 14 : 1.

7-atomige Moleküle

XY_6 (O_h)

SF_6	J96; 22 : 1; 22 : 39; 22 : 66.
SbF_6	22 : 57.
TeF_6	J96; 22 : 1; 22 : 57.
JF_6	22 : 57.

In J96 sind noch folgende Moleküle zusammengefaßt:

RhF_6, WF_6, IrF_6, UF_6, NpF_6, PuF_6, SeF_6, Pt F_6.

Ordnung n = 3
3-atomige Moleküle
XYZ (C_s)

ONF	J80, 87 (Anharmonizität); 22 : 45; 22 : 59; 22 : 62; 9 : 1.
ONCl	J81; 22 : 62; 9 : 1.
ONBr	J82; 22 : 62; 9 : 1.

4-atomige Moleküle
XY_2Z (C_{2v})

NO_2F	22 : 24; 22 : 26 (Problem n = 2).
CH_2O	22 : 50. Anmerkung: Fast vollständig berechnet bei 22 : 32.

5-atomige Moleküle
$X(YZ)_2$ ($D_{\infty h}$)

$Au(CN)_2^-$	J122.
$Hg(CN)_2$	J122.

XY_3Z (C_{3v})

CH_3F	17 : 6.
CH_3Cl	22 : 11.
CH_3Br	22 : 11.
CH_3J	22 : 11.
CCl_3H	22:42.
$SiCl_3H$	22:43.

XY_2Z_2 (C_{2v})

CH_2Cl_2	22:50.

22.3.3. *Ordnung* n = 2: XYZ ($C_{\infty v}$), XY_2 (C_{2v}), YXXY ($D_{\infty h}$), XY_3 (D_{3h}), XY_3 (C_{3v}), XY_4 (T_d), XY_6 (O_h)

Vereinbarungen zur Einheit

Allgemein ist die Einheit der Kraftkonstanten mdyn/Å, die in den Tabellen 22:8 bis 22:17 nicht angeführt ist.

Ausnahmen:
a = mdyn;
b = mdyn · Å;
c = mdyn · rad^{-1};
d = mdyn · Å · rad^{-2}.

(Hinweis zu c und d: Diese Schreibweise beruht auf der Angabe der Winkelkoordinaten im Bogenmaß.)

Abkürzungen:
J = Isotopenfrequenzen;
Z = Zentrifugaldehnungseffekt;
C = Corioliskopplung;
S = Schwingungsamplituden;
T = Trägheitsdefekt;
R = Raman-Intensitäten;
anh. = Anharmonizitätskorrektur;
Hinweis = Hinweis auf Kraftkonstanten in weiteren Literaturstellen.

Tabelle 22:8. Kraftkonstanten für XYZ ($C_{\infty v}$)

Molekül XYZ ($C_{\infty v}$)	Kraftkonstanten						Literatur Bemerkungen
	f_{XY}	f_{YZ}	r_{XY}	r_{YZ}	f_{XYZ}	$f_{XY/ZY}$	
HCN	6,23	19,94				0,23 ± 0,48	(22:38), J
	6,23	18,77				−0,21	(12:10), C
	5,86	18,12				−0,09	(12:10), C, anh.
	5,62	18,85				−0,44	(22:52), J
				0,25b			(7:13)
FCN	8,54 ± 0,14	17,81 ± 0,30				0,37 ± 0,16	(12:10), C
				0,45b			(7:13)
ClCN	5,21 ± 0,05	17,50 ± 0,20				0,44 ± 0,16	(12:10), C
	4,97	17,92				0,66	(22:54), Z
	4,99	16,81				0,23	(22:75), J. gasförmig
	5,17	16,55				0,23	(22:75), J, dimer
	4,76 ± 0,02	18,45 ± 0,10				1,33 ± 0,01	(7:11), Z
				0,34b			(7:13)
BrCN	4,17 ± 0,05	17,51 ± 0,020				0,36 ± 0,16	(12:10), C
	3,92	18,48				1,11	(22:54), Z
	4,15	16,87				0,21	(22:75), J gasförmig
	4,10	16,75				0,21	(22:75), J. dimer
	4,00 ± 0,02	17,76 ± 0,10				0,70 ± 0,01	(7:11), Z
				0,31b			(7:13)
JCN	3,08 ± 0,03	17,87 ± 0,19				0,50 ± 0,16	(12:10), C
				0,28b			(7:13)
HCP	5,59 ± 0,11	8,95 ± 0,18				−0,20 ± 0,20	(22:41), C
	5,68	8,95				0,44	(22:41), C, 2. Lösung
OCS	15,35 ± 0,10	7,32 ± 0,04				0,96 ± 0,01	(7:11), Z
				0,66b			(7:13)

Molekül XYZ ($C_{\infty v}$)	f_{XY}	f_{YZ}	r_{XY}	r_{YZ}	f_{XYZ}	$f_{XY/ZY}$	Literatur Bemerkungen
OCSe	15,02	5,76				0,17	(22:54), Z
			0,57b				(7:13)
NNO	18,48 ± 0,09	11,83 ± 0,06	0,67d			1,13 ±0,04	(22:17), Z
	17,33	12,53	0,67b			0,73	(22:6), J
	18,78 ± 0,2	11,26 ± 0,36	0,67b			1,43 ± 0,12	(22:6), Hinweis

Tabelle 22:9. Kraftkonstanten von XY_2 (C_{2v})

Molekül XY_2 (C_{2v})	f_{XY}	f_{YXY}	$f_{XY/XY}$	$f_{XY/YXY}$	Literatur Bemerkungen
H_2O	8,45	0,75	– 0,10	0,17	(22:13), J, dazu Kraftkonstanten bei Wechselwirkungen mit 7 anderen Molekülen, anharm.
	8,45	0,70 b	– 0,10	0,22 a	(15:4), J anharm.
H_2S	4,29	0,43	– 0,01	0,07	(22:14), J
	4,28	0,75 b	– 0,01	0,09 a	(15:4), J
	4,28	0,44	– 0,02	0,02	(22:65), J
H_2Se	3,51	0,33	– 0,02	0,09	(22:14), J
	3,51	0,33	– 0,02	0,01	(22:65), J
OOO	5,70	1,28	1,52	0,33	(22:33), Z
SO_2	10,01	0,79	0,02	0,19	(5:7), Z; (22:9) J, Grundzustand
	6,72	0,45	0,05	0,17	(22:9), J, angeregter Zustand
	10,42	0,82	0,12	0,37	(22:74), J; (22:76), J
OF_2	3,95	0,72	0,81	0,14	(22:34), Z
	3,98±0,02	0,72±0,01	0,83±0,02	0,15±0,04	(22:29), T
ClO_2	7,02	0,65	– 0,17	0,01	(22:35), Z
NO_2	10,93±0,07	1,13±0,01	2,04±0,07	0,39±0,20	(22:5), J
	11,04±0,05	1,11±0,01	2,14±0,05	0,48±0,02	(22:7), J
CF_2	6,17±0,18	1,36±0,04b	1,53±0,17	0,52±0,04a	(22:82), Z, J
SiF_2	5,03	1,11b	0,31	0,22a	(22:83), C, anharm. bezogen, 6 kubische Kraftkonstanten

Tabelle 22:10. Kraftkonstanten von X_2Y_2 ($D_{\infty h}$)

Molekül			Kraftkonstanten				Literatur Bemerkungen
YXXY($D_{\infty h}$)	f_{XX}	f_{YX}	$f_{XY/XY}$	$f_{XX/XY}$	f_{YXX}	$f_{YXX/YXX}$	
HCCH	16,5	6,40	0,01	– 0,02	0,27 b	0,10b	(0:13), S. 189, J
NCCN	6,89 ±0,16	17,35 ±0,13		– 0,38 ±0,13	0,42 ±0,11		(22:44), J

Tabelle 22:11. Kraftkonstanten von $XY_3(D_{3h})$-Systemen

Molekül $XY_3(D_{3h})$	f_{XY}	f_{YXY}	Kraftkonstanten $f_{XY/XY}$	$f_{YXY/YXY}$	$f_{XY/YXY}$	$f'_{XY/YXY}$	f_γ	Literatur Bemerkungen
BF_3	7,15	0,35	0,84	− 0,18	0,21	− 0,11		(21:32), J anh.
	7,15	0,53 + $f_{YXY/YXY}$	0,84		0,32 + $f'_{XY/YXY}$		0,88	(21:32), J
	7,28 ± 0,05	0,52 + $f_{YXY/YXY}$	0,78 ± 0,05		0,31 ±0,03 + $f'_{XY/YXY}$			(22:10), C; (22:48), J
BCl_3	3,29	0,18	0,80	− 0,09	0,02	− 0,01		(22:18), J, anh.
	2,87	0,38 + $f_{YXY/YXY}$	1,01		0,14 + $f'_{XY/YXY}$		0,43	(21:32), J
	3,68	0,24 + $f_{YXY/YXY}$	0,51		0,14 + $f'_{XY/YXY}$			(22:48), J
BBr_3	2,95	0,14	0,40	− 0,07	0,09	− 0,05		(22:18), J, anh.
	3,12	0,20 + $f_{YXY/YXY}$	0,33		0,20 + $f'_{XY/YXY}$		0,24	(21:32), J
	3,41	0,18 + $f_{YXY/YXY}$	0,11		0,35 + $f'_{XY/YXY}$		0,29	(22:36), J
	2,85	0,20 + $f_{YXY/YXY}$	0,39		0,13 + $f'_{XY/YXY}$			(22:48), J
BJ_3	1,88	0,12	0,41	− 0,06	0,01	−0,01		(22:18), J, anh.
	2,05	0,15 + $f_{YXY/YXY}$	0,32		0,04 + $f'_{XY/YXY}$		0,24	(22:36), J
	2,10	0,14 + $f_{YXY/YXY}$	0,28		0,08 + $f'_{XY/YXY}$			(22:48), J
BO_3^{3-}	6,34	0,46	0,98	− 0,23	0,41	− 0,21	0,89	(22:18), J anh.
	6,8 ± 0,2	1,27 ± 0,02 b	0,8 ± 0,1		0,85 ± 0,15 a			(22:31), J
	6,35	0,69 + $f_{YXY/YXY}$	0,98		0,62 + $f'_{XY/YXY}$			(21:32), J
CO_3^{2-}	7,86	1,72	1,35		0,7		1,46	(22:31), J
NO_3^-	8,07	1,61	1,18		0,7		1,45	(22:31), J
	8 ± 0,1	1,63 ± 0,01	1,20 ± 0,05		0,70 ± 0,05			(22:31), J
SO_3	10,69	0,62 + $f_{YXY/YXY}$	0,07		0,36 + $f'_{XY/YXY}$		0,93	(13:7), C

Tabelle 22:12. Kraftkonstanten von $XY_3(C_{3v})$-Systemen

Molekül	Kraftkonstanten						Literatur
$XY_3(C_{3v})$	f_{XY}	f_{YXY}	$f_{XY/XY}$	$f_{YXY/YXY}$	$f_{XY/YXY}$	$f'_{XY/YXY}$	Bemerkungen
NH_3	6,46	0,55	0,01	0,07	0,16	0	(22:48), J
	6,97 ± 0,05	0,65 ± 0,03	0,08 ± 0,08	– 0,01 ± 0,05	0,11 ± 0,39	0,31 ± 0,18	(22:3), J
NF_3	4,35	1,92 b	0,67	0,31 b	0,47 a	– 0,18 a	(22:51), Z
	4,16	1,06	0,80	– 0,16	0,30	– 0,02	(22:67), J, C
PH_3	3,11	0,33	0	– 0,02	0,04	0	(22:48), J
PF_3	5,35	1,52 b	0,27	0,40	0,21 a	– 0,47 a	(22:25), Z
PCl_3	2,05	1,43 b	0,37	0,04 b	0,21 a	0 a	(22:25), Z
	2,40	1,23 b	0,31	0,16 b	0,10 a	0,13a	(22:40), C
AsH_3	2,58 ± 0,29	1,06 ± 0,36 b	0,05 ± 0,19	0,01 ± 0,15 b	0,08 ± 0,28 a	0,27 ± 0,76 a	(22:3), J
AsF_3	4,64	1,13 b	0,37	0,26 b	0,18 a	– 0,06 a	(22:20), C, Z
SbH_3	2,09 ± 0,20	0,93 ± 0,31 b	0,01 ± 0,09	0,15 ± 0,30 b	0,33 ± 0,27 a	0,25 ± 0,26 a	(22:3), J

Tabelle 22:13. Kraftkonstanten von $XY_4(T_d)$-Systemen

Anmerkung: Zur Berechnung der 7 Kraftkonstanten für innere Koordinaten stehen nur 5 Gleichungen zur Verfügung. Deshalb werden 3 Symmetriekraftkonstanten verwendet:

$F_{22} = f_{YXY} - 2 f_{YXY/YXY} + f'_{YXY/YXY}$; $F_{44} = (f_{YXY} - f'_{YXY/YXY})$;

$F_{34} = \sqrt{2}(f_{XY/YXY} - f'_{XY/YXY})$.

Molekül			Kraftkonstanten			Literatur
$XY_4(T_d)$	f_{XY}	$f_{XY/XY}$	F_{22}	F_{44}	F_{34}	Bemerkungen
CH_4	5,50	0,12	0,49	0,46	0,21 ± 0,02	(22:12), C
						(22:23), C
	5,40	0,02	0,49	0,46	0,20 ± 0,01	(22:68), J
	4,95	0,04	0,47	0,42	0,17 ± 0,04	(22:48), J
CF_4	6,98	0,76	0,71	1,01	0,84	(22:15), C
						(22:20), C
	6,46	0,93	0,71	1,09	0,49	(22:20), C
CCl_4	3,59 ± 0,56	0,24 ± 0,2	0,31	0,38 ± 0,03	0,52 ± 0,21	(22:28), S
	3,12	0,42	0,34	0,44	0,29	(16:6), J
	3,09	0,44	0,33	0,44	0,39	(22:48), J
CBr_4	2,42	0,32	0,23	0,32	0,29	(22:48), J
CJ_4	1,69	0,23	0,20	0,24	0,21	(22:48), J
SiH_4	2,98	− 0,05	0,19	0,24	0,03	(22:12), C, harmonisch
	2,77	0,03	0,19	0,23	0,02	(22:12), C, anharmonisch
	2,75	0,03	0,19	0,23	0,03	(22:48), J
SiF_4	6,73 ± 0,07	0,15 ± 0,03	0,27	0,44 ± 0,01	0,38 ± 0,05	(22:20), C
	6,23	0,32	0,26	0,46	0,07	(22:48), J,
	6,16 ± 0,15	0,33 ± 0,05	0,27	0,47 ± 0,02	0,04 ± 0,06	(22:15), C
$SiCl_4$	3,23	0,18	0,16	0,23	0,19	(22:69), C
	3,16	0,20	0,16	0,24	0,14	(22:64), C
	2,87	0,30	0,16	0,26	0,05	(22:48), J
$SiBr_4$	2,17	0,25	0,13	0,21	0,05	(22:48), J
SiJ_4	1,55	0,19	0,10	0,16	0,03	(22:48), J
$TiCl_4$	2,71 ± 0,36	0,15 ± 0,13	0,10	0,12 ± 0,02	0,06 ± 0,22	(22:30), S
GeH_4	2,81	0	0,18	0,21	0,08	(22:12), C harmonisch
	2,64	0,01	0,17	0,20	0,08	(22:12), C anharmonisch
GeF_4	5,87 ± 0,04	0,08 ± 0,01		0,27 ± 0,01	0,24 ± 0,04	(22:20), C
$GeCl_4$	2,79 ± 0,23	0,16 ± 0,08	0,12	0,18 ± 0,01	0,12 ± 0,20	(22:28), S
	2,87 ± 0,10	0,14 ± 0,03	0,12	0,17	0,13 ± 0,08	(22:72), C
$SnCl_4$	2,79 ± 0,04	0,01 ± 0,01	0,07 ± 0,01	0,16 ± 0,03	0,39 ± 0,10	(22:80), S, R
	2,70 ± 0,04	0,03 ± 0,03	0,07	0,12 ± 0,01	0,23 ± 0,11	(22:72), C
						(22:79), J
	2,70 ± 0,08	0,03 ± 0,03	0,07	0,25 ± 0,12	0,13 ± 0,02	(22:70), C, J
VCl_4	2,35 ± 0,12	0,26 ± 0,04	0,11	0,12 ± 0,02	− 0,15 ± 0,06	(22:30), S

Molekül XY_4 (T_d)	Kraftkonstanten f_{XY}	$f_{XY/XY}$	F_{22}	F_{44}	F_{34}	Literatur Bemerkungen
RuO_4	6,70	0,21	0,27	0,38	0,07	(22:61), C
OsO_4	8,22 ± 0,06	0,21 ± 0,02	0,37	0,45 ± 0,02	0,01 ± 0,08	(22:60), C
	8,06 ± 0,04	0,26 ± 0,01	0,37	0,43 ± 0,01	0,05 ± 0,01	(14:1), C
	7,62 ± 0,38	0,41 ± 0,13	0,37	0,55 ± 0,12	0,58 ± 0,52	(14:1), S
XeO_4	6,40 ± 0,10	– 0,08 ± 0,04	0,23 ± 0,01	0,36 ± 0,03	0,11 ± 0,03	(22:78), J, C harmonisch
	6,05	– 0,12	0,22	0,35	0,10	(22:78), J, C
BF_4^-	5,30	0,44	0,47	0,65	0,73	(22:46), J (22:81), J

Tabelle 22:14. Kraftkonstanten von $XY_6(O_h)$-Systemen

Anmerkung: Da für die 6 auf die Deformation bezogenen Kraftkonstanten nur 4 Gleichungen zur Verfügung stehen, sind hierfür die Symmetriekraftkonstanten angeführt: Es ist:

$F_{34} = -2\,(f_{XY/YXY} - f'_{XY/YXY})$;

$F_{44} = (f_{YXY} + 2\,f_{YXY/YXY} - 2\,f''_{YXY/YXY} - f'''_{YXY/YXY})$;

$F_{55} = (f_{YXY} + f'''_{YXY/YXY} - 2\,f'_{YXY/YXY})$;

$F_{66} = (f_{YXY} - 2\,f_{YXY/YXY} + 2\,f''_{YXY/YXY} - f'''_{YXY/YXY})$.

Molekül $XY_6(O_h)$	Kraftkonstanten f_{XY}	$f_{XY/XY}$	$f'_{XY/XY}$	F_{34}	F_{44}	F_{55}	F_{66}	Literatur Bemerkungen
SF_6	5,04	0,35	0,29	– 0,74	1,10	0,77	0,66	(22:1), C
	5,26	0,34	0,01	– 0,89	1,03			(22:39), C
	5,32	0,34	–0,05	– 0,93	1,03			(22:66), J
TeF_6	5,10	0,07	0,12	– 0,24	0,40	0,27	0,22	(22:1), C
ReF_6	4,88	0,40	–0,1010	– 0,50	0,31			(22:71), C

*22.3.4. **Ordnung*** n = 3: $XYZ(C_s)$, $XY_2Z(C_{2v})$, $ZXY_3(C_{3v})$

Vereinbarungen und Abkürzungen siehe 22.3.3.

Tabelle 22:15. Kraftkonstanten von $XYZ(C_s)$-Systemen

Molekül $XYZ(C_s)$	Kraftkonstanten f_{XY}	f_{YZ}	f_{XYZ}	$f_{XY/YZ}$	$f_{XY/XYZ}$	$f_{YZ/XYZ}$	Literatur Bemerkungen
ONF	15,71	3,01	0,73	1,15	0,12	0,32	(22:62), J, Zusammenstellung von 6 Lösungen
	15,92 ± 0,05	2,26 ± 0,10	1,82 ± 0,02 d	2,36 ± 0,31	0,27 ± 0,07 c	0,21 ± 0,02 c	(22:45), J
	15,93 ± 0,05	2,31 ± 0,13	1,82 ± 0,03 d	2,50 ± 0,36	0,27 ± 0,07 c	0,20 ± 0,03 c	(22:59), J, Auswahl der Lösungen mit Daten von J u. T
ONCl	15,18	2,39	0,30	1,14	0,23	0,22	(22:62), J, 5 weitere Lösungen angeführt
ONBr	15,40	1,37	0,36	1,10	0,38	0,02	(22:62), J, 5 weitere Lösungen
	15,25 ± 0,04	1,13 ± 0,05	1,13 ± 0,02 d	1,47 ± 0,36	0,11 ± 0,20 c	0,10 ± 0,02 c	(22:73), J

Tabelle 22:16. Kraftkonstanten von $XY_2Z(C_{2v})$-Systemen

Anmerkung: Es werden die Symmetriekraftkonstanten und die auf die Valenz bezogenen Kraftkonstanten für innere Koordinaten angegeben. Es bedeutet:

$F_{11} = f_{XY} + f_{XY/XY}$; $F_{22} = f_{XZ}$;

$F_{33} = \frac{1}{3}(2 f_{YXY} + f_{YXZ} - 4 f_{YXY/YXZ} + f_{YXZ/YXZ})$; $F_{12} = \sqrt{2} f_{YX/XZ}$;

$F_{13} = \frac{\sqrt{3}}{3}(2 f_{XY/YXY} - f_{YX/YXZ} - f'_{YX/YXZ})$;

$F_{23} = \frac{\sqrt{6}}{3}(f_{XZ/YXY} - f_{XZ/YXZ})$; $F_{44} = f_{XY} - f_{XY/XY}$;

$F_{55} = f_{YXZ} - f_{YXZ/YXZ}$; $F_{45} = f_{XY/YXZ} - f'_{XY/YXZ}$.

Kraftkonstanten	Molekül COH_2	COF_2	NO_2F	NO_2F
F_{11}	4,40 ± 0,08		13,23 ± 0,05	13,13 ± 0,05
$F_{22} = f_{XZ}$	12,76 ± 0,34		2,71	3,21 ± 0,03
F_{33}	0,56 ± 0,03		1,40 ± 0,01 b	1,03 ± 0,01 b
F_{12}	0,96 ± 0,59		1,70 ± 0,04	0,34 ± 0,04
F_{13}	– 0,18 ± 0,32		0,35	0,98
F_{23}	– 0,41 ± 0,17		–0,76 ± 0,01 a	–0,46 ± 0,01 a
F_{44}	4,33 ± 0,08	4,95 ± 0,07	10,38 ± 0,10	10,38 ± 0,10
F_{55}	0,85 ± 0,02	1,28 ± 0,02 b	1,32 ± 0,01 b	1,32 ± 0,01 b
F_{45}	– 0,06 ± 0,25	0,48 ± 0,02 a	0,60 ± 0,05 a	0,60 ± 0,05 a
f_{XY}	4,37 ± 0,08		11,81	11,76
$f_{XY/XY}$	0,03 ± 0,12		1,43	1,38
$f_{XY/XZ}$	0,68 ± 0,42		1,20	0,24
Literatur	(22:50), J	(22:26), Z	(22:24), J, Z	(22:24), J, Z
Anmerkungen			1. Lösung	2. Lösung

Tabelle 22:17. Kraftkonstanten von $ZXY_3(C_{3v})$-Systemen

Anmerkung: Nach (6:16) bedeuten die Symmetriekraftkonstanten (eine andere Darstellung findet sich in (0:9), S. 432–462):

$F_{11} = f_{XY} + 2\,f_{XY/XY}$; $F_{33} = f_{XZ}$; $F_{13} = 3\,f_{XY/XZ}$; (nach (0:9) u. 4.9.: $F_{13} = \sqrt{3}\,f_{XY/XZ}$;)

$F_{22} = 0{,}5\,(P - Q)^2\,(f_{YXY} + 2\,f'_{YXY/YXY}) + 0{,}5\,(P + Q)^2\,(f_{YXZ} + 2\,f'_{YXZ/YXZ})$
$- (P^2 - Q^2)\,(f'_{YXY/YXZ} + 2\,f_{YXY/YXZ})$;

$F_{12} = (2)^{-1/2}\,((P - Q)\,(f'_{XY/YXY} + 2\,f_{XY/YXY}) - (P + Q)\,(f_{XY/YXZ} + 2\,f'_{XY/YXZ}))$;

$F_{23} = (1{,}5)^{1/2}\,((P - Q)\,f_{XZ/YXY} - (P + Q)\,f_{XZ/YXZ})$.

$F_{44} = f_{XY} - f_{XY/XY}$; $F_{55} = f_{YXY} - f'_{YXY/YXY}$; $F_{66} = f_{YXZ} - f'_{YXZ/YXZ}$;

$F_{45} = f'_{XY/YXY} - f_{XY/YXY}$; $F_{46} = f_{XY/YXZ} - f'_{XY/YXZ}$;

$F_{56} = f'_{YXY/YXZ} - f_{YXY/YXZ}$.

Dabei sind die Abkürzungen:

$P = (1 + K)\,(2 + 2\,K^2)^{1/2}$; $Q = (1 - K)\,(2 + 2\,K^2)^{1/2}$;

$K = -\,3 \sin\beta \cos\beta \sin^{-1}\alpha$.

Kraftkonstanten	Molekül $ZXY_3(C_{3v})$ $ClCH_3$	$BrCH_3$	JCH_3	$HCCl_3$	$HSiCl_3$
F_{11}	5,49	5,53	5,53	4,33	3,05
F_{12}	0,07	0,11	0,16	0,22	−0,11
F_{13}	0,06	0,04	− 0,01	−0,15	0,09
F_{22}	0,54	0,51	0,48	0,96	0,48
F_{23}	− 0,49	− 0,44	− 0,38	0,21	0,02
F_{33}	3,50	2,94	2,39	5,00	2,96
F_{44}	5,36	5,44	5,45	2,43	2,85
F_{45}	− 0,12	− 0,14	− 0,13	− 0,15	− 0,12
F_{46}	0,06	0,07	0,12	0,17	0,13
F_{55}	0,46	0,45	0,45	1,01	0,32
F_{56}	− 0,02	− 0,02	− 0,01	0,23	− 0,04
F_{66}	0,61	0,55	0,47	0,56	0,25
f_{XZ}	3,50	2,94	2,39	5,00	2,96
f_{XY}	5,40	5,47	5,48	3,06	2,92
$f_{XY/XY}$	0,04	0,03	0,03	0,64	0,07
$f_{XY/XZ}$	0,02	0,01	0	−0,05	0,03
Literatur Anmerkungen	(22:11), J, C	(22:11), J, C, Z	(22:11), J, C, Z	(22:42), C, Z, J teilweise anharmonizitätskorrigiert	(22:43), J, C

Literaturverzeichnis

Allgemeine Literatur

Es folgt eine Zusammenstellung der Monographien und Lehrbücher, die für das vorliegende Buch häufig benutzt worden sind.

Molekülspektroskopie

0 : 1 *Allen, H. C. and P. C. Cross,* Molecular Vib-Rotors – The Theory and Interpretation of High Resolution Infrared Spectra.(London 1963).

0 : 2 *Avram, M. u. Gh. D. Matecscu,* Spectroscopia infrarosu aplicatii in Chimia Organica. (Bucuresti 1966).

0 : 3 *Barrow, G. M.*, Introduction to Molecular Spectroscopy. (New York 1962).

0 : 4 *Bellamy, L. J.*, (übersetzt von *W. Brügel),* Ultrarot-Spektrum und chemische Konstitution. (Darmstadt 1966).

0 : 5 *Bhagavantam, S. and T. Venkatarayudu,* Theory of Groups and its Application to Physical Problems. (Waltair 1962).

0 : 5a *Borsdorf, R. u. M. Scholz,* Spektroskopische Methoden in der organischen Chemie. (Berlin 1968).

0 : 6 *Brand, J. C. D. and J. C. Speakman,* Molecular Structure – The Physical Approach. (London 1964).

0 : 7 *Brandmüller, J. u. H. Moser,* Einführung in die Ramanspektroskopie. (Darmstadt 1962).

0 : 8 *Brügel, W.*, Einführung in die Ultrarotspektroskopie. (Darmstadt 1969).

0 : 9 *Colthup, N. B., L. H. Daly and S. E. Wiberley,* Introduction to Infrared and Raman Spectroscopy. (New York 1964).

0 : 10 *Cross, A. D. and R. A. Jones,* An Introduction to Practical Infra-red Spectroscopy. (London 1969).

0 : 11 *Cyvin, S. J.*, Molecular Vibrations a. Mean Square Amplitudes, (Amsterdam 1968).

0 : 12 *Cyvin, S. J.*, Mean Amplitudes of Vibration in Molecular Structure Studies, (University Trondheim 1960).

0 : 12a *Cyvin, S. J.*, (Editor), Molecular Structures and Vibrations. (Amsterdam 1972).

0 : 13 *Davies, M.*, (als Herausgeber), Infra-red Spectroscopy a. Molecular Structure – an Outline of the Principles, (Amsterdam 1963).

0 : 13a *Fateley, W. G., F. R. Dollish, N. T. McDevitt and F. F. Bentley,* Infrared and Raman Selection Rules for Molecular and Lattice Vibrations. (New York 1972).

0 : 14 *Ferraro, J. R. and J. S. Ziomek,* Introductory Group Theory and its Application to Molecular Structure. (New York 1969).

0 : 14a *Gans, P.*, Vibrating Molecules – An Introduction to the Interpretation of Infrared and Raman Spectra. (London 1971).

0 : 15 *Gribov, L.*, Wwedenie W Teoriju i Rastschet Kolebatelnych Spektrow Mnoqoatomnych Molekul. (Leninqrad 1965).

0 : 16 *Herzberg, G.*, Molecular Spectra a. Molecular Structure, I. Spectra of Diatomic Molecules. (New York 1955).

0 : 17 *Herzberg, G.*, Molecular Spectra a. Molecular Structure, II. Infrared and Raman Spectra of Polyatomic Molecules. (New York 1962).

0 : 17a *Herzberg, G.*, Einführung in die Molekülspektroskopie. (Darmstadt 1973).
0 : 18 *Jones, L. H.*, Inorganic Vibrational Spectroscopy, Vol. I. (New York 1971)
0 : 19 *Kemmerer, G.*, Infrarot-Spektroskopie. (Stuttgart 1969).
0 : 20 *Kohlrausch, K. W. F.*, Der Smekal-Raman-Effekt. (Berlin 1931).
0 : 21 *Kohlrausch, K. W. F.*, Der Smekal-Raman-Effekt Ergänzungs-Band 1931–1937. (Berlin 1938).
0 : 22 *Kohlrausch, K. W. F.*, Ramanspektren. (Leipzig 1943).
0 : 22a *Koningstein, J.*, Introduction to the theory of the Raman Effect. (Dordrecht 1972).
0 : 23 *Landolt-Börnstein*, Zahlenwerte und Funktionen, I. Band, 2. Teil, Molekeln I. (Berlin 1951).
0 : 24 *Maas, van der, J. H.*, Basic Infrared Spectroscopy. (London 1969).
0 : 25 *Mathiak, K., u. P. Stingl*, Gruppentheorie für Chemiker, Physiko-Chemiker, Mineralogen. (Braunschweig 1968).
0 : 26 *Mathieu, J. P.*, Spectres de vibration et symétrie des molécules et des cristaux. (Paris 1946).
0 : 27 *Matossi, F.*, Gruppentheorie der Eigenschwingungen von Punktsystemen. (Berlin 1961).
0 : 28 *Matossi, F.*, Der Raman-Effekt. (Braunschweig 1959).
0 : 29 *Nakamoto, K.*, Infrared Spectra of Inorganic a. Coordination Compounds. (New York 1970).
0 : 30 *Placzek, G.*, in: Handbuch der Radiologie, 2. Aufl., Band VI, Teil 2, S. 209–374. (Leipzig 1934).
0 : 30a *Ross, S.*, Inorganic Infrared and Raman Spectra. (London 1972).
0 : 31 *Shimanouchi, T.*, (als Herausgeber), Ultrarotabsorptionsspektroskopie. (Tokio 1963). (in japanisch).
0 : 32 *Siebert, H.*, Anwendungen der Schwingungsspektroskopie in der Anorganischen Chemie. (Berlin 1966).
0 : 33 *Stuart, H. A.*, unter Mitarbeit von *E. Funck* u. *W. Müller-Warmuth*, Molekülstruktur – Physikalische Methoden zur Bestimmung der Struktur von Molekülen und ihre wichtigsten Ergebnisse. (Berlin 1967).
0 : 34 *Sverdlow, L. M., M. A. Kowner* u. *E. P. Krajnow*, Kolebatelnyje Spektry Mnogoatomnych Molekul, in: Fisika i Technika Spektralnogo Analisa. (Moskwa 1970).
0 : 34a *Turrell, G.*, Infrared and Raman Spectra of Crystals. (London 1972).
0 : 34a *Volkmann, H.*, (als Herausgeber), Handbuch der Infrarot-Spektroskopie. (Weinheim 1972).
0 : 35 *Williams, D. H.*, u. *Ian Fleming*, (übersetzt von *B. Zeeh)*, Spektroskopische Methoden in der organischen Chemie. (Stuttgart 1968).
0 : 36 *Wilson, E. B., Jr., J. C. Decius* u. *P. C. Cross*, Molecular Vibrations – The Theory of Infrared and Raman Vibrational Spectra. (New York 1955).

Chemische Bindung und Quantenchemie

0 : 37 *Bethe, H. A. and E. E. Salpeter*, Quantum Mechanics of One- and Two-Electron Systems
in: Handbuch der Physik, Bd. XXXV., Atome I, herausgeg. von *S. Flügge*. (Berlin 1957) 88–436.
0 : 38 *Bingel, W.*, Theorie der Molekülspektren, (Weinheim 1967).
0 : 39 *Coulson, C. A.*, Die Chemische Bindung, (übersetzt und ergänzt von *F. Wille)*. (Stuttgart 1969).
0 : 40 *Dood, R. E.*, Chemical Spectroscopy. (Amsterdam 1962).
0 : 41 *Eyring, H., J. Walter, and G. E. Kimball*, Quantum Chemistry. (New York 1964).
0 : 41a *Hanna, M. W.*, Quantenmechanik in der Chemie. (Darmstadt 1976).
0 : 42 *Hartmann, H.*, Theorie der chemischen Bindung auf quantentheoretischer Grundlage. (Berlin 1954).

0 : 43 *Hartmann, H.*, Die chemische Bindung. (Berlin 1964).
0 : 43a *Hensen, K.*, Theorie der chemischen Bindung (Darmstadt 1975).
0 : 44 *Pauling, L.*, Die Natur der chemischen Bindung, (übersetzt von *H. Noller).* (Weinheim 1964).
0 : 45 *Kotani, M., K. Ohno* u. *K. Kayama*, Quantum Mechanics of Electronic Structure of Simple Molecules, in: Handbuch der Physik, Herausg. *S. Flügge*, Bd.XXXVII/2, Moleküle II. (Berlin 1961) 1–172.
0 : 46 *Krebs, H.*, Grundzüge der anorganischen Kristallchemie. (Stuttgart 1968).
0 : 46a *Kutzelnigg, W.*, Einführung in die Theoretische Chemie, Bd. 1, Quantenmechanische Grundlagen. (Weinheim 1975).
0 : 47 *Nielsen, H. H.*, The Vibration-rotation Energies of Molecules and their Spectra in the Infra-red, in: Handbuch der Physik, Herausg. *S. Flügge*, Bd. XXXVII/1, Atome III – Moleküle I. (Berlin 1959) 173–313.
0 : 47a *Orville-Thomas, W. J.*, The Structure of Small Molecules. (Amsterdam 1966).
0 : 48 *Preuss, H.*, Grundriss der Quantenchemie. (Mannheim 1962).
0 : 49 *Preuss, H.*, Quantentheoretische Chemie, bisher 3 Bände erschienen. (Mannheim 1963, 1965, 1967).
0 : 50 *Sandorfy, C.*, Die Elektronenspektren in der Theoretischen Chemie, (übersetzt u. bearbeitet von *H. v. Hirschhausen).* (Weinheim 1961).
0 : 51 *Schulze, W.*, Molekülbau – Theoretische Grundlagen und Methoden der Strukturermittlung. (Berlin 1958).
0 : 52 *Seel, F.*, Atombau und chemische Bindung. (Stuttgart 1963).
0 : 53 *Wolkenstein, M. W.*, Struktur und physikalische Eigenschaften der Moleküle. (Leipzig 1960).

Ergänzend werden die vielfach hier benützten Werke aus der Mathematik, Physik, physikalischen Chemie und Quantenchemie aufgeführt.

Mathematik

Grundlagenwerke

0 : 54 *Baule, B.*, Die Mathematik des Naturforschers und Ingenieurs, 8 Bände. (Leipzig 1963–1966).
0 : 55 *Strubecker, K.*, Einführung in die Höhere Mathematik, Bd. I: Grundlagen. (München 1966).

Matrizen

0 : 56 *Faddeeva, V. N.*, Computational Methods of Linear Algebra, (Authorized translation from the Russian by *C. D. Benster).* (Dover, New York 1959).
0 : 57 *Faddejew, D. K.* u. *W. N. Faddejewa*, Numerische Methoden der linearen Algebra. (München 1964).
0 : 58 *Gantmacher, F. R.*, Matrizenrechnung, Teil I: Allgemeine Theorie, Teil II: Spezielle Fragen und Anwendungen. (VEB Berlin 1958, 1959). (Übersetzung aus dem Russischen: *K. Stengert).*
0 : 59 *Gantmacher, F. R. u. M. G. Krein*, Oszillationsmatrizen, Oszillationskerne und kleine Schwingungen mechanischer Systeme, (Wissenschaftliche Bearbeitung der deutschen Ausgabe *A. Stöhr).* (Berlin 1960).
0 : 60 *Schwarz, H. R., H. Rutishauser, E. Stiefel*, Matrizen-Numerik. (Stuttgart 1968).
0 : 61 *Wilkinson, J. H.*, The Algebraic Eigenvalue Problem. (Oxford 1965).
0 : 62 *Zurmühl, R.*, Matrizen und ihre technischen Anwendungen. (Berlin 1961).

Determinanten

0 : 63 *Muir, T.*, A Treatise on the Theory of Determinants, Revised and enlarged by *W. H. Metzler.* (New York 1933).
0 : 64 *Neiss, F.*, Determinanten und Matrizen. (Berlin 1962).
0 : 65 *Netto, E.*, Die Determinanten. (Leipzig 1910).

Algebra

0 : 66 *Bauer, G.*, Vorlesungen über Algebra. (Leipzig 1903).
0 : 67 *Dörrie, H.*, Praktische Algebra. (München 1955).
0 : 68 *Dörrie, H.*, Kubische und biquadratische Gleichungen. (München 1948).
0 : 69 *Ferrar, W. L.*, Elemente der Algebra. (München 1953).
0 : 70 *Ferrar, W. L.*, Höhere Algebra. (München 1954).
0 : 71 *Netto E.*, Vorlesungen über Algebra, 1. u. 2. Bd. (Leipzig 1896, 1900).
0 : 72 *Netto, E.*, Elementare Algebra. (Leipzig 1913).
0 : 73 *Netto, E.*, Algebra. (Leipzig 1915).
0 : 74 *Perron, O.*, Algebra, 1. Bd.: Die Grundlagen, 2. Bd.: Theorie der algebraischen Gleichungen. (Berlin 1951).
0 : 74a *Rang, O.*, Vektoralgebra UTB 194 (Darmstadt 1973).

Praktische Analysis

0 : 75 *Collatz, L.*, Eigenwertaufgaben mit technischen Anwendungen. (Leipzig 1949).
0 : 76 *Collatz, L.*, Numerische Behandlung von Differentialgleichungen. (Berlin 1955).
0 : 77 *Linnik, J. W.*, Methode der kleinsten Quadrate in moderner Darstellung. (Berlin 1961).
0 : 78 *Meyer zur Capellen, W.*, Mathematische Instrumente. (Leipzig 1949).
0 : 79 *Müller, D.*, Programmierung elektronischer Rechenanlagen. (Mannheim 1964).
0 : 80 *Noble, B.*, Numerisches Rechnen – Iteration, Programmierung und algebraische Gleichungen. (Mannheim 1964).
0 : 80a *Stiefel, E.*, Einführung in die numerische Mathematik. (Stuttgart 1969).
0 : 81 *Willers, Fr. A.*, Methoden der praktischen Analysis. (Berlin 1950).
0 : 82 *Zurmühl, R.*, Praktische Mathematik für Ingenieure und Physiker. (Berlin 1965).

Formelsammlungen und Tabellenwerke

0 : 83 *Barlow's* Tables of Squares Cubes Square Roots Cube Roots and Reciprocals of all Integers up to 12,500. (London 1950).
0 : 84 *Bronstein, I. N. u. K. A. Semendjajew*, Taschenbuch der Mathematik. (Leipzig 1959).
0 : 85 *Gellert, W., H. Küstner, M. Hellwich, u. H. Kästner*, Kleine Enzyklopädie Mathematik. (Basel 1967).
0 : 86 *Laska, W.*, Sammlung von Formeln der Reinen und A gewandten Mathematik. (Braunschweig 1888–1894).
0 : 87 *Ringleb, F.*, Mathematische Formelsammlung. (Berlin 1949).
0 : 88 *Schulz, G.*, Formelsammlung zur praktischen Mathematik. (Berlin 1945).
0 : 89 *Vogel, A.*, Vierstellige Funktionentafeln. (Stuttgart 1966).

Physik

Gruppentheorie und deren physikalische Anwendungen

0 : 89a *Cracknell, A.*, Angewandte Gruppentheorie – Einführung und Originaltexte. (Berlin 1971).
0 : 90 *Hamermesh, M.*, Group Theory and its Application to Physical Problems. (London 1962).
0 : 91 *Heine, V.*, Group Theory in Quantum Mechanics. (Oxford 1964).

0 : 92 *Hochstrasser, R. M.*, Molecular Aspects of Symmetry. (New York 1966).
0 : 93 *Jaffé, H. H., and M. Orchin*, Symmetry in Chemistry. (New York 1965). (Deutsche Übersetzung, *E. Fluck*. (Heidelberg 1973).
0 : 94 *Ljubarski, G. J.*, Anwendungen der Gruppentheorie in der Physik. (Übersetzung aus dem Russischen; *H. Boseck, H. Bothe*, (VEB Berlin 1962).
0 : 95 *Schonland, D. S.*, Molecular Symmetry, – An Introduction to Group Theory and its Uses in Chemistry.
0 : 96 *Speiser, A.*, Die Theorie der Gruppen von endlicher Ordnung, mit Anwendungen auf algebraische Zahlen und Gleichungen sowie auf die Krystallographie. (Basel 1956).
0 : 97 *Weyl, H.*, Gruppentheorie und Quantenmechanik. (Stuttgart 1967).

Geometric

0 : 97a *Fejes Tóth, L.*, Lagerungen in der Ebene, auf der Kugel und im Raum. (Berlin 1972).

Mathematische Physik

0 : 98 *Madelung, E.*, Die mathematischen Hilfsmittel des Physikers. (Berlin 1953).
0 : 99 *Margenau, H. u. G. M. Murphy*,i Die Mathematik für Physik und Chemie, Band 1. (Frankfurt 1965).

Experimentalphysik

0 : 100 *Gerthsen, C. u. H. O. Kneser*, Physik. (Berlin 1966).
0 : 101 *Pohl, R. W.*, Einführung in die Physik, Bd. III, Optik u. Atomphysik. (Berlin 1952).

Theoretische Physik

0 : 102 *Joos, G.*, Lehrbuch der Theoretischen Physik. (Frankfurt/M. 1959).
0 : 102a *Sommerfeld, A.*, Vorlesungen über Theoretische Physik, 6 Bände. (Wiesbaden 1949, 1957, 1949, 1950, 1952, 1947).
0 : 103 *Weizel, W.*, Lehrbuch der Theoretischen Physik, 1. Bd.: Physik der Vorgänge, 2. Bd.: Struktur der Materie. (Berlin 1955, 1958).

Mechanik

0 : 104 *Klotter, K.*, Technische Schwingungslehre, 2. Bd.: Schwinger von mehreren Freiheitsgraden (Mehrläufige Schwinger). (Berlin 1960).
0 : 105 *Szabó, I.*, Höhere Technische Mechanik. (Berlin 1958).
0 : 105a *Thüring, B.*, Die Gravitation und die philosophischen Grundlagen der Physik. (Berlin 1967).

Quantenphysik

0 : 106 *Becker, R.*, Theorie der Elektrizität. 2. Bd.: Einführung in die Quantentheorie der Atome und der Strahlung, (neu bearbeitet von: *G. Leibfried, u. W. Brenig*). (Stuttgart 1959).
0 : 107 *Becker, R.*, Theorie der Wärme. (Berlin 1966).
0 : 108 *Blochinzew, D. I.*, Grundlagen der Quantenmechanik. (Berlin 1953).
0 : 109 *Döring, W.*, Einführung in die Quantenmechanik. (Göttingen 1962).
0 : 110 *Finkelnburg, W.*, Einführung in die Atomphysik. (Berlin 1964).
0 : 111 *Flügge, S. u. S. Marschall*, Rechenmethoden der Quantentheorie – Elementare Quantenmechanik, dargestellt in Aufgaben und Lösungen. (Berlin 1965).
0 : 112 *Schallreuter, W.*, (als Herausgeber), Grimsehl Lehrbuch der Physik, 4. Bd.: Struktur der Materie. (Leipzig 1959).
0 : 113 *Landau, L. D. u. E. M. Lifschitz*, Lehrbuch der Theoretischen Physik, Bd. 3: Quantenmechanik, (in deutscher Sprache herausgegeben von *G. Heber*). (Berlin 1967).

Physikalische Konstanten

0 : 114 *Cohen, E. R. and J. W. M. DuMond*, The Fundamental Constants of Atomic Physics, in: Handbuch der Physik, Herausg. *S. Flügge*, Bd. XXXV, Atome 1, S. 1–87. (Berlin 1957).

Chemie

Physikalische Chemie

0 : 115 *Eggert, J., L. Hock u. G. Schwab*, Lehrbuch der Physikalischen Chemie in elementarer Darstellung. (Leipzig 1968).
0 : 115a *Haase, R.*, Grundlagen der Physikalischen Chemie, 10 Bände (Darmstadt 1972).
0 : 116 *Schäfer, K.*, Physikalische Chemie. (Berlin 1964).
0 : 117 *Jost, W. und Troe, J.*, Kurzes Lehrbuch der physikalischen Chemie. (Darmstadt 1970).

Allgemeine Nachschlagewerke aus Physik und Chemie

0 : 118 *D'Ans-Lax*, Taschenbuch für Chemiker und Physiker. 1. Bd. (1967) 2. Bd. (1964) 3. Bd. (1970).
0 : 119 *Franke, H.*, (Herausgeber), Lexikon der Physik. 3 Bände. (Stuttgart 1969).
0 : 120 *Römpp, H.*, Chemie Lexikon. (neu bearbeitet von *E. Ühlein*) 4 Bände. (Stuttgart 1966).
0 : 121 *Westphal, W.*, (als Herausgeber), Physikalisches Wörterbuch. (Berlin 1952).

ZEITSCHRIFTENLITERATUR U. A. ZU DEN EINZELNEN KAPITELN

Literatur zu Kap. 1

1 : 1 *Rush, J. J.*, J. Chem. Phys. 46, 2285 (1967).
1 : 2 *Grant, D. M., K. A. Strong* and *R. M. Brugger*, Phys. Rev. Letters 20, 983 (1968).
1 : 3 *Behringer, J.*, Theorie der molekularen Lichtstreuung unter besonderer Berücksichtigung resonanznaher und stimulierter Anregung, Manuskript Universität München (1967).
1 : 4 *Behringer, J.*, Observed Resonance Raman Spectra, in: *H. A. Szymanski* (Editor), Raman Spectroscopy, Theory and Practice, S. 168–223. (New York 1967).
1 : 5 *Behringer, J.*, Factor Group Analysis Revisited and Unified, in: *G. Höhler* (Editor), Springer Tracts in Modern Physics, Vol. 68, S. 161–199. (Berlin 1973).
1 : 6 *Behringer, J.*, Theories of Resonance Raman Scattering, in: *R. F. Barrow, D. A. Long*, and *D. J. Millen* (Editors), Molecular Spectroscopy (A Specialist Periodical Report), Vol. 2, S. 100–172. (London 1974).
1 : 7 *Behringer, J.*, Experimental Resonance Raman Spectroscopy, in: *R. F. Barrow, D. A. Long*, and *D. J. Millen* (Editors), Molecular Spectroscopy, Vol. 3, S. 163–280. (London 1975).

Literatur zu Kap. 2

2 : 1 *Cohen, E. R. and J. W. M. DuMond*, Rev. Modern Physics 37, 537 (1965).
2 : 2 *Siebert, H.*, Über die Verwendung der molekularen Kraftkonstanten zu strukturchemischen Aussagen, Habilitationsschrift Bergakademie Clausthal (1952).

Literatur zu Kap. 3

3 : 1 *Becher, H. J.*, Fortschritte Chem. Forsch. 10, 156 (1968).
3 : 2 *Eckart, K.*, Phys. Rev. 47, 552 (1935).

3 : 3 *Decius, J. C.*, J. Chem. Phys. **16**, 1025 (1948).
3 : 4 *Pulay, P.*, Private Mitteilung. (Siehe Anschrift in (7: 28)!)
3 : 5 *Gussoni, M.*, and *G. Zerbi*, 9th European Congress on Molecular Spectroscopy, Abstracts of Papers, 31 (Madrid 1967).
3 : 6 *Freeman, D. E.*, J. Mol. Spectrosc. **30**, 51 (1969).
3 : 7 *Freeman, J. M.*, and *T. Henshall*, J. Mol. Structure **1**, 172 (1967).
3 : 7a *Schachtschneider, J. H.*, and *R. G. Snyder*, Spectrochim. Acta **19**, 117 (1963).
3 : 7b *Bleckmann, P.*, Programm zur Berechnung der G-Matrix, Universität Dortmund.
3 : 7c *Papoušek, D.* and *J. Pliva*, Coll. Czechoslov. Chem. Commun. **28**, 755 (1963).
3 : 7d *Tatzel, G.*, Programm zur Berechnung der G-Matrix, Universität Stuttgart.
3 : 8 *Nielsen, H. H.*, Rev. Mod. Phys. **23**, 90 (1951).
3 : 9 *Pariseau, M. A.*, *I. Suzuki* u. *J. Overend*, J. Chem. Phys. **42**, 2335 (1965).
3 : 10 *Hecht, K. T.*, J. Mol. Spectr. **5**, 355 (1960).
3 : 11 *Henry, I.*, u. *G. Amat*, J. Mol. Spectr. **5**, 319 (1960).
3 : 12 *Smith, D. F., Jr.*, u. *J. Overend*, Spectrochim. Acta **28 A**, 471 (1972).
3 : 13 *Machida, K.* u. *J. Overend*, J. Chem. Phys. **50**, 4429 (1969).
3 : 14 *Papoušek, D*, u. *J. Plíva*, Coll. Czechoslov. Chem. Commun. **29**, 1973 (1964).
3 : 15 *Reichmann, S.*, u. *J. Overend*, J. Chem. Phys. **47**, 1525 (1967).
3 : 16 *Murchison, C. B.*, u. *J. Overend*, Spectrochim. Acta **27 A**, 2407 (1971).
3 : 17 *Morino, Y.*, *K. Kuchitsu* u. *S. Yamamoto*, Spectrochim. Acta **24 A**, 335 (1968).
3 : 18 *Suzuki, I.*, J. Mol. Spectr. **32**, 54 (1969).
3 : 19 *Hougen, J. T.*, *P. R. Bunker* u. *J. W. C. Johns*, J. Mol. Spectr. **34**, 136 (1970).
3 : 20 *Morino, Y.* u. *T. Nakagawa*, J. Mol. Spectr. **26**, 496 (1968).
3 : 21 *Plíva, J.*, *V. Spirko* u. *D. Papoušek*, J. Mol. Spectr. **23**, 331 (1967).
3 : 22 *Reichmann, S.* u. *J. Overend*, J. Chem. Phys. **48**, 3095 (1968).
3 : 23 *Smith, D. F., Jr.*, *J. Overend*, *R. C. Spiker* u. *L. Andrews*, Spectrochim. Acta **28 A**, 87 (1972).
3 : 24 *Empedocles, P.*, Theoret. chim. Acta (Berl.) **10**, 331 (1968).
3 : 25 *King, W. T.*, J. Chem. Phys. **36**, 165 (1962).
3 : 26 *Billes, F.*, Acta Chim. Jung. **45**, 285 (1965).
3 : 27 –, Acta Chim. Hung. **46**, 45 (1965).
3 : 28 –, Acta Chim. Acad. Scient. Hung. **49**, 97 (1966).
3 : 29 *Cihla, Z.*, u. *J. Pliva*, Coll. Czech. Chem. Comm. **26**, 1903 (1961).
3 : 30 *Shimanouchi, T.*, J. Chem. Phys. **17**, 245 (1949).
3 : 31 *Claassen, H. H.*, J. Chem. Phys. **30**, 968 (1959).
3 : 32 *Nagarajan, G.*, Bull. Soc. Chim. Belg. **72**, 276 (1963).
3 : 33 *Gold, R.*, *J. M. Dowling* and *A. G. Meister*, J. Mol. Spectrosc. **2**, 9 (1958).
3 : 34 *Iwasaki, M.*, and *K. Hedberg*, J. Chem. Phys. **36**, 594 (1962).
3 : 35 *Decius, J. C.*, J. Chem. Phys. **17**, 1315 (1949).
3 : 36 *Califano, S.* and *B. Crawford*, Z. Elektrochem. **64**, 571 (1960).
3 : 37 *Müller, U.* u. *W. Kolitsch*, Spectrochim. Acta *31A*, 1455 (1975).

Literatur zu Kap. 4

4 : 1 *Rosenthal, J. E.*, and *G. M. Murphy*, Rev. Mod. Phys. **8**, 317 (1936).
4 : 2 *Zeldin, M.*, J. Chem. Education **43**, 17 (1966).
4 : 3 *Meister, A. G.*, *F. F. Cleveland* and *M. J. Murray*, Amer. J. Phys. **11**, 239 (1943).
4 : 4 *Meister, A. G.*, and *F. F. Cleveland*, Amer. J. Phys. **14**, 13 (1946).
4 : 5 *Tisza, L.*, Z. Physik 82, 48 (1933).
4 : 6 *Fadini, A.*, Arbeitsber. Inst. Theoret. Chemie Univ. Stuttgart **22**, 75 (1975).
4 : 7 *Weller, F.* u. *K. Dehnicke*, J. Organometal. Chem. **35**, 237 (1972).
4 : 8 *Dehnicke, K.*, Private Mitteilung.

Literatur zum Kap. 5

5 : 1 *Fadini, A.*, Abstracts of Papers, presented to the 9th European Congress on Molecular Spectroscopy, 24 (Madrid 1967).
5 : 2 –, Arbeitsber. Inst. Theoret. Physikal. Chemie Univ. Stuttgart **13**, 41 (1969).
5 : 3 –, ZAMM **47**, T40 (1967).
5 : 4 –, ZAMM **51**, T51 (1971).
5 : 5 –, Arbeitsber. Inst. Theoret. Chemie Univ. Stuttgart **17**, 46 (1971). Siehe auch: Colloquium Spectroscopicum Internationale XVI Heidelberg, 4. – 9. Oktober 1971, Vorabdrucke, Bd. I, S. 302.
5 : 6 National Luchtvaarlaboratorium, Amsterdam, Bericht F. 100.
5 : 7 *Kivelson, D.*, J. Chem. Phys. **22**, 904 (1954).
5 : 8 *Natke, H. G.* u. *E. Dellinger*, Z. Flugwiss. **20**, 300 (1972).
5 : 9 *Natke, H. G.*, Z. Flugwiss. **20**, 129 (1972).

Literatur zu Kap. 6

6 : 1 *Uhlig, J.*, Z. angew. Math. Mech. (ZAMM) **38**, 284 (1958).
6 : 2 *Unbehauen, R.*, Arch. Elektr. Übertragung **13**, 58 (1959).
6 : 3 *Ruth, J. M.*, u. *R. J. Philippe*, J. Chem. Phys. **41**, 1492 (1964).
6 : 4 *Heinrich, H.*, ZAMM **40**, 62 (1960).
6 : 5 *Mai, H. D.*, Untersuchungen zum einfachsten inversen Eigenwertproblem endlicher Matrizen, Diplomarbeit Universität Saarbrücken 1968.
6 : 6 *Downing, A. C., Jr.*, and *A. S. Householder*, J. Associat. Comput. Mach. 3, 203 (1956).
6 : 7 *Uhlig, J.*, ZAMM **40**, 123 (1960).
6 : 8 *Schmid, E.*, Z. Elektrochem. **62**, 1005 (1958).
6 : 9 *Schmid, E.*, Z. Elektrochem. **64**, 533 (1960).
6 : 10 *Schmid, E.*, Naturwiss. **44**, 30 (1957).
6 : 11 *Schmid, E.*, Z. Physik **144**, 428 (1956).
6 : 11a *Cipolla, M.*, Rend. Circ. mat. Palermo **56**, 144 (1932).
6 : 11b *Weitzenböck, R.*, Proc. Akad. Wet. Amsterdam **35**, 328 (1932).
6 : 11c *Wegner, U.*, Private Mitteilung.
6 : 12 *Mann, E. E., T. Shimanouchi, J. H. Meal* and *L. Fano*, J. Chem. Phys. **27**, 43 (1957).
6 : 13 *Overend, J.* and *J. R. Scherer*, J. Chem. Phys. **32**, 1289 (1960).
6 : 14 *Long, D. A., R. B. Gravenor* and *M. Woodger*, Spectrochim. Acta **19**, 937 (1963).
6 : 15 *Long, D. A.*, and *R. B. Gravenor*, Spectrochim. Acta **19**, 951 (1963).
6 : 16 *Aldous, J.* and *I. M. Mills*, Spectrochim. Acta **18**, 1073 (1962).
6 : 16a *Freeman, J. M.*, a. *T. Henshall*, J. Mol. Spectrosc. **25**, 101 (1958).
6 : 17 *Fadini, A.*, ZAMM **44**, 506 (1964).
6 : 18 –, Arbeitsber. Inst. Theor. Phys. Chem. Univ. (Stuttgart) **13**, 29 (1969).
6 : 19 *Bußmann, K.*, Das Newtonsche Näherungsverfahren für allgemeine Gleichungssysteme, Diss. Techn. Hochschule Braunschweig (1940).
6 : 20 *Rehbock, F.*, ZAMM **22**, 361 (1942).

Literatur zu Kap. 7

7 : 1 *Taylor, W. J.*, J. Chem. Phys. **18**, 1301 (1950).
7 : 2 *Torkington, P.*, Nature **162**, 370 (1948).
7 : 3 *Torkington, P.*, Nature **162**, 607 (1948).
7 : 4 *Torkington, P.*, J. Chem. Phys. **17**, 1026 (1949).
7 : 5 *Torkington, P.*, J. Chem. Phys. **17**, 357 (1949).

7 : 6 *Goubeau, J.*, Angew. Chem. 73, 305 (1961).
7 : 6a *Tatzel, G.*, Dissertation Univ. Stuttgart (in Vorbereitung).
7 : 7 *Beckmann, L.* u. *E. Funck*, Spectrochim. Acta **17**, 361 (1961).
7 : 7a *Beckmann, L., L. Gutjahr* u. *R. Mecke*, Spectrochim. Acta **19**, 1541 (1963).
7 : 8 *Fadini, A.*, Z. Naturforschg. **21 a**, 426 (1966).
7 : 9 –, ZAMM **45**, T29 (1965).
7 : 10 *Goubeau, J.*, Z. Elektrochem. angew. Phys. Chem. **54**, 505 (1950).
7 : 11 *Jones, W. J., W. J. Orville-Thomas* and *U. Opik*, J. Chem. Soc. **(1959)** 1625.
7 : 12 *Fadini, A.*, ZAMM **44**, 506 (1964).
7 : 13 –, Zur Berechnung von Molekülkraftkonstanten aus Säkulargleichung und Näherungslösung, Diss. Techn. Hochschule Stuttgart (1967).
7 : 14 *Becher, H. J.* u. *R. Mattes*, Spectrochim. Acta **23A**, 2449 (1967).
7 : 14a *Eysel, H. H.* and *K. Seppelt*, J. Chem. Phys. **56**, 5081 (1972).
7 : 14b *Alix, A.*, et *L. Bernard*, C. R. Acad. Sc. Paris **276B**, 933 (1973).
7 : 14c *Alix, A.*, et *L. Bernard*, J. Mol. Structure **20**, 51 (1974).
7 : 15 *Goubeau, J.*, An. Internat. Symposium Series **42**, 88 (1964).
7 : 16 *Goubeau, J.*, Angew. Chem. **78**, 565 (1966).
7 : 17 *Sawodny, W.*, Dissertation Techn. Hochschule Stuttgart (1963).
7 : 18 *Sawodny, W., A. Fadini* u. *K. Ballein*, Spectrochim. Acta **21**, 995 (1965).
7 : 19 *Bürger, H.*, Fortschr. chem. Forsch. **9**, 1 (1967).
7 : 20 *Ciurea, I.-C.*, Dissertation Techn. Universität Dresden (1968).
7 : 21 *Krasser, W.*, Schwingungsspektren und Kraftkonstanten gefärbter anorganischer Verbindungen, Dissertation Universität Bonn (1969).
7 : 22 *Krasser, W.*, Ber. Bunsen-Ges. **74**, 476 (1970).
7 : 23 *Krasser, W.*, Z. Naturforschg. **24 a**, 1667 (1969).
7 : 24 *Müller, A., B. Krebs, I. Elverbredd, B. Vizi* and *S. J. Cyvin*, J. Mol. Structure 2, 149 (1968).
7 : 25 *Steger, E., I.-C. Ciurea* u. *A. Fadini*, Z. anorg. allg. Chem. **350**, 225 (1967).
7 : 26 *Pulay, P.* and *F. Török*, Acta Chim. Hung. **44**, 287(1965).
7 : 27 *Török, F.* and *P. Pulay*, J. Mol. Structure **3**, 1 (1969).
7 : 28 *Pulay, P.* and *F. Török*, Acta Chim. Academ. Scient. Hung. **47**, 273 (1966).
7 : 29 *Török, F.*, and *P. Pulay*, Acta Chim. Acad. Scient. Hung **56**, 285 (1968).
7 : 30 *Török, F.*, Acta Chim. Acad. Scient. Hung. **60**, 97 (1969).
7 : 31 *Pulay, P.*, Acta Chim. Acad. Scient. Hung. **57**, 373 (1968).
7 : 32 *Török, F.*, Acta Chim. Scient. Hung. **57**, 141 (1968).
7 : 33 *Török, F., P. Pulay* and *G. Hun-Borossay*, Acta Chim. Acad. Scient. Hung. **61**, 39 (1969).
7 : 34 *Török, F.* and *G. B. Hun*, Acta Chim. Acad. Scient. Hung. **59**, 303 (1969).
7 : 35 *Strey, G.*, J. Mol. Spectrosc. **24**, 87 (1967).
7 : 36 *Strey, G.*, Z. Naturforschg. **24 a**, 729 (1969).
7 : 37 *Strey, G.* u. *K. Klauss*, Z. Naturforschg. **23 a**, 1717 (1968).
7 : 38 *Strey, G.* u. *K. Klauss*, Z. Naturforschg. **24 a**, 1278 (1969).
7 : 39 *Freeman, D. E.*, Chem. Phys. Letters 2, 615 (1968).
7 : 40 *Freeman, D. E.*, Z. Naturforschg. **24 a**, 1964 (1969).
7 : 41 *Duncan, J. L.*, Spectrochim. Acta **20**, 1197 (1964).
7 : 42 *Billes, F.*, Acta Chim. Hung. **47**, 53 (1966).
7 : 43 *Cyvin, S. J., L. A. Kristiansen* and *J. Brunvoll*, Acta Chim. Acad. Scient. Hung. 51, 217 (1967).
7 : 44 *Freeman, D. E.*, J. Mol. Spectrosc. 22, 305 (1967).
7 : 45 *Freeman, D. E.*, J. Mol. Spectrosc. 27, 27 (1968).
7 : 46 *Herranz, J.* and *F. Castaño*, Spectrochim. Acta 22, 1965 (1966).
7 : 47 *Herranz, J.* and *F. Castaño*, A. Real. Soc. Espan. Fis. Quim. **62 A**, 199 (1966).
7 : 48 *Carlson, B., C.* and *J. M. Keller*, Phy. Rev. **105**, 102 (1957).
7 : 49 *Löwdin, P.-O.*, Advances Phys. **5**, 1 (1956).

7 : 50 *Becher, H. J.* u. *K. Ballein*, Z. Phys. Chem. NF **54**, 302 (1967).
7 : 51 *Mattes, R.* u. *H. J. Becher*, Z. Phys. Chem. NF **61**, 177 (1968).
7 : 52 *Becher, H. J.* u. *F. Höfler*, Spectrochim. Acta **25 A**, 1703 (1969).
7 : 53 *Pfeiffer, M.*, Z. Phys. Chem. NF. **61**, 253 (1968).
7 : 54 *Fadini, A.*, Z. Phys. Chem. NF **64**, 350 (1969).
7 : 55 *Müller, A.*, Z. phys. Chem. **238**, 116 (1968).
7 : 56 *Peacock, C. J.*, *U. Heidborn* u. *A. Müller* J. Mol. Spectrosc. **30**, 338 (1969).
7 : 57 *Peacock, C. J.*, and *A. Müller*, J. Mol. Spectrosc. **26**, 454 (1968).
7 : 58 *Levin, I. W.* and *S. Abramowitz*, J. Chem. Phys. **44**, 2562 (1966).
7 : 59 *Müller, A.*, *B. Krebs* and *S. J. Cyvin*, Acta Chem. Scand. **21**, 2399 (1967).
7 : 60 *Müller, A.*, and *C. J. Peacock*, Mol. Phys. **14**, 393 (1968).
7 : 61 *Peacock, C. J.*, and *A. Müller*, Z. Naturforschg. **23 a**, 1029 (1968).
7 : 62 *Fadini, A.*, Z. Naturforschg. **21 a**, 484 (1966).
7 : 63 –, Z. phys. Chem. **243**, 229 (1970).
7 : 64 –, Z. Phys. Chem. NF. **56**, 199 (1967).
7 : 65 –, ZAMM **46**, T52 (1966).
7 : 66 –, Z. Naturforschg. **21 a**, 2055 (1966).
7 : 67 –, Phys. Verh. **18**, 200 (1967).
7 : 68 *Alix, A.* u. *L. Bernard*, C. R. Acad. Sc. Paris **269B**, 812 (1969).
7 : 69 – u. –, C. R. Acad. Sc. Paris **270B**, 151 (1970).
7 : 70 – u. –, C. R. Acad. Sc. Paris **270B**, 66 (1970).
7 : 71 *Sawodny, W.*, J. Mol. Spectrosc. **30**, 56 (1969).
7 : 72 *Alix, A.*, *C. Cerf* and *S. N. Rai*, Z. Naturforsch. **30a** , 627 (1975).
7 : 73 *Alix, A.*, et *L. Bernard*, C. R. Acad. Sc. Paris **275B**, 735 (1972).
7 : 74 *Alix, A.*, et *L. Bernard*, C. R. Acad. Sc. Paris **272B**, 528 (1971).
7 : 75 *Cerf, C.*, Bull. Soc. Chim. France 3885 (1970).
7 : 76 –, Bull. Soc. Chim. France 415 (1971).
7 : 77 –, Bull. Soc. Chim. France 2889 (1971).

Literatur zu Kap. 8

8 : 1 *Steger, E.*, *I.-C. Ciurea* u. *A. Fadini*, Spectrochim. Acta **25A**, 1649 (1969).
8 : 2 *Schrader, B.*, Das Schwingungsspektrum von Molekülkristallen – Grundlagen und Aussagen, Habilitationsschrift Universität Münster (1968).

Literatur zu Kap. 9

9 : 1 *Laane, J.*, *L. H. Jones*, *R. R. Ryan* and *L. B. Asprey*, J. Mol. Spectrosc. **30**, 485 (1969).
9 : 2 *Decius, J. C.* and *E. B. Wilson, Jr.*, J. Chem. Phys. **19**, 1409 (1951).
9 : 3 *Heicklen, J.*, J. Chem. Phys. **36**, 721 (1962).
9 : 4 *Heicklen, J.*, J. Phys. Chem. **70**, 989 (1966).
9 : 5 *Sverdlov, L. M.*, Doklady Akad. Nauk S. S. S. R., **78**, 1115 (1951); **86**, 513 (1952); **88**, 249 (1953); **94**, 451 (1954).
9 : 6 –, Opt. a. Spectrosc. **8**, 17 (1960).
9 : 7 *Bigeleisen, J.*, J. Chem. Phys. **28**, 694 (1958).
9 : 8 *Brodersen, S.* and *A. Langseth*, J. Mol. Spectrosc. **3**, 114 (1959); **23**, 293 (1967).
9 : 9 *Crawford, B.*, J. Chem. Phys. **20**, 977 (1952).
9 : 10 *Decius, J. C.*, J. Chem. Phys. **20**, 1039 (1952).
9 : 11 *Cederbaum, L.*, *K. Engelke* u. *G. Strey*, Verh. DPG (VI) **5**, 33 (1970).
9 : 11a *Strey, G.*, *L. Cederbaum* and *K. Engelke*, J. Chem. Physics **54**, 4402 (1971).
9 : 12 *Strey, G.*, First International Seminar on High Resolution Infrared Spectroscopy, Prag im Juni 1970, S. 4.
9 : 13 *Strey, G.*, Private Mitteilungen.
9 : 14 *DeWames, R. E.*, u. *T. Wolfram*, J. Chem. Phys. **40**, 853 (1964).

Literatur zu Kap. 10

10 : 1 *Fadini, A.*, ZAMM **50**, T7 (1970).
10 : 2 –, Z. Naturforschg. **24 a**, 689 (1969).

Literatur zu Kap. 11

11 : 1 *Fadini, A.*, Z. Naturforschg. **24 a**, 208 (1969).
11 : 2 –, Ber. Bunsenges. **73**, 707 (1969).
11 : 3 –, Arbeitsbericht des Instituts für Theoretische Physikalische Chemie der Universität Stuttgart **14**, 42 (1969).
11 : 4 *Ruoff, A.*, Spectrochim. Acta **23A**, 2421 (1967).
11 : 5 *Krebs, B., A. Müller* u. *A. Fadini*, J. Mol. Spectrosc. **24**, 189 (1967).
11 : 6 *Kivelson, K.*, J. Chem. Phys. 22, 904 (1954).
11 : 7 *Begun, G. M.* and *W. H. Fletcher*, J. Chem. Phys. **28**, 414 (1958).
11 : 8 *Grosjean, C. C., E. G. Claeys* and *W. Vanderleen*, A New Method for Calculating the Force Constants of Pyramidal Molecules of the Type XYZ_2, Paleis der Academiën, Brussel 1965.
11 : 9 *Claeys, E. G.* and *G. P. Van Der Kelen*, Spectrochim. Acta **22**, 2103 (1966).
11 : 10 *Smith, D. F., G. M. Begun* and *W. H. Fletcher*, Spectrochim Acta **20**, 1763 (1964).
11 : 11 *Johansen, H.*, Z. phys. Chem. **227**, 305 (1964).
11 : 12 *Johansen, H.*, Z. phys. Chem. **230**, 240 (1965).
11 : 13 *Jordanov, B.* and *B. Nikolova*, J. Mol. Structure **13**, 21 (1972); **15**, 7, 19 (1973).

Literatur zu Kap. 12

12 : 1 *Petzuch, M.*, Modellmäßige Berechnung der Zentrifugalstörungskonstanten mit Hilfe von abhängigen inneren Koordinaten, durchgeführt am Beispiel des Cyclopentens, Dissertation Universität München (1967).
12 : 2 *Petzuch, M.*, Z. Naturforsch. **24 a**, 637 (1969).
12 : 3 *Wilson, E. B., Jr.* and *J. B. Howard*, J. Chem. Phys. **4**, 260 (1936).
12 : 4 *Kivelson, D.* and *E. B. Wilson, Jr.*, J. Chem. Phys. **21**, 1229 (1953).
12 : 5 *Cyvin, S. J.* and *G. Hagen*, Chem. Phys. Letters **1**, 645 (1968).
12 : 6 *Cyvin, S. J., B. N. Cyvin* u. *G. Hagen*, Z. Naturforschg. **23 a**, 1649 (1968).
12 : 7 *Sørensen, G. O., G. Hagen* u. *S. J. Cyvin*, J. Mol. Spectrosc. **35**, 489 (1970).
12 : 8 *Pulay, P.* and *W. Sawodny*, J. Mol. Spectrosc. **26**, 150 (1968).
12 : 9 *Kivelson, D.* and *E. B. Wilson, Jr.*, J. Chem. Phys. **20**, 1575 (1952).
12 : 10 *Ruoff, A.*, Spectrochim. Acta **26 A**, 545 (1970).

Literatur zu Kap. 13

13 : 1 *Watson, J. K. G.*, J. Mol. Phys. **19**, 465 (1970).
13 : 2 *Strey, G.*, Z. Naturforschg. **25a**, 1836 (1970).
13 : 2a *Strey, G.*, Experimentelle Größen zur Berechnung des Potentials der Schwingungsbewegung von Molekülen, Manuskript Universität München (1970).
13 : 3 *Jahn, H. A.*, Phys. Rev. **56**, 680 (1939).
13 : 4 *Nielsen, H. H.*, Rev. Mod. Phys. **23**, 90 (1951).
13 : 5 *Meal, J. H.* and *S. R. Polo*, J. Chem. Phys. **24**, 1119 (1956).
13 : 6 *Meal, J. H.* and *S. R. Polo*, J. Chem. Phys. **24**, 1126 (1956).
13 : 7 *Ruoff, A.*, Spectrochim. Acta **23A**, 2421 (1967).
13 : 8 *Cyvin, S. J.*, J. Mol. Spectrosc. **11**, 195 (1963).
13 : 9 *Moynihan, R. R.*, The Influence of Coriolis Coupling on Infrared Band Shapes, Ph. D. thesis, Purdue University 1954.
13 : 10 *Edgell, W. F.* and *R. E. Moynihan*, J. Chem. Phys. **27**, 155 (1957).

Literatur zu Kap. 14

14 : 1 *Müller, A., B. Krebs* and *S. J. Cyvin,* A. Chem. Scand. **21**, 2399 (1967).
14 : 2 *Levin, I. W.,* and *S. Abramowitz,* Inorg. Chem.. 5, 2024 (1966).
14 : 3 *Seip, H. M.,* and *R. Stølevik,* A. Chem. Scand. **20**, 385 (1966).
14 : 4 *Hoy, A. R., J. M. R. Stone* and *J. K. G. Watson,* J. Mol. Spectrosc. **42**, 393 (1972).

Literatur zu Kap. 15

15 : 1 *Mecke, R.,* Z. Physik **81**, 313 (1933).
15 : 2 *Benedict, W. S., N. Gailar* u. *E. K. Plyler,* J. Chem. Phys. **24**, 1139 (1956).
15 : 3 *Oka, T.* and *Y. Morino,* J. Mol. Spectrosc. **6**, 472 (1961).
15 : 4 –, J. Mol. Spectrosc. **8**, 9(1962).

Literatur zu Kap. 16

16 : 1 *Long, E. A.,* Proc. Roy. Soc. **217A**, 203 (1953).
16 : 2 *Long, D. A., D. C. Milner* and *A. G. Thomas,* Proc. Roy. Soc. **237A**, 197 (1956).
16 : 3 *Kramers, H. A.* u. *W. Heisenberg,* Z. Phys. **31**, 681 (1925).
16 : 4 *Wolkenstein, M.,* C. R. Acad. Sci. U. R. S. S. **32**, 185 (1941).
16 : 5 *Chantry, G. W.* and *L. A. Woodward,* Trans. Faraday Soc. **56**, 1110 (1960).
16 : 6 *Chantry, G. W.,* Spectrochim. Acta. **21**, 1007 (1965).

Literatur zu Kap. 17

17 : 1 *Strey, G.* u. *K. Klauss,* Verhandl. DPG (VI) **4**, 379 (1969).
17 : 2 *Strey, G.,* Private Mitteilung.
17 : 3 *Hüttner, W.,* Z. Naturforsch. *25a,* 1274 (1970).
17 : 4 *Török, F., P. Pulay* u. *G. Hun-Borossay,* Acta Chim. Acad. Scient. Hung. **61**, 39 (1969).
17 : 5 *Török, F.,* u. *G. B. Hun,* Acta Chim. Acad. Scient. Hung. **59**, 303 (1969).
17 : 6 *Aldous, J.* u. *I. M. Mills,* Spectrochim. Acta **18**, 1073 (1962).

Literatur Kap. 18

18 : 1 *Preuß, H.,* Arbeitsbericht Gruppe Quantenchemie Max-Planck-Institut für Physik u. Astrophysik 7, 17 (1967). (Ab Bd. 13 (1969) Arbeitsbericht des Instituts für Theoretische Physikalische Chemie der Universität Stuttgart. – Hier abgekürzt: Arbeitsbericht.)
18 : 2 *Preuß, H.,* Arbeitsbericht **5**, 6 (1967).
18 : 3 *Preuß, H.,* u. *G. Diercksen,* Arbeitsbericht **3**, 46 (1966).
18 : 4 *Janoschek, R.,* Private Mitteilungen.
18 : 5 *Preuß, H.,* Arbeitsbericht **16**, 7 (1970).
18 : 6 *Pulay, P.,* Ab Initio-Berechnung von Kraftkonstanten und Gleichgewichtskonfigurationen mit Anwendung auf die Moleküle HF, H_2O, NH_3, CH_4 und BH_4^-(Dissertation Universität Stuttgart 1970).
18 : 7 *Pulay, P.* and *F. Török,* Mol. Phys. *25,* 1153 (1973).
18 : 8 *Pulay, P.* and *W. Meyer,* J. Chem. Phys. *57,* 3337 (1972).
18 : 9 *Roothaan, C. J.,* Rev. Mod. Phys. **23**, 69 (1951).
18 : 10 *Pulay, P.,* and *W. Meyer,* Mol. Phys. **27**, 473 (1974).
18 : 11 *Meyer, W.,* and *P. Pulay,* Theoret. Chim. Acta **32**, 253 (1974).
18 : 12 *Botschwina, P.,* Chem. Phys. Letters **29**, 580 (1974).
18 : 13 *Botschwina, P.,* Chem. Phys. Letters **29**, 98 (1974).

18 : 14 *Botschwina, P., K. Pecul* and *H. Preuss*, Arbeitsber. Inst. Theor. Chem. Univ. Stuttgart **21**, 194 (1974).
18 : 15 *Kramer, J.*, Quantenmechanischer Nachweis von Silicium-Sauerstoff Doppelbindungen in den Molekülen SiO, $SiOH_2$ und $SiOF_2$, Diplomarbeit Univ. Stuttgart 1973, veröffentlicht in: Arbeitsber. Inst. Theor. Chem. Univ. Stuttgart **21**, 145 (1974).

Literatur zu Kap. 19

19 : 1 *Mecke, R.*, Z. Phys. 32, 823 (1925).
19 : 2 *Morse, P. M.*, Phys. Rev. **34**, 57 (1929).
19 : 3 *Badger, R. M.*, J. Chem. Phys. 2, 128 (1934).
19 : 4 *Badger, R. M.*, J. Chem. Phys. 3, 710 (1935).
19 : 5 *Jenšovský, L.*, Z. Chem. **2**, 334 (1962); **3**, 453 (1963); **4**, 75 (1964); **5**, 252 (1965).
19 : 6 *Varshni, Y. P.*, J. Chem. Phys. 28, 1081 (1958).
19 : 7 *Wicke, E.*, Erg. exakt. Naturwiss. 20, 1 (1942).
19 : 8 –, Z. Elektrochem. **54**, 27 (1950).
19 : 9 *Steele, D., R. Lippincott* and *J. T. Vanderslice*, Rev. Mod. Phys. **34**, 239 (1962).
19 : 10 *Steele, D.* and *E. R. Lippincott*, J. Chem. Phys. **35**, 2065 (1961).
19 : 11 *Lippincott, E. R.*, J. Chem. Phys. **21**, 2070 (1953).
19 : 12 *Lippincott, E. R.* u. *R. Schroeder*, J. Chem. Phys. **23**, 1131 (1955).
19 : 13 –, –, J. Amer. chem. Soc. **78**, 5171 (1956).
19 : 14 *Gordy, W.*, J. Chem. Phys. **14**, 305 (1946).
19 : 15 *Gordy, W.* and *W. J. Orville-Thomas*, J. Chem. Phys. **24**, 439 (1956).
19 : 16 *Williams, R. L.*, J. phys. Chem. **60**, 1016 (1956).

Literatur zu Kap. 20

20 : 1 *Siebert, H.*, Z. anorg. allg. Chem. **273**, 170 (1953).
20 : 2 –, Z. anorg. allg. Chem. **274**, 24 (1953).
20 : 3 –, Z. anorg. allg. Chem. **274**, 34 (1953).
20 : 4 *Goubeau, J.*, Angew. Chem. 69, 77 (1957).
20 : 5 *Moffitt, W.*, Proc.Roy.Soc. **A200**, 409 (1950).

Literatur zu Kap. 21

21 : 1 *Begun, G. M., W. H. Fletcher, D. F. Smith*, J. Chem. Phys. **42**, 2236 (1965).
21 : 2 *Bunker, P. R.*, J. Chem. Phys. **47**, 718 (1967).
21 : 3 *Brooks, W. V. F.*, u. *S. J. Cyvin*, Spectrochim. Acta **18**, 397 (1962).
21 : 4 *Brunvoll, J.*, u. *S. J. Cyvin*, Acta Chem. Scandinav. **18**, 1417 (1964).
21 : 5 *Brunvoll, J.* u. *S. J. Cyvin*, J. Mol. Structure **3**, 155 (1969).
21 : 6 *Carter, J. H., J. M. Freeman* u. *T. Henshall*, J. Mol. Spectrosc. **22**, 18 (1967).
21 : 7 *Cyvin, S. J.*, Z. Naturforsch. **21 a**, 1618 (1966).
21 : 8 *Cyvin, S. J., G. Hagen* u. *B. N. Cyvin*, Z. Naturforsch. **25 a**, 363 (1970).
21 : 9 *Cyvin, S. J.*, u. *B. N. Cyvin*, Z. Naturforsch. **26 a**, 901 (1971).
21 : 10 *Dennen, R. S.*, J. Mol. Spectroscopy **29**, 163 (1969).
21 : 11 *Fujita, J., A. E. Martell* u. *K. Nakamoto*, J. Chem. Phys. **36**, 324 (1962).
21 : 12 *Fujita, J., A. E. Martell* u. *K. Nakamoto*, J. Chem. Phys. **36**, 331 (1962).
21 : 13 *Fujita, J., A. E. Martell* u. *K. Nakamoto*, J. Chem. Phys. **36**, 339 (1962).
21 : 14 *Goldsmith, J. A.*, u. *S. D. Ross*, Spectrochim. Acta **24A**, 2131 (1968).
21 : 15 *Haarhoff, P. C.*, u. *C. W. F. T. Pistorius*, Z. Naturforsch. **14a**, 972 (1959).
21 : 16 *Hagen, G.*, u. *S. J. Cyvin*, J. Phys. Chem. 72, 1451 (1968).
21 : 17 *Khanna, R. K.*, J. Mol. Spectroscopy **8**, 134 (1962).
21 : 18 *Krebs, B.*, u. *A. Müller*, Z. Naturforsch. **20 a**, 1124 (1965).

21 : 19 *Krynauw, G. N., C. W. F. T. Pistorius* u. *M. C. Pistorius,* Z. Phys. Chem. NF **43**, 213 (1964).
21 : 20 *Laane, J.,* Spectrochimica Acta **26A**, 517 (1970).
21 : 21 *Levin, I. W.,* J. Mol. Spectroscopy **33**, 61 (1970).
21 : 22 *Mooney, R. W., S. J. Cyvin* u. *J. Brunvoll,* Acta Chem. Scandinavica **19**, 983 (1965).
21 : 23 *Mooney, R. W.,* u. *S. Z. Toma,* Spectrochim. Acta **23A**, 1541 (1967).
21 : 24 *Nimon, L. A.,* u. *V. D. Neff,* J. Mol. Spectrosc. **26**, 175 (1968).
21 : 25 *Olariu, A.,* u. *H. Johansen,* Z. phys. Chem. **238**, 183 (1968).
21 : 26 *Ottinger, R.,* u. *S. J. Cyvin,* Acta Chem. Scandinavica **20**, 1389 (1966).
21 : 27 *Ozin, G. A.,* J. Chem. Soc. (A), 2952 (1969).
21 : 28 *Pathak, C. M.,* u. *W. H. Fletcher,* J. Mol. Spectrosc. **31**, 32 (1969).
21 : 29 *Pfeiffer, M.,* Z. phys. Chem. **240**, 380 (1969).
21 : 30 *Pistorius, C. W. F. T.,* J. Chem. Phys. **29**, 1421 (1958).
21 : 31 *Pistorius, C. W. F. T.,* J. Chem. Phys. **29**, 1328 (1958).
21 : 32 *Pistorius, C. W. F. T.,* J. Chem. Phys. **29**, 1174 (1958).
21 : 33 *Poletti, A., A. Santucci* u. *A. Foffani,* J. Mol. Structure **3**, 311 (1969).
21 : 34 *Pontarelli, D. A., A. G. Meister, F. F. Cleveland* u. *F. L. Voelz,* J. Chem. Phys. **20**, 1949 (1952).
21 : 35 *Ross, S. D.,* J. Mol. Spectrosc. **29**, 131 (1969).
21 : 36 *El-Sabban, M. Z., A. G. Meister* u. *F. F. Cleveland,* J. Chem. Phys. **19**, 855 (1951).
21 : 37 *Scott, D. W.* u. *J. P. McCullough,* J. Mol. Spectrosc. **6**, 372 (1961).
21 : 38 *Steger, E.,* Habilitationsschrift, Techn. Hochschule (Dresden 1959).
21 : 39 *Jones, L. H.,* J. Mol. Spectrosc. **8**, 105 (1962).
21 : 40 *Thompson, W. T.,* u. *W. H. Fletcher,* Spectrochim. Acta **22**, 1907 (1966).
21 : 41 *Pistorius, C. W. F. T.,* J. Chem. Phys. **31**, 332 (1959).
21 : 42 *Venkateswarlu, K.* u. *M. P. Mathew,* Z. Naturforsch. **23 b**, 1296 (1968).
21 : 43 *Venkateswarlu, K.* u. *P. Thirugnanasambandam,* Z. phys. Chem. **218**, 1 (1962).
21 : 44 *Venkateswarlu, K.* u. *C. P. Girijavallabhan,* Z. Naturforsch. **23 b**, 1300 (1968).
21 : 45 *Vizi, B.* u. *S. J. Cyvin,* Acta Chim. Acad. Scient. Hungar. **64**, 351 (1970).
21 : 46 *Vizi, B.* u. *S. J. Cyvin,* Acta Chem. Scandinav. **22**, 2012 (1968).
21 : 47 *Wilt, P. M.* u. *E. A. Jones,* J. inorg. nucl. Chem. **30**, 2933 (1968).
21 : 48 *Yeranos, W. A.* u. *M. J. Joncich,* Mol. Phys. **13**, 263 (1967).
21 : 49 *Krasser, W.,* Ber. Bunsengesellschaft **74**, 477 (1970).
21 : 50 *Ciurea, I.-C.,* Dissertation, Techn. Universität (Dresden 1968).
21 : 51 *Mohan, N.,* Dissertation, Annamalai Universität (1970).
21 : 52 *Krasser, W.,* Dissertation, Universität (Bonn 1969).
21 : 53 *Smit, W. M. A.* u. *G. Dijkstra,* J. Mol. Structure **7**, 223 (1971).
21 : 54 *Brunvoll, J.* u. *S. J. Cyvin,* J. Mol. Structure **6**, 289 (1970).
21 : 55 *Shriver, D. F., J. F. Jackovitz* u. *M. J. Biallas,* Spectrochim. Acta **24A**, 1469 (1968).
21 : 56 *Ford, T. A.* u. *W. J. Orville-Thomas,* Spectrochim. Acta **23A**, 579 (1967).
21 : 57 *Krynauw, G. N.,* Z. Phys. Chem. NF **43**, 191 (1964).
21 : 58 *Zerbi, G.* u. *S. Sandroni,* Spectrochem. Acta **24A**, 511 (1968).
21 : 59 *Holmes, R. R.,* J. Chem. Phys. **46**, 3724 (1967).
21 : 60 *Davis, A., F. F. Cleveland* u. *A. G. Meister,* J. Chem. Phys. **20**, 454 (1952).
21 : 61 *Begun, G. M.* u. *W. H. Fletcher,* J. Chem. Phys. **42**, 2236 (1965).
21 : 62 *Venkateswarlu, K., P. Thirugnanasambandam* u. *C. Balasubramanian,* Z. phys. Chem. **218**, 7 (1961).
21 : 63 *Hildbrand, J.* u. *G. Kaufmann,* Spectrochim. Acta **26A**, 1407 (1970).
21 : 64 *Weber, A., A. G. Meister* u. *F. F. Cleveland,* J. Chem. Phys. **21**, 930 (1953).
21 : 65 *Ziomek, J. S., A. G. Meister, F. F. Cleveland* u. *C. E. Decker,* J. Chem. Phys. **21**, 90 (1953).
21 : 66 *Kriegsmann, H., C. Peuker, R. Heess* u. *H. Geissler,* Z. Naturforsch. **24 a**, 778 (1969).

21 : 67 *Lannon, J. A., G. S. Weiss* u. *E. R. Nixon,* Spectrochim. Acta **26A**, 221 (1970).
21 : 68 *Holmes, R. R.,* J. Chem. Phys. **46**, 3730 (1967).
21 : 69 *Chauvet, G., B. Taravel* and *V. Lorenzelli*, J. Mol. Structure **20**, 189 (1974).
21 : 70 *Cyvin, S.*, Private Mitteilung.

Literatur zu Kap. 22

22 : 1 *Abramowitz, S.* u. *J. W. Levin,* J. Chem. Phys. **44**, 3353 (1966).
22 : 2 *Allavena, M., R. Rysnik, D. White, V. Calder* u. *D. E. Mann*, J. Chem. Phys. **50**, 3399 (1969).
22 : 3 *Alti, G. De, G. Costa* u. *V. Galasso,* Spectrochim. Acta **20**, 965 (1964).
22 : 4 *Andrews, L.,* J. Chem. Phys. **48**, 979 (1968).
22 : 5 *Arakawa, E. T.* u. *A. H. Nielsen,* J. Mol. Spectrosc. **2**, 413 (1958).
22 : 6 *Begun, G. M.* u. *W. H. Fletcher,* J. Chem. Phys. **28**, 414 (1958).
22 : 7 *Bird, G.R., J. C. Baird, A. W. Jache, J. A. Hodgeson, R. F. Curl, Jr., A. C. Kunkle, J. W. Bransford, J. Rastrup-Andersen* u. *J. Rosenthal,* J. Chem. Phys. **40**, 3378 (1964).
22 : 8 *Bürger, H.,* u. *A. Ruoff,* Spectrochim. Acta **24A**, 1863 (1968).
22 : 9 *Dubois, I.,* J. Mol. Structure **3**, 269 (1969).
22 : 10 *Duncan, J. L.,* J. Mol. Spectrosc. **22**, 247 (1967).
22 : 11 *Duncan, J. L., A. Allan* u. *D. C. McKean,* Mol. Phys. **18**, 289 (1970).
22 : 12 *Duncan, J. L.* u. *I. M. Mills,* Spectrochim. Acta **20**, 523 (1964).
22 : 13 *Fifer, R. A.* u. *J. Schiffer,* J. Chem. Phys. **52**, 2664 (1970).
22 : 14 *Gamo, I.,* J. Mol. Spectrosc. **23**, 472 (1967).
22 : 15 *Duncan, J. L.* u. *I. M. Mills,* Spectrochim. Acta **20**, 1089 (1964).
22 : 16 *Hoskins, L. C.,* J. Chem. Phys. **45**, 4594 (1966).
22 : 17 *Jones, L. H.,* J. Mol. Spectrosc. **34**, 108 (1970).
22 : 18 *Ladd, J. A., W. J. Orville-Thomas* u. *B. C. Cox,* Spectrochim. Acta **19**, 1911 (1963).
22 : 19 *Landau, L.* u. *W. H. Fletcher,* J. Mol. Spectrosc. **4**, 276 (1960).
22 : 20 *Levin, I. W.* u. *S. Abramowitz,* J. Chem. Phys. **44**, 2562 (1966).
22 : 21 *Lovejoy, R. W., J. H. Cowell, D. F. Eggers, Jr.* u. *G. D. Halsey, Jr.,* J. Chem. Phys. **36**, 612 (1962).
22 : 22 *Brieux de Mandirola, O.,* J. Mol. Structure **1**, 203 (1967–68).
22 : 23 *Mills, I. M.,* Spectrochim. Acta **16**, 35 (1960).
22 : 24 *Mirri, A. M., G. Cazzoli* u. *L. Ferretti,* J. Chem. Phys. **49**, 2775 (1968).
22 : 25 *Mirri, A. M., F. Scappini* u. *P. G. Favero,* Spectrochim. Acta **21**, 965 (1965).
22 : 26 *Mirri, A. M., F. Scappini, L. Innamorati* u. *P. Favero,* Spectrochim. Acta **25A**, 1631 (1969).
22 : 27 *Morino, Y., Y. Kikuchi, S. Saito* u. *E. Hirota,* J. Mol. Spectrosc. **13**, 95 (1964).
22 : 28 *Morino, Y., Y. Nakamura* u. *T. Iijima,* J. Chem. Phys. **32**, 643 (1960).
22 : 29 *Morino, Y.,* u. *S. Saito,* J. Mol. Spectrosc. **19**, 435 (1966).
22 : 30 *Morino, Y.* u. *H. Uehara,* J. Chem. Phys. **45**, 4543 (1966).
22 : 31 *Beckmann, L., L. Gutjahr* u. *R. Mecke,* Spectrochem. Acta **21**, 141 (1965).
22 : 32 *Beckmann, L., L. Gutjahr* u. *R. Mecke,* Spectrochim. Acta **21**, 307 (1965).
22 : 33 *Pierce, L.,* J. Chem. Phys. **24**, 139 (1956).
22 : 34 *Pierce, L., N. di Cianni* u. *R. H. Jackson,* J. Chem. Phys. **38**, 730 (1963).
22 : 35 *Pillai, M. G.* u. *R. F. Curl, Jr.,* J. Chem. Phys. **37**, 2921 (1962).
22 : 36 *Pistorius, C. W. F. T.,* Z. Phys. Chem. NF **21**, 210 (1959).
22 : 37 *Ramaswamy, K.* u. *S. Swaminathan,* Aust. J. Chem. **22**, 291 (1969).
22 : 38 *O'Reilly, E. J.,* J. Chem. Phys. **48**, 1086 (1968).
22 : 39 *Ruoff, A.,* J. Mol. Structure **4**, 332 (1969).
22 : 40 *Ruoff, A., H. Bürger, S. Biedermann* u. *J. Cichon,* Spectrochim. Acta **28A**, 953 (1972).

22 : 41 *Ruoff, A.*, u. *W. Sawodny*, J. Mol. Spectrosc. **33**, 556 (1970).
22 : 42 *Ruoff, A.* u. *H. Bürger*, Spectrochim. Acta **26 A**, 989 (1970).
22 : 43 *Bürger, H.* u. *A. Ruoff*, Spectrochim. Acta **26 A**, 1449 (1970).
22 : 44 *Sawodny, W.* u. *A. Ruoff*, J. Mol. Spectrosc. **34**, 173 (1970).
22 : 45 *Ryan, R. R.* u. *L. H. Jones*, J. Chem. Phys. **50**, 1492 (1969).
22 : 46 *Sahini, V. E.* u. *A. O. Fulea*, R. Roumaine Chim. **11**, 1045 (1966).
22 : 47 *Saito, S.*, J. Mol. Spectrosc. **30**, 1 (1969).
22 : 48 *Shimanouchi, T., I. Nakagawa, J. Hiraishi* u. *M. Ishii*, J. Mol. Spectrosc. **19**, 78 (1966).
22 : 49 *Shimanouchi, T.* u. *I. Suzuki*, J. Chem. Phys. **43**, 1854 (1965).
22 : 50 *Shimanouchi, T.* u. *I. Suzuki*, J. Chem. Phys. **42**, 296 (1965).
22 : 51 *Schatz, P. N.*, J. Chem. Phys. **29**, 481 (1958).
22 : 52 *Thomas, G. A., J. A. Ladd* u. *W. J. Orville-Thomas*, J. Mol. Structure **4**, 179 (1969).
22 : 53 *Wentink, T., Jr.*, J. Chem. Phys. **30**, 105 (1959).
22 : 54 *Williams, E. J.* u. *J. A. Ladd*, J. Mol. Structure **2**, 57 (1968).
22 : 55 *Wolfe, D. F.* u. *G. L. Humphrey*, J. Mol. Structure **3**, 293 (1969).
22 : 56 *Müller, A.*, Z. phys. Chem. **238**, 116 (1968).
22 : 57 *Christe, K. O.* u. *W. Sawodny*, Inorg. Chem. **6**, 1783 (1967).
22 : 58 *Sawodny, W., A. Ruoff, C. J. Peacock* u. *A. Müller*, Mol. Phys. **14**, 433 (1968);
22 : 59 *Jones, L. H., L. B. Asprey* u. *R. R. Ryan*, J. Chem. Phys. **47**, 3371 (1967).
22 : 60 *Barraclough, C. G.* u. *M. M. Sinclair*, Spectrochim. Acta **26 A**, 207 (1970).
22 : 61 *Müller, A.* u. *B. Krebs*, J. Mol. Spectrosc. **26**, 136 (1968).
22 : 62 *Ramaswamy, K.* u. *R. Namasivayam*, Acta Phys.Polonica **A 41**, 129 (1972).
22 : 63 *Kebabcioglu, R., A. Müller, C. J. Peacock* u. *L. Lange*, Z. Naturforschg. **23 A**, 703 (1968).
22 : 64 *Peacock, C. J., A. Müller* u. *R. Kebabcioglu*, J. Mol. Spectrosc. **27**, 351 (1968).
22 : 65 *Ramaswamy, K.* u. *S. Jayaraman*, Z. phys. Chem. **249**, 188 (1972).
22 : 66 *Thakur, S.N.*, J. Mol. Structure **7**, 315 (1971).
22 : 67 *Allan, A., J. L. Duncan, J. H. Holloway* u. *D. C. McKean*, J. Mol. Spectrosc. **31**, 368 (1969).
22 : 68 *Jones, L. H.*, u. *M. Goldblatt*, J. Mol. Spectrosc. **2**, 103 (1958).
22 : 69 *Mohan, N.* u. *A. Müller*, J. Mol. Spectro, **42**, 203 (1972).
22 : 70 *Müller, A., K. H. Schmidt* u. *N. Mohan*, J. Chem. Phys. **57**, 1752 (1972).
22 : 71 *Levin, I. W., S. Abramowitz* u. *A. Müller*, J. Mol. Spectrosc. **41**, 415 (1972).
22 : 72 *Kebabcioglu, R., A. Müller, C. R. Peacock* u. *L. Lange*, Z. Naturforschg. **23a**, 703 (1968).
22 : 73 *Laane, J., L. H. Jones, R. R. Ryan* u. *L. B. Asprey*, J. Mol. Spectrosc. **30**, 485 (1969).
22 : 74 *Barbe, A.* u. *P. Jouve*, J. Mol. Spectrosc. **38**, 273 (1971).
22 : 75 *Pézolet, M.* u. *R. Savoie*, J. Chem. Phys. **54**, 5266 (1971).
22 : 76 *Barbe, A., A. Delahaigue* u. *P. Jouve*, Spectrochimm. Acta **27 A**, 1439 (1971).
22 : 77 *Decius, J. C., C. R. Becker* u. *W. J. Fredericks*, J. Chem. Phys. **56**, 5189 (1972).
22 : 78 *McDowell, R.* u. *L. Asprey*, J. Chem. Phys. **57**, 3062 (1972).
22 : 79 *Müller, A., F. Königer, K. Nakamoto* u. *N. Ohkaku*, Spectrochim. Acta **28 A**, 1933 (1972).
22 : 80 *Fujii, H.* u. *M. Kimura*, J. Mol. Spectry. **37**, 517 (1971).
22 : 81 *Shanmugam, G.*, Green's Function Analysis and Molecular Force Fields of some Boron and Nitrogen Compounds, Thesis Annamalai University (1974).
22 : 82 *Kirchhoff, W. H.* and *D. R. Lide, Jr.*, J. Mol. Spectrosc. **47**, 491 (1973).
22 : 83 *Shoji, H., T. Tanaka*, and *E. Hirota*, J. Mol. Spectrosc. **47**, 268 (1973).

Substanzenregister

(in chemischen Formeln)

Systemregister

(Vergleiche auch die Systeme in Tab. 21.1. (S. 249–253), die hier aus räumlichen Gründen nicht mehr aufgeführt sind!)

Sachregister

WISSENSCHAFTLICHE FORSCHUNGSBERICHTE

Herausgegeben von
W. Brügel (Ludwigshafen) · S. Ertel (Göttingen) · A. W. Holldorf (Bochum)

REIHE I: GRUNDLAGENFORSCHUNG UND GRUNDLEGENDE METHODIK
ABTEILUNG A: CHEMIE UND PHYSIK

59. **Die Glaselektrode und ihre Anwendungen**
    Von Dr. L. Kratz (Mainz)
    XII, 377 Seiten, 77 Abb., 20 Tab. 1950. DM 44,–

62. **Einführung in die Ultrarotspektroskopie**
    Von Dr. W. Brügel (Ludwigshafen)
    4. Aufl. XIV, 426 Seiten, 200 Abb., 37 Tab. 1969. DM 80,–

64. **Einführung in die Mikrowellenphysik**
    Von Prof. Dr. G. Klages (Mainz)
    3. Aufl. Etwa XII, 300 Seiten, einige Abb. und Tab. 1976.
    In Vorb.

65. **Temperaturstrahlung**
    Von Dr. W. Pepperhoff (Duisburg)
    XI, 281 Seiten, 166 Abb., 26 Tab. 1956. DM 42,–

67. **Das Licht im Grundsystem des Kohlenhydratstoffwechsels**
    Ein Beitrag zur Chemie des angeregten Wasserstoffes
    Von Geh.-Rat Prof. Dres. R. Schenck (Aachen)
    XIII, 136 Seiten, 19 Abb., 16 Tab. 1960. DM 38,–

68. **Einführung in die Halbleiterphysik**
    Von Prof. Dr. H. A. Müser (Frankfurt a.M.)
    XVI, 237 Seiten, 35 Abb., 2 Tab. 1960. Vergriffen.

70. **Einführung in die Ramanspektroskopie**
    Von Prof. Dr. J. Brandmüller und Prof. Dr. H. Moser (München)
    XVI, 515 Seiten, 193 Abb., 72 Tab. 1962. DM 94,–

73. **Interferenzschichten-Mikroskopie**
    Von Dr. W. Pepperhoff und Dr. H.-H. Ettwig (Duisburg)
    VIII, 79 Seiten, 44 z. T. farb. Abb., 1 Tab. 1970. DM 28,–

74. **Einführung in die Molekülspektroskopie**
    Die Spektren und Strukturen einfacher freier Radikale
    Von Prof. Dr. G. Herzberg (Ottawa)
    XI, 188 Seiten, 106 Abb., 19 Tab. 1973. DM 36,–

76. **Struktur und Absorptionsspektroskopie organischer Naturstoffe**
    Von Dr. M. Kraft (Bonn)
    Etwa VIII, 200 Seiten, 20 Abb., einige Tab. 1976. In Vorb.

Die Reihe wird fortgesetzt.

DR. DIETRICH STEINKOPFF VERLAG · DARMSTADT

MIX
Papier aus verantwortungsvollen Quellen
Paper from responsible sources
FSC® C105338

If you have any concerns about our products, you can contact us on
ProductSafety@springernature.com

In case Publisher is established outside the EU, the EU authorized representative is:
Springer Nature Customer Service Center GmbH
Europaplatz 3, 69115 Heidelberg, Germany

Printed by Libri Plureos GmbH
in Hamburg, Germany